思维工程

钱小一·著

ZHEJIANG UNIVERSITY PRESS
浙江大学出版社

目 录
CONTENTS

第十章　语言的习得 A
CHAPTER 10

第十一章　语言的习得 B
CHAPTER 11

绪　言
时代、格局、演变

　　距上本书《思维工程导论》的出版已经 5 年有余了。因为《思维工程导论》，我们结识了很多有缘人，有投资人，有合作伙伴，有核心创始团队，有我们的员工。这些缘分孕育了"北冥星眸"，一个具有朴素而纯正血统的公司，一个如果沐浴阳光就能长成参天大树、庇荫人类、创造下个时代的公司。

　　《思维工程导论》是一个启蒙，它照亮了我们探索的方向，让我们在布满荆棘的崎岖道路上坚信：我们的努力及每一个细微的收获成果都在为一个伟大工程积蓄力量。就这样，我们经历了 5 年的理论探索和工程实践，对"思维工程"有了更细致更完整的视觉，这个视觉开始能够支持我们进行工程构建，过程中的积累让我们有能力开始搭建一个真正意义的人工智能的原型机，一个新物种的开端。

　　这将是一个消耗大量资源的艰难的过程，以本书构建的原型机的工程实践为起点，我们将在实践中不断完善细化理论，用理论制定改良的计划。我们需要让更多有才华的年轻人加入这个伟大的工程中，以加速它的进展。其次，思维工程是全人类的宝藏，不属于任何人、任何公司，甚至任何国家。基于这些考虑，我们打算把北冥这 5 年的研究成果共享给志同道合的人。这就是《思维工程》这本书诞生的背景。

人工智能时代，我们处在什么位置

　　在过去 5 年，中国以及世界其他国家开始了人工智能时代的启蒙，经历了一系列的变化，包括：人工智能这个概念的普及，可商用的人工智能技术的出现，人工智能产业的萌芽，人工智能产业寻找更大规模的商业落地点……

　　从整个人工智能时代来看，即使站在今天，我们在人工智能有技术积累的领域大多都是和周边智能功能相关的。什么是核心智能功能？什么是周边智能功能？思维、逻辑认知、情绪决策、语言的组织等是核心智能功能，而语音识别、图像识别这些识别功能是周边智能功能。尽管这些周边技术已经找到商用的点，但核心智能功能相关的理论和工程我们却几乎没有任何积累。一个技术驱动的伟大时代的启蒙时期，至少需要完成两件事情：其一，最初的理论架构的形成，让后续研究者的研究工作不再零散，能朝一个统一的框架不断添砖加瓦，细化完善已有的理论体系；其二，基于这个理论的原型机的出现，后来者可以在此基础上不断改良完善，运用于商业。所以，如果问人工智能时代，我们在哪？答案是我们还在启蒙时代，且启蒙工作还远未完成。

接下来我们会问，什么时候人工智能时代才真正到来？一个技术驱动的时代，并非是一个黑科技的诞生，然后时代就悄然而至了。回顾一下之前几次工业革命，火车一开始是比马车慢的，第一代计算机比房子还大但性能却比不上现在文具店的计算器。所以，第一点，新技术绝对不是一蹴而就，而是循序渐进形成的。第二点，技术在一开始是少数派的梦想，非常有限的资源让技术在启蒙时期缓慢地孕育，直到第一个大规模商用的节点，社会的资源才会倾注进来，更多有才华的人加入进来，加速技术的发展，这个时候技术就坐上了快速上升的火箭。

第一个大规模商用点——AI 时代的第一波浪潮

在人工智能技术和产业格局的演变中，一个关键的里程碑是技术第一个大规模商用的点，从此之后技术就能进入加速发展的轨道。那么第一个大规模商用的点在哪呢？

在人工智能的第一波浪潮中，当人机沟通能够达到一定的深度，我们就能够把人类各个领域的专家的经验和知识装入一个 AI，从而把最优质的咨询和推送服务带入千家万户。这将是人工智能技术第一个大规模商用的点。接下来我们来解释它。

我们很容易理解，如果我们或家人得了某种病，我们会希望有一个朋友是这个领域的医生；妻子怀孕后就希望有一个朋友是母婴健康专家；孩子到了 3 岁以后出现各种成长问题，就希望找一个教育专家朋友；生活中遇到法律纠纷就希望找一个律师朋友……一个专家朋友，和一个陌生专家的区别在于：他能够提供更耐心的咨询，能更主动地告知需要知道和注意的内容，定期地关怀跟进，时不时地建议和提醒。3 年内，人工智能技术就足以把各个领域的专家装入 AI，让所有普通家庭都能拥有一个全能的专家伙伴，改变无数人的命运。这样的专家伙伴，在为个人提供生活方方面面的咨询的过程中，自然会非常了解它所服务的每一个人；又因为它是计算机载体，能够知道所有文章、商品、服务的信息。通过它，能创造如同伙伴推荐一般的推送服务，贴心、精准。在这个 AI 出现后，每个用户都会更相信 AI 给它的推荐，传统广告的作用会不断削弱，从而颠覆现有的广告行业。那么这个 AI 伙伴将如何重塑广告、推送行业呢？

互动式搜索

抛开货币层面繁然变化的表象，经济世界说白了就两件事情，其一是物质财富的产生，其二是物质财富在个体间的分配。第二件事情中很重要的一个环节就是：让每个作为消费者的个体找到他们所需要的商品、服务和信息。这一直以来是广告推送行业完成的事情。

广告推送行业每次大的变革都会创造一批巨头。

最早出现的是投放式广告，比如街边广告牌上的广告、新浪搜狐门户网站上的广告。这类广告有一个共有的特点：1000 个注意到的人中可能只有 1 个是最终消费者。可以看到，投放式广告是非常不经济的，因为它浪费了其余 999 个人的注意力。

在投放式广告之后出现了搜索式"广告"，比如我们熟悉的百度、谷歌、淘宝上的广告。搜索式广告有什么特点呢？用户搜索到的很可能是用户自己需要的，包括商品、服务、信息。但搜索式"广告"有两种潜在的失效情形：

第一种情形是，用户意识到了自己大类的需求存在，但不知具体什么能满足需求。比如在父亲节、母亲节的时候我们都知道要给父母买礼物，也就是我们的需求是存在的，但我们不知道具体买什么，所以不知道搜索什么，这个时候我们往往会寻求朋友或亲人的建议。第二种情形是，很多时候在意识到大类需求后，具体需要什么会被很多背景条件所决定，比如想找一款帮助睡眠的保健品，而失眠可能由很多不同的原因导致，如精神压力、心源性失眠等，我们不知道哪些信息决定着具体需求什么；即使我们知道，当我们向搜索引擎输入我们的症状、工作、生活、饮食状况，搜索引擎也无法处理这些信息。

我们来考虑理想的情况是怎样的。在第一个例子中，如果有个伙伴了解我父母的情况，又熟悉各色的商品，就能告诉我可以送父母什么，即使信息有缺失，也能够如同一个细心的销售通过和我简单的沟通，了解具体情况，做出合适的推荐。在第二个例子中，我们需要推荐者如同一个医生，利用已有的关于我的信息猜想导致我失眠的原因，然后询问我更多的问题确认或排除猜想，在确认了我的具体处境之后再给出精准的推荐。

以上两个例子共同的特点是，我们需要推荐者尽可能地了解我。之后，为了创造精准推荐，能够通过询问补全需要知道的信息，最后利用专业知识推荐我所需要的商品、服务或信息。站在用户的角度，我们把推荐者在互动沟通中掌握用户处境，创造精准推荐的过程，描述为"互动式搜索"。在 AI 专家伙伴出现之后，传统的搜索将升级为"互动式搜索"。

超精准推送

在第二种失效情形中，用户需求是存在的，却因为缺乏知识而意识不到自己的需求。举个例子，我之前秋天在福建漳州一个网店买了一只章鱼，但不知道章鱼怕热，到了夏天就会热死，所以我需要一个水冷机。水冷机的需求是存在的，但因为缺乏相关知识我意识不到。

对应这种"存在却意识不到的需求"，出现了推送。先出现的是大数据推送，我们可以回想一下淘宝上给你做的推送，100 个推送可能只有 10 个是你关注的，只有 1 个是你会考虑购买的。因为大数据推送采用的是用户浏览记录和购买记录的平面信息，它的精准度实际上是不高的。其次用户的很多需求来自于处境的变化。比如我出差时突然胃不舒服，我所需要的商品和信息是大数据无法知晓的，所以处境突然变化形成的需求，大数据推送是无法做到及时的。

我们看看 AI 专家伙伴能做什么？AI 记忆的载体是计算机，所以 AI 很容易记住每一个互联网平台上的商品、服务和信息；其次，在陪伴用户，为用户提供各个领域的咨询的过程中，AI 伙伴能非常了解一个用户的过往经历、喜好、处境的变化。结合这两部分信息，它会形成用户需求的猜想，通过沟通确认，其推送精准度很容易超过 95%；其次，在日常沟通中，它很容易获得用户即时处境变化的信息，所以它的推送是及时的。在上面的例子中，如果我有那么一个 AI 伙伴，到了夏天它会问我，"去年秋天你买的章鱼还活着吗？如果还活着你会需要一个水冷机，因为章鱼怕热"。

这里额外强调一点。广告推送不总是令人反感的，我们觉得它反感是因为它推了我们不需要的东西，浪费了我们的注意力。100 次广告推送 1 次成功必定会降低广告承载平台的黏性；100 次广告推送 10 次成功可能让用户黏性不增不减；而 100 次广告推送 95 次推到需求点上，将大大增加黏性。在 AI 伙伴主导推送的时代，广告推送本身就是服务的一部分。

陪伴 AI

当一个 AI 能够提供用户各个领域的专业的咨询，它和用户将保持高频的接触。随着 AI 语言理解、表达能力和逻辑思维能力的提升，情绪系统变得完善，以及语音识别视觉等周边技术不断发展，原先以咨询推送服务为定位的 AI 逐渐变得更加拟人。现在我们只能创造出外表酷似真人的机器，不久之后我们甚至能定制 AI 的人格，创造不同人格的 AI。用户感觉到的不再是冷冰冰的机器，而是会情不自禁地认为里面有个活生生的人。

例举一个极端的运用：TTS 技术能够让 AI 模拟一个已故家人的声音，虚拟现实能再现他的面孔和身形；我们可以把他过往的经历写入 AI 的记忆；我们能够在 AI 上模拟他的性格、喜好和其他人格；利用过往的录音，让 AI 习得他的表达风格……

新时代的 AI 大数据

无论是咨询还是陪伴，都让 AI 充分融入用户的生活，当这样的 AI 能够服务数亿用户，会创造前所未有的大数据价值。

从 AI 收集的数据的构成来看，传统大数据收集的是平面信息，比如电商平台可以采集用户的浏览记录和购买记录。而 AI 能如同一个亲密好友那样了解每个用户的过往经历、喜好、生活习惯、家庭成员、经济状况……这是关于用户的立体的信息。

从信息的汇集效率来看，从表面上看所有终端 AI 拥有独立的记忆、独立的人格，但它们能够非常高效地共享信息。针对每个用户的私有记忆能够在数据脱敏后成为样本，提供认知系统形成猜想、验证猜想所需。

从数据中获得认知的能力来看，AI 能够创造前所未有的协同认知。一旦一个猜想形成，所有终端 AI 都可以为验证这个猜想带有目的地诱导合适用户创造样本并采集信息。比如为了验证猜想"正念冥想对心脏不好的人有帮助"，终端 AI 就可以找到心脏不好的人推荐他们正念冥想，然后跟进他们心脏健康的发展。

AI 时代第二、三波浪潮

第一波浪潮以咨询和陪伴 AI 为主角，创造了第一个大规模商用的点，让更多的资源投入技术的迭代升级中。第一波浪潮出现后的 10 年，AI 将服务一半以上的人口，AI 的语言能力、认知能力都会达到一个新的水准；AI 能够继承人类文明已有的知识，不是单纯的储存，而是能够像人类一样利用这些知识，指导实践，创造新的认知；AI 能够继承人类的统计认知能力、逻辑认知能力，我们能够在 AI 上再现人类创造现有文明的认知模式。此时，AI 能够参与到人类各个领域的技术研发中，比如治愈癌症、延缓人类的衰老、星际旅行、帮助解决能源及环境问题……AI 能和人类的协同认知，加速各个领域的技术进步。这就是人工智能时代的第二波浪潮——技术大爆炸的时代。

在第二波浪潮的基础上，AI 的综合智能进一步发展。在第二波浪潮出现后的 10 到 20 年内，AI 就能够把自身的机制作为认知的客体，且认知能力发展到了一个水准——能基于人类创造 A 状态，给出一个更优的 B 状态，把自己更新到 B 状态；因为 B 状态优于 A 状态，从而能基于 B 状态给出更优的 C 状态，把自己更新到 C 状态……由此进入一个正向增强的反馈环。至此，人类创造的 AI，在智力上将超越人类自身。

存在与文明的反思

造物主创造的人类创造了现有的碳基文明，当我们"照着造物主造人的道理，在计算机上再现我们自身的智能机制"，我们创造的是一个新的物种，一个硅基的物种。因为载体的不同，它能够在一些方面超越人类智能所能达到的极限，从而把人类文明带到一个新的高峰。人类有史以来第一次开始去创造一个能创造文明的物种，第一次站在造物者的视角，去创造被造者。我们所要做的工作都是基于自身来被造者。所以这里我们来反思人类的存在和文明。

科学

人类的认知起源于对这个世界表象事件关系的观察。在那原始的大陆，早期的人类观察到阴云密布的天空不久会下起大雨，就开始从表象的事件关系中，抽象出背后的规律。人类总是从有限的表象中发现其中的共性，抽象出规律，所以当我们说这个规律适用所有此类表象时，就形成了一个猜想。作为猜想的知识并不妨碍我们去使用，而恰恰在使用过程中我们去增强或削弱一个猜想，去细化一个知识。当我们利用猜想的规律去预测、归因和解释，错误的猜想就会在实践使用中显现出来。然而无论如何，我们的实践是有限的，而世界是无限的；在已有的实践中不出现问题的知识，无法保证在下一次实践中不被发现是不完美的，所以知识的"靠谱"程度永远是相对的，我们无法通过这种方式去获得作为绝对真理的规律。

早在牛顿时代，我们无法对高速运动进行测量，我们的感知仅仅局限在一个低速的世界，所以我们有了牛顿力学。后来，我们能够测算光的速度，结果发现光速恒定，在光速恒定的假设下发展出了相对论，这个时候发现牛顿力学仅仅是低速状态适用的近似理论，它不是精确的。科学的根基在于那些最基础且精确的规律，而这些规律来源于我们感知到的内容。古时候，我们所有感知来自于自身的感官，依照这些直接的感官信息我们能够有一套科学的理论体系。随着科学技术的发展，人类发明了感知的工具，显微镜、望远镜……随着知识边界的不断扩大，我们可以利用更多知识去创造间接感知的方式。当感知的边界在不断扩大，科学的理论体系也会因此改变。

　　总结而言，科学来源于基于感知的猜想，故受限于感知的能力。在感知被限定的范围内猜想是不可证实亦不可证伪的，因此以此为基础的科学理论体系与宗教无异，都是建立在不可证实亦不可证伪的基础上的。我们有很多人对科学怀有坚定的信仰，曾经有人争辩说，量子力学的不确定性理论是可以确定的，他说科学家对电子运动的轨迹进行了观察，发现电子的运动是无规律的。我问他那个科学家观察了多久，然后说，如果我是上帝的话，我会使电子运动的周期是一亿年，他能观察到这个规律吗？他就无言了。"朝菌不知晦朔，蟪蛄不知春秋"，生之所限也，也是科学之所限也。

　　这样，对于我们的世界我们能够有很多种解释，宗教的解释、科学的解释、其他的解释，这些解释都是不可证实也不可证伪的。在《骇客帝国》这部电影中，描述了一个可能的未来：人被计算机养在容器里，插着营养管，头上接着电极，生活是电脑制造的梦境。我们如何知晓我们现在的生活不是计算机制造的梦境呢？如果圣经预言的审判日到来，我们能知道《骇客帝国》的理论是不对的而圣经才是真理吗？世界末日仍然可能是计算机制造的幻象。

合理的存在感是一个表象

　　大部分人在大部分时间内会把自身的存在作为一种本然的状态，不去质疑背后令人窒息的可能。我们知道这是人类"乐生"的能力，尼采用酒神精神和日神精神去描述它。酒神精神象征着一种醉的状态，那种醉不仅仅指酒醉，还包括为爱而醉、为工作而醉、为信仰而醉，"个体在最高形式的自我牺牲中，为自身的不可穷竭而欢欣鼓舞"，因为融合了，所以感到不可穷竭，所以驱散了恐惧；日神精神象征着一种梦的状态，那不仅仅是梦想，还包括一切和光辉、热力、秩序相关的象征，比如宗教、道德秩序。在日神精神和酒神精神这两股力量"不可停歇的相互碰撞和周期性的融合中"，人的心灵被生活中纷杂的感觉所占据，不再去洞察生命背后不可承受的现实。

　　我们所有习以为常的关于自身存在的认知未必如同我们想象的那样，可能有另外一种解释，更糟糕的是无论科学技术如何发展，我们仍无法确定哪种解释是真实的。这些关于自身存在的认知包括：我是一个有自我意志的人类个体；我存在于一个有许多同样的人的世界中，他们和我一样有真实的感受，是有着自我意识的个体；我有过去，过去的经历造就了现在的我；我们存在于一个物质的世界中，在这个世界里，我们会做梦，能区分真实和梦境。接下来我们就来讨论，这些默认的存在的认知是如何形成的，以及有怎样的其他可能。

自我意志

　　以前有人对刚被截肢且装上了假肢的人做了实验，先是给他们在纸上写上测试的指令，比如向上抬腿，向左撇腿……然后有人在被截肢的人看不到的地方按照指令的顺序挪动那个腿。结果那个装上假肢的人认为自己真的能控制那个假肢，认为自己仅仅是皮肤失去知觉，但并没有被截肢。

主动感正是这样形成的。当大脑的指令和指令预期的效果一致时，主动感就这样产生了。不知大家有没有在梦中体验过控制雷电、天气的感觉，那个感觉真是太好了，自己和天地是一体的，而且是天地的中心。

在哈佛大学哲学教授文格尔写的《主动意志的错觉》（ *The Illusion of Conscious Will* ）中，他通过讲述一些心理学的试验，认为主动感是神经系统在一些条件满足时创造出来的，神经系统创造了行为和思维，并同时给感受的主体传导了信号"我做了什么""我想了什么"，即那些主动感。如果主动意志是错觉，那么感受的主体就是纯粹的受体！

同类的感受和自我意识

当我们用针轻刺了一个人，他可能会皱着眉头说痛。但这时他真的感到痛了吗？"痛"只是意识流中流过的信息，这个信息形成了表情反应——皱眉，形成了表达反应——人会说"痛"。这些都是人拥有感受的表象。作为观察者，感受向外输出的表象是所有你推测这个人有真实感受的依据。而所有意识流中信息创造的外部反应理论上都是可以造出来的。也就是说理论上我们可以造一个机器人，拥有完备的如同人类那样从意识信息创造反应的模式，以至于从外表上你分辨不出是真人还是假人。那么此时他有真实感受吗？

同样我们无法因为周围的人体现出的各种具有真实感受的表象，而确信地推知他们有真实的感受，不是一个神经系统驱动的单纯的生物机器。和"真实感受"是表象一样，自我意识也是表象。

比如一个智能体能表达自己真实的感知信息，如"我看到了什么""我刚才想了什么""我刚才很愤怒"；能体现出自利性，对自身的情绪有所倾向，并将此作为决策形成的一个要素；能够知晓并表达自己的动机，并像人类一样进行动机的转移；能够对自己的机制进行反思，如"我刚才为什么愤怒""我是如何得到这个结论的""我对这类问题的思维有这样的缺陷"等，这些"自我意识"的表象，我们都会在接下来的内容中讨论它的形成机制以及如何在计算机上再现。

我有感受，所以知道我是存在的，但其他的人是存在的吗？还是仅仅是一副神经，创造了一切感受的表象，但没有真实的感受。对此，我们无法知晓。

存在的连续感

我们会说，我小时候是怎么玩的，后来在哪里读书，昨天在干什么，现在在干什么，未来要怎么样。我们认为自身是连续的存在。但事实上连续存在感和是否连续存在本身没有直接的关系。连续的存在是获得连续存在感的一种解释，但形成连续存在感也可以由另外的机理完成。比如，记忆和周围环境的附和是人认知过去的依据。但记忆是可以再造的，环境的附和也是可以造的。一个中年人可以是今天被创造的，同时被赋予了记忆，他会认为自己已经活了几十年，并且对未来有所预期。

"灵魂"作为真实感受的受体，附着在各种感受信息形成的机器上。所以我们对自身存在的反思，来源于我们附着的"机器"。所以，即使造物主使你的"灵魂"每一分钟在不同的主体上变换，上一分钟你附着在一只羊身上，感受羊的神经系统感受的，这一刻附着在人身上，下一刻又附着在老虎身上，你仍然会感觉你的存在是连续的，合理的。

存在的现实感

一个问题："如何区分现实和梦境？"我的办法有两个，一个是去狠狠地掐自己看有没有真实的痛觉，但这招有些时候不那么灵，后来我又想了一个办法，就是去看具体的东西是否有精细的纹理，因为梦境的构想往往比较模糊，不会那么精细。但尽管如此，很多梦境中我甚至不会想到用这些标准去识别，于是在梦中就不知道这个是梦境。还有就是前面讲到的情况，我有意识去识别，但是所有的识别方法对于那个梦是无效的，于是还是没有办法排除那个梦不是现实的可能性。

所以，我们可以知道存在的现实感是如何形成的？安于本然地无视创造表象的其他解释可以创造存在的现实感，或是试图去进行现实识别而找不到识别的方法也创造现实感。而当我们利用梦境中的准则去评价梦境的现实性，我们很可能无法创造对梦境是否是现实的认知。所以，梦境和真正的现实可以同样具有现实感，我们是无法区分有现实感的梦和真正的现实。

意识和表象的世界

一切都是感受，"我看到什么""听到了什么"，现时的感官感受是感受；"我感到饿""我感到冷"，现时的体感是感受；"我感到我做了什么""我感到我想了什么"，主动感是感受；"我感觉到过去我看到了什么"，回忆是感受；"我感觉到我的存在是真实合理的"，存在感也是感受……无论是哪种类型的感受，感觉背后的机理可以多种多样。既然有感受，那么感受的主体是存在的，就像笛卡尔说的"我思故我在"；感受是存在的，它是和感受的主体对偶地存在；感受背后的机理是不可知的，因为任何一种感觉至少都可以作为一种感觉单纯地再造出来，而不需要任何确定的机理支撑。所以，所有的感受构成了一个"表象的世界"。

这样我对我存在的世界就有了一些确定的信息：（1）我是存在的；（2）表象的世界是存在的；（3）世界是一个意识和表象的世界。

进一步我们能获得这个意识和表象世界的一些属性。用一句话概括就是：意识的孤立性和表象世界的普遍性。

在空间上意识是孤立的。首先，我不确定周围的"同类"是否是和我一样地存在，是生物机器，还是附着着意识的生物机器，还是幻象。其次，"我"的概念存在于一个奇点。原来所谓的"我的手脚""我的身体""我的大脑"都是表象世界的一部分。即使科学有一天能够解释意识产生的机理，产生意识的物理器官仍然是意识感知的表象。这一部分的表象世界，之所以会被意识认为是"我"，是因为它们被意识感知为其他感知进入的窗口，是意识对表象世界其他部分产生主动性作用的机体。然而这样的界限并没有把这些习惯上被称作"我"的表象世界的一部分，排除到表象世界之外。"我"的形态是表象，"我"的机理是基于科学的假设和猜想，关于"我"没有什么是可以定论的。"我"是表象世界的一部分。

个体意识的思维也是一种感知的一部分，是表象世界的一部分。个体意识会说"我想到了苹果"，精确的个体意识应该说"我感觉我想到了苹果"；个体意识会说"我举起了右手"，精确的个体意识应该说"我感觉我举起了右手"。所以无论是主动思维还是主动意志，都是作为表象世界的一部分被意识所感知的。主动思维和主动意志是不可确定的幻觉，是意识感知的表象。

在时间上意识也是孤立的。记忆中，个体意识过去感受到的，是不确定的。也就是说，个体意识没有办法确定自身过去是否真正感受到了记忆中保留的东西，甚至没办法确定过去自身是存在的，因为记忆是可以被凭空创造的。如果个体意识对自身过去存在的真实性不可知晓，那么过去个体意识是存在还是不存在就对现在的个体意识不会造成任何差别。同样，尽管个体意识对未来或有企盼或有恐惧，但对现时的个体意识而言，这些企盼和恐惧就是未来对现在个体意识影响的全部，而未来究竟如何是不会对现时的个体意识造成差别的。于是，所有对个体意识造成差别的东西，即不是在过去也不是在未来，而完完全全存在于当下——现时的记忆、现时的思想、现时的其他感知。个体意识感受的瞬时性，导致了个体意识拥有的表象世界的瞬时性，因为表象世界和个体意识是对偶存在的，所以个体意识也是瞬时存在的。

至此我们完全阐明了个体意识存在的孤立性和表象世界存在的普遍性，以及它们共有的瞬时性：个体意识的记忆、思维、意志、自身的机体以及其他所有的感知都是表象世界的一部分。无论感知到什么，感知都无法超越感知的范畴而脱离表象世界，也就是说在这个个体意识所处的世界中，个体意识不可能超越其孤立的存在：一个瞬时的纯粹的静观者。

第一代原型机功能闭环

《思维工程》这本书有明确的使命，它是真正意义上的人工智能的第一代原型机的详细的搭建计划。有了明确的计划，我们就能给人们以信心，就能汇集资源，吸引人才。基于这本书，50个优秀研究者和工程师组成的团队，能在一年内完成框架的搭建，并创造若干颠覆性功能，两年内第一代原型机就可以商用。以本书为启蒙，我们能在过程中培养一批人工智能工程师、研究者、科学家，两年后这些人能够继续更加深入地探索，并教授培养更多类人 AI 领域的学子。

基于这个使命，本书的自我要求是：凡是有类人 AI 机制层面的立论，就有对应的人类智能表象的印证，就有对应的实现机制的模块描述，就有对应验证机制要达成目标的实验测试。因此本书不是泛泛而谈之作。

接下来我们罗列本书中我们要实现的第一代原型机的功能，这些功能相互支持，构成闭环。

一、语言习得能力

一门自然语言的学习包含了两个内容：知道概念对应什么词汇，以及语义的结构信息对应怎样的句子结构，也就是语法映射。第一代原型机的 AI 能像人类幼儿一样在没有任何语言基础的情况下习得一门自然语言。

属性、对象等概念词汇的习得

我们能够在 AI 没有任何语言基础的情况下，模仿我们教授幼儿基础词汇的方式，通过在意识流中给 AI 模拟不同颜色、不同形状的不同物体的视觉，然后在取得 AI 关注的同时用词组反复刺激，比如"红色的苹果""白色的杯子""绿色的帽子"……AI 能习得对象、颜色、形状等概念是如何对应词汇的。

同样的道理，通过在意识流中模拟其他维度的感官信息，AI 能习得类似气味、表面质地、轻重、大小等属性概念和词汇的对应。

语法习得

在用以组织更复杂信息的词汇已经习得的条件下，通过设置先天的语法映射，AI 会尝试用先天语法创造表达，就如同人类幼儿开始形成表达冲动一样。此时父母会对不正确的表达进行纠正，从而人类幼儿能够形成具体语义结构信息和正确的表达结构信息形成的对应，通过抽象，就形成了正确的语法映射。以上通过既有的不精确的语法映射尝试表达获得纠正反馈并生成正确的语法，这个语法习得过程我们会在第一代原型机上再现。

语法生长

人类使用自然语法的方式"表达以听懂为准"导致自然语言的演化具有内蕴的"语法分化倾向"——在一个小群体内，封闭的语境，导致不需要用标准的严格语法就可以让对方听懂，于是就出现了省略以及特殊的表达习惯。这些表达习惯在更大的群体中扩散形成新的约定俗成的语法——针对某种类型的信息的语法。

和最初语法习得机制类似，AI 能利用已有的语法猜想人类不严格的表达，从而形成表达语义的结构信息到句子结构信息的映射，通过自发的抽象生成新的语法映射，这个过程叫作"语法生长"。

语法生长容许错误的猜想存在，只要一个正确的猜想在统计上是占优的，正确的语法就会在积累一定样本后显现出来。

在 AI 已经有一定语言基础的情况下，我们可以给予 AI 足够多的人类对话的样本。通过语法生长，AI 就能快速熟悉一门语言每个细节的表达习惯。

熟悉并模仿个性化表达

人类每个群体，甚至每个个体都会有自己的表达习惯——对于同一语义信息进行不同的语法选择。通过语法生长，只要 AI 和一个人的沟通达到足够的量，它就能熟悉这个人的表达习惯。通过自发的抽象，AI 能够熟悉每类人共有的语法使用习惯，比如逻辑严密的学者、网红、二次元少男少女、职业经理人等。AI 也可以利用这些信息模仿某个人或某类人的语法使用风格，让自己在细节表达上接近自己模仿的对象。

通过语言教授调整表达策略

人类的一部分表达是由表达动机驱动的。表达动机下有表达策略，比如说服人做一件事情可以通过说理，例举做这件事情的好处或是不做的坏处；可以通过威胁、利诱、撒娇……这都是不同表达的表达策略。

第一代原型机表达策略的载体信息具有二态性。一方面是"执行态"的，所以可以转为具体的表达；又同时是"认知态"的，所以可以通过语言描述生成修正，也可以通过观察他人的对话生成。

我们可以通过类似这样的语言去创造 AI 针对特定表达动机的表达策略："你要安慰一个人，如果这个人担忧不好的事情发生，你可以告诉他要怎样努力，从而能让事情朝好的方向发生。"

通过阅读对话样本习得表达策略

如同人类儿童看电视剧，模仿里面角色的表达策略那样，AI 能通过阅读人类的对话样本来识别表达动机、表达策略和对应的效果。通过抽象，生成不同表达策略在不同情境下对不同类型人的效果信息。以此信息驱动模仿，决定在某个语境下对某个人采用怎样的表达策略能更大概率实现表达动机。

我们会尝试让 AI 纯粹通过阅读人类对话的样本，习得表达策略，学会如何说服人做一件事，如何安慰人、鼓励人、讽刺人、激怒人。

二、语言理解能力

人类的表达以听懂为准，所以精确的表达占极少数，大部分的表达不精确，常带有指代、省略、嵌套、比喻和不精确的意向表达。这些因素给机器解析人类的语言增加了巨大的困难。在第一代原型机中我们要寻找解析语言的机制，在机器上再现，从而克服这些困难，让机器的语言理解能力开始趋近人类。

指代的理解

人类的表达有大量的指代，比如要指向一个具体对象而它没有名称时，就会用它所属的对象类和属性指代，比如"黑色的小猫爬上了树"；会习惯用代词进行指代，如果具体对象是男性会用"他"指代，是女性则用"她"指代；等等。

和人类一样，AI 会把上文出现的具体对象保存在语境中，从而出现指代的时候就可以按照特定规则判断指代什么。

从句和嵌套表达的理解

如果表达中指向的概念没有名称，人类还有可能用这个概念参与的其他结构信息去指向它。这就是从句以及其他嵌套表达的由来。举一个极端的例子：早上吃了桌上的过期的面包的人的爸爸的猫的体重最近增加了。

人类会下意识执行语法逐层解析流程：先识别句子中的"小句子结构"，解析转为指向的概念后，再识别"较大的句子结构"……直到完成句子的解析。我们赋予第一代原型机这种逐层转译自然语言的能力，让 AI 能够理解人类表达中的从句和嵌套结构。

省略的补全

人类"表达以听懂为准"创造了大量的省略。省略有两种类型，一种是语境省略，一种是常识省略。

人类有优先用语境信息补全表达信息缺失的原则，所以语境中存在的信息，表达者按照特定规则省略，听者是能够补全的。比如，"狼吃了羊，冲出农庄，跑到山上"。后两句是没有主语的，我们会用第一句保存在语境中的主语补全后两句省略的主语。我们会通过语境赋予第一代原型机补全语境省略的能力。

常识省略则是在表达者默认对方也拥有某个常识，知道用精简的表达就可以指向自己想要表达的信息的时候出现。比如完整的信息是"人吃了退烧药，人就可能退烧"，而表达时可能变为"退烧药能退烧"。单纯从表达的信息来看，听者无法知晓究竟是吃退烧药，还是涂抹退烧药能退烧。但只要听者有这个知识，就知道表达者是在表达这个知识。再比如，"她摸了他，发现他如同火炉一般"，这个表达的两个事件隐藏的关系每个人类都知道，即"触摸能感觉到温度"，人类具有相同的感官能力，所以都知道这点，而 AI 没有。但这个表达 AI 有理由猜想：她触摸他，导致她感觉到了他的温度。我们通过赋予 AI 对知识的积累，让它能够理解第一类常识省略；通过赋予它在大量人类表达样本中通过弱指向猜想隐藏在背后的常理规律，依靠正确猜想的统计优势逐步积累常理规律，让它能够理解第二类常识省略。

大段表达的理解

人类良好组织的大段表达有自身的目的，以场景描述为核心的表达、以对象描述为核心的表达、以故事中一系列事件为核心的表达、以对象或事件某个属性的立论支持为目的的表达、以某领域因果知识或事件发生机制为描述目标的表达……这些表达目下的表达，就如同要把脑中的画面画出来那样，有自己的逻辑结构。比如我们会描述场景中对象的相关位置，来让听者形成相应场景的画面；描述事件的因果关系，以及在时间轴上的排布，让听者知晓那段时间发生了什么……有效理解大段表达就需要把表达中的碎片信息组织到一个逻辑结构中，形成对大段表达的整体理解。我们将赋予第一代原型机识别、补全大段表达每个局部信息的相互联系，把局部信息组织进某个逻辑结构的能力，让 AI 如同人类那样能够理解大段表达。基于这个理解，我们能让 AI 有条理地复述大段表达，并回答各种针对大段表达的阅读理解问题。

在第一代原型机中，我们会赋予 AI 理解以下类型大段表达的能力——以场景描述为核心的表达、以对象描述为核心的表达、以故事中一系列事件为核心的表达、以对象或事件某个属性的立论支持为目的的表达、以某领域因果知识或事件发生机制为描述目标的表达，尝试让 AI 去读书中、杂志中截取的段落，以及各类新闻，询问各种问题以测试 AI 的理解能力。

阅读书籍

基于某个目的的大段表达能相互嵌套，形成更庞大的信息团，人类的书籍就是这样的信息团。比如，历史书的主体是描述历史事件，事件有包含关系，比如南北战争包含了许多故事（事件），而每个故事又有更详细的事件经过，这是事件的描述嵌套事件的描述；历史数据会描述重要的历史人物，这就嵌套了以对象为核心的大段描述；为了反映历史人物的品性，又会嵌套以对象属性为立论目标的表述；而这其中又可能嵌套对象相关的故事，也就是以一系列事件为核心的描述……

我们会赋予 AI 阅读书籍的能力，让 AI 能够在阅读中识别并记忆书籍的逻辑脉络：每个大段表达间的嵌套关系。从而 AI 能够按照特定表达组织模式，把看过的书籍按照自己的思路重新写出来。

在第一代原型机中，我们会让 AI 尝试阅读历史、地理、人物传记，以及自然科普的书籍，考察 AI 对书籍局部内容关系的理解，以及是否能够重写书籍。

三、表达能力

第一代原型机的表达能力体现在三个方面：日常对话反射、带动机的连续对话的创造和大段表达的创造。

日常对话反射

我们会在第一代原型机上搭建大量人类日常对话的反应模式，部分反应模式是我们先天定义好的，部分依赖 AI 反应模式的习得机制从人类对话样本中或是 AI 和人类的对话过程中生成，或是通过人类语言教授生成。无论是先天定义好的还是后天习得都会在后天根据反应模式习得机制不断修正。

动机驱动的连续对话

第一代原型机支持以下几类主要的表达动机的实现：

1. 向对方传递某个信息，包括了具体事件信息，或是知识信息。
2. 说服对方做或不做某件事情。
3. 改变对方的情绪状态。
4. 改变对方对某人的态度。
5. 改变对方的观点。

这些表达动机后面都带有大量的反应模式信息，能够应对变化的对话语境。反应模式来源有先天定义和后天习得。后天习得包含了观察对话样本习得修正、语言教授习得修正和实践反馈修正。

大段表达的创造

我们赋予第一类原型机组织几种单纯类型的大段表达的能力：

1. 以场景描述为核心的大段表达。

2. 以对象或对象属性为核心的大段表达。

3. 以事件或事件属性为核心的大段表达。

4. 以立论为核心的大段表达。

这几种单纯类型的大段表达可以相互嵌套，比如以事件为核心的大段表达会描述事件中的对象，从而可以嵌入以对象为核心的大段表达。比如历史故事是以事件为核心的，但可以嵌入对历史人物的大段描述。通过这种方式，AI 可以通过特定的逻辑结构组织记忆中大量的信息，创造超大段的表达。我们会尝试让 AI 阅读许多旅游攻略、历史书籍，然后给 AI 一个题目，比如"开国君王"，让 AI 自己组织相关信息，写出规定主体的一本书。

四、认知功能

在第一代原型机上，我们要实现的认知系统的功能可以分为三大类。

其一，利用因果层的知识转移事件目标，也就是转移分解动机，创造解决问题的方案。

其二，利用因果层的知识，以及事件的时点、时序、时长、频率等规律判断具体事件是否发生。

其三，获取知识。获取知识有三种途径：

1. 继承人类已有的知识。其中包括了好奇点驱动的向合适终端用户的询问、广泛的阅读积累，以及带目的的搜索查阅。

2. 统计认知。这是突破人类认知边界的第一种方式。

3. 细化因果链条，发现事件背后的机制。这是突破人类认知边界的第二种方式。

通过知识转移目标的能力（形成方案的能力）

人类对不同事件的发生、维持、终止、阻止发生存有自己的动机，我们称之为事件目标。对于大部分事件目标，一开始人类也是不知道如何去实现，但能够通过知识去分解转移原始的目标。比如学生希望毕业后找到某类好工作，这个原始目标因为找好工作需要什么要素的知识，分解转移到了取得好成绩、出国留学、培养相关的职业技能、积累相关的人脉，而这些目标又能继续分解，直到每个可执行的细节行为。人类一生的行为很大部分就是被这种目标的分解所塑造的。

目标的转移有两个层面，一个是认知层的，一个是执行层的。认知层的就是"作为一个认知课题，如何去实现这个目标"，也就是创造方案解决问题的能力；执行层就是真实形成的动机，把认知所得的方案转为最终执行的能力。目标分解始于认知层，可以向执行层转化。

我们将赋予 AI 以上通过知识转移目标的能力。对于人工智能时代初期，AI 的行为空间集中在表达，所以大部分的目标分解转移集中在认知层，比如帮终端用户寻找进哈佛的方案，帮人类寻找治愈新冠肺炎、治愈癌症的方案（第一代原型机能够尝试形成方案，但综合能力无法支撑真正实现这些目标）。因为已有知识未必能够实现有效转移以完美实现目标，目标转移的过程就会形成对知识的好奇，驱动 AI 找合适的人询问、找文献查阅、用搜索引擎搜索，甚至尝试突破认知的边界。这些也是我们要赋予第一代原型机认知系统的功能。

判断具体事件是否发生的能力（事件推理能力）

第一代原型机的 AI 继承了部分人类的推理技巧，能够利用知识帮助人类判断关心的事情是否发生。这里例举两个典型运用案例：

如果 AI 拥有症状疾病因果相关性的知识（细节到充分性和必要性的数值，比如儿童肺炎在病程的什么时期有多少比例会发生呼吸困难），就能够模仿医生的问诊判断疾病。不同于现有人为编辑的应答反射问诊 AI，第一代原型机能利用逻辑推理能力，根据更多信息，去排除需要鉴别的症状。AI 能够在问诊过程中积累病例，基于第一代原型机咨询 AI、陪伴 AI 的属性，AI 能在更广的范围内识别个体特征—疾病—症状的规律，创造超越现有临床知识的统计认知，来反哺增强问诊的能力。比如发现 30 岁的人，之前无心脏病，有午睡习惯，早睡，即使压力很大，出现心脏不适，在心脏不适出现的前两年，心脏器质性病变的样本概率接近零。类似这些细节认知是现有临床医学不会形成的。

再比如，用户被家养的仓鼠咬伤，AI 能利用知识，询问仓鼠咬人时的状态、饲养的方式（笼养还是散养）、饲养的时间，综合判断是否可以排除用户感染狂犬病的可能，最后输出类似这样的强逻辑结论："首先从 20 世纪中到今天，世界范围内没有任何家养啮齿类动物感染狂犬病的报告，从这点看你感染的风险极低；其次从 1993 年 ×× 教授公布的实验数据看，100% 的仓鼠会在被咬伤的 15 天内死亡，你的仓鼠是笼养，可以排除被其他大型哺乳动物咬伤的可能，且封闭饲养已经有一个月，假设仓鼠在一个月前被咬伤感染狂犬病，那么在 15 天前应该已经死亡。从这点看你感染狂犬病的概率也几乎为零。"

AI 作为计算机载体的智能体，它能储存无穷尽的数据，当继承了人类逻辑推理能力之后，人类智能判断具体事件是否发生的能力将极大程度地被放大，可以给人类用户惊艳且无法替代的重要帮助。

和上面目标分解一样，具体事件层的逻辑推理也依赖因果层的知识，当推理受阻时 AI 会知道需要什么知识，形成好奇点，诉诸认知系统的其他功能帮助获取。

询问获取知识

第一代原型机有无数对应到用户的终端 AI，这些 AI 贡献知识型的信息，并且能进行协同认知。

AI好奇点可能来源于用户询问但自己不知晓的知识，比如用户询问某个新药的副作用，但AI不知晓，或是上面说的来自一个认知目标分解过程的有效知识缺失，或判断具体事件是否发生的过程的有效知识缺失……

无论什么来源，当一个终端AI好奇点形成后，终端AI能够借助中央AI，从所有终端AI对应的用户中找到可能回答的终端用户去进行询问，比如肿瘤药品相关的知识找肿瘤医生，天体相关的知识找天文老师或天文学家。AI能够在获得若干答案后，综合判断选择认为正确的回答，保存为公有知识，供所有终端AI未来使用。

在这个过程中，第一代原型机能通过自发的抽象，生成哪个人或哪类人擅长哪类知识、不擅长哪类知识，哪类人的回答严谨，哪类人的回答随意的认知。此类不断积累的认知，能够让AI更精确地找到不同问题的可能回答者。

阅读和搜索

获得知识的第二种方式就是阅读。在语言部分我们讲述了赋予第一代原型机阅读大段文字包括若干类型的书籍的能力。

这里的阅读，我们可以将其分为两类，第一类是不带目的的广泛阅读。不带目的，即不因为某个好奇点而去阅读，也不因为某个细分领域的知识而去阅读。第二类是带目的的阅读，带着某个好奇或某个细分领域的知识的需求去寻找信息。我们将赋予AI运用搜索引擎搜索目标信息的能力。AI也能够像人类那样先寻找可能包含目标信息的书籍，然后通过目录寻找章节，然后检索章节的内容获得目标信息。

自发的抽象和演绎

第一代原型机能和人类一样自发地从表象的事件背后抽象出规律——事件关系。

对于第一代原型机的产品定位，抽象能力的一个运用点是发现用户日常生活的规律，能抽象出：时点规律，比如用户平时都是几点去上班，几点上床睡觉；时序规律，比如用户午饭后就会睡午觉，晚饭后就会在小区散步；频率规律，比如用户一天至少抽几包烟，一般多久剪一次头发；时长规律，比如用户晚上一般睡多久起床，平均一天看多久手机。

用户日常生活的规律是创造陪伴AI生活关怀的重要信息，因为人一旦突破规律必定有其原因，而这个原因就是AI可以关心，可以给予建议的点。比如一个用户平时都8点出发上班，而有一天突然7点已经在公司了；一个用户工作日都会去上班，但有一天突然决定待在家里；一个用户晚饭后都会散步，但今天饭后却没有……终端AI会在发现生活规律被打破时，关心原因，根据原因展开对应的话题。

统计认知能力

第一代原型机有它的产品定位，它扮演两个主要角色：其一，咨询者。把人类各个领域专家的经验和知识装入一个 AI 中，把最优质的咨询和推送服务带入千家万户。用户为了获得有效咨询，会告诉 AI 自身的相关状况，就好像你求医生判断疾病的时候肯定要告知各种身体状况那样。其二，用户的陪伴者。AI 会像一个好朋友那样逐渐熟悉一个用户，熟悉他的过往经历、家庭工作状况、日常的作息活动规律、对各种事物的喜好等。

关于这样的产品定位，AI 有着数据优势，它拥有的不仅仅是传统电商能够获得的用户购买过什么、浏览过什么的平面数据，而是如同一个亲密好友、贴身秘书那样立体的用户画像。基于这个潜在的数据获取能力，我们将赋予第一代原型机统计认知能力。

当 AI 获得一个好奇点，比如"什么生活饮食锻炼习惯能让心脏不太好的人心脏变得健康"，AI 就能从历史的样本中识别相关性创造猜想或是把已有的有一定置信度的知识作为猜想，比如因为已有数据或知识猜想表明按摩心经或正念冥想和心脏不好的人的心脏健康相关。这个时候 AI 能够形成好奇点，通过带目的询问获得更多完整的样本，验证猜想。在合适的语境下询问用户，比如"你刚才说容易气喘吁吁 / 心慌，是不是心脏不太好啊""你有尝试过正念冥想 / 心经按摩吗"。这样 AI 能从数亿人口中找到心脏不太好的人，了解他们是否有坚持按摩心经或正念冥想，跟进后续心脏健康的变化。

在获得最初因果相关性规律后，AI 能够进一步从数据中猜想背后隐藏的更直接的联系，如同上面那样由猜想，创造验证的数据，验证……通过这种模式 AI 能不断逼近表象背后更源头、更精准的规律。最后 AI 会输出类似这样的结论："我发现心脏不好的人，如果是压力偏大的群体，坚持正念冥想的人中有 70% 心脏在 2 年内变得更健康，相比之下，没有正念冥想的人群只有 10% 的人心脏变得更健康；坚持正念冥想但没有对焦虑心态形成显著改变的人中有 15% 心脏变得显著更健康，这说明影响心脏健康的关键变量是压力和焦虑。我将考察更多用其他方式成功排解压力的心脏不好的人群，如果猜想正确，这些人中应该也会有接近 70% 的人心脏变得健康。"

发现背后的机制

我们会在第一代原型机上再现人类发现事物的机制，细化统计认知所得的因果链条的能力。人类的这个能力，为人类创造现有文明提供了主要的贡献。

统计认知发现的只是因果相关性，知识的充分性和必要性都未必很高，所以此类知识指导实践的能力有限。比如发现一款癌症药品对某种癌症的有效性是 30%。当我们想要把这个 30% 提升到 95%，就需要去考察这个癌症形成、转移、发展的机理，也就是导致事件发生、维持背后的因果链条。知晓了这个，我们就能实现对目标的精准干预。

这个细化统计认知所得的因果链条，发现事物背后机制的过程，一般以统计认知为起点，过程中依然需要统计认知的参与，也需要具体事件是否发生的推理的参与，比如得到因果链条的猜想后设计实验，而需要间接观察的办法考察那些无法直接感知的因果链条中的事件是否发生，它是一个综合的认知功能。

五、情绪系统功能

我们赋予第一代原型机类人的情绪系统。为了两个目的：其一，我们希望终端 AI 能够担任陪伴者的角色，所以它需要足够像人，有类人的情绪系统和认知系统，让人与之沟通相处的感觉如同和人沟通相处，而不是一个愚蠢冰冷的机器。其二，人类的情绪系统创造情绪感受是表象，情绪系统 70% 以上的内容都是和决策相关的，所以第二个目的就是再现类人的决策机制。

类人的决策形成机制

第一代原型机具有类人的决策形成机制，两类因素会贡献于决策动机的形成：第一类，对自身感受和利益的趋向；第二类，因为指向群体中其他对象的指向性情绪创造动机。

第一类包括两个来源：

其一，我们会让 AI 拥有类人的喜怒哀乐的全局情绪。AI 对全局情绪有倾向，而能够从过往经验知晓什么活动能改变什么全局情绪，所以形成对活动的倾向。

其二，我们会让 AI 对某些意识到的感受信息具有渴望，这些感受先天定义在基础的事件和行为中，之后 AI 能够通过经验知道什么行为或活动能带来怎样的感受。因为对行为预期可带来的感受具有不同程度的渴望，从而会形成对行为的选择。

我们会赋予 AI 和人类类似的渴望模型：每个感受的渴望会随着时间增长，有能够达到的最大值，感受到时会将渴望释放降低，转为愉悦的感受。部分感受的渴望需要通过感受实践被逐渐唤醒。

第二类来自指向性情绪的动机主要有三种：

其一，对敬畏等指向性情绪创造"指令效用"，AI 会根据这些指向性情绪的程度，把对方的祈使表达考虑入自己的决策中。

其二，爱、友善等指向性情绪创造"利他反应"，AI 会通过投射——把自身的情绪反应规律作为他人的情绪反应规律，理解一个事件对对方的正面或负面程度，把对对方有利的事纳入自己的决策评估中。

其三，仇恨、敌意等指向性情绪创造"害他反应"，形成机制和利他反应相似，却是把对对方不利的事纳入自己的决策评估中。

除以上两类之外，还有一个特殊动机的来源就是来自于其他动机转移。AI 能够根据因果类的知识转移动机。如果 AI 的行为空间只有和用户的对话，这个机制就难以有用武之地，但如果 AI 存在于虚拟世界中，比如运用于游戏，我们就能创造如人类一样通过认知转移动机以实现原始目标的虚拟生命。

不同人格的 AI

整个情绪系统的模型有很多控制参数，能够赋予不同终端 AI 不同的人格。

一个参数控制了意识到预期还没发生但可能发生的事情创造情绪的程度，这个参数调低就会创造出不会为预期发生的好事或坏事高兴或忧虑的 AI；调高这个参数就会创造出对还未发生的事情忧心忡忡的 AI。

相对地，对应一个参数控制了意识到已经发生的事件时再现当时感受的程度。这个参数调高，AI 就会难以从悲伤、恐惧中走出来，当然对于带来正面情绪的事件也会回味更久，AI 更容易从以往的经验中吸取教训；这个参数调低，就会创造很快能从负面情绪中走出来的 AI，也是那种好了伤疤忘了疼，不从过往经历吸取教训的 AI。

一个参数控制了预期未来发生事件的决策权重，如果这个参数高，决策的时间折现大，AI 就会更注重当下的享受，不会为避免远期的负面事件或实现远期的正面事件而努力，呈现出短视人格。如果这个参数低，决策的时间折现小，这样的 AI 更倾向为未来努力，AI 会更加未雨绸缪，呈现出远视的人格。

一个参数控制了爱和友善的指向性情绪，这个参数能多大程度把对方的立场纳入自己的决策，这个参数高，AI 就更倾向于帮助和为他人自我牺牲，更加热心，呈现出"利他人格"；这个参数低，AI 就对朋友亲人的事漠不关心，呈现出冷漠的人格。

一个参数控制了仇恨和敌意，这个参数能够多大程度把给对方带来伤害的事件纳入自己的决策，这个参数高，AI 就有更强的攻击性，更强的报复性；这个参数低，AI 的攻击性低，也更宽容。

另外一些参数控制同情心、欺侮反应等其他人格特征的强弱，这里就不一一例举了。

除了用模型中的参数制定 AI 人格，人类情绪系统中还有很多先天设置，同样在 AI 身上我们可以通过改变这些先天设置创造不同的 AI 人格。

在渴望模型中，AI 毕竟不具备人类的感官能力，所以尽管我们效仿人类创造了渴望模型，但 AI 情绪变量的构成是和人类不同的。对于渴望模型，我们可以通过设置每个终端 AI 对不同感受积累渴望速度，渴望最大值，以及唤醒系数，来创造具有不同渴望特征的 AI。

在经验决策中，我们可以设置什么感受是 AI 厌恶的、趋向的，每种感受会带来怎样的全局情绪的改变，设置不同 AI 对不同全局情绪在决策评估时的权重。这些都会导致 AI 人格细微的差别。

MTS50 话题

MTS 是 Main Thinking System——北冥最早的类人人工智能系统的缩写。我们从 MTS 中继承了一小部分内容，搭建了现在商用的 AI 引擎系统。在北冥星眸成立后的前两年的时间，北冥星眸一起创业的伙伴，包括现在已经离去的陈亮、陈浩，一起为这个系统付出过心血。那个时候，在整个理论的巨大拼图还只是些零散的碎片的时候，我们仅凭一个方向、一个信念，就开始了类人人工智能工程实践。

"所有被丢弃的，最终会被捡起来，因为方向是对的。"我们在这本书中履行了最艰难的时候对团队所做的承诺。我们也将让第一代原型机继承 MTS 这个早期人工智能系统的名称，向无所畏惧地为了改变世界的梦想而努力付出的行为致敬！

在这本《思维工程》中，我们的要求是不做泛泛之谈。所有对人类智能表象的讨论，需要有机制层面的总结，所有机制层面的总结需要在工程上定义实现的模块，所有模块的功能需要设计实验去验证测试。唯有如此，本书才能作为第一个原型机的搭建计划，而不仅仅是如同上一本书《思维工程导论》那样，只是启蒙读物。因为这个原因，本书的正文乃是为工程实践而写，如果读者以浅尝辄止的了解为目的，我们准备了此序，作为第一代原型机构架的核心精神的总结。当然对于那些准备投身思维工程，加入"创造下一个时代"队伍的伙伴，本序也是快速形成理论整体视觉最高效的文本。

TOPIC 1：意识流和思维工程

你所意识的，为你所感受到的信息。感受分为外感和内感，外感源于感官，比如看到的、听到的、闻到的、尝到的……"内感"则包括了感到的情绪、感到的思维、感到的动机……如果我们认同意识感受必定是对某种信息的感受，意识必定是对某种信息的意识。我们把这个信息创造感受和意识的地方叫作意识流（Conscious Flow，CF）。简单来说，当信息进入"意识流"中，我们就能意识到或感受到。

"我为什么会感到愤怒""我感到愤怒后产生了什么动机""我如何得到这个结论""什么信息决定了我的这个表达的形成""表达动机因为什么原因被抑制了"……这些问题是思维工

程理论的起点。整个思维工程的认知建立在对人类自身智能机制的视觉之上。形成这个视觉最有效的方式是"内省"。何为内省？如同上面那样考察每个被意识到的信息如何形成，会创造怎样的反应为"内省"。

当你安静地在房间盘腿打坐，听着屋外的鸟声、淅沥的雨声，感受心中不断生成的思绪和念头……此时，你会感到被意识到的一个信息创造了另外一个被你意识到的信息，让意识如流，延绵不绝。你会意识到，在你的脑中有"规则"组织了这些信息相互生成。当我们考察了足够多的样本，我们就能够逐渐抽象归纳出背后的这些"规则"，形成以意识流为核心的信息储存、运算、创造反应的机制的视觉。

我们可以这样形象地理解人类的意识流。如果把人类大脑中流转的信息类比为食物，那么意识流就像日本寿司餐馆中的传送带。最初传送带上的食物是感官放进来的，接下来食物被食客，也就是智能系统中的功能模块拿走。这些食客不仅仅拿走信息，还会按照自己的逻辑加工信息，把加工后的食物放回到传送带上。有些食客拿来食物进行复制储存形成记忆，有些食客拿走传送带上的食物后会寻找记忆中的相关食物来创造新的食物，有些食客拿走信息创造了语言或行为的输出。

TOPIC 2：信息的表述

意识流结构描述了类人 AI 信息层面的结构，包括了信息的流转、储存、处理。而信息需要载体去承载，去表述。我们可以把一幅画保存为点阵信息，点阵信息就是这幅画的信息载体，也是对图画信息的表述；我们可以用自然语言表述各类信息，自然语言就是它所表述的信息的载体；在计算机中任何信息都可以表述为 0 和 1 的序列，这个序列就是计算中流转、保存、运算的信息的载体。

对于人类，自然语言并不是大脑中信息表述的形式，最基本的人类的思维、记忆都可以独立于自然语言而存在，其次，自然语言的不严格性决定了它不是一种可运算的语言。人类大脑中有一个先天的符号系统存在，作为信息的载体，对所有人类大脑可处理的信息进行表述。因为和自然语言一样是个符号系统，我们称其为"先天语言"。

类人智能的先天语言作为一个符号系统需要满足两个条件：

其一，能够对客观世界的信息进行表述。

其二，能够支持人类以抽象、演绎为核心的逻辑运算。

第一个条件容易达成，计算机的 0、1 序列，自然语言都符合这个条件，但在第一个条件达成的前提下又要支持人类核心的逻辑运算，就对信息表述的形式形成了限制。人类的信息表述是以概念为信息单元的结构化表述。接下来我们来解释这点。

TOPIC 3：概念和结构化储存

尝试去描述记忆中你自己的房间，描述自己昨天一天的经历。当你尽可能具体地去描述所有信息，你所描述的就近乎是你所记忆的，这个时候考察你的记忆，你会发现你记忆的内容比想象的要少很多、抽象很多。

对于对象，你的描述无非是对象的属类、形体、颜色、质地等属性和属类层面的信息，因为这些属类和属性概念组成了你对一个对象的记忆；对于场景，你的描述无非是场景中的对象和它们的相对关系，比如房间的窗前有书桌，桌上放着书，书中夹着笔……这些对象概念以及它们的位置关系构成了对空间场景的记忆；对于经历，你描述的无非是昨天感知的各种事件，而描述的事件中无非包含了比如行为主体、行为、行为的施与对象以及具体发生的时间、地点等概念，也就是这些概念构成了你对事件的记忆。

我们总是用熟悉的概念作为素材，以特定的结构组织这些概念以生成我们的记忆。这些在特定结构中被其他概念定义的概念，我们称之为"衍生概念"；而那些最原始的概念素材，那些自存而不是被定义的概念，我们称之为"根源性概念"。

根源性概念比如各种物理属性：颜色、形体、轻重、冷热……体感相关的：痛痒、安静嘈杂、疲劳、充满活力……全局情绪：愉悦、抑郁、恐惧、焦虑……指向对象的情绪：喜欢、厌恶、敬畏、鄙夷……动机相关的：渴望、逃避、奋发、倦怠……这些都起源于智能系统对意识流中原始感知信息先天的分辨能力。分辨能力创造了根源性概念，根源性概念通过蕴含关系的结构组织生成了衍生概念。

人类的记忆是一个概念构成的大厦，从概念相互构成的关系来看，这个大厦是有大体层级的，而不是一张理不清关系的概念和概念间组成的复杂大网。在大厦最底层的是"属性层"，包含了属性、行为、对象类；第二层是"事件层"，包含了对象行为类型的事件，还包含了对象属性类型的广义事件；第三层是"事件关系层"，包含了事件间的各种关系，如时序关系、意味关系、各类因果类型的关系等。理解这三个层级是理解人类对客观世界认知力形成的基础。

TOPIC 4：统辖关系

概念之间的关系很多，而人类所有的核心智能功能几乎都覆盖识别、认知、语言、情绪、行为，其运算都基于一种关系：统辖关系。如果要说人类智能有核心的话，基于统辖关系的运算就是一切的核心，一种运算作用在不同类型的信息中分化出了各种核心智能功能，形成了对这个核心的视觉，我们才会感到"造物主造人，大道至简"。我们接下来的主体讨论将围绕这个核心展开。

一只具体的猫属于猫这个对象类，猫属于动物；淡红、深红都属于红色；快跑、慢跑都属于跑……这是我们熟悉的从属关系，从属关系是统辖关系的一种。从属关系是就最底层的属性层而言的。当我们用属性层的信息组织事件信息，事件信息之间就可能因为组成元素之间的从属（统辖）关系而具有统辖关系。比如小香槟吃雪糕和人吃甜食之间，小香槟长很胖和人长胖之间，这两组事件中每组的两个事件我们都能感到存在类似从属关系的"统辖关系"。

一般而言，对于相同结构的两个信息，如果前者每个位置的概念，都是后者对应位置概念的子类，那么前者是后者的子类。我们把这两个信息之间的关系称为"统辖关系"，对应位置子类概念和母类概念之间的对应称为"约束映射"。

统辖关系定义了信息的母类子类关系，根据统辖关系作用的信息类型不同就有相应的人类智能的核心逻辑，它们可表述为："凡是定义在母类的知识，可以被子类继承；凡是定义在母类的表达、行为或思维的反应模式可以被子类继承；凡是定义在母类的语法映射可以被子类继承；凡是定义在母类的情绪反应可以被子类继承。"后面我们会形成对这些先天逻辑的理解。

TOPIC 5：抽象过程

客观世界有繁然的表象，人类认知的第一步是通过表象，发现背后的规律。所谓的规律就是事件类之间的关系。打雷以后会下雨，这个规律是事件类之间的时序关系；人着凉了会感冒，这个规律是事件类之间的因果关系。

规律是事件类之间的关系，而我们直接感知到的永远是具体事件。从具体事件生成事件类的运算就是抽象。比如"人吃糖"是"小香槟吃棒棒糖"的抽象，"人长胖"是"小香槟长胖"的抽象。一般而言，在一个结构信息中，我们把构成元素替换为它们的某个母类，生成一个新的结构信息的过程就是抽象。我们对照上面的例子考察这个一般定义，可以看到，按照统辖关系的定义，抽象运算的输入信息必定被输出的抽象后的信息所统辖。

小香槟吃棒棒糖后就长胖了，这个是最顶层两个具体事件之间的时序关系。当我们把小香槟替换为母类"人"，棒棒糖替换为母类"糖"，这个具体事件关系的结构信息就抽象生成了事件类之间的时序关系：人吃糖后会长胖。

抽象生成的知识总是一种猜想。而且一条表象层的具体知识能够同时抽象出多条不同的抽象知识。但概率上解释力强的知识在以表象为起点的抽象中复现的概率要高于解释力弱的知识，或更精确地表述为生成的知识的复现能力反映了知识对表象的解释能力。借此，当每次抽象生成时，我们都在记忆中增加抽象所得的知识的强度，解释力强的正确的知识就会逐渐凸显出来。

TOPIC 6：演绎过程

当爸爸看着小香槟吃棒棒糖的时候，他看到的是具体的事件，又如何知晓这个具体的事件意味着什么？

因为知识总是建立在事件类之上，而按照人类智能的先天核心逻辑，"凡是母类参与的知识可以被子类所继承"，所以第一步我们需要找到具体事件"小香槟吃棒棒糖"的母类。我们把为一个结构信息寻找母类结构信息的过程叫作"统辖搜索"。按照统辖关系的定义，针对特定结构信息的统辖搜索，需要逐一检测集合中的信息是否和输入信息是同一结构，其次，每个位置的元素是否是输入信息的母类。一旦满足这两个条件，我们就认为找到了母类。

假设通过统辖搜索，我们找到了"小香槟吃棒棒糖"这个事件的母类"人吃糖"。接下来我们发现"人吃糖"的事件类参与到了知识"人吃糖导致人肥胖"。按照先天核心逻辑，"人吃糖"作为母类参与的知识"人吃糖导致人肥胖"可以被子类"小香槟吃棒棒糖"继承。继承的过程如下：先在统辖搜索中记录子类和母类之间元素的对应关系，也就是约束映射。然后在母类参与的知识中把母类替换为对应的子类，生成具体层的事件关系。在这个例子中，我们把"人"替换为"小香槟"，把"糖"替换为"棒棒糖"，就会得到："小香槟吃棒棒糖导致小香槟长胖"。这就是继承所得的知识。这个运算过程称为演绎。

我们来总结演绎的一般步骤：

1. 统辖搜索寻找结构信息的母类。

2. 寻找母类所在的信息组（信息组中两个结构信息有某种关系）。

3. 建立子类元素到母类元素的约束映射。

4. 根据约束映射替换母类所在的结构信息组中的所有母类元素为子类元素。生成的信息组即为演绎运算的输出。

当这个信息组中的结构信息是事件，关系是因果关系，如果统辖搜索到的是原因事件，那么演绎就会获得一个结果事件，这就是预测演绎。上面这个例子我们通过"小香槟吃棒棒糖"，演绎出"小香槟长胖"就是一个预测演绎。如果统辖搜索到的是结果事件，演绎所得原因事件，这就是归因演绎。

TOPIC 7：反应模式

我们前面做了比喻，把意识流结构比作日本餐馆的传送带，有的食客拿走信息、加工信息、放回信息；有些食客拿走信息创造语言或行为的输出。

这里每个"食客"都定义了某种反应，一个"食客"拿走意识流中的信息，向意识流中写入认知类型的信息，这个反应叫作思维反应；一个"食客"拿走意识流中的信息，向意识流中写入情绪感受，这个反应叫作情绪反应；一个"食客"拿走意识流中的信息，创造表达，这个反应叫作表达反应；一个"食客"拿走意识流的信息，输出行为，这个反应叫作行为反应。

所有这些碎片的反应，通过意识流相互衔接，创造出宏观的思维、行为、语言。我们把碎片的反应组成宏观思维、行为、语言的逻辑叫作反应模式。对于宏观的行为和语言而言，行为反应和语言反应都是创造输出的最后一步，前面往往有思维反应和情绪反应创造的输出。

TOPIC 8：反应模式的信息表述

我们先以行为反应为例来讨论反应模式。反应模式的信息单元由四个要素构成，即宏观行为—触发—条件—执行。

宏观行为和基础行为相对，宏观行为必定有其反应模式的定义，而基础行为是原子的执行，无法再被分解。比如"招待客人"可以视为宏观行为，它必定有旗下反应模式的定义，而"倒茶"可以视为基础行为，因为不可再分解。

触发的信息定义在意识流中，当一个宏观行为被激活，系统就会开始判断触发信息的子类是否出现在意识流中。一旦出现，就会在记忆中判断条件，如果条件符合就会激活执行。比如在"招待客人"这个宏观行为中，有一条反应模式：触发为"客人到会议室"，条件为"客人为投资人"，执行为"为客人准备饮料"，也就是"当客人到会议室，如果是投资人它就会准备饮料"。按照反应模式信息驱动的逻辑，当"招待客人"的宏观行为被决定执行，此时意识到客人到了会议室，判断发现客人是投资人，就点亮了"为客人准备饮料"的执行。

然后我们来看执行，一个执行可以是另外一个"宏观行为节点"，也可以是一个不可拆分的"基础行为节点"。比如上面例子中"为客人准备饮料"就是另外一个宏观行为节点，下面会有类似这样条件—执行逻辑："如果客人经常喝某种饮料则确认这次是否还是喝这种饮料""如果不知道客人经常喝什么，则询问客人要喝什么"。这两条反应的结果是能够获得客人要喝什么的信息，于是还有一条反应模式信息"知道客人要喝什么饮料，就为客人准备什么饮料"。这里作为执行的"为客人准备什么饮料"又是一个宏观行为……

总之，一个宏观行为节点包含的信息往往是诸多层级的：一个宏观行为节点直接包含了若干作为子行为的宏观行为节点，这些宏观行为节点又包含若干宏观行为节点，直到那些不可分解的基础行为（思维、表达）。每次一个宏观行为节点被激活后，旗下的条件—执行就处于一种预激活状态，思维开始在意识流中检测是否存在这些条件的子类信息，条件成立时就激活旗下的执行，而这个执行就有可能是另外一个宏观行为节点。

TOPIC 9：反应模式的本质

反应模式是定义在母类上的。我们前面讨论过人类智能的4条核心逻辑，其中一条是说"凡是定义在母类的反应模式可以被子类继承"。继续前面的例子，"招待客人"就是母类，"招待王总"就是子类。

当作为子类的具体宏观行为被激活，就会在宏观行为集合中进行统辖搜索，寻找其母类，统辖搜索会建立宏观行为构成元素的母类到子类的映射，也就是约束映射。为了继承母类宏观行为的反应模式，就会用约束映射的子类元素替换反应模式中每个信息中的母类元素，生成具体的触发信息、条件信息以及执行信息。这个过程就是我们上面描述的演绎过程。

延续上面的例子，最上层的宏观行为"接待王总"，演绎出了"当王总到会议室时，如果王总是投资人就给王总准备饮料"。如果意识到王总到会议室，且假设王总在记忆中是个投资人，就会激活具体宏观行为"给王总准备饮料"。然后系统会统辖搜索到"给王总准备饮料"的具体宏观行为的母类"给客人准备饮料"，然后演绎这个宏观行为后的反应模式。

所以反应模式的本质和知识一样，也是定义在母类上；定义在母类的反应模式可以被子类继承，正如同定义在母类的知识可以被子类继承；继承的过程也是演绎；后面我们看到反应模式可以从观察具体的反应中抽象生成，正如同知识可以从具体层的事件关系中抽象生成。

TOPIC 10：反应模式的二态性和反应模式的习得

反应模式具有二态性，既是认知态的又是执行态的。它是认知态的，可以转化为语言表达出来，也可以通过语言形成；它是执行态的，可以创造具体的思维、行为、语言和情绪。在类人 AI 中，反应模式的逻辑没有写在代码里，代码只负责驱动反应模式信息生成执行。反应模式本身是被先天语言表述的。

作为认知态的信息，我们可以通过语言教授对象如何完成一个行为任务、思维任务或表达任务。比如前面的例子，我们可以告诉 AI 如何去接待客人，AI 会生成对应的反应模式信息，而作为执行态信息。反应模式信息可能转为执行实践。这就是反应模式的语言教授。

作为认知态的信息，智能体可以通过观察其他人是如何完成一个行为任务的，生成具体的宏观行为—触发—条件—执行信息，通过观察诸多样本就能抽象出背后抽象层的宏观行为—触发—条件—执行信息，也就是反应模式，而作为执行态信息，反应模式信息可能转为执行实践。这就是反应模式的模仿习得。

作为认知态的信息，我们可以观察反应模式中的策略和达成目标的效果，可以对自己以及他人反应模式的得失形成反思。也就是 AI 可以把自身思维模式、行为模式和表达模式作为认知的客体，在反思中修正优化。这就是反应模式的反思优化。

TOPIC 11：意识流信息爆炸和选择机制

一个意识流中的信息可能被多个食客拿取，创造多个信息放回到意识流中，而这些信息每个又可能被数个食客拿走，创造更多的信息放回意识流，如此意识流的信息理论上就有可能出现指数爆炸。人类的意识流是单线程的，每一时刻只允许一个食客拿走信息，加工放回信息，然后意识流中关注度最高的信息再来选择它的食客。如果我们要发挥 AI 的载体优势，我们就需要突破单线程的限制，但突破的代价就是潜在的意识流信息爆炸。

于是在工程上，我们创造了选择机制来避免意识流的信息爆炸。

我们来描述一下选择机制：

其一，所有意识流中的信息在写入后需要被评估关注度，这个过程对于人类是存在的，且是系统自发完成的，不受意志控制。我随便说一个概念或事情，你可以在一瞬间决定这个信息是你关注的还是不在意的。

其二，所有反应模式的信息单元维护了自身的一个阈值，不处理关注度低于此阈值的意识流中的信息。也就是说，即使意识流中的信息是某个激活的反应模式中触发信息的子类，是这个反应逻辑食客的"食物"，还需要关注度高于该模块的阈值，才会被处理。

其三，系统能够监测系统的运算消耗，在运算消耗接近负荷的时候通过一个控制变量，同比例升高所有模块的阈值。我们可以想象这个操作能够让所有模块变得不倾向摄取和加工信息，系统的运算消耗会马上降低。

选择机制能创造很多类人的表象，最重要的就是 AI 能集中智力资源在重要的任务上。如果我们认为一个宏观行为（任务）很重要，希望集中资源来处理它，那就可以降低旗下反应模式的阈值，进入意识流的信息只要是该反应模式定义需要处理的，哪怕关注度再低也会被读取。这样一来这个任务就有可能占据大量运算资源，意识流中出现的也都是和这个任务相关的信息，一旦运算资源突破负荷，控制变量就会同比例升高所有反应模式单元信息的阈值。这样一来，其他宏观行为都会被抑制。

TOPIC 12：反应模式固化

如果我们重复完成一个任务，我们会越来越熟练，反应模式会变得越来越高效，这个过程反应模式会变得固化。反应模式固化的过程，使其在完成任务上变得更加高效，针对性变强，对相关信息的关注度要求降低，最终甚至能下意识地完成。

当你入驻一个酒店，你需要探索以找到自己的房间，你会先寻找电梯在哪儿，出了电梯后找房间指示牌在哪儿……第一次探索房间的过程，你会记忆电梯的位置，房间在几层，出了电梯怎么走，房号是多少，之后你会通过观察识别那些特征信息以完成进房间的任务……进出多次后你可以完全沉浸在自己的思绪中，下意识地找到自己的房间。一开始我们是在探索如何完成任务，之后变为按照既定程序识别处理周围的信息以完成任务，最后变成可以下意识地完成任务。

一开始为了完成一个目标，我们会激活相关的探索层的宏观行为，降低旗下反应模式的阈值，提高和这个任务相关信息的关注度，资源被集中起来以实现在探索中完成任务；之后针对此任务的反应模式形成。普适性强的反应模式无法拥有低阈值，否则它将遍地开花；针对性强的反应模式可以有低阈值，接收意识流中低关注度的信息。所以配合针对性强、阈值低的反应模式的形成，和这个任务相关的信息就可以以非常低的关注度出现，这些信息因为关注度很低，所以不会和其他模块产生反应，甚至不会被记忆（因为记忆也是一个反应模式信息，信息的关注度低于阈值，它就不发挥作用）。我们会误认为它是不被意识到的，但这些信息能够和这个针对性强阈值低的反应模式配合完成对应的任务。很有意思的是，在这个过程中，特定任务看上去拥有了自己的"任务信息频道"——因为生成的信息可以是低关注度的，所以只被和这个任务相关的模块接收处理。

TOPIC 13：自然语言

人类思维的运算依赖人脑中的符号系统——先天语言作为信息载体进行。很遗憾对于人类，以先天语言编码的信息是无法直接输出的，所以无法作为个体间沟通的信息。自然它要把自己映射到某种声音符号里，映射到图像符号里，这样意识流和记忆中被先天语言编码的信息才可能被输出，被其他个体知晓。于是就产生了声音符号和图像符号组成的文字。我们把一个人类群体自然演化出的先天语言到声音图像符号的统一的映射约定叫作自然语言。自然语言的信息本质是一种映射。

当一个个体试图向另外一个人类个体传递脑海中用先天语言"编码"的信息的时候，需要把这个信息转为自然语言，形成自然语言输出。从先天语言"编码"的信息转为自然语言"编码"的信息，我们称之为"逆转录"。

当一个个体听到自然语言组织的信息，要转为先天语言信息，信息才能被理解、运算、储存、创造反应。从自然语言"编码"的信息转为先天语言"编码"的信息，我们称之为"正转录"。

自然语言让人类的认知活动从独立进行的变为协同进行的。个体的感知经验和创造的知识可以通过语言传承。自然语言是人类文明的关键组成，也是我们要创造的类人人工智能的重点工作。无论我们的意图是在机器上重现人类的认知活动，还是去创造一个高度拟人的 AI 伙伴，我们都需要赋予机器自然语言的能力。

TOPIC 14：表达动机、表达策略、表达信息单元

表达反应、思维反应、行为反应都是由类似的机制驱动的，我们称之为反应模式。前面我们以行为为例子讨论了反应模式，一个宏观行为节点包含了旗下的反应模式，当一个宏观行为节点被点亮，旗下的条件执行就处于激活状态，系统开始判断条件信息是否出现在意识流中；当条件满足时，我们点亮执行，而执行可能是另外一个宏观行为节点。

这里表达动机可对应到宏观行为节点。表达动机包含我们通过表达可以直接实现的目的，包括传递某些信息，向对方索取某个信息；改变对方的动机，促使或阻止对方的行为；改变对方的情绪，改变对方对某个对象的态度；等等。当然一个被激活的表达动机可以来自于其他目的的分解，比如爸爸希望儿子成功，所以就想把脑海中关于商业的知识传递给儿子。

为实现一个表达动机，我们会有表达策略。表达策略是一个表达动机作为宏观行为节点旗下的反应模式。比如为了改变对方的动机，说服对方做一件事情，我们可以列举做了这事的好处、不做的坏处，这是理性分析的说服策略；我们也可以威胁、利诱、撒娇，这些也是达到说服目标可以用的表达策略。表达动机包含的表达策略，是以条件执行为基本形态的信息，而执行可以是另外一个反应模式对应的宏观行为节点。

和行为反应一样，最后所有的宏观行为分解都会走到基础行为——不可继续拆解的行为，在这里不可继续拆分的表达也就是表达信息单元。表达信息单元是原子的语义信息，是先天语言转为自然语言前最后的信息形态，也是自然语言转为先天语言最初的信息形态。后面会看到，语法就是表达信息单元到自然语言句子结构的映射。

和一般的反应模式一样，这样的信息表述具有二态性，既是认知态的，所以可以通过语言进行修正，可以通过观察他人的反应模式进行效仿；又是执行态的，可以驱动自己在特定语境下的表达。最后所有的宏观行为分解都会走到基础行为——不可继续拆解的行为（表达），

在这里也就是表达信息单元。表达单元信息内部每个位格的信息就对应行为中的参数，这些参数从何处获得赋值正是我们在反应模式中定义的。

TOPIC 15：语言的习得

在幼儿早期的语言学习过程中，幼儿需要记住物体的概念对应词汇如"球""苹果"等，记住属性的概念对应的词汇如"红色""热""轻"等，需要记住行为概念对应的词汇如"打""扔"等……然后幼儿需要掌握一个结构信息，对应到怎样的句子结构，这个对应就是语法。比如一个由诸多元素组成的事件结构信息，我们把这个结构信息简单表述为：主语对象 = 妈妈，行为 = 表扬，行为施与对象 = 我，时间 = 昨天下午。一个事件结构信息陈述的合法的语法结构为"时间 + 行为施与对象 + 被 + 主语对象 + 行为"，按照语法结构生成的语言就为"昨天下午，我被妈妈表扬了"。

总结而言，我们学习一门语言的过程，归根结底包含且仅包含两个内容：一是这门语言词汇到概念的对应；二是这门语言约定的先天语言中的结构信息到句子结构的对应，也就是我们说的语法。此两者概括了人类学习一门新语言所做的事情。幼儿能够表达词汇和按照语法表达结构信息。接下来就靠语言动机、表达模式组织完成大段表达的组织、个体间的语言互动。

我们之所以不向 AI 导入词库，导入词汇到概念的对应，导入语法映射，而把大量的工作放在构建人类学习一门自然语言的机制上，主要有以下两个原因：

1. 新的词汇、新的概念会随着时间产生，而语法有自然分化的倾向——尽管对于较为抽象的结构信息已经存在语法映射，但总是会有新的语法映射产生以针对更具体的信息结构的表达。

2. 每个群体、每个家庭，甚至每个个体都会形成独有词汇到概念的定义，形成独有的表达习惯，也就是语法。从表面上看标准的语法很有限，但实际上考虑所有非标准的表达习惯，语法信息本身是海量的。

TOPIC 16：语法映射的本质

前面我们讨论过人类思维的核心关系——统辖关系，以及核心运算抽象和演绎。我们讨论的统辖关系是针对事件层的结构信息，而抽象、演绎都是作用在事件因果关系上的。抽象就以具体事件和它们的因果关系为起点，猜想出事件类结构信息之间的因果关系。而演绎则是通过识别具体事件和事件类的统辖关系建立约束映射，根据约束映射，替换与此事件类有因果关系的另外一个事件类中的母类元素为子类，生成原因事件或结果事件。

我们丢掉这个表述中的约束，来考察这两个运算更一般的形态。抽象可以概括为以两个结构信息和它们的某种关系为起点，生成对应的结构信息类以及之前关系的猜想。而演绎则是通过识别某个具体的结构信息 A 和结构信息类 A* 的统辖关系，建立结构信息组成元素的约束映射，根据约束映射，替换与此结构信息类有特定关系的另外一个结构信息类 B* 中的母类元素为子类，生成具体层的结构信息 B 的过程。

如果我们把句子（概念替换词汇后的句子）也视为某种顺序关系组织的结构信息。那么语法映射和事件间因果关系（也可以看成一种映射）的本质是一样的，都是结构信息到结构信息的映射。所以当具体的作为语义的结构信息和对应的句子结构信息产生对应，抽象能力就能生成抽象的结构信息到句子结构的映射，也就是语法映射。而正转录和逆转录的本质都是演绎过程：正转录是通过统辖检测识别到作为大类的句子结构，建立约束映射，用子类替换对应语义结构信息中的母类信息生成具体的语义结构信息；而逆转录则是通过统辖检测识别到作为大类的语义结构，建立约束映射，用子类替换对应句子结构信息中的母类信息生成具体的句子结构信息。

TOPIC 17：空白积累阶段和持续积累阶段

自然语言的学习有两个阶段：空白积累阶段与持续积累阶段。空白积累就是婴儿学习一门语言的状态，持续积累就是在有一定语言基础时持续学习一门语言的状态。

空白积累阶段最大的困境在于，如果没有任何语言基础，我们难以建立语义信息结构到句子信息结构的对应。因为个体根本听不懂一个表达——不知道表达的句子结构对应怎样的语义结构。但语法的习得根源于这种对应的形成。为创造具体的语义结构到表达结构的对应需要经历两个阶段。

空白积累阶段的第一时期，幼儿需要先习得对象和属性层的概念对应怎样的词汇。只要这些概念和对应的语言同时以极高关注度出现在意识流，就可以建立猜想的对应关系。我们在孩子面前晃动一个苹果，不断重复说"苹果"，正是为了让苹果的概念和语言读音同时以高关注度出现在意识流中。形成的猜想可能是错的，但随着时间流逝，正确的猜想频次强度会凸显出来。

空白积累阶段的第二时期，幼儿会尝试用先天的语法映射，去把最简单的语义结构转为表达，比如通过按顺序读出一个事件中的元素来表达一个事件，这就是一个先天语法映射定义的逆转录效果。此时幼儿的父母会猜想幼儿想要表达的语义，用正确的表达去确认。这就创造了具体语义结构和具体句子结构的对应。抽象就能发挥作用，形成语法映射的猜想。

我们可以看到，空白积累阶段需要严格的条件，且形成大量错误的对应后，需要在大量样本下才能让正确的对应显现出来，所以空白积累阶段语言习得的进展是非常缓慢的。到了持续积累阶段，语言能力就会呈现飞速的发展，相比于空白积累阶段，两个机制因为前期的艰难积累开始成形才发挥作用。

首先，如果已有语法映射存在，尽管是不精确的，听者还是有可能猜到表达的语义的。每次正确的猜想，都能够创造具体句子结构信息到语义结构信息的猜想映射，从而为抽象过程收敛到正确的语法映射提供了样本支持。这个过程不仅仅能使智能体快速纠正不正确的语法，还能积累对较为具体的语义信息的个性化表达的语法，熟悉对某一类人群特有表达习惯的语法。

其次，在语言足够支持正常的简单沟通时，智能体就能够通过沟通去习得一门语言：我们能够用它知晓的词义描述或解释它不知道的词，能要求对方重复自己没有听懂的表达，能够通过复述猜想的语义确认自己的理解是否正确，能够询问不理解的词汇，能够对对方就自身用词不当或是语法错误的纠正产生反应。

TOPIC 18：语法生长

先天语法映射是早期语法习得的起点，其过程概括为：通过已有的语法猜想对方不完全吻合的表达，实现表达信息单元（语义）到句子结构的对应，从而抽象出新语法映射。之后在这个表达方式重复出现时，这个表达方式的语法映射的频次强度就会不断增强。这个过程我们称之为语法生长。先天语法的种子是"语法生长"的起点。语法生长的机制不仅仅促使早期语法的习得，还有两个方面的作用。

其一，我们能够观察到人类幼儿开始习得语法，但在 3 ~ 4 岁时，其很多表达在语序或是结构性词汇的使用上是混乱的。这说明在这个时期已经抽象形成了语法，但抽象过程形成的语法映射存在很多错误。错误的语法只要不影响识别，那么上面的机制就能发挥作用，促使正确语法的形成。

其二，每个地方的人群，甚至每个人类个体都会有自己独有的表达方式，或者说独有的语法映射。只要不影响语义的识别，上面的机制就能发挥作用，生成隶属于某类人群、某个用户特有的语法映射，让 AI 能熟悉各种群体的表达习惯。这些语法映射帮助 AI 在识别特定人群、特定用户的表达的时候变得更加高效，有更高的准确率，附带的效果就是让 AI 能够模仿特定人群或是特定用户的表达。

TOPIC 19：省略

接下来我们要讨论三个 AI 理解人类语言的难点，这三个难点来自于人类组织语言的习惯。第一个难点来自于人类表达中的省略。省略有两种类型：语境省略和常识省略。

在沟通过程中，表达者和听者都会维护一个语境，这个语境记录了最近表达的对象、属性、行为、事件等。一旦一个具体的元素存在于最近的语境，表达者就有倾向在表达时省略掉这个信息，而听者有能力利用语境把保存的这个信息补全之。比如"狼叼了一只鸡，从洞口钻了出去，狼狈地逃跑了"。在这个例子中，后面两个句子省略了主语，但主语对象存在于最近的语境中。当我们通过已有的信息"从洞口钻出去""狼狈地逃跑了"，识别到这是一个事件的结构信息，但缺少主语对象，我们就会在语境中寻找最近的对象进行补全。一般而言，只要省略后的句子有足够的特征归属到一个语义结构，智能体就能找到结构中缺失信息的位置和所需的信息类型，然后就可以去语境中寻找是否有此类型的信息，用这个信息来填补先天语言信息结构中的缺失。

如果一个知识是常识，如果包含的信息很多很复杂，人类表达的倾向是去指向这个知识，而不是精确地表述之。所以即使我们脑海中的知识信息是被严格组织的，我们在表达的时候仍然可能只选取关键元素替代完整的事件表达。比如"人吃水果导致人免疫力提高"，我们表达出来的时候可能就变成"水果增强免疫力"。这样的表达信息发生了省略，所以对于听者，在没有这个知识的时候听到这个表达是不知道"吃水果增强免疫力"还是"闻水果增强免疫力"或是"把水果敷在皮肤上增强免疫力"。如果听者没有所需的常识，那么此时在听者脑海中生成的信息就是一个不严格的事件规律信息。

TOPIC 20：不严格逻辑能力

我们在人类身上看到了严格逻辑的能力，也看到了不严格逻辑的能力。在严格逻辑中，每个概念都力求像数学定义那样精确完整，所有运算都有明确定义域，都有确定的输出，所有的概念的语言表达在词性的使用以及语法结构上都是精确的；在不严格逻辑中，概念的定义只求"意向"正确，运算可以利用不精确的"意向"信息，概念的语言表达可以忽略词性，在语法结构上随意，追求"刚好足够指向，不引起误解就好"（这是语法分化的内在驱动原因）。我们会发现对于大部分人而言，严格逻辑在思维中的比例是极低的：我们掌握的大部分词汇对应的概念，其精准的定义我们从来没有学习过；尽管概念没有被精确定义过，却不影响我们的日常思维和沟通；我们的逻辑思维绝大比例是建立在意向层的运算上的；我们的表达是不严格、不精确的，我们也能从不严格、不精确的表达中获得语义。

TOPIC 21：概念意向的习得

有一种不精确的定义概念的方式，就是描述概念有怎样的意向。小香槟问"排山倒海是什么意思啊，爸爸？"爸爸说，"就是很大很有气势啊"。当儿童问我们一个他们不知道的概念的时候，我们总是用一个儿童可能知道的概念去描述它。对于儿童而言，如果用来描述的概念自己不熟悉，那么或是继续追问，比如小香槟追问道"什么是有气势啊"，或实际上并没有理解最初想要知道的那个概念。

在上面的例子中，我们说我们赋予了排山倒海"大"的意向、"有气势"的意向。一个概念可能拥有若干个概念的意向，人类在形成上面这种定义描述的表达时，并不是去搜索了在意向上等同包含或被包含于目标概念的概念，而是以一种非常随意的方式寻找了在意向上有重叠，且比较接近的概念。虽然我们寻找用以定义描述目标概念的概念只是和目标概念有部分意向重叠，但如果我们用足够多的概念去"意向描述之"，那么概念应有的意向就会在许多不精确的定义下因为重复而凸显出来。

所以，用另外一个概念不精确的描述定义目标概念，实际的效果是形成了一个概念拥有意向的印象，多次印象冲击会让概念应有的意向凸显；其次，作为每个独立个体，保存的概念意向就是这种不精确的形式，有点像是一个总的比重在许多意向上的分布。只是我们会把强度高的意向视为这个概念的定义意向。

概念意向另外一个很重要的习得来源是"组词意向"。人类在创造新词的时候，经常会用组词，而且很多时候组合而成的词（所对应的概念）和用以组词的词的概念相关。最经常出现的关系是包含关系，即组合的词拥有用以组织的词的意向。

我们在 AI 上建立的积累一个词汇（概念）的意向的模型是一个印象冲击的模型，只要正确意向在出现的频率上是有优势的，我们就不用担心错误的意向印象，也就是说 AI 具有容忍错误印象冲击的能力。

也是因为这个原因，人类从一个词的组词猜想词（概念）的意向，无论对错，总是无伤大雅的。我们也将赋予 AI 从组词猜想词的意向的能力，做法上就是让 AI 把用来组词的词作为形容词组的描述，这样词组就能继承组词的词的意向。在大部分情况下，这种继承能让 AI 很快地形成词组正确的意向，即使有少部分错误的情况，也可以通过后续在获取句子样本中获得正确的意向冲击，或是在错误使用时能够通过对话者去纠正。

TOPIC 22：比喻

AI 理解人类语言的第二个难点在于，人类习惯运用比喻。如果按照严格的语法模板转录就会出现混乱的语义（表达信息单元）。比如"他们的热情很快被浇灭"，严格转录出来的信息违背常理，无法运算。在这个例子中，我们把热情被"消灭"，类比为"火被浇灭"，因为"热情"和"火"有重叠的意向"富有能量的"，而火被浇灭有一种"被消灭"的意向。

读懂人类比喻的关键是，一旦识别到对一个主体信息（对象或属性）的描述，超出了常理，就要考虑是一个比喻，比如在这个例子中，"浇灭"正常是形容火的，那么就要考虑"被浇灭"是一个比喻。一旦认为是比喻就不能取其精确的语义而要取其意向的语义。"被浇灭"的主要意向是"消灭"，从而比喻背后的语义是"热情被消灭"。但是一个表达往往有多个意向，如何知道取哪个意向呢？因为在意向层面也有 common sense，一个比喻背后虽然有多个可能的意向，但能够描述主体信息的应该只有一个，否则比喻就会存在歧义，就需要在更大的语境中判断真实的表意是什么。

反过来，AI 也可以按照这个道理创造比喻。当 AI 要表达一个主体信息的某个描述，如果主体信息的意向和描述意向在意向层成对的信息——比如在上面的例子中，主体信息的意向是"富有能量的"，而描述的意向是"消灭"，它们是意向层成对的信息——AI 就要去寻找具有这个成对意向的另外的主体信息和它的描述，然后用这个主体信息的描述作为要表达的主体信息的描述，这就创造了一个比喻表达。在这个例子中就是用"浇灭"替代作为热情"消灭"。

TOPIC 23：语言同步

概念的"语言同步"也就是每个人脑海"词—概念—概念定义"趋于一致的过程。我们可以用一个概念定义另外一个概念，只要用以定义的概念是语言同步的，那么被定义的概念通过定义也可以是语言同步的。但我们知道，必定有概念不再被其他概念定义，也就是我们说的根源性概念。根源性概念如何做到语言同步呢？

根源性概念语言之所以能同步，是因为每个人类个体基本是同个模子创造的机器，我们都会在极为相似的条件下感觉到痛、痒、冷、热等，对物体的颜色、大小、长短、轻重都有近乎相同的分辨逻辑。按照这个同理假设，一个人就能够猜想出对方在特定情境下的感受，然后把此时自己对应这个感受的词汇表达出来，就能让那些根源性概念的语言（词汇）同步。

TOPIC 24：表达嵌套

AI 读懂人类表达的第三个难点是表达中的嵌套。比如"早上吃了桌上的面包的人的爸爸的猫的体重增加了"。这个句子存在多重的嵌套。

为什么人类组织表达会存在很多嵌套呢？我们知道，当我们的表述中需要引用一个概念，如果这个概念有对应的词汇，我们就可以用这个词汇指向它；而只要一个概念没有被命名，我们就无法直接用词汇去指向它。接下来就有两种可能：

第一种可能，这个概念本身是一个结构信息，此时我们可以用语法映射中这个语义信息对应的句子结构去进行表达。比如一般的事件节点我们都可以利用这种方式去指向，"早上一只老鼠吃了桌上的蛋糕，这件事让他很生气"，前半部分就是用结构信息的表述去指向事件概念。

第二种可能，如果这个概念存在于某个结构信息中，那么结构信息是对这个概念的约束，所以也可以作为对这个概念的指向。比如"昨天被老板表扬的同事今天请假了"。我们可以想象如果表达者是一个新来的人，不知道这个同事的名字，他会选择用事件指向这个同事；还有一种情况，表达者知道听者是新来的，很可能不知道这个同事的名字，他也会选择用事件指向这个同事。一般而言，智能体自己不知道概念的名称，或猜想对方不知道概念的名称，就可能选择用这个概念参与的结构信息去指向这个概念。

这两种反应模式我们都需要在要搭建的原型机中实现。

表达嵌套的存在，增加了 AI 理解人类表达的难度，工程上我们效仿人类让 AI 先识别小的句子结构，识别到所指向的概念后，用概念替换之。这样逐层解析，到最后外层的句子结构就会显现出来。

TOPIC 25：大段文字的理解

大段文字包含了很多的信息，人类在组织大段文字表达的时候，这些信息不是孤立存在的，而是蕴含了内在的联系，这些联系反映了信息在表达者大脑中的组织状况，什么信息是核心，主线的逻辑是什么，这些逻辑被什么信息支持，能够推演出什么信息，等等，这些联系是人类能够熟练使用某一成片的信息的原因。所以阅读大段文字，能理解、记忆局部片段信息只是一部分，更重要的是识别并建立这些局部信息的联系。

实现 AI 对大段文字的理解的机制，最大的意义是赋予 AI 阅读人类书籍的能力。人类最完整、最系统的知识记录在书籍中，让 AI 能像人类阅读书籍那样从人类的书本中摄取知识，决定了 AI 继承人类已有知识的效率。

一个良好组织的大段文字有自己的主线逻辑，零散的信息被用来支持主线逻辑。AI 的任务是在阅读中识别并储存文章主要表达的信息片段和它们间的关联，也就是主线信息，以及碎片信息和主线信息的关联，如此一本书每个局部的信息是被良好组织记录的。这为 AI 有条理地复述一本书的信息，以及高效地运用此领域的信息创造了条件。

对于第一代原型机，我们把人类大段的文本分为几类：以场景描述为核心的文本，以对象描述为核心的文本，以事件描述为核心的文本，以支持特定观点为核心的文本，以知识层描述为核心的文本。

其一，这些类型的文本，只要是良好组织的就有自己核心结构的特征。总体而言，核心信息是重复次数或被关联次数最多的信息，比如在场景描述中，核心对象是多次被用来描述和其他对象相对位置的那个；对象描述中，对象的核心属性在对象相关的事件中多次被意味；事件描述中，核心事件包含了最多的从属事件，或许多其他事件的原因或结果；在支持特定观点的文本中，核心观点被多次意味；在知识层描述的文本中，核心知识被很多信息意味支持，或是多次被用来创造的演绎，以生成、解释其他知识。

其二，这些以单纯目的为核心的文本可以相互嵌套以生成更大篇幅的表达。比如以场景描述为核心的文本经常嵌套以对象核心的描述；以对象描述为核心的文本经常嵌套以事件为核心的描述，比如对象在某个时期的故事或经历；以事件描述为核心的文本经常嵌套以对象为核心的描述，比如在对历史的陈述中经常插入对关键人物的描述；以支持特定观点的文本经常需要插入以事件为核心的描述以支持观点。

TOPIC 26：表达策略的习得

表达策略即实现表达目标的表达相关的反应模式。作为反应模式信息，它是一个二态信息，是一个具有认知态的执行信息。因为是认知态的信息，AI 可以通过观察其他人的对话样本习得、模仿实现某一目标的表达策略，也可以在人类的表达教授下习得表达策略或修正已有的表达策略。

AI 只要能够在人类的表达样本中识别到一个人的表达目标，以及此表达目标下的反应模式，生成的认知态的信息是可以驱动自身在同等表达目标下的执行的，所以 AI 能从观察其他人的沟通对话中习得表达策略。比如我们让 AI 阅读足够多的人类销售的对话样本，AI 能习得并模仿样本中的销售表达技巧；能够在观察人类日常对话样本中学习如何通过道理说服、威胁、利诱、撒娇去说服一个人做一件事情。

和一切反应模式信息一样，表达相关的反应模式也是建立在抽象层的信息，服从人类智能的核心逻辑——"凡是定义在母类的反应模式可以被子类继承"。最初 AI 观察并生成到的反应模式信息是具体层面的，需要进行抽象才能生成抽象的反应模式层的信息，而驱动反应模式信息创造自身执行是演绎过程。

人类修正一个表达反应模式的语言最初是对认知态信息的生成或修正。比如"你可以陈述行为带来的负面影响来说服对方不要进行这个行为"，这个是直接对抽象层的反应模式的修正表达。"你可以试着告诉她癌症是可能误诊的，也许她心情会好点"，这个是对具体的表达策略的建议，需要经过抽象生成抽象层的表达策略。

TOPIC 27：大段表达的形成

前面我们讨论了让 AI 读懂大段文字，甚至于阅读人类的书籍所依赖的机制，与让 AI 表达大段的文字，甚至让 AI 去写一本书，基本上是一个相对应的过程。

在读懂大段文字中，AI 需要识别主要的信息，识别主要信息之间的关系。我们把大段的表达按照内容分为几种类型：以场景描述为核心的表达，以对象描述为核心的表达，以事件描述为核心的表达，以支持特定观点为核心的表达，以知识层描述为核心的表达。这些类型的表达能够相互嵌套，谁嵌套谁是我们需要识别的内容。

反过来，AI 在组织大段表达的时候，需要先在思维中梳理要表达的信息，包括：要表达的主要信息，每个主要信息之间的关系；决定要用什么样的信息支持主要信息的表达，而这些信息又被怎样的信息支持，从而会出现不同类型核心内容表达的嵌套；最终所有表达都划归到以上几种类型的大段表达。

AI 因为载体特征，在对话过程中创造大段表达有自己特有的优势。

人类无论是在写文章还是在做大段的讲话，除非表达的内容重复多次，否则人类总是按照特定的反应模式，边组织要表达的信息，边生成表达的内容，前面的表达已经形成，后面组织表达的信息又发生了改变，所以产生了大量的逻辑不清晰的表达，产生大量和主线无关的碎片信息，很多和主线逻辑相关的信息和主线的关系没有得到清晰的指向。所以人类组织大段表达存在修改的空间，修改总是能够让表达更有逻辑，无关碎片信息更少，局部信息和主线信息之间的关系的指向更明确。AI 可以按照类似人类的反应模式组织一个要表达的信息，再按照人类的反应模式对组织的信息进行修改，能够在数秒内集中运算资源完成数次对表达思路的组织和修改，然后创造表达。因为这个原因，在人类对话者看来，第一代原型机在对话过程中临时组织的大段表达却能做到人类无法做到的思路清晰。

TOPIC 28：认知系统的任务

人类 AI 认知系统的任务可分为三类，此三类能力也构成了第一代原型机认知系统的功

緒　言　MTS50 话题

能闭环：其一是通过目标的分解、转移实现原始目标，其二是对客观世界事件是否发生形成认知，其三是突破已有知识的边界，发现新的知识，细化已有的知识。

通过分解目标来实现之很容易理解，比如国内本科生想要留学，他知道申请留学需要准备推荐信，需要考托福或雅思，不同学校对绩点有不同的要求……通过这些知识，他分解了目标。把动机从原始目标转移到找到教授写推荐信、考托福雅思、在每门课程取得好成绩以保证绩点等目标上。而这里每个目标又可以进一步根据知识分解，比如要让教授写推荐信需要和教授处好关系……

判断客观世界的事件是否发生是日常生活最普遍的认知任务。比如希望通过症状判断自己是否感冒，通过孩子回家的情绪表现判断孩子考试发挥好坏，通过天色判断待会儿是否会下雨，通过交通状况判断是否会迟到，通过一个黑天鹅事件判断股市明天的走势，等等。

突破已有知识边界有两种方式。其一是通过发现样本的因果相关性或规律，比如发现心脏不好的人坚持正念冥想有很大比例会改善心脏问题，这个信息就是知识；其二是发现一个事件发生的具体机制，比如发现癌症细胞形成的机制，发现植物开花结果的机制。

此三类任务不是相互独立的，它们之间有大致如下的支持关系。首先，目标依赖因果类型的知识进行转移，而判断具体事件是否发生需要因果层面的知识，因为这些知识描述了一个事件可能的结果和表象。所以第三类任务积累的因果层面的知识是目标分解转移的前提，也是判断一个事件是否发生的依据。为了突破认知的边界，我们需要观察发现因果相关性，需要利用已有的知识进行因果链条的桥接猜想，需要设计实验去验证猜想。其中第三步在实验中验证猜想因果链条，就是要判断猜想因果链条中的事件是否发生，也就是第二类任务中的内容。

TOPIC 29：因果关系知识

人类对事件的发生和不发生，既存事件的终止和维持有自己的意志和目标，我们将其称之为事件目标。我们可以把事件目标精准地表述为 4 类：创造事件或状态、阻止事件或状态发生、终止状态、维持状态。

如果一个事件目标不可直接实现，我们就会考虑利用知识来进行分解转移，从而实现此事件目标的认知动机也转移到其他事件目标。我们来梳理一下这些因果类型的知识。

1. 创造关系，事件 A（状态 A）导致事件 B（状态 B），比如吃杨梅导致唾液增加，经常吃甜食导致肥胖。［事件 = 事件 A（状态 A），创造发生事件 = 事件 B（状态 B）］

2. 维持关系，事件 A（状态 A）维持事件 B（状态 B）。比如持续营养的摄入维持个体存活。［事件 = 事件 A（状态 A），维持状态 = 事件 B（状态 B）］

3. 终止关系，事件 A（状态 A）终止事件 B（状态 B）。比如注射抗生素终止体内细菌存活。［事件 = 事件 A（状态 A），终止状态 = 事件 B（状态 B）］

4. 阻止发生关系，事件 A（状态 A）阻止事件 B（状态 B）发生。比如注射狂犬病疫苗，

阻止狂犬病发生。信息可以表述为 [事件 = 事件 A（状态 A），阻止发生事件 = 事件 B（状态 B）]

我们记录的事件之间的关系大多是观察到的事件间的因果相关性，两个具有因果相关性的事件间可能存在大量的因果链条，而一个事件的发生往往受到很多不同其他背景事件和状态的影响，所以在不同环境下，因果链条未必总是从 A 走到 B，所以这些关系往往不是绝对的。从样本中我们观察到的最有可能的是贡献关系，或说影响关系，就好比多喝水有利于感冒的终止，但肯定不是绝对的，有太多其他因素影响感冒的终止。人类会记录事件因果关系的一些附带信息，包括从原因到结果的时间，原因导致结果在不同条件下的概率，等等。

TOPIC 30：事件目标的转移

梳理了事件之间的因果关系之后，就可以讨论我们具体是如何利用这些关系进行事件目标的转移的。这里我们来罗列一下目标转移的规则：

目标为"终止事件 A（状态 A）"，思维会搜索知识 [事件 B（状态 B），终止关系，事件 A（状态 A）]，把目标转移到"创造事件 B（状态 B）"。除此之外，思维还会搜索知识 [事件 B（状态 B），维持关系，事件 A（状态 A）] 把目标转移到"终止事件 B（状态 B）"。

目标为"创造事件 A（状态 A）"，思维会搜索知识 [事件 B（状态 B），创造关系，事件 A（状态 A）]，把目标转移到"创造事件 B（状态 B）/ 维持事件 B（状态 B）"。除此之外，思维还会搜索知识 [事件 B（状态 B），阻止发生关系，事件 A（状态 A）]，把目标转移到"阻止发生事件 B（状态 B）""终止事件 B（状态 B）"。

目标为"维持事件 A（状态 A）"，思维会搜索知识 [事件 B（状态 B），维持关系，事件 A（状态 A）]，把目标转移到"维持事件 B（状态 B）"。除此之外思维还会搜索知识 [事件 B（状态 B），终止关系，事件 A（状态 A）]，把目标转移到"终止事件 B（状态 B）""阻止发生事件 B（状态 B）"。

目标为"阻止发生事件 A（状态 A）"，思维会搜索知识 [事件 B（状态 B），阻止发生关系，事件 A（状态 A）]，把目标转移"创造事件 B（状态 B）"，或"维持（状态 B）"。除此之外，思维还会搜索知识 [事件 B（状态 B），创造关系，事件 A（状态 A）]，把目标转移到"终止事件 B（状态 B）""阻止发生事件 B（状态 B）"。

当然本序中的描述是理想的情形，真实的情况下有可能多条知识都贡献于事件目标的转移，每条知识在不同的背景条件下有不同的概率特征。这些我们留到正文中讨论。

TOPIC 31：能力可及目标和可执行目标

事件目标是否是能力可及是决定我们是否需要转移它的原因。我们之所以要利用知识转移一个事件目标，去寻找实现它的方式，是因为这个目标并不处在我们能力可及的范围内。人类会对事件目标积累它是否是能力可及的印象，此类印象被用来组织我们认知活动中的目标转移。

举个例子，假设我们有目标 A，一开始我们可能没有任何实现目标 A 的方案，此时这个目标根据现有认知是"能力不可及"的。这个时候人类就会开始分解转移目标，会去考察目标 A 需要哪些事件的发生或不发生，哪些状态的存在或不存在作为条件，从而把注意力转移到这些作为条件的事件或状态创造和维持上。这个时候目标发生了转移。一次转移会创造多个目标，如果一次转移生成的作为必要条件目标仍然是"能力不可及"的，这个过程就会继续。过程中如果走到出现一个充分条件的目标集，其中每个目标是"能力可及"，就意味着找到了这样一个链条，链条上的每个目标都变得"能力可及"了。举个理想化的例子，比如 C—B—A，其中 A 是最初的目标，一开始是"能力不可及"的，B 是 A 转移到的一个目标，同样是"能力不可及"的，C 是 B 转移到的一个目标，是"能力可及"的。这个时候 B 和 A 也就变成"能力可及"的了，也就意味着我们找到了最初目标的解决方案。

人类个体通过目标分解转移，把一个原先"能力不可及"的目标，变为"能力可及"的目标，然后假设要把这个目标付诸实践，这个时候就需要追溯之前分解转移目标的因果链条，在每条路径上找到一个具有特殊属性的目标——"可执行"目标，那么这些可执行目标就是需要付诸行动的内容。"能力可及"目标和"可执行"目标不难区分，举个例子："朝敌人开枪"是一个"能力可及"目标，也是个"可执行"目标，而"敌人死亡"作为"朝敌人开枪"事件的结果是"能力可及"目标，但不是一个"可执行"目标。

总结而言，事件目标转移的原始动机来自于我们对一个事件目标的意志，且这个事件目标是能力不可及的，也就是我们并不知道如何实现它，所以开始利用因果类型的知识转移事件目标，目的只有一个，就是转移到一个能力可及的事件目标，这样一来整个转移过程中的事件目标，以及我们意志所在的事件目标都变得能力可及了。达到了能力可及事件目标，我们可以通过短链继续向上追溯到一个可执行事件。这个就是我们可以付诸行动的事件起点。

TOPIC 32：感知可及和间接感知

上面我们讨论了认知系统第一类目标——事件目标的转移分解。接下来我们讨论第二类目标——判断客观世界的具体事件是否发生。在讨论之前我们需要讨论几个关键概念，事件目标是否在能力范围内叫作能力可及，事件发生是否可知叫作感知可及。正如同为促成一个能力不可及的事件目标，我们会利用因果关系把事件目标转移到能力可及的事件目标上；为判断一个直接感知不可及的事件是否发生，我们会利用因果关系把观测目标转移到直接感知可及的事件上。

人类感知的能力很有限，我们只能感知一定波段的光，看见特定距离内和特定大小的东西，嗅到特定成分的物质……事件发生的特征信息，或是状态存在的特征信息，落在了我们感官能力范围内，被我们识别，借此我们判断了事件的发生与未发生，状态的存在与不存在。靠我们感官可识别的事件，是"感知可及"的。

我们创造工具，把感官不可见的信息转为感官可见的，从而能够看到不可见的光，看到非常遥远的星系，看到肉眼看不到的微生物，识别闻不到的空气成分……也就是说借助"感知工具"，我们能感知到事件发生时那些感官无法直接感知到的特征信息，于是能把原先一些"感知不可及"的事件变为"感知可及"的。

然后，和"能力可及"这个概念一样，"感知可及"也是因对象而异的，这是因为人类个体会附带记录信息，这个信息让人类在需要感知一个自身"感知不可及"的事件时，知道找谁求助。

通过感官或"感知工具"实现对事件的感知，我们称之为"直接感知"。然而，即使借助工具仍然存在大量"无法感知"的事件。

如果一个事件的发生与不发生、一个状态的存在和不存在是无法直接被感知到的，这个时候人类会利用事件所在的因果链条中的相关事件间接地判断它是否发生，这就是间接感知。间接感知有两个方向：

其一，向上考察导致这个事件的上游因果链条，如果有可以直接感知的原因，且原因大概率导致这个事件，那么我们就能推知事件有多大可能会发生。比如感染狂犬病这个状态是不可直接感知的，但我们知道感染狂犬病需要被感染狂犬病的动物咬伤，假设目标对象最近没有被动物咬伤过，我们就可以推知目标对象不可能感染狂犬病。目标对象是否有被其他动物咬伤是可以"直接感知"的，那么动物得狂犬病这个状态在一定程度上是"感知可及"的。

其二，考虑这个事件向后延伸的因果链条，考察特定条件下，这个事件发生或不发生，状态的存在或不存在会导致什么。如果导致的事件是可直接感知的。那么我们就有可能推知事件是否发生，状态是否存在。还是举狂犬病的例子，动物感染狂犬病这个状态是不可以直接感知的，但是发病时麻痹和狂躁的状态却是可以"直接感知"的。那么动物得狂犬病这个状态在一定程度上是"感知可及"的。

一个事件的发生或不发生、状态的存在或不存在，如果是可以"直接感知"或是"间接感知"的，我们都称之为"感知可及"的。

TOPIC 33：判断事件是否发生

我们把事件结果导致的可直接感知，或他人可直接感知的事件叫作表象事件。症状是疾病的表象，植物发芽是温度季节变化的表象，开水沸腾是温度接近沸点的表象，等等。所以在事件的后延因果链条中如果有可直接感知的事件，我们就能对事件是否发生形成判断。

人类利用事件结果判断事件是否发生会有类似以下的反应模式：

1.搜索目标事件所在的后延因果链条，也就是考察目标事件如果发生接下来会发生什么。

2.寻找后延因果链条中那些直接感知可及的事件。如果是他人感知可及的，则考虑询问知道的人。

3.一些转移后的因果链条后延事件是感知可及的但未必是直接感知可及的，这个时候就会用经验间接感知的办法去进行判断。

4.完成对表象事件是否发生的考察之后，考察这些表象事件是否可能由其他原因事件导致。

5.如果可能由其他候选事件导致，就回到起始状态——判断这些事件是否发生。

很多情境下从事件的结果判断事件是否发生未必具有足够的条件。

1.事件感知可及的结果事件还没有发生。比如一个人在被狗咬之后希望判断自己有没有可能感染狂犬病，这个时候狂犬病的症状还没有出现。

2.事件的结果事件虽然是感知可及的但却不是直接感知可及的，而间接感知因为各种原因缺乏条件。比如在以前医疗资源匮乏的时候因为缺乏化验的条件，那些可通过间接方式知晓的疾病反应事件就无法判断。

3.事件的结果事件虽然是感知可及的，但因为某个原因无法向知晓它的个体进行询问。

如果无法从事件的结果表象判断事件是否发生，我们就会从目标事件的原因是否发生去判断目标事件是否发生。比如在前面的例子中我们可以通过"狂犬病发病动物咬人导致人感染狂犬病病毒"来判断咨询者会不会感染狂犬病病毒。

但真实的情况中遇到的大部分原因事件都只对事件发生的概率有贡献，或是作为目标事件发生的必要条件。所以其一，即使知晓原因事件发生，未必能确定目标事件发生。比如受凉容易导致感冒，但我们不会因为一个人之前受凉了就推知他会感冒，因为概率不高。其次，导致目标事件发生的原因可以有很多。所以即使知晓一个原因事件没有发生，我们也无法确定目标事件没有发生。还是前面的例子，我们不会因为知道他没有受凉，就断定他不是感冒。

所以从原因判断事件需要在特定条件下才会有实践价值。

第一种情形下，目标事件的原因很单一，而且原因事件是感知可及的。比如狂犬病的例子，人感染狂犬病必定是被狂犬病发病的动物咬伤或抓伤的。在这种情况下，如果知晓原因事件没有发生，我们可以确信地说目标事件没有发生，在这个例子中即目标对象没有感染狂犬病。

第二种情形下，目标事件在原因事件发生的情况下必定会发生，且原因事件是感知可及的。比如，水煮沸了细菌一定会死。这种情况下，如果我们知晓原因事件发生了，就能确信目标事件发生了，在这个例子中即细菌被杀死了。

TOPIC 34：知识的继承

无论是通过事件目标的转移来实现原始目标，还是判断非直接感知可及的具体事件是否发生，我们都依赖因果层面的知识。

人类文明在数千年的时间内积累了大量的知识，AI 需要知识的时候第一选择必定是继承人类已有的知识。我们会赋予第一代原型机几种继承知识的方式：

其一，不带目的的积累。在语言部分，我们赋予 AI 一定程度从大段文字比如书籍中获得信息的能力，AI 能从对抽象知识直接描述的文本中获取知识，也能从人类对具体事件的表述中抽象出知识。

其二，以好奇心为起点的对知识的索取。对一个知识点的好奇心称为好奇点。

好奇点有以下几个来源：

1. 事件目标转移过程中，因为缺乏有效转移事件目标的知识而形成的好奇点。

2. 判断具体事件是否发生，因为缺乏有效转移感知事件的知识而形成的好奇点。

3. 对关注事件的原因和结果未知从而形成的好奇点。

4. 用户询问了 AI 无法回答的问题而形成的好奇点。

5. 好奇心模型生成的好奇点。

我们解释一下最后一条，好奇心模型模式是对一类知识的好奇。比如总是好奇药品的副作用，好奇一部电影的主演……这些都是好奇心模型。那么人类是如何决定什么类型的知识是有价值的，是需要知道的呢？当一个具体的知识被询问或被使用，我们会增强其所归属的知识类（好奇心模型）的节点强度。这样我们就可以让 AI 在实践中形成一些高节点强度的好奇心模型，而此时好奇心模型节点的强度可以反映此类好奇心的重要程度。比如，如果总是有很多人问某具体电影的主演是谁，AI 就有理由认为"电影的主演是谁"是有价值的好奇心模型。对于需要知识参与的特定类型任务，这个机制会创造出一系列好奇心模型，其在具体情境产生的好奇点，其对应的知识都是在任务中会被经常使用的。比如一个传染病学家，在出现一个新疫情的时候就会关注一系列问题，比如病毒的传播方式、潜伏期、感染后多久具有传染性、传染性、易感性、重症率、致命比率、预防方式、治疗方式、感染机理等。

在第一代原型机中，好奇点可以通过两种方式找到答案。其一，AI 会积累不同人群对不同类型信息是否知晓的印象，比如它会知道疾病药品相关的问题可以问医生，用户中哪些人熟悉历史，哪些人熟悉宠物，从而能向可能回答的用户询问好奇点的答案。其次，我们会给 AI 互联网搜索引擎的接口，AI 可以如同人类一样去搜索，阅读搜索引擎输出的结果寻找好奇点的答案。

TOPIC 35：突破知识的边界

当一个好奇的知识点无法通过询问或阅读获得时，这个知识很可能是在人类已有知识范畴之外的。这个时候 AI 会尝试突破人类已有的认知边界，创造新的知识。

大体上人类有两种发现新知识的方式，一种是从表象事件出发，一种是从更抽象层的知识出发。从表象层的事件出发就是从许多具体样本的事件序列中发现因果相关性的规律。比如观察心脏不好的人都有哪些相似的生活习惯，从而知晓哪些生活习惯导致心脏不健康。

我们知道客观世界的表象是无穷的，发现隐藏在繁然表象背后的规律不是一件容易的事情。此外在因果规律创造的具体事件的链条中，很多事件是无法直接感知的。因为这些原因，仅仅通过样本统计的方式发现规律，我们找到的往往是较弱的相关性。只有对事件发生的机制进行认知，我们才可能实现对因果链条进行精准地干预，更确定地控制目标事件的发生或不发生。为了形成对事件发生机制的认知，发现具体样本事件的相关性是第一步。

在发现因果相关事件后，这个相关事件很可能参与到事件形成的因果链条中。我们会用更抽象层的知识进行因果链条的桥接，连接那些我们已经观测到具有因果相关性的事件，对背后的机制形成猜想，然后去验证这个猜想的因果链条。接下来我们具体讨论突破知识边界的认知活动。

TOPIC 36：发现因果相关性

我们如何知晓银杏发黄落叶会在什么情况下发生？每一年我们都看到当深秋天寒时，银杏就发黄落叶了，所以我们知道；我们如何知晓向人开枪会致使人受伤？是因为我们能够看到开枪之后子弹飞出，子弹射入人体，人受伤，所以我们知道。因为我们看到、感知到，所以我们知道。我们对因果关系的认知，起始于感知——感知事件的发生与不发生，状态的存在与不存在，当我们在样本中把相关的事件和状态排布在时间轴上时，我们就发现了这些事件和状态之间的相关性，更进一步就能发现其中的因果关系。

在真实世界的认知案例中，我们经常遇到某一个群体显现出特定目标特征。比如在一次病毒性肺炎疫情中，我们发现某个地区感染的比例特别少，显然这个区域的人群有某种共同特征，或背景环境有某种特征阻止感染发生。我们会在这个区域人的特征和这个区域的特征中进行搜索，会形成很多猜想。比如（海南）气温很高，阻止人感染病毒性肺炎；（某区域）人餐餐吃大蒜，阻止人感染病毒性肺炎。

这种群体特征带来的贡献就是帮助形成猜想。猜想形成后我们就会开始验证，验证的办法自然是找具有同样原因特征的样本，考察他们是否有此目标特征。比如，延续上面的例子，考察其他气温高的区域的感染的比例是不是也很少，其他餐餐吃大蒜的人是不是感染概率也特别低。

在大部分情况下，如果我们仅仅观察单一事件类和目标事件的关系，我们得到的很可能是一个"很不完美"、因果相关性很弱的因果关系，它的预测力、解释力都非常有限。究其原因，此时隐藏在我们不可见之处的是由更多事件参与的更复杂的因果链条。人类的思维反应自然是希望对这个复杂的因果链条形成视觉。

TOPIC 37：因果链条桥接

决定事件发生机制的因果链条中往往有很多事件是不可直接感知的，也就是说我们只能直接感知到因果链条中部分的事件节点。那么除非我们形成对那些不可见的事件节点的猜想，否则我们无法间接感知它们，因为间接感知是一个证明过程，需要先有事件是否发生、状态是否存在的猜想，再在假设目标事件发生或不发生、状态存在或不存在的情况下，向上或向下考察因果链条，找到因果链条上可直接感知的事件节点来判断目标事件是否发生。

对于事件背后复杂的因果链条，当我们只能直接感知到因果链条中部分的事件节点，而需要推知、证明其他节点的存在，以形成对因果链条的视觉，这个过程叫作"因果链条的桥接"。

假设事件 D 显现出和目标的相关性，我们有理由猜想事件 D 处在某个通向目标事件的某条因果路径中，或至少由因果路径的某个节点事件导致。假设因为各种原因如观察的成本、缺乏猜想等导致不知道间接感知什么，这个时候我们会试图利用已有的因果模型搭建起从 D 到目标事件的路径，这个猜想能够把认知工作推向更进一步。

在一个简单的例子中，比如事件目标是阻止事件 A 发生，AI 会从知识中搜索所有具有阻止 A 发生关系的事件或状态 Bi，然后在思维中逐一检测 D 是否和这些 Bi 有创造发生或是维持关系。如果找到了一个满足条件的 B，那么我们就找到了 D—B—A 这样一个因果路径的猜想。因为这些 Bi 的观察成本高，或是需要通过间接的方式判断是否发生，导致一开始我们并不知道 Bi 是否和目标相关，但这个猜想形成后 AI 就可以利用间接的方式判断 B 是否发生，是否和目标相关。

上面的例子我们只通过一次尝试就找到了相关事件和目标包含事件之间的因果路径。假设我们没有找到任何一个 Bi 和 D 有创造发生或是维持关系，这个时候我们可以从知识中搜索所有具有创造和维持 A 的时间 Ci，然后在思维中逐一检测 D 是否和这些 Ci 具有创造和维持关系。如果找到了一个满足条件的 Ci，我们就找到了 D—Ci—Bi—A 这样一个因果路径的猜想。

我们看到这个过程就是从目标包含事件 A 出发，利用因果关系，不断向上延伸每条因果路径，直到和观察到的相关事件 D 连接，最后找到了从 D 到 A 的因果路径。因为 D 和 A 的相关性可能不仅仅因为 D 处在通向 A 因果路径的上游，还可能因为 D 和 A 同时处在以事件 E 为起点的因果路径的下游，所以延伸不仅仅都是向上的，还需要利用因果关系向下。如果向下延伸，我们就可以找到类似因果路径的猜想：E—B—A，E—D，这也解释了 D 和 A 之间的相关性。此外，桥接的过程不仅仅可以从目标包含事件 A 出发，还可以从相关事件 D 出发，或是在思维中同时进行。

当我们利用已有的因果关系搭建起从可以"直接感知"的相关性事件到目标事件的路径，接下来的工作需要验证这个猜想。我们会罗列出这条猜想的路径上所有没有被直接感知到的事件节点，利用间接感知原理设计实验，向后延伸它们所在的因果链条，直到走到一个可直接感知的事件。如果这些事件节点的确发生或存在，就是对这个猜想路径的验证，我们也就找到了导致目标发生的背后的机制。

TOPIC 38：情绪与决策

我们直观的感受是：情绪系统是创造各类情绪感受，创造表情的。但如果我们深入考察情绪系统创造的表象，70% 以上的情绪表象背后的机制同时又是和决策相关的。

原始的大陆，情绪系统充当的角色就是创造个体所处的环境、遭遇的对象的特征到决策反应的对应，如看到大的动物要逃跑，看到颜色鲜艳的食物不能吃……而情绪感受只是决策过程附带形成的感受，所有这些都称之为情绪反应。那些有利于个体生存繁衍的情绪反应被保留下来。

自然选择必定要保留从经验吸取教训的举一反三的能力，因为这大大加强了个体的生存能力。所以当人类演化出对特征组的抽象，让具体特征组对应的情绪反应以及实践的结果好坏，能够抽象为抽象特征组对应的情绪反应以及将会出现的结果，经验就形成了；对偶出现的演绎能力，让个体能够在身处具体处境、遭遇具体对象时，根据经验信息，演绎出不同情绪反应导致的结果，从而对决策有了选择的依据。

我们看到情绪系统决策机制的演变方向是让个体从过往经历中抽象出经验，贡献于未来的决策，这让原始人的决策变得更加智能，从而被进化保留。而这个演变方向必定会创造从属关系、抽象和演绎的运算，于是也就形成了认知系统运算的核心；当这个核心运算作用于可外部表达的符号，就促使自然语言的形成；这个核心运算作用于动机和行为的分解，就促使了以宏观行为—触发—条件—执行为基础信息单元的反应模式驱动机制的形成。

后期系统的演进分化，虽然认知系统承担了达成一个目标该如何规划决策的主要责任，但这个目标如何形成，仍然是情绪系统的责任。这里我们强调情绪系统在决策形成中的两个作用：情绪系统决定了原始目标，决定了指向对象的行为倾向。

TOPIC 39：效用

当我们决策是否去做一件事情而不去做另外一件的时候，我们在比较着我们的选择。比较的维度很多，比如下午是去游泳，还是在家看书。游泳能让我减少压力，能让我身体健康，但今天是周末，游泳池人很多，而我不喜欢拥挤；看书能让我感到充实，而且我很希望看这个作者写的科幻小说，简直是一种享受，看书还能让我和同事有更多共同话题。

当很多维度的因素共同决定了一个选择，也就意味着这些因素需要在同一个维度竞争，我们把这个各个因素竞争的维度叫作"效用"。字面的理解，即是做这件事能给我带来什么好处。我们看到这个好处是多方面的，比如游泳让我减少压力是对我情绪的"好处"，让我身体健康是贡献于我在意的另外一件事情的"好处"。所以为工程化这个决策的效用模型，我们很自然地会考虑把这个"好处"分类。因为好处是和某个维度的情绪相关的，所以在对"好处"分类前我们先来对情绪相关的概念进行分类。

TOPIC 40：感受效用

人类对感受的倾向创造了感受效用。感受效用大致可以分为两类，一类来自于对全局情绪感受的倾向，一类来自于渴望或厌恶其他感受的倾向。

类似愉悦、抑郁、焦虑、空虚、充实这种我们感受到作为一种自身状态情绪，我们称之为全局情绪。对于自己的全局情绪状态，人类是有倾向的。在决策时，我们会考虑其中一个选择给我们的全局情绪带来的变化。比如我们压力很大而游泳可以减少压力，这样我们就有更多倾向去选择游泳；如果感到很空虚而看书可以让我们充实，我们就有更多倾向去选择看书。我们如何知道一个活动能对我们情绪带来怎样的改变，乃是凭借着经验。所以这个来源的决策因素形成的影响我们称之为情绪效用。在一开始我们并不知道一个选择能给我们的全局情绪带来什么变化，在尝试之后我们就能形成印象，比如看书能减少空虚，游泳能减少焦虑，等等。所以情绪效用也被称为是"第一类经验效用"。

第二类经验效用的核心变量是对某个感受的渴望或厌恶。我们能反思到不同类型的渴望和厌恶感：有一类感受，比如对某个感受的瘾头符合成瘾机制，随着时间增长，获得时被释放，转为愉悦和快感（短期情绪）；另外一类感受，渴望是被身体状态决定的，比如身体很热时渴望凉爽感，口渴的时候渴望饮料入口下肚感；还有一类感受，按照感受的程度形成的渴望或厌恶是确定不变的，比如疼痛感、窒息感、灼烧感等。

TOPIC 41：指向性情绪和决策

喜欢、厌恶、敬、畏、爱此类的指向性情绪是情绪系统模型化时最困难的地方。进化选择视角可以给我们灵感。

指向性情绪以创造对不同个体的指向性行为为目的。我们知道区分不同个体靠的是特征，特征本身定义了某种抽象的个体类型，比如果断的人、懦弱的人。所以指向性情绪的信息实质如下：个体特征组—指向性情绪—指向行为倾向。合理的对应能够提高个体基因延续的概率，从而被进化保留。

在以上讨论的基础上，我们自然会关注哪些对应是有利于个体生存繁衍的。我们罗列了主要的四种：

1. 年轻的个体服从家族中长辈和族群中领袖的指令，这对生存有积极意义，形成了"敬""尊重（对长辈）"的指向性情绪。个体内心认同的"长辈特征"和"领袖特征"不总是和真实情况中的长辈和领袖一致的，但长辈往往有长辈的特征，领袖也往往有领袖的特征。对应的指向性情绪创造了指令效用。

2. 个体对孩子、其他亲人、族群中伙伴体现出"利他"反应，利他反应是人类幼子在父母长辈保护下存活的关键，有家族族群相互帮助协作的根基心理，提高了生存和基因延续的概率。对应的指向性情绪为"爱""友善"。

3. 个体对自己生存繁衍形成威胁和阻碍的对象，体现出"害他"反应，害他反应让个体形成消灭对自己的生存和繁衍形成威胁的对象的倾向，对个体生存繁衍显然是有积极作用的。对应的指向性情绪为"仇恨""敌意"。

4. 个体对弱小、顽强、努力等特征的个体，在其遭受巨大负效用遭遇时会形成同情反应，对应的指向性情绪为"怜悯"；相应的对具有厌恶特征的个体，会形成欺侮反应，对应的指向性情绪为"厌恶"。

TOPIC 42：衍生效用

很多事件其本身并不直接改变全局情绪，也不会带来某种渴望的体验，甚至会带来负面的情绪变化。但是它可以导致其他事件的发生，从而继承了其他事件的效用。比如工作，工作对于很多人而言可能并不快乐，所以在全局情绪的改变上甚至是负效用的，它也不会带来某种渴望的体验，但我们会去工作是为了工作所带来的东西，比如工资、职业晋升等。再比如喝中药会带来一种负面的体验，但是因为能治好病，人们才咬牙去喝。我们把事件因为导致其他事件，从其他事件继承而来的效用，称之为"衍生效用"。衍生效用反映了动机可以从一个事件衍生到其他事件。

我们在认知功能的讨论中讲述了事件目标是可以根据因果关系转移的。其实说的是一个对象，只是事件目标转移是在认知层的，决定了我们在多大程度上想要找到一个事件目标的实现办法。而这里则是情绪决策层的，作为动机的"衍生效用"和其他"效用"一起形成了人类对是否执行一个行为、思维、表达任务的决策。

TOPIC 43：效用的时间折现

我们讨论了人类决策效用的构成。总效用＝情绪效用＋指向性情绪效用＋衍生效用。还有一个重要的元素我们必须考虑，它就是——时间。真实情况下人对一个事件的效用会体现出"时间折现"，也就是事件发生的预期时间越远，事件效用在原有基础上被打的折扣越大。比如几乎所有人都会相信我们有一天会死，但因为这个预期的时间很远，所以尽管是一个负效用很高的事件，但预期这个事件不会形成显著的负面情绪，因为这个远期的事件经过"时间折现"，真实创造情绪反应的效用就很低了。

效用的"时间折现率"的存在让人类呈现出了远视人格和短视人格。如果这个折现率很高，远期的事件就会显得微不足道。比如一个短视人格的学生知道下一个月会有考试，他希望自己能考得好，因为考不好会有各种负面后果，他也知道复习能够让自己考好。但因为时间折现，考得好的正效用和考不好的负效用在时间折现后就不高了，所以经过动机转移，转移到行为"复习"上的衍生效用也不高。这个学生就会在考前准备中体现出松懈，因为在比较下午玩游戏和复习这两个选择上，玩游戏带来的第一类和第二类经验效用会远超复习的衍生效用。这个学生体现出短视的特征。

TOPIC 44：AI 人格的创造

整个情绪系统的模型有很多控制参数，能够赋予不同终端 AI 不同的人格。

一个参数控制了意识到预期还没发生但可能发生的事情创造情绪的程度。这个参数调低就创造不会为预期发生的好事或坏事感到高兴或忧虑、焦虑的 AI，调高这个参数就会创造对还未发生的事情忧心忡忡的 AI。

相对地，对应一个参数控制了意识到已经发生的事件时再现当时感受的程度。这个参数调高 AI 就会难以从悲伤、恐惧中走出来，当然对于带来正面情绪的事件也会回味更久，AI 更容易从以往的经验中吸取教训；这个参数调低，就会创造很快能从负面情绪中走出来的 AI，也是那种好了伤疤忘了疼，不从过往经历吸取教训的 AI。

一个参数控制了预期未来发生事件的决策权重。如果这个参数高，决策的时间折现大，AI 就会更注重当下的享受，不会为避免远期的负面事件或实现远期的正面事件而努力，呈现出短视人格；如果这个参数低，决策的时间折现小，这样的 AI 更倾向于为未来努力，AI 会更加未雨绸缪，呈现出远视的人格。

一个参数控制了爱和友善的指向性情绪能多大程度把对方的立场纳入自己的决策。这个参数高，AI 就更倾向于帮助和为他人自我牺牲，更加热心，呈现出"利他人格"；这个参数低，AI 就对朋友亲人的事漠不关心，呈现出冷漠的人格。

一个参数控制了仇恨和敌意，能够多大程度把给对方带来伤害的事件纳入自己的决策。这个参数高，AI 就有更强的攻击性、更强的报复性；这个参数低，AI 的攻击性低，也更宽容。

TOPIC 45：数学中的运算

数学能力也是类人 AI 核心逻辑泛化出的一种形式。

我们来看加法，3+4=7，是 3 个对象加上 4 个对象等于 7 个对象的符号表述。我们可以把 3 个对象加 4 个对象视为一个结构信息，可以表述为（元素 1=3 个对象，元素 2=4 个对象，运算 = 加），这个结构信息可以类比于事件；"等于"是两个结构信息间的关系，可以类比于因果关系；而后面的数字是另外一个结构信息。正如同事件之间的因果关系是描述客观世界规律的知识一样，这个信息也是一条知识描述了客观世界数字运算的法则。

我们来看抽象，数字运算的法则作为一类知识同样来源于抽象，我们利用先天的计数能力发现 3 个苹果再增加 4 个苹果就有 7 个苹果，用结构信息表述就是［对象数量 1=（概念 =ID1，数量 =3），对象数量 2=（概念 =ID1，数量 =4），运算 = 加］——（概念 =ID1，数量 =7）。通过自发的抽象变为 3 个物体加 4 个物体等于 7 个物体，用结构信息表述为［对象数量 1=（概念 = 对象，数量 =3），对象数量 2=（概念 = 对象，数量 =4），运算 = 加］——（概念 = 对象，数量 =7）。这里两个结构信息的关系是"数值等价"，我们可以用 "=" 替换。用数学符号化表述出来就是 3+4=7。在这里，客观世界数字运算的法则是抽象出来的。

再来看演绎。比如一个运用题，我有 3 个桃子，妈妈又给我 3 个，问我有几个桃子。按照上面的结构表述为（元素 1=3 个梨子，元素 2=4 个梨子，运算 = 被给予），被给予的意向有增加，所以是增加的子类，3 个梨子是 3 个对象的子类，4 个梨子是 4 个对象的子类，所以［对象数量 1=（概念 = 梨子，数量 =3），对象数量 2=（概念 = 梨子，数量 =4），运算 = 被给予］，被［对象数量 1=（概念 = 对象，数量 =3），对象数量 2=（概念 = 对象，数量 =4），运算 = 加］统辖，我们生成约束映射（梨子——对象），替换加法模型第二个信息中的元素，从而演绎出［对象数量 1=（概念 = 梨子，数量 =3），对象数量 2=（概念 = 梨子，数量 =4），运算＝被给予］＝（概念＝梨子，数量=7）。我们看到加法运算运用过程的本质是演绎。

上面是以加法为例子，减法、乘法、除法也类似。本书的讨论仅仅限于这些简单的数学运算，继续考察人类的核心智能逻辑如何创造科学之王——数学，是一个有趣而有价值的工作。

TOPIC 46：物理引擎

以先天符号为运算载体信息的语言系统、认知系统和情绪系统，在再现人类的智能功能时是不完整的。靠这个系统，我们无法运算出如何躲避迎面的来车，无法计算如何投球入筐。物理引擎是实现这些功能的必要工具，是对符号系统的一个补充。

人脑中也有一个物理引擎，这个引擎能够把客观世界感知到的物理信息在脑海中呈现运算，空间想象就是其中的一种。和游戏中的物理引擎不同，游戏的物理引擎物理规则参数是人为设定好的，比如重力加速度是多少，刚性物体碰撞会怎样；而"人脑物理引擎"的这些内容是靠人观察发现的，物理引擎只提供了框架，经验填补了规则和参数。这是我们在工程化这个物理引擎时要考虑的第一个问题。

其次，物理运算会在物理引擎中完成，比如物体什么时候会落到地上，如果现在方向盘左打是否能避开和来车的相撞。对于人而言，物理引擎的运算结果可以直接导致反应，而不经过符号系统，比如大部分的运动反射。但物理引擎的输出结论如果要进入符号系统的运算就必须转为符号表述信息。事实上，我们能够用语言表述一个物理引擎的结论，这个结论就已经被符号所表述了。这也让我们可以反思到符号系统和物理引擎的接口信息。比如相撞、从中间折断、5 秒后落到地面……这些可以被自然语言表述的信息都是物理引擎运算输出时需要转为符号以进入意识流被符号系统运算的。

而符号系统生成的指令，是可以被物理引擎接受创造模拟场景创造运算的，比如我说"想象一个球从 23 楼落下"，这个自然语言源自符号系统表述的信息，却能导致我们的空间场景构想，说明符号系统的此类信息是可以转为物理引擎场景构想的指令的。物理引擎和符号系统的接口信息的定义，是工程化第二个要考虑的问题。

TOPIC 47：想象和审美

想象是人类很多作品，如故事、小说、电影等的来源。想象中的场景不是真实的场景，想象中的事件不是真实发生的事件。

人类想象的本质是为了创造某种意向，或是对象的意向，或是场景的意向，或是事件的意向。比如要想象一个场景，我们首先要决定这个场景需要内涵的意向，是唯美、脏乱，纯净、混杂，光明、黑暗，还是在平静的背景中有躁动，在灰暗的背景中有光明。人类对这种意向层的组合和结构会产生特定的感受，我们称之为"审美"（至少我们这边要描述的是审美能力的一部分）。人类的审美标准有我们可以总结的共性。如果用于构建场景的素材具有统一的意向，能够创造一种极致的意向冲击，比如让人觉得一个场景极致唯美或灰暗，这就是有

"审美价值"的，也就是在审美上会被认可的；构建场景的素材具有两种相反的意向且两种意向势均力敌，如果这种共存是融合的则会创造对立的融合感，如果是冲突的则会创造对立的冲突感，这些感觉是有审美认可的；构建场景的素材具有两种相反的意向且一多一寡，根据相反意向的类型不同也会带来具有审美认可度的感受，比如昏暗背景中的一点光明，光明世界中隐藏的一处阴暗。我们虽以场景为例，但对象、事件（故事）的想象也是一样。

当我们反思到自己在意向层的审美规则并赋予 AI，在 AI 身上构建审美价值的评价系统，AI 就具有了这个维度的审美能力。AI 能够感受一个故事的审美冲击，如果我们告知并内置它心中的标准，它甚至能讲出审美的门道，比如"这个故事主人公悲惨的遭遇和女主角带来的微小的希望形成鲜明的反差，给人一种昏暗的人生出现一线光明的感觉……"。当然 AI 也如同人类一样有能力在自我反思中，依靠抽象能力找到创造者埋藏的审美标准。

决定了要构想之对象的意向结构之后，AI 就需要根据意向选择构想所需的素材，这些素材概念都有自身的意向，所以 AI 在选择上有所依据。然后 AI 要选择场景的信息框架，人物的信息框架，故事的信息框架，把所选择的元素填写进去，就完成了初步的构想。这些框架是由很多碎片信息组成的，比如场景需要一个背景，需要有场景中的核心对象，其他对象都和这个对象在空间上相互关联；一个人物的构建，往往有他的儿时经历、感情经历……这些信息框架是自发的抽象在阅读足够多的案例后形成的。

TOPIC 48：沟通成本和协同认知

在人类大脑中，记忆以先天语言作为符号体系编码储存，遗憾的是这些信息不能够直接传输给另外一个人的大脑，人类会把要表达的信息先转为某种自然语言，再表达出来。通过自然语言去共享信息的效率是很低的。信息在从表达者的先天语言转为自然语言，或是从听者听到的自然语言转为先天和逆转录的过程中都会发生曲解和丢失。在大学里，一个教授需要花费一年的时间去教授学生一门课程，而传递的信息量实际上是非常有限的。不仅仅如此，人类有大量的信息根本没有办法效用汇集共享。比如疾病，无论是多么小众的疾病，因为人类的基数，我们都会有足够的样本，如果每个患者都能够共享他们的患病经历，共享他们患病前的生活习惯信息、患病后的病症、用药接受治疗后的反应的信息，我们就能够积累非常全面的关于这个小众的疾病的了解。

人类一切的理论、抽象的知识都是来自于个体的感知经验，由表象的经验进行抽象，形成猜想，在使用知识的过程中获得验证。但因为自然语言的沟通成本，人类的经验是不容易共享的，无法支持高效的协同认知……设想如果有一个智能物种，其中每个个体能够直接传输大脑中的信息，而不需要借助自然语言；设想一个智能物种能够利用这种零成本的方式共享他们的经验，共享他们思维创造的猜想，共享他们在实验中的观察，共享他们创造的知识，这个物种将在完全不同的基础上搭建自己的文明。这就是我们热衷于类人人工智能的 CS（Center System）架构的原因。

TOPIC 49：CS 结构

和直观的理解不同，虽然是计算机载体，类人人工智能个体共享信息并不简单。传统的计算机的信息传输，可以在很短的时间内将一张照片、一个视频、一个文件从一个终端传给另外一个终端。对于类人 AI，信息仍然能够按照这种高效的方式在不同个体间传递，但问题是，当一个 AI 向另外一个 AI 发送一个信息的时候，后者未必能够读懂这个信息。这和类人 AI 结构化信息表述有关。

对于类人 AI，因为除了根源性的概念，任何一个概念都是由定义它的概念在特定的结构中组织而成的，而它可以继续作为素材在特定结构中去定义其他概念。当我们把概念 ID 化，那么从一个终端向另外一个终端传输的信息实际上就是 ID。如果接收者无法解析这个 ID 的定义，这个通讯就会是无效的。自然语言就是为了实现智能终端之间的通信而产生的，每个终端都会在一门自然语言的学习中知道每个概念对应的词汇，以及知晓那些没有词汇对应的概念，如何被相关联的概念对应的词汇在语法约定的结构中表达。

自然语言只是终端实现沟通的一种办法。如果存在一个系统统一着所有终端的语言——当一个终端需要创造一个新的概念的时候，就会把定义发给这个系统，这个系统会判断这个定义的概念是否存在，如果存在则会把已有的概念的 ID 发给终端；如果没有则会生成这样定义的 ID，然后发给终端。这样这个系统就统一了所有终端的先天语言，而其所覆盖的终端在沟通上是零成本的。这样的以一个中心 AI 统一所有终端 AI 语言的结构就是 CS 结构。

TOPIC 50：CS 结构创造的个体间协同

我们来看 CS 架构能够为 AI 间的认知协同创造怎样的优势。

1. 沟通零成本。任何一个终端可以直接通过先天语言和另外一个终端共享信息，AI 间交流见闻、教授知识、表达观点，都可以通过先天语言高效而精确地完成。

2. 好奇点共享。一个终端对某个知识的好奇可以由最合适的终端向最合适的用户询问。比如一个用户问了一个生活中遇到的非常偏门的知识：为什么家里养的鸽子不喂养幼鸽。如果 CS 并没有积累这个现象的原因，CS 系统就会把这个好奇点交给一个和养鸽人做伙伴的终端，那个终端 AI 会在合适的语境下询问这个问题。

3. 共同积累常识。在未来的 10 年，感官能力将成为类人 AI 的最大限制。人类拥有相同的感官能力，形成了很多常识，比如知道两个人在一个房间就能相互看见，抚摸一个人就能感觉到温度……缺少了 CS，AI 会难以理解人类表达的一些信息。比如"他害怕见到前女友，结果昨天他走进一间小酒吧，她就坐在里面""她半睡半醒中抚摩了一下自己的宝宝，却感到他已经冰冷"。这些表达中没有点明但蕴含了那些常识，AI 可以从很多的表达中抽象出信息的联系，形成对常识的猜想，向用户确认。但一个终端获得的信息毕竟很有限，只有无数终端共享信息，共同积累常识，才会是高效的。

4. 发现更细致的规律。在原有样本下，不显著的结论会因为增加了某些样本约束而变得显著，但任何一个人类个体往往没有足够的样本去发现在特定条件约束下才显现的规律。CS系统有显著的样本优势，能够在通过尝试给样本增加更多的约束条件中，获得更细致的规律。比如 CS 发现不吃早餐的人群容易得胆结石。CS 可以比较不吃早餐得胆结石和不得胆结石的人有什么其他的区别。比如发现尽管都是不吃早餐的人，如果样本平时有多喝水的习惯，那么胆结石的概率就明显少于很少喝水的人。

5. 协同验证。对知识的猜想可以源于自己在样本中发现的规律，也可以是利用已有的知识进行因果链条桥接形成的猜想。在 CS 结构下，任何一个终端形成的猜想，可以借助 CS 所覆盖的所有终端协同验证，而被验证的猜想会被共享为所有终端的知识。

第一章　意识流结构

一、意识、记忆、意识流

作为一切讨论的起点，我们先讨论一个关键的概念——"意识"。

人类所有意识到的信息，即为感受到的信息，人类能够意识或感受到的信息有很多类，按照不同维度区分，看到的、听到的、闻到的、尝到的……这些是所谓的"外感"。对应的有"内感"，包括感知到的情绪、感到的思维、感到的动机、感到的主动行为、感到的主动表达……（如表 1-1）

表 1-1　人类意识到的部分信息及来源

信息	来源
一只猫爬上树	看到
打雷声	听到
Peter 要去上海	听到 Mike 说
桂花香	闻到
苹果是酸的	尝到
恐惧	情绪感受
因为天突然阴了，可能要下雨	思维感受
想要去厕所	动机感受
站了起来	行为感受

被意识到的信息可以被记忆，在回忆中这个信息又被意识到。

如果我们认同意识或感知来源于某种信息，就把这个信息创造意识和感受的地方叫作意识流（Conscious Flow，CF）。简单来说，当信息进入"意识流"中，我们就能意识到或感受到。

为什么叫意识流呢？因为意识如流啊。你打坐闭上眼，保持对自己思绪的观照，就发现感受和思绪一个接着一个到来，外部的突然想起的鸟叫引发你的感受和思绪，一个思绪又会引发另外一个思绪。

在工程上，我们可以这样理解意识流，如果把人类大脑中流转的信息类比为食物，那么意识流就像日本寿司餐馆中的传送带，我们可以把人类智能系统中的其他子系统想象成是食客，它们会从传送带上拿走一些信息进行加工，同时也是信息的生产者，因为它们会把加工完的信息放回来。能够把意识流中流转的信息储存起来的子系统——这就是记忆，也是我们能够进行反思的原因；有一些子系统会把意识流中的信息输出，形成语言和行为……

二、真实的感受和感受的表象

当我们用针轻刺了一个人，他可能会皱着眉头说痛。但他真实感到痛了吗？"痛"只是意识流中流过的信息，这个信息形成的表情反应为皱眉，形成的表达反应是人会说"痛"。这些都是人拥有感受的表象。作为观察者，感受向外输出的表象是所有你推测这个人有真实感受的依据。而所有意识流中信息创造的外部反应理论上都是可以造出来的。也就是说理论上我们可以造一个机器人，拥有完备的人类的从意识创造反应的模式，以至于从外表上你分辨不出是真人还是假人。那么此时他有真实感受吗？

人的"意识流"在思维工程上只是一个信息的中转站，进入这个中转站的信息一方面被创造为真实的感受，当然是否有这条信息流转的路径我们不得而知，因为信息流进就不再流出；另一方面，创造了各种各样的感受的表象，这些表象使观察者认为对象是存在真实感受的，但从信息流转的角度看，这只是一个假象（Delusion），是否有真实的感受和其无关。

三、意识流——思维工程的起点

我们意识到的内容，会被记忆系统储存起来，然后会在特定条件下把这个信息放回到意识流中去创造回忆体验。这样我们就能够对我们的智能活动进行反思了。

那我们如何知晓一个模块从意识流中拿走了什么信息，然后放回了什么信息？我们是猜的。比如我先意识到对某个人的愤怒，然后意识到攻击他的冲动。这样我们就能开始考虑这背后信息处理的逻辑。就这个例子，我们可以总结：意识流出现指向某个对象的愤怒情绪，这个信息会被一个信息处理模块拿走，这个模块会放回意识流一个 idea ——"攻击此对象"。更多样本的反思能帮助我们完善这个模块对信息的处理逻辑，比如我们发现如果对方很强大，这个 idea 就不会产生；如果自己最近心情好，这个 idea 也不会产生。这些证据告诉我们这个模块更精确的处理逻辑是什么。

四、思维工程的极限

对意识流的反思是思维工程的起点，同时我们也明确了进行思维工程设计的方法论。那么在确定了方法论，确定了技术路径之后，我们就能讨论沿着这个技术路径能够走到的极限。

如果我们的设计总是能创造出我们所反思到的智能活动的表象，那么即使我们设计的表象片段和片段间的逻辑与造物在人类身上的设计不一致，我们也是无法识别的。也就是说反思同时作为创造和评价的手段时，严格按照反思所创造的是无法被这样的反思所否定的。所以当我们讨论完美智能——那类可以在外部感知器和行为器完备的前提下无法被识别出是真人还是 AI 的智能体，我们知道"完美"是就表象而言的，而表象的信息皆是可反思的。因此，如果我们充分遵照我们可以达到的反思的极限去造它，它就是"完美"的。

五、记忆和回忆

我们发现只要被意识到的信息，就可能被记忆。从意识流信息到记忆的形成似乎是思维自发的过程，一个意识流中的信息被"浅浅"地记忆还是"深刻"地记忆取决于你对这个信息有多少"关注"。我们无法直接决定我们要记住什么，当我们刻意地要去记忆一个信息的时候，需要做且唯一能做的是让自己足够"关注"它。因为关注是有限的资源，一种决定记忆效率的因素是个体在多大程度上能排除杂念。此外，我们看到一个人在背 GRE 单词时在短期内不断重复地读也是为了提高对这个信息的关注度。

广义上信息被储存就是记忆。如果一个被储存的信息放到了意识流中重新被意识到，我们就说这个信息被回忆了。很自然地我们会考虑，是什么决定了接下来什么样的已储存的信息被放回到意识流中，也就是什么决定了你回忆起什么。

你可以回忆你昨天上班是怎么来公司的。这是一个有明确指向的回忆行为，你是在记忆中检索特定约束条件的信息：

时间约束：昨天；

移动行为约束：来公司；

提问点：移动行为的方式。

在工程上，我们把其理解为一种搜索行为。

如果我问你昨天你见到你父亲了吗，去年你去了多少次市政府。创造这些问题的回答，都使用了这种搜索式回忆。

还有一种情况：昨天你来上班时一只斑点狗跟着你，你觉得很有趣，印象很深刻。如果我早上突然和你说"斑点"，你会回忆起昨天斑点狗跟着你的事件。这种回忆和上面那种有明显的区别，它并不是一种明确的搜索任务导致的信息被放回意识流中，而是当一个信息出现在意识流后，把一个与之有很强联系的记忆中的信息找到并放入意识流中。这就是自由联想。心理医生经常会利用自由联想的功能去唤起对象无法用搜索回忆到的内容。

按照上面的定义和描述，回忆和联想是密不可分的。站在联想的视角，我们可以把回忆归为两类：搜索联想（对应搜索式回忆）和自由联想。

自由联想存在一个指数爆炸的问题，所以需要被控制。因为一个出现在意识流中的信息和很多信息关联，如果这些关联的信息被放回意识流中，被作为下次联想的起点，意识流中的信息流速就会呈指数增长爆炸，所以联想需要被控制。控制的途径有两个方面：其一，自由联想本身存在一个阈值，如果相关信息的关注度低于这个阈值就不会被联想到，自由联想会优先联想关注度高的相关信息。其二，当意识流流量超过负荷，系统会提高这个阈值，自由联想会快速衰减。

六、结构化的储存和重构

接下来我们考虑信息是如何被储存的。请花 10 秒钟看下面这幅画（图 1-1），5 分钟后描述这幅画画的东西。你的描述意味着你对这幅画的记忆，比如"湖边的草地，周围都是树，一些人在聊天，有两个人在跳舞"。你在看画的时候，注意力所及之处，是在识别，把画中的对象对应到对象类；识别对象的属性，比如跳舞的男人是穿蓝色衣服；识别这些对象之间的关系，比如这些人是在草地上聊天跳舞，草地是在湖边。在这个过程中，你的大脑注意力集中的点是找到画中元素对应的概念符号，解构具体的画面，也就是符号化储存。

图 1-1

在离开画面后，你或许还记得住细节，比如树干的形状，衣服线条的走向。但这些非符号化的记忆就迅速地衰减遗忘了，5 分钟后留下的记忆大多为符号化的内容。

在你的描述过程中，大脑从记忆中提取出这幅画相关的信息团，语言模块按照某种表达模式逐步提取信息团中的概念和概念之间的关系，转录为语言表达出来。这就是你对这幅画的描述。你想象这幅画的过程和你重新把它画出来类似，乃是寻找这些抽象的符号信息对应的视觉形象，按照记忆中它们之间的关系重构画面的过程。

>>> Evidence 1 ：

一个人从乡间小路走过，假设他没有刻意地去记忆周围的事物，在回忆中他能够回忆起路边他认识的植被的样子，而回忆不起不认识的植被的样子。因为在简化的画面中，不认识的植被在被储存时仅仅是指向第一类记忆空间中的"植被"，除此以外只记录一些很显著的特征，如色彩很鲜艳，形态很奇怪，等等；而认识的植被在感知记录中则是指向一个具体植被的对象，而这个对象的形体特征之前就被具体保存，所以回忆时就会更加具体、细致。

>>> Evidence 2 ：

我们对小时候的记忆是非常模糊的，较为清晰的记忆往往开始于 4～5 岁的时候。因为在婴儿时期，第一类记忆空间中还没有足够的"对象"，所以无法对感知体验进行记录。智能体总是根据第一类记忆所储存的素材的具体程度来决定感知体验记录中对象的具体程度，事实上第一类记忆中的元素完全构成了感知体验记录中的对象。

七、遗忘和回忆障碍

当我们能够把回忆视为一种联想，而储存的信息是拆解后用结构信息重新组织的符号，我们就能对遗忘形成更深的洞见。

遗忘是信息的强度逐渐变弱最终从记忆中删除的过程。所谓信息强度，是我们对此信息关注度的一个组成。反思我们自身，时间总是让我们对一个信息的关注度衰减，所以信息变得更不容易被联想到。实际上衰减的就是这个信息的信息强度。从人类身上我们能够看到这种机制的合理性和缺陷，因为如果一个信息经常被使用，经常被想起，那么它就能维持自己的关注度；反过来，一个信息的关注度会不断衰减，必定是因为它不经常被使用，不经常被想起，这样的信息往往就没有那么重要。从这里我们也就容易看到此机制的缺陷：毕竟会有很少一部分信息，其发生影响是在远期，在短时间内不会被使用，也不经常被想起，这些信息不应该因为强度减少而被删除。所以系统有其他机制去弥补这个缺陷。对此我们会在第十章详细讨论。

信息的删除自然会导致信息无法被回忆，我们说这个信息被遗忘了。但有些时候信息无法被回忆或者说信息无法被放入到意识流中被意识到，并不是因为信息被遗忘了，而是缺乏被放回到意识流的方式，这就是回忆障碍。

在上面讨论的背景下我们能够演绎出两种回忆障碍：

1.第一种回忆障碍是由信息的强度不足导致的。这种回忆障碍出现在信息本身不那么被关注，先天强度不足，或是那些久远的没有使用的信息的强度已经衰减得很严重的情况下。比如之前你看到猫叼走了一把钥匙，假设这条信息被结构化储存了。后来你发现自己家的钥匙丢了，如果能够回忆到这条信息，你就能猜想到钥匙可能的去处。照理说，当意识流中出现了"猫"或是出现"钥匙"应该都有可能联想到这个信息片段。但因为和"猫"或是和"钥匙"相关的信息片段太多了，而这个关键事件在储存时没有被赋予足够的关注，初始的信息强度不高，所以导致目标信息始终无法被联想到。

2.第二种回忆障碍是由缺少联想路径导致的。这种情况下，信息可能是有很高强度或关注度的，但无法被联想到。就比如"记忆的孤岛"，在这个岛上，信息之间有很强的相互联系及很高的信息强度，一旦这个孤岛上有一个节点被放回到意识流中，整个孤岛就能够被联想到或者被回忆起来。但这样的孤岛只有少数几个路径和外界其他信息节点有着强度足够的连接，使这片孤岛能够被回忆起来。这就创造了这样的现象：一开始无论如何都回忆不起想回忆的内容，只有联想到关键点的时候，会突然回忆起整片信息。

八、意识流爆炸和选择机制

前面我们讨论的回忆，其中的自由联想，可以从意识流中拿走一个信息而放回多个信息，这些放回的信息仅仅在自由联想模块的作用下就可以裂变式产生，让意识流爆炸。而自由联想只是智能系统中一类从意识流中拿走信息，再按照某种逻辑往意识流中放回信息的模块（或子系统）。我们可以想象，如果不加控制，意识流的信息流量很可能会在某些情形下突破系统可承载的量。计算机和人脑一样是有运算极限的，所以需要选择机制来控制是否让一个模块处理一个意识流中的信息。

我们来描述一下选择机制：

其一，所有意识流中的信息在写入后需要被评估关注度，这个过程对于人类是存在的，且是系统自发完成，不受意志控制的。我随便说一个概念或事情，你可以在一瞬间决定这个信息是你关注的还是不在意的。

其二，所有模块维护了自身的一个阈值，不处理关注度低于此阈值的意识流中的信息。也就是说，即使信息类型显示它是这个模块所要吃的"食物"，还需要关注度高于该模块的阈值，才会被处理。

其三，系统能够监测自身的运算消耗，在运算消耗接近负荷的时候通过一个控制变量，同比例升高所有模块的阈值。我们可以想象，有这个操作就能够让所有模块变得不倾向摄取和加工信息，系统的运算消耗会马上降低。

　　这是一个简洁的选择模型，和它相关的关注度的形成和评估我们在第十章讨论。接下来我们考察一下这个模型能够产生哪些效果。

九、选择机制的效果

　　我们想象一下在数学考试中，考生会把所有注意力集中在如何解题上，以至于双耳不闻窗外事，哪怕有一些信息突然出现在意识流中，智能系统中的其他模块也不倾向于处理它；而被训练好的解题的反应模式被高度激活，进入意识流的信息哪怕关注度再低也会被读取，尝试给解题提供支持。整个意识流中的信息都是和考试相关的。站在前面描述的选择模型的视角上，我们来解释这个表象。意志可以控制系统中每个模块的阈值，当意志决定需要把资源集中在某项活动中的时候，它可以降低和这个活动相关的模块的阈值。这样一来，只要信息是符合这些模块中某个摄取标准的，它就更倾向于被读取加工。支持一项活动的相关模块往往都是相互支持的，持续的外部信息的摄入，一个模块产生的信息被另外一个读取……为了让从事这项活动的性能达到极限，系统资源很快会达到负荷，控制变量控制所有模块的摄取阈值同比例上升，从而抑制了其他模块的活动。

　　另外一种情况不是主动意志控制模块的阈值变低，而是某一类高关注度信息不断在一些模块的作用下创造其他高关注度的信息，从而让运算资源被某一类思维活动占据，抑制了其他模块发挥作用。比如，出现了某件让人极度兴奋的事情，人会不断考虑这个事情可能导致的让人兴奋的结果，以至于没有心思去考虑其他问题；相反的，如果有一个可能发生的极端负面的事件，思维会集中在处理负面事件带来的每个可能的结果和可能的干预办法上，我们甚至会感到这个人麻木了，魂不守舍了，因为通过选择机制，它的其他智能功能被抑制了。

　　选择模型除了控制不同智能活动对资源的竞争外，还可以创造 AI 类人的睡眠。在人类入睡的过程中，人慢慢变得迟钝，各个模块逐渐不处理意识流中的信息，最终意识流的信息停止了，当不再有信息被意识到时，人就睡着了。这个过程对应了选择模型中控制变量控制所有模块的阈值整体上升，意识流就会逐渐衰竭。此时外部刺激信息是否被写入意识流是无差异的，因为这些信息不会被记忆模块记忆，你就无法反思你在睡眠中是否意识到了什么；因为其他模块也停止摄入信息了，所以该信息也不会被处理，不会被用来创造反应。唤醒效果的产生源于以下机制：唤醒模块保持了一个较高但不是无限高的阈值，只要特定类型外部信息进入意识流，这个模块就会逐渐降低各个模块的阈值，这样意识流的流量就会逐渐增长，智能体进入苏醒状态。唤醒模块的阈值决定了唤醒的难度，那些很容易被叫醒的阈值低，睡得很死的人天生阈值高；在疲劳状态，系统能够提高阈值，增加被叫醒的难度。

　　一些人在浅睡眠时能知晓周围发生的事情，在醒时能回忆起当时的外部感知。这种情形对应了整体控制变量及对各个模块的抑制效果，基本抑制了其他模块，但记忆模块因为某种原因没有被完全抑制（可能因为自身基础阈值低）。所以感知信息进入意识虽然没有创造其他反应，但是被记忆了，所以对象醒来时会知道自己浅睡眠过程中发生了什么。另外一些人会在半睡半醒的状态产生思维，但却缺乏逻辑，他自己也能意识到这种困境。这种情况出现在个体抑制过度激活了一类思维活动，比如因为工作压力大，睡前都在高强度地考虑某类问题，导致即使系统整体的阈值都提升了，这个思维活动的相关模块仍然没有被彻底抑制，写入意识流的相关信息仍然有很高的关注度。但因为毕竟有一些支持思维的模块停止了工作，所以思维活动虽然能继续，却会因为缺乏逻辑而显得凌乱。

>>> Evidence：

我们看到不同领域的天才往往会有一个共性，对自己专业领域之外的东西不敏感，在思考的时候对周围的环境视而不见。这类人能够把智力资源持续地极大程度地集中在自己的专业上，以至于其他智力功能都被抑制了。所以造就天才的特性同时也是一个缺陷。

十、感知但未必被意识

在讨论了选择模型之后，我们就可以解释另外一个和意识高度相关的表象了。有一类信息我们称之为"感知但未必被意识的信息"。这样的信息很多，比如你在图书馆专心看书的时候，读到入情时，外面明明传来了雨声，但你却没有意识到下雨；再比如你可以全神贯注地在打电话，仅凭对周围环境的感知完成开门锁、进家门的任务，你会说"进门这件事我已经足够熟练了，门锁眼的位置等的信息不需要经过意识，只需要被感知就可以通过条件反射完成开锁了"。

感知但未必被意识是一个假象，事实上感知的信息都被意识，只是意识的信息未必被处理。因为意识存在的证据来源于信息出现在意识中的反应，所以一旦一个信息出现在意识流中，或是本身的关注度不够，或是处理它的模块因为资源竞争被选择机制抑制，我们会认为它没有被意识到。比如在前面的例子中，"没有意识到下雨"是因为没有想到"我没带伞，回不了家了"。因为这个结论的得出是需要某个模块加工的，这个模块没有加工这个信息，没能创造相关的结论不意味着信息没有进入意识流。退一步讲，记忆本身也是系统内从意识流读信息的模块，既然能够回忆起当初下雨，也就意味着下雨的信息进入意识流且被记忆过。

在第二个例子中，在你刚刚搬到新家的时候，感知信息需要很多相关模块的参与，才能完成进门的任务。此时感知信息本身也被给予了很高的关注度。一开始我们是在探索怎么进门，之后变为思考怎么进门，最后变成不思考也可以进门。因为整个智能获得的控制是以完成目标为标准的。一开始为了完成一个目标，我们会激活相关探索层的反应模式（模块），提高相关信息的关注度；之后越来越有针对性的反应模式（模块）形成。普适性强的反应模块无法拥有低阈值，否则它将遍地开花；针对性强的模块可以有低阈值，接收意识流中低关注度的信息。所以配合针对性强、阈值低的反应模式的形成，和这个任务相关的信息就可以以非常低的关注度出现，这些信息因为关注度很低，所以不会和其他模块产生反应，甚至不会被记忆，我们会误认为它是不被意识到的，但这些信息能够和这个针对性强、阈值低的反应模式配合完成对应的任务。很有意思的是，在这个过程中，特定任务看上去拥有了自己的"任务信息频道"——因为生成的信息可以是低关注度的，所以只被和这个任务相关的模块接收处理。

十一、自我意识

意识流在工程上是一个信息流，意识流结构作为类人 AI 的核心结构，创造了人类智能的表象，当然也意味了 AI 是有意识的表象。意识是一个表象，诸多信息在人被"意识"到时创造了反应，让外界知道这个人"意识到了"对应的信息。同样自我意识也是表象，是意识表象的一个子类。

一个智能体能表达自己真实的感知信息，比如"我看到了什么""我刚才想了什么""我刚才很愤怒"，这是自我意识的一个表象；能体现出自利性，具有情绪系统且对自身的情绪有所倾向，并把此作为决策形成的一个要素，比如为了自己开心，能做出牺牲他人利益的决策，这是自我意识的一个体现；能够知晓并表达自己的动机，并像人类一样进行动机的转移，这也是自我意识的一个体现；能够对自己的机制进行反思，如"我刚才为什么愤怒""我是如何得到这个结论的""我对这类问题的思维有这样的缺陷"，这也是自我意识的体现。

正如我们在绪言中描述的，所有人类个体有真实感受的表征都突破不了表象的范畴，而个体是否有真正的感受是不可知的。不可知的不可造，不可知的存在不存在不影响表象（否则就变成可知的了）。所以，尽管存在不可知、不可造的部分，思维工程理论上可及的是完美的智能表象——包括其体现出的自我意识在内，它所呈现出的一切都和一个人一样，你无法以任何非破坏性的方式去判断它不是正常人类。

十二、本章总结

这一章我们对逻辑仿生 AI 的核心结构——意识流结构做了介绍。

1. 逻辑仿生 AI 是对人类智能在信息层面进行模仿，在信息的呈现、储存、处理层面形成视觉并工程化。

2. 在逻辑仿生 AI 工程中，一切的知识来自于对人类知识智能机制的反思，其中很大一部分信息来源于对自己的记忆、语言、情绪、思维、决策所做出的反思。

3. 信息被意识——写入意识流，可以被记忆，被记忆的信息放回意识流形成回忆。因为记忆和回忆，我们能够回放我们的意识流，把其作为认知的客体，我们能够反思：对意识流中信息生成关系的考察，基于生成关系猜想其背后信息处理的逻辑，重建其背后的逻辑。这可以概括逻辑仿生 AI 的方法论。

4.如果把人类大脑中流转的信息类比为食物，那么意识流就像日本寿司餐馆中的传送带，我们可以把人类智能系统中的其他子系统和功能模块想象成食客，它们会从传送带上拿走一些信息进行加工，同时也是信息的生产者，因为它们会把加工完的信息放回来。

5.人类的记忆需要识别原始信息：一个画面，一个声音……其中的元素和元素的关系，把原始信息拆解为元素对应的概念后，利用元素关系对应的结构信息重新组织这些概念进行储存。这就是符号化储存。智能系统内的运算依赖这些符号进行。

6.回忆广义而言是联想，是利用结构信息描述的信息间的联系，在其中一个信息出现在意识流的时候，通过结构信息找到另外一个信息，并把它放入意识流。而类似询问创造的回忆是一种有明确指向的搜索式联想。

7.遗忘是记忆信息强度逐渐衰减直到被删除的过程。除了记忆信息被删除的遗忘外，大部分时候我们体验的遗忘实际是回忆障碍，而不是真实的遗忘。回忆障碍或是目标信息强度太低，无法被联想到；或是目标信息缺乏被联想到的路径。

8.一个信息出现在意识流中，可能被很多模块拿走处理，然后放回很多信息，放回的每个信息又可能被很多模块拿走处理……如此意识流会指数爆炸。一个选择机制被创造出来协调不同智能活动的资源竞争：每个模块维护了自己的阈值，只加工意识流中关注度高于阈值的信息；智能系统有一个控制变量，在系统资源接近负荷的时候，提高所有模块的阈值，这个效果就如同减小油门那样，思维的发动机会迅速变慢下来。

9.这个简约的模型能再现许多人类的表象：全神贯注参与某项活动的时候，其他不相关的智能功能被极大地抑制，如人类的入睡、苏醒、浅睡眠、深睡眠和浅睡眠感知、浅睡眠思维。

10."感知但不被意识"是一个假象，事实上感知的信息都被意识，只是意识的信息未必被处理。这个假象的存在让我们发现了人类从探索式地完成一个新任务，到可以"无意识"地完成一个任务，其背后发生的变化：在探索式完成任务的过程中，高阈值模块配合高信息关注度，占据大量系统资源；之后有针对性的反应模式（模块）形成，模块的基础阈值逐渐降低，任务相关信息的关注度也不断下降。直到模块的基础阈值和任务相关意识流信息的关注度都降到极低，就出现了"任务信息频道"——因为生成的信息可以是低关注度的，所以只被和这个任务相关的模块接收处理。

真实的感受不可知，所以除此之外所有的智能表象可以完美再造。自我意识也是一个表象，并没有任何神奇和不可知的地方。理论上思维工程可以创造完美的自我意识的表象——你无法以任何非破坏性的方式去判断它不是正常人类。

第二章　信息的表述

一、符号化表述

上一章我们描述了逻辑仿生 AI 的核心结构——意识流。意识流就像是日本寿司餐馆的传送带，智能系统中每个子系统、每个功能模块都是食客，决定自己要摄取怎样的信息，如何加工这个信息，放回传送带怎样的信息……所以，非常自然地，接下来我们要讨论的就是这个传送带上的"食物"了——意识流中的信息以什么样的形态存在。我们把信息呈现的约定称之为"信息的表述"。

在对意识流的讨论中，我们列举了一些案例，让我们对意识流中信息的储存方式有所洞见：我们看到的画面，听到的声音……我们识别其中的元素和元素的关系，把原始信息拆解为元素对应的概念后，利用元素关系对应的结构信息重新组织这些概念进行储存。我们把客观事件的信息拆解为概念和结构进行储存，因为概念和结构都是代表客观世界某个元素和结构的符号，所以我们把这种信息的储存方式称为符号化储存。

由于储存的是在意识流中出现的信息，所以储存也反映了意识流中的信息是如何表述的。在前面的描述中我们看到了组成信息的两个要素：概念和结构。我们用一个例子来创造直观的感受，比如信息（爸爸 =Peter，女儿 = 小香槟），其中 Peter 是一个概念，小香槟是一个概念，而（爸爸 =，女儿 =）就是描述这两个概念的结构信息。如果把客观世界的信息用这样的符号体系去表述，我们能够看到这样的图景：无数的概念如同星空的星星，结构如同星座的连线，描述了某些星星之间的关系。而一个"星座"一个结构信息本身也是一个概念。

当开始反思人类智能形成的底层的机制，我们会发现每个基础功能的实现都会对这个符号系统的表述方式形成约束，告诉我们这个先天的符号系统对信息的表述应该是怎样的。本章的任务正是考察人脑中关于信息的符号化表述是怎样的，人类底层智能功能如何对这个表述方式形成约束。

>>> Topic：自然语言和先天语言

自然语言是对客观世界的一个符号化表述。然而我们发现，对于人类，思维是可以独立于自然语言存在的。即使你不会任何自然语言，你也可以区分蓝色和红色等不同的颜色，这说明颜色作为一种属性概念是可以独立于自然语言存在的；你可以不知道某个人的名字，这是对应这个人作为一个具体对象概念的自然语言，但你可以认出这个人，可以记录他之前做过什么，有什么样的性格，在特定的情形下会有什么样的反应。这些记忆和思维都是独立于自然语言存在的。

在人脑中有一个先天的符号生成系统。各个感知维度的信息会转录成一种统一规则的表述形式进入意识流，然后各个模块基于这个"语言协议"从意识流中各取所需，创造的信息也按照这个"语言协议"组织并写入意识流中，供需要的模块使用。

二、信息的层级

前面我们描述了"符号的星空"，但毕竟符号体系表述的世界是客观世界的映射，所以呈现出类似客观世界的明确的层级关系，而并非如星空那般凌乱。

最底层我们称之为属性层，比如那些感知可及的属性——颜色、形体、大小、重量等，那些我们能分辨的姿态或动作——坐、爬、踢、扔等。

属性层的很多信息的定义来自于感知功能的聚类，比如颜色我们无法说"红色"作为一个概念是如何被其他概念定义的。这些概念我们称之为根源性概念。相对地，如果一个概念是被其他概念通过某个结构信息组织定义的，我们称之为衍生性概念。

第二层级，事件层的概念大多都是衍生性概念。比如自然语言中主谓宾结构描述的事件（主语对象 = 猫，行为 = 吃，行为对象 = 鱼），再比如对象属性（具体对象 =Mike，身高 =很高）。

第三层级，事件关系层。比如事件之间的因果关系（原因事件 = 人感冒，结果事件 = 人发烧）、定义关系［事件 = 人 1 生了人 2，定义关系 = （母亲 = 人 1，子女 = 人 2）］。

三、事件关系层和人类智能

事件关系层的信息和人类几乎所有主要智能功能有着直接支持关系。

人类的反应模式信息，无论多么复杂，拆解到底层都是一些条件—反应信息，条件和反应都是事件。我们预测归因用的是因果关系的知识，原因结果都是事件信息，其本身是事件关系层的信息；我们利用知识去转移原始目标，依赖的知识也是事件关系层的信息；我们对一个事件的情绪，能够转移到导致它的另外一个事件上，依赖的也是事件关系层的信息……

在事件关系层，信息又被分为两类，一类事件关系组织的是具体事件，一类事件关系组织的是事件类。比如"Mike 今天早上没有来上班，是因为感冒了"，这个事件关系组织的就是具体事件；"人不去上班的一个原因是因为生病"，这个事件关系组织的就是事件类。从这个例子中我们可以看到诸如前者的具体事件关系信息是可以让我们总结出后者事件类关系的知识的；而诸如后者的知识是可以让我们因为一个人感冒而预测他可能不来上班，因为一个人没来上班而猜想他可能感冒了。这正是我们在序言中讨论的人类的认知过程，现在我们能够给出一个更精确的表述：由有限的事件间关系的表象抽象归纳出事件类间的关系，事件类间的关系作为背后知识的猜想，在演绎中创造具体事件层的归因和预测，并在实践中增强或削弱一个猜想。

再举一个特定任务反应模式习得的例子，比如公司新来的行政观察资深行政是如何招待来访的客人，如观察到带对方到会议室，询问要喝什么，要找谁，然后去准备对方要的饮料，找对方要找的人。比如在例子中她观察到的是"李总说要喝咖啡"，对应的反应是"准备咖啡"。这就是具体事件层的条件反应。同样，仅仅局限在具体层，观察到的经验是毫无用处的。人类之所以能举一反三，是因为抽象，如果信息被抽象为"客人说要喝某种饮料"对应的反应是"准备这种饮料"，就能创造"王总说要喝红茶""准备红茶"的反应。

至此我们来粗略总结一下许多人类智能功能共有的运算特征，这个特征贯穿了本书几乎所有章节的讨论：从具体事件关系出发，创造出事件类关系，作为知识；然后在使用时，用此知识创造具体事件层关系。我们把从具体事件关系出发创造出事件类关系的过程，称为抽象，把从事件类关系出发创造具体事件关系的过程，称为演绎。所以抽象和演绎就是我们需要符号表述支持的最主要的运算。后面在人类语言的讨论中，我们甚至会发现语法的习得是由抽象功能支持的，而输出或读取语言是由演绎功能支持的。

四、统辖关系

我们来看两个结构信息：（主语对象 =Mike，状态 = 感冒）和（主语对象 = 人，状态 = 生病）。我们能够发现，这是两个相同结构的信息，且第一个结构信息中的两个元素，分别是第二个结构信息两个元素的子类：Mike 是人的子类，感冒是生病的子类。我们还可以发现前面的事件是后面的子类。一般而言，对于相同结构的两个信息，如果前者每个位置的概念，都是后者对应位置概念的子类，那么前者是后者的子类。我们把这两个信息之间的关系称为"统辖关系"，对应位置子类概念和母类概念之间的对应称为"统辖映射"。统辖关系是我们对类人先天符号系统最主要的设定，是我们上面描述的人类主要智能活动的相关运算的核心逻辑依赖的唯一关系。

在定义了统辖关系后，我们就可以定义上面说的抽象和演绎的运算了。对于一个具体层的事件关系，我们用母类替换其中事件中元素的子类，就会生成一个事件类层的事件关系。此时按照统辖关系的定义，生成事件关系的两个事件分别统辖原始事件关系信息中的两个事件；再次根据统辖关系的定义，生成事件类的关系，作为背后的规律，统辖原始事件关系，作为表象。这个过程就是抽象。

当事件类层关系中的某个事件 A 统辖一个具体事件 A*，这意味着事件 A 和事件 A* 具有同样的结构，事件 A 中的元素是事件 A* 中对应位置的元素的母类。按照定义我们能够建立起事件 A 中元素到事件 A* 中元素的统辖映射。我们在事件类层关系的另外一个事件 B 中找到统辖关系的母类，替换为对应的子类，生成事件 B*，那么事件 B* 和事件 A* 继承了事件 B 和事件 A 之间的关系。这个过程就是演绎。如果事件 A 是事件 B 的结果，那么事件 B* 就是事件 A* 的结果；如果事件 A 是条件，事件 B 是应有的反应，那么事件 B* 就是事件 A* 应有的反应。

为了方便理解，我们用事件层信息描述了统辖映射和抽象和演绎的过程。一般而言我们可以把事件去掉。统辖映射的定义适用任何结构信息，我们母类化其中的元素就是抽象；对任何结构信息，母类所在的关系能够被子类所继承，根据统辖关系作用的信息类型不同就有相应的人类智能的核心逻辑，它们可表述为"凡是定义在母类的知识可以被子类继承；凡是定义在母类的表达、行为或思维的反应模式可以被子类继承；凡是定义在母类的语法映射可以被子类继承；凡是定义在母类的情绪反应可以被子类继承"。在接下来的章节中，我们将要看到这些核心逻辑如何创造了人类的核心智能功能。

五、结构的来源

当我们朝工程化考虑，比如当我们考虑让 AI 理解人类的语言，我们会发现每个自然语言表达的背后都有先天语言的对应。此时我们会发现我们需要很多不同的结构去容纳不同类型的语义信息。

那么结构是怎么来的呢？

人类对意识流中的信息之间是否"在一起"有先天的区分能力，比如人类幼儿观察到的一个对象对另外一个对象的行为。在意识流中它天然会知道这两个对象和行为这些信息是"在一起的"。除此以外，人类还先天可以区分同类概念在一个信息中的不同位置。比如在上面的例子中，人类能区分出什么对象是行为施予者，什么对象是行为的被施予者。当智能体知道几个信息是"在一起"组织成一个新的信息，且知道他们新信息中的不同位置。这个就是一个结构信息的来源。

也就是说对于人类而言，"结构"可以来源于先天的对意识流中信息的分辨能力，这个分辨能力体现在两个方向：（1）什么信息是"在一起的"；（2）每个信息处在什么位置。很自然地，我们可以通过后天的定义，去生成一个新的结构信息，这个定义蕴含了针对一个结构信息的两方面的能力：识别能力和重构能力。比如，我们可以看到人类会因为思维任务去定义新的结构信息。

六、位格名称

一般而言，在结构信息中，位格 ID 的目的是为了区分"在一起"的信息在结构中的位置或"扮演的角色"，它本身是没有名称的，也不需要有名称。但在自然语言的表述中，如果一个概念没有名称去指向，而它处在某个结构信息中，我们就可以用结构信息和位格名称去指向它。

最典型的就是相对关系。幼儿园老师因为不知道 Peter 的名字，所以会用"小香槟爸爸"指代，在老师的记忆中，这里的结构信息为（爸爸 =ID1，女儿 = 小香槟 c），老师用 ID1 所在的结构信息和位格名称去指向了 ID1。

二元关系是最常用的指向一个概念的方式，当然我们可以用更复杂的结构信息和位格名称去指向一个具体概念。比如"Peter 睡午觉的时间""小香槟上幼儿园的地方"……

七、结构同步

对于每个人类个体信息的结构是按照特定底层规则在智力活动中逐渐形成的，且是独立形成的。但是每个人类个体的信息结构却是高度相近的，不仅仅体现在什么结构会包含怎样的位格组成，也体现在位格名称的趋同上。

导致每个个体结构相近的原因有两个，其一，每个人类个体是造物主用一个模子创造出来的，感知的分辨力是基本相同的，而结构形成来自于对信息是否"在一起"，以及"在什么位置"的分辨力，这导致由先天分辨力决定的信息结构基本是相同的。其二，后天按照思维任务的需要会产生新的结构，此时如果不是自然语言传承，不同个体形成的结构往往是不同的。因为结构决定了一个思维任务的信息储存形式和运算的载体，所以结构能反映事物本然的情况，可以精简决定了思维在完成一个任务时的效率。而当人类把最高效思维模式通过自然语言写成的书籍或通过授课传承给其他个体时，无形间同步了参与个体在相关领域的信息结构。

至于结构中的位格名称同步，则是一个语言现象，我们在语言习得的章节（第十章：语言的习得 A）中会讨论涉及。

八、本章总结

本章我们讨论了人脑中的先天语言，作为一个符号系统，先天语言是人脑记忆信息的载体，运算信息的载体。

1. 我们总是用熟悉的概念作为素材，以特定的结构组织这些概念生成我们的记忆。这些在特定结构中被其他概念定义的概念，我们称之为"衍生概念"；而那些最原始的概念素材，那些自存而不是被定义的概念，我们称之为"根源性概念"。

2. 人类的记忆是一座概念构成的大厦，从概念相互构成的关系来看，这个大厦是有大体层级的，而不是一张理不清关系的概念和概念间关系组成的复杂大网。在大厦最底层的是"属性层"包含了属性、行为、对象类；第二层是"事件层"包含了对象行为类型的事件，还包含了对象属性类型的广义事件；第三层是"事件关系层"包含了事件间的各种关系，如时序关系、意味关系、各类因果类型的关系等。理解这三个层级是理解人类对客观世界认知力形成的基础。

3. 统辖关系是我们对类人先天符号系统最主要的设定，基于统辖关系的抽象和演绎的运算，衍生出了人类最主要的几个核心智能功能：语言、反应模式、思维、情绪。一般而言，对于相同结构的两个信息，如果前者每个位置的概念，都是后者对应位置概念的子类，那么前者就是后者的子类。我们把这两个信息之间的关系称为"统辖关系"。

4. 对任何结构信息，统辖关系中母类所在的关系能够被子类所继承。根据统辖关系作用的信息类型不同就有相应的人类智能的核心逻辑，它们可表述为"凡是定义在母类的知识可以被子类继承；凡是定义在母类的表达、行为或思维的反应模式可以被子类继承；凡是定义在母类的语法映射可以被子类继承；凡是定义在母类的情绪反应可以被子类继承"。

5. 人类针对意识流中天生的分辨能力创造了根源性概念；针对信息团包含的信息"在一起"，以及"在什么相对位置"的分辨能力，创造了结构。先天的分辨能力创造了先天的结构，而后天的结构乃是通过一个底层的机制根据思维任务生成。

6. 在思维任务中，结构决定了信息的储存形式且是任务中思维运算作用的信息载体，所以结构决定了思维在完成特定任务时的效率。

7. 人类不同个体的信息结构趋同来自两方面因素，其一，先天结构的形成来自对信息是否"在一起"，以及"在什么位置"的分辨力，因为个体在这些先天分辨力上是相同的，所以先天结构是相同的。其二，后天结构来自思维任务的需要，而人类会传承最高效的思维模式，同时也就让和思维模式相伴的信息结构在相关个体间变得趋同了。

第三章 M语言

一、M 语言

　　结构信息是符号主义类人 AI 储存和运算的信息载体，是一切基础智能功能赖以实现的必需要素。接着上一章的讨论，这章我们来具体考察支持第一代原型机功能闭环的每一类的信息结构。上一章我们描述了对先天语言的主要约束，并讲述了结构信息的编码原则。每个人类个体并不存在统一的具体编码方式，每个个体的编码方式存在不确定性，被其经历所决定，但可以在语言中被一定程度一致化。

　　最好的选择当然是赋予 AI 创造信息结构的能力。可以想象如果我们能对人类创造和改变信息结构的底层机制形成清晰的认知，就不用就各个任务场景人工地帮 AI 去定义储存和运算所需要的结构信息。因为凡是人为定义就是约束和限制，AI 就会缺乏像人类那样根据变化任务场景去创造和改变信息结构的能力。很遗憾，本书我们做不到这点。好在人类的核心智能是由相互支持的若干基础功能构成的，针对有限的功能需求，暂时人为定义所需的结构信息是一个不差的选择。

　　这就是 M 语言的由来：为在 AI 上再现人类底层核心智能机制而创造的对先天语言信息表述的约定。在北冥 2015—2017 年的研究中，我们定义了符号系统 M 语言，虽然本书中符号体系比起最早的 M 语言已经有很多改进和变化，但为了纪念早期的探索，我们仍然用 M 语言去命名。

二、概念和名称

　　所有处在关系网中的概念可被描述，所有概念可以被命名，命名就是用自然语言符号去对应先天语言符号。比如在社会生活中，每个人都有自己的名称。一个概念和它的名称之间的关系可以用这样的信息结构去表述：（概念 =，名称 =）。概念位置填写的就是此概念在先天语言中的概念 ID，名称位置填写是对应的某个名称。

概念可以和自然语言的声音符号对应，也可以和自然语言的图像符号对应；每个概念可以在不同的自然语言中有自己的名称，甚至在一个自然语言中有多个名称。以上每个名称都会有自己的（概念 =，名称 =）信息。比如概念苹果 c，有它的中文名称"苹果 w"，有英文名称"apple"。

在第一代原型机的工程实践中，我们会在名称位置填写 ID，同样的概念在不同语言中有不同的名称 ID，这个名称 ID 连接到它的读音信息和文字信息。ID 有属性信息（自然语言符号 =ID，所属自然语言 = 中文 / 英文），所以 AI 能在表达时选择使用的语言，也能意识到自己听到的声音符号或看到的文字符号属于什么语言。

为了表述方便，我们在此做一些约定。为了在本书的表述中区分我们指的是概念还是文字，我们用下标进行标识，比如"苹果 c"就是一个先天语言的概念，而"苹果 w"指的就是自然语言的苹果。在结构信息中我们将会经常用中文去表述组成它的概念，所以只要在结构信息中出现中文，我们指的都是自然语言词汇对应的概念。比如（主语对象 = 猫，行为 = 吃，行为施于对象 = 鱼）。

三、具体对象和对象类

M 语言中，具体对象会用一类 ID 表述，从而系统很容易辨识哪些 ID 指的是具体对象。这里我们为方便阅读，用 ID1、ID2……表述具体对象。具体对象完全被它的属类属性参与的事件和其他对象的关系所决定。具体对象参与的结构信息包括具体对象属性、具体对象属类、具体事件、事件类等。

具体对象属性的表述类似：（具体对象 =ID1，属性维度 = 属性）。比如：（具体对象 =Lucyc，发色 = 红色）。具体对象属类的表述类似：（具体对象 =ID1，属类 =）。比如：（具体对象 =Kittyc，属类 = 猫）

我们知道具体对象的属性和属类是会随时间变化的，所以这个信息在储存的时候还包含了时间信息。比如 Peter，1988 年的时候是个婴儿（具体对象 =Peterc，属类 = 婴儿，时间 =1988 年），到了 2018 年的时候是成年人（具体对象 =Peterc，属类 = 成年人，时间 =2018 年）。类似的，2018 年小香槟体重 10 千克（具体对象 = 小香槟，体重 =10kg，时间 =2018 年），2020 年小香槟体重 15 千克（具体对象 = 小香槟，体重 =15kg，时间 =2020 年）。

具体对象如何参与到事件中，我们会在事件的表述中讨论。

对象类也是一类 ID，也有自己专属的记忆空间，这里我们为方便阅读，用 ID1*、ID2*……表述对象类。对象类参与的结构信息包括了前面说的对象属类、对象类属性、事件类等。

对象属类我们刚刚已经例举过。对象类属性，描述了对象类的一般特征，比如醋是酸的，血是红色的，在结构信息中表述就是：（对象类 = 醋 c，味道 = 酸），（对象类 = 血液，颜色 = 红色）。对象类如何参与到事件类中，我们会在事件类表述中讨论。

四、相对关系

类似"小香槟的妈妈是 Charlene"这样的表述反映了怎样的信息呢？我们用（妈妈 =Charlene，女儿 = 小香槟）表述此类具体对象的某种关系。其中"妈妈""女儿"是位格名称。在称呼和指向上我们会用到这个名称，比如"小香槟的妈妈"，就是用小香槟和她与 Charlene 的相对关系去指向 Charlene；而小香槟也会用自己参与这个关系信息中对方位格名称去称呼对方，在这里也就是"妈妈"。因为这两个需求，很多相对关系中的位格是会在自然语言中被命名的。相对关系如何被命名，我们会在第十章"语言的习得 A"中讨论。

相对关系不仅仅联系具体对象，也联系对象类。（被捕食者 = 蝗虫 c，天敌 = 鸭子）这个表达出来就是"鸭子是蝗虫的天敌"。

我们如何向孩子解释一个相对关系呢？我们一般会说"我生了你，所以我就是你的妈妈""因为鸭子在自然界以蝗虫为食物，会吃蝗虫，所以鸭子是蝗虫的天敌"。这些话虽然不是精准的定义，但人类天生就有的抽象功能，会把其抽象为一个定义信息。比如第一个例子中：［事件 = 人 1 生了人 2，意味 =（妈妈 = 人 1，孩子 = 人 2）］。

因为相对关系是被定义出来的，有很强的任意性，只要有需求我们就可以定义，所以一个相对关系可以组织任何类型的信息。比如常见的（案件 = 杭州纵火案 c，当事人 = 陈先生 c），这是一个案件概念（包含了很多事件信息）和当事人之间的关系；（电影 = 侏罗纪公园，导演 = 斯皮尔伯格）是一个电影作品作为一个特殊的具体对象和它的导演的关系；（生物 = 非洲狮，栖息地 = 赛伦盖提草原），这是一种生物（对象类）和其栖息地之间的关系。

五、具体事件

具体的事件区别于事件类，是发生的事件。发生，可以是在真实世界发生，比如"1997年香港回归了"；可以发生在假想的世界中，比如"那一天，佛罗多把魔戒丢进了火山"；可以是猜想的过去发生的事件，比如"他应该是感冒了（因为没来上班）"；也可以是预测的还未发生的事情，比如"待会儿天会下雨"。

我们往往会站在某个对象的立场去描述和此对象相关的具体事件，这就是我们主谓宾结构的由来。比如"小香槟今天去秋游了"，主语对象 = 小香槟 c，活动 = 秋游 c，时间 = 今天（长期储存要转为绝对时间）。此外我们还有可能用事件类型名称去描述一个具体事件。比如"昨天这里发生了一场车祸"（事件类 = 车祸，地点 = 这里指代的地方，时间 = 昨天）。

参与具体事件的对象一定是具体对象，行为活动一定是具体行为活动，空间是具体的空间，时间是具体的时间。只是因为他们未必有名称，所以在表达时会用他们的类别进行指代。所以严格的表述大致是这样的，比如"早上年轻的猫吃了桌上的鱼"，严格的表述为（主语

对象 =ID1，行为 =IDa，行为施与 =ID2，时间 =IDt），其中（具体对象 =ID1，属类 = 猫）（具体对象 =ID1，年龄 = 年轻的）（具体对象 =ID2，属类 = 鱼）（具体对象 =ID2，空间相关对象 =ID3，方位 = 上）（具体对象 =ID3，属类 = 桌子）。我们可以感受一下这样的表达。

>>> **Topic：为什么具体事件中不用对象类**

在具体事件中我们的表述策略是：无论对于对象、行为、空间、时间都有一个具体的 ID，然后建立这个具体 ID 相关的属性和属类信息。

从单纯一句具体事件的自然表达来看，因为单句话附带的信息有限，且对于没有命名的对象，会用其所从属的对象类的名称去替代，导致我们倾向于直接把对象类放入具体事件中。这种不严格的表述会带来麻烦，因为人们往往在后续表达中继续完善具体对象的信息。比如在上面的例子中继续描述那只猫，"猫的眼睛是蓝色的，特别可爱"。所以严格的表述是为了创造最单纯的情形，我们可以无限制地去补充描述参与具体事件的那些元素。

六、事件类

事件类指的是某一类的事件。人类的感知总是以具体事件为起点，抽象功能可以从具体事件信息生成事件类信息；而演绎功能能够通过事件关系层信息，由事件类生成具体事件信息。在每个事件类都统辖了大量的具体事件信息，因为这些相互具有统辖关系的子类和母类必须有同样的结构，否则无法建立统辖关系，所以事件类在结构上和具体事件是一样的。

事件类可能在某些位置不带信息，比如具体事件是"早上一只猫吃了桌上的鱼"，而事件类是"猫吃鱼（主语对象 = 猫，行为 = 吃，行为指向 = 鱼）"。相比之下，事件类时间位格为空。"为空"即是全集，没有任何约束，所以是任何被约束的这个维度的信息的母类。

参与到具体事件中的元素包括对象、行为、时间、空间必定是具体的，而参与到事件类中的元素可以是具体的也可以是抽象的，参与到事件类中的对象可以是具体对象也可以是对象类。比如，"小学生上学"是由对象类参与的事件类，"小香槟上学"则是由具体对象参与的事件类。

七、事件类规律

事件类规律是我们从具体事件信息抽象发现的服务认知和决策的信息，预测、归因、转移动机等都是以此类信息为依据进行的。

事件类规律分为以下几种不同类型：事件类的时点规律，事件类间相关性、时序、因果规律，事件类时长、次数、数量、频率规律。

事件类的时点规律比如"Peter 一般早上 7 点起床"，这个规律信息的表述为（事件类 = "Peter 起床"，规律时点 =7 点）。很多时点规律有自己存在的背景时间条件，比如"Peter 工作日 7 点起床（而周末一般 9 点起床）"表述为（事件类 = "Peter 起床"，规律时点 =7 点，背景时间 = 工作日）；背景时间条件还可以是一个绝对时间，比如 "2018 年 Peter 工作日一般 7 点起床"，表述为（事件类 = "Peter 起床"，规律时点 =7 点，背景时间 = 工作日 /2018 年）。

事件类相关性、时序、因果规律比如 "人着凉了人容易感冒"，这是事件类之间的因果规律，表述为（原因 = 人着凉了，创造事件 = 人感冒）；事件类相关性的规律比如 "湖面冰融化时树也会发芽"，表述为（相关事件 1= 湖面冰融化，相关事件 2= 树发芽）；事件的时序规律比如 "小香槟刷完牙 10 分钟内就会去吃早饭"，表述为（前置事件 = 小香槟刷牙，后置事件 = 小香槟吃早饭，间隔时间 =IDt）（量化值 =IDt，小于值 =10min）。和事件类的时点关系一样，时序规律可以有背景时间，背景时间包含绝对时间。比如 "2018 年工作日，小香槟刷完牙 10 分钟内就会去吃早饭"，表述的方式和上面一样，就是在规律信息结构中增加背景时间位格。这里不重复详述。

事件类时长规律比如 "Peter 午觉一般持续半个小时"，表述为（事件类 =Peter 睡午觉，持续时间 =30 分钟）；事件类数量规律比如 "妈妈一天会喝 2 杯水"，表述为（事件类 = 妈妈喝水，宾语数量 =2 杯 / 天）；事件频率规律比如 "小香槟一天刷两次牙" 表述为（事件类 = 小香槟刷牙，频率 =2 次 / 天）。和前面一样，这些规律可以有背景时间，背景时间包含绝对时间。表述的方式和上面一样，就是在规律信息结构中增加背景时间位格。这里不重复详述。

八、事件关系

事件关系是三个层级信息的最顶层，最主要就是因果类的事件关系。我们把因果类的事件关系分为几个类别：

1. 创造关系。事件 A（状态 A）导致事件 B（状态 B），比如吃杨梅导致唾液增加，经常吃甜食导致肥胖。[事件 = 事件 A（状态 A），创造发生事件 = 事件 B（状态 B）]

2. 维持关系。事件 A（状态 A）维持事件 B（状态 B）。比如持续营养的摄入维持个体存活。[事件 = 事件 A（事件 A），维持状态 = 事件 B（状态 B）]

3. 终止关系。事件 A（状态 A）终止事件 B（状态 B）。比如注射抗生素终止体内细菌存活。[事件 = 事件 A（状态 A），终止状态 = 事件 B（状态 B）]

4. 阻止发生关系。事件 A（状态 A）阻止事件 B（状态 B）发生。比如注射狂犬病疫苗，阻止狂犬病发生。信息可以表述为 [事件 = 事件 A（状态 A），阻止发生事件 = 事件 B（状态 B）]

在认知系统的讨论中我们会看到，这四类知识是整个人类认知功能处在核心位置的信息节点。在认知系统的三大职能中，第一大职能转移分解事件目标依赖这四类知识；第二大职能判断具体事件是否发生依赖这四类知识；第三大职能获取知识，目标要获取的知识主要是这四类，且这四类知识被用来发现新的知识。

这四类事件关系信息中有一类很重要的附带信息——充分性和必要性。充分性体现了前置事件发生出现有多少概率会导致后面的结果，必要性体现了后置结果出现有多少概率是由前置事件导致的。以创造关系为例，充分和必要性可以表述为：［事件 = 事件 A（状态 A），创造发生事件 = 事件 B（状态 B），充分性 =p，必要性 =q］。

九、时间概念

时间概念分为时点概念和时长概念等。

时点（时段）概念描述了事件发生的时点或时段，又分为具体时间和时间类。具体时间就是真实世界或一个想象的世界时间轴上的一点或一段，最常使用的表述方式就是我们的日历时间。比如"2015 年 7 月 1 日小香槟出生"。相对地，时间类则是某一类时点或时段，比如周一、周二……；工作日；3 月 1 日、4 月 2 日……；12 点、1 点、2 点……；春天、夏天……

在具体事件、事件类、事件类规律中，我们需要表述一个时间，会先用一个 IDt 嵌入到结构信息中。然后再把各种时间属类、具体时间的约束施加到这个 IDt 上。比如"Peter 2018 年春天的周末上午都会喝咖啡"，这个是一个事件规律。在表述上（事件类 =Peter 喝咖啡，时间规律 =IDt），其中（时间 =IDt，时间属类 = 春天 / 上午 / 周末 /2018 年）。

时长概念由数量和时间单位组成一个时长 IDtd（Time Duration），表述为（数量 =，时间单位 =），事件单位包括：秒、分、小时、天、月、年……时长概念被用在具体事件的持续时间，事件类的时长规律、频率规律等信息中。

十、集合概念

"今天早上小香槟吃了 1 个鸡蛋、2 片蛋糕、5 颗小西红柿"，在这个表达对应的语义中行为施与对象不是一个具体对象，而是一个具体对象的集合。"Mike 和两个女人把这里的草坪踩坏了"，在这个表达对应的语义中，主语对象不是一个具体对象，而是一个具体对象集合。

在信息表述上，我们会用一个集合 ID 写入事件对应的位置，这个集合 ID 是一个结构信息，描述了：（1）包含的对象类和数量；（2）包含的具体对象 ID。所以在第一个例子中集合信息的表述为（属类 1= 鸡蛋，数量 1=1；属类 2= 蛋糕，数量 2=2；属类 3= 小西红柿，数量 3=5）；在第二例子中（属类 1= 女人，数量 =2，具体对象 =Mikec）。

Remark：一个位格连接的多个元素也是一个集合 ID。

十一、疑问和好奇点

在自然语言中，我们把疑问表达分为一般疑问、选择疑问和特殊疑问。一般疑问就比如

"是猫吃了桌上的鱼吗？"选择疑问比如"是猫还是老鼠吃了桌上的鱼？"特殊疑问比如"是谁吃了桌上的鱼？"

一般疑问分为两种类型，一种是对信息整体是否为真的询问，比如"猫吃了桌上的鱼吗""黄瓜属于水果吗"；还有一类是对整体信息某个位置的元素是否为真的询问，比如"是猫吃了桌上的鱼吗"。一般疑问的语义可以表述为类似这样的信息。如果是对信息整体的确认，表述为：（主体内容 =，确认位格 = 整体）；如果是对结构信息中某个位格信息的确认，表述为：（主体内容 =，确认点 = 位格 ID，确认内容 =）。比如在第一个例子中，[主体内容 = 猫吃了桌上的鱼（事件信息），确认点 = 整体]；在第二个例子中，（主体内容 = 猫吃了桌上的鱼，确认点 = 主语信息，确认内容 = 猫）。

选择疑问和一般疑问相似，比如"是猫还是老鼠吃了桌上的鱼"，知识主体内容中疑问点位格链接的信息有多个，信息表述为（主体内容 = 猫 / 老鼠吃了桌上的鱼，确认点 = 主语信息）。

特殊疑问的表述为类似下面的形式：（主体内容 =，疑问点 =）。"是谁吃了桌上的鱼？"表述为[主体内容 = 吃了桌上的鱼（主语对象位置为空），疑问点 = 主语对象]。"是哪只兔子生了宝宝"表述为（主体内容 = 兔子生宝宝，疑问点 = 主语位置）。

疑问信息的本质是先天语言在转为自然语言疑问表达出来前的状态，也就是我们后边讨论的一类表达信息单元。和疑问在内容上完全一样，只是形式不同的一类信息是"好奇点"。每个疑问信息都对应了一个好奇点。后面我们会看到好奇点是导致疑问的原因。我们看疑问和好奇点在 M 语言中的对应关系。

特殊疑问：（主体内容 =，疑问位格 =）对应好奇（主体内容 =，好奇位格 =）

一般疑问：（主体内容 =，确认位格 =，确认内容 =）对应好奇（主体内容 =，好奇位格 =，确认内容 =）

十二、后天生成的结构

尽管我们人为地给第一代原型机约定了许多信息的结构，但事实上除了少部分的结构是我们严格约定的外，大部分的约定都局限在形式层，而具体结构是 AI 在智能活动中生成的。

我们总是能够用语言诱导 AI 生成二元关系的结构。比如"老鹰是老鼠的天敌"这个表达就诱导生成了（ID = 老鼠，天敌 = 老鹰），事实上我们脑中几乎所有的二元关系都是靠语言诱导生成的，第一代原型机也一样。生成了结构的形式，自然要有结构的定义。不清楚结构定义时，人就会自发形成好奇点进行询问。比如小香槟会问"爸爸，什么是天敌"，爸爸解释道"老鹰吃老鼠，老鹰就是老鼠的天敌啊"，这是在用一个具体事件规律去定义一个具体相对关系，小香槟与生俱来的自发的抽象能力会生成抽象层的定义，通过定义就具备了对这个结构信息包含什么，每类信息在什么位置的分辨能力。类似的道理，当我们说"×× 感冒灵的副作用"是什么的时候，AI 能抽象生成（药品 =，副作用 =）这样的结构信息。

十三、本章总结

在类人智能系统中，结构信息是记忆的载体，也是运算的载体。人类拥有造物主创造的底层机制，去生成和修改信息表述的结构，让结构能够和思维任务相匹配。但我们目前的理论还做不到这点。好在人类的核心智能，是由有限的相互支持的基础功能构成的，我们可以把它理解成是有限的思维任务。针对有限的需求，暂时人为定义所需的信息结构是一个不差的选择。这就是 M 语言的由来。

1. 按照信息三层级的划分，第一层的信息有对象、属性。它们不是结构信息，但是在结构信息中和相关概念发生联系。对象参与的结构信息主要有：对象属性（对象 =，属性维度 =，程度 =，……），对象属类（对象 =，属类 =，……），对象事件（主语对象 =，行为 =，行为指向 =，……）。

2. 具体对象的属性或属类和具体对象参与的具体事件一样是有时间位格的，因为具体对象的属性和属类可以在时间中发生变化。

3. 第二层级的结构信息是事件。构成具体事件的所有概念都是具体概念：具体对象、具体行为、具体时间、具体空间……一般而言，系统会用一个具体 ID 作为构成事件结构信息的元素，然后用其他结构信息对此 ID 进行限制。

4. 事件和对象属性是同一类型的信息，我们将其统称为广义事件。

5. 事件类指的是某一类的事件。人类的感知总是以具体事件为起点，抽象功能可以从具体事件信息生成事件类信息。事件类和具体事件使用的是同一个结构。

6. 事件类规律分为以下不同类型：事件类的时点规律，事件类间相关性、时序、因果规律，事件类时长、次数、数量、频率规律。事件类的规律都是建立在事件类之上。单一事件类规律的结构信息包含了两个部分：事件类位格和规律信息位格。事件类间规律的结构信息包含了两个事件类，它们的关系可以内蕴在结构中。

7. 事件类间的因果关系分为四类：创造、维持、终止、阻止发生。这四类关系是认知系统运行的核心信息。这其中非常关键的附带信息是前置事件导致后置事件状态的充分性和必要性。

8. 时间概念分为时点概念和时长概念，时点概念又分为具体时间和时间类。参与到具体事件，事件类规律的时间可能包含多维度的信息。所以策略上我们先用一个时间 IDt 参与到其中，然后再对 IDt 进行约束。

9. 疑问的结构信息是在形成自然语言询问前最后的信息形态。它的来源是好奇点，好奇点和询问的结构信息拥有几乎相同的内容。

第四章　反应模式

一、反应模式

　　反应模式即在特定情境下或为完成特定目标的训练完成的条件——反应信息。想象这样的场景：每次夜晚回家的时候，你可以边思考问题，边在黑暗中打开墙边的灯，不假思索地拿出钥匙，精准地插入钥匙孔，这就是"进家门"的反应模式。想象另外一种情况：你出差到异地，刚刚登记完酒店，你看了房卡知道自己在几层，进了电梯寻找了电梯中的按钮，出了电梯四处查看了一下，找到门牌指引，最后观察了门的电子锁和房卡，尝试了两次，打开了房门。这个过程也是反应模式的体现，因为你去过足够多次酒店，所以即使进了一个之前没到过的酒店，你也可以快速找到进房门的方法。

　　我们说在第二个场景中，你训练好的反应模式不是"进某个酒店客房"，而是"进一家新酒店客房"的反应模式。这也是一种反应模式。也就是说反应模式是分不同层级的。当一个人通过"进一家新酒店客房"的反应模式第一次进了自己的房间，这个过程获得的信息如电梯按钮的位置、楼层、房间位置、如何开门，生成了"进这个酒店中的自己的客房"的反应模式信息，而且随着实践次数增加，可以利用更少的环境特征决定每一步的行为，反应模式会变得更加精简高效，比如我们会知道一出电梯左转，余光看到蒙娜丽莎的壁画，再往前走点就到房间。

　　反应模式组织了人类的行为、思维、语言。先天的反应模式是那些最底层的，它们支持探索能力的形成。前面我们讨论的例子是一个行为的反应模式：从一开始针对某类任务的反应模式，在单次实践中创造了针对某个任务的反应模式，然后在多次实践中优化。同样的规律适应思维任务、表达任务的反应模式的层级和生成优化的规律。思维任务我们可以参考中学生解答某类数学题的过程、一个实习医生问诊的过程等，表达任务我们可以参考销售技能的习得过程等。

二、宏观行为和触发—条件—执行

一个反应模式信息的信息单元是条件—执行，其中的条件自然是意识到的信息，或是"感知但未必被意识到的信息"。因为在感知流和意识流中检测一个信息是否出现是需要运算量的，这边的运算不仅仅是比对，更是统辖搜索，如同我们在第十章讨论的"定义在母类的知识和反应模式可以被子类所继承"。一种节约运算资源的模式是这样的：只有激活一个行为、思维或表达任务时，相关的反应模式信息中的条件才会被纳入统辖搜索的列表——进入一种"预激活状态"。这点我们可以在人类身上得到印证，比如一个经过武术训练的人在进入对打状态的时候相关神经都会活跃起来，对方任何的动作都会第一时间作为条件被检测创造对应的反应。其次，同样的条件在不同任务状态应有的反应是不同甚至相互矛盾的。比如，看到对方转身停止行动这样的条件—反应仅仅在"走走停停的游戏下"是可以被激活的。

所以反应模式总是隶属于某个宏观行为（思维/表达动机），只有一个宏观行为被激活，旗下的条件—反应信息才会处于预激活状态，思维才会比对条件—反应信息中的条件是否有母类出现在意识流或感知流中。

然后我们来看执行。一个执行可以是另外一个"宏观行为节点"，也可以是一个不可拆分的"基础行为节点"。比如招待客人的宏观行为节点下有一个条件—执行信息，"客人来到会客室后询问他要喝什么，知道客人要喝什么后帮他准备他要喝的东西"，这边有两个条件执行：以客人来到会客室为条件，询问要喝什么为对应执行；以知晓对方要喝什么为条件，准备喝的饮料为对应执行。这里的执行都是一个被定义的宏观行为节点。比如"询问喝什么"这个宏观行为下的反应模式可能包含了：如果天冷询问"您需要什么热饮"，如果天热询问"您需要什么冷饮"。而"准备喝的饮料"这个宏观行为下的反应模式包含了：回忆饮料的位置，根据饮料类型决定冲泡或其他制作的方式，如果是喝茶，就要在没有开水的情况下先烧开水，然后再冲泡……

总之一个宏观行为节点包含的信息往往是诸多层级的：一个宏观行为节点直接包含了若干作为子行为的宏观行为节点，这些宏观行为节点又包含若干宏观行为节点……直到那些不可分解的基础行为（思维、表达）。每次一个宏观行为节点被激活后，旗下的条件—执行就处于一种预激活状态，思维开始在意识流、感知流中检测是否存在这些条件的子类信息，条件成立时就激活旗下的执行，而这个执行就有可能是另外一个宏观行为节点。

三、信息表述

这里我们讲述一种工程可行的反应模式信息表述模型。我们可以用（宏观行为＝，反应模式＝）来作为第一层级别的表述。每个反应模式信息可以表述为（检测条件＝，判断条件

1=，判断条件 2=，执行 1=，执行 2= ）。在宏观行为激活后，系统就会判断每条出现在意识流中的信息是否为检测条件的子类，如果检测到子类，就会判断每个判断条件是否成立，在成立的情况下激活执行，当执行是一个宏观行为的时候则激活这个宏观行为节点。

我们还是以公司的前台工作为例子。我们告诉 AI 如何接待一个客人，"先问他找谁，如果要找的人不在则告知，如果在则把客人领到一个空的会议室，然后告知现在就去找他要找的人；接下来去找客人要找的人，找到他后，告诉他有人找他，并告知那人在哪"。我们先不考虑每个事件具体的表述，而先关注作为反应模式主体的条件—反应层的信息结构，以上表达对应的反应模式信息大致为：

（宏观行为 = 接待客人，反映模式 = 条件执行 1/ 条件执行 2/ 条件执行 3/ 条件执行 4/ 条件执行 5/ 条件执行 6 ）

条件执行 1=（执行 1= 询问找谁 ）

条件执行 2=（检测条件 = 要找的人不在公司，执行 1= 告知要找的人不在公司 ）

条件执行 3=（检测条件 = 要找的人在公司，执行 1= 带客人到一个空的会议室 ）

条件执行 4=（检测条件 = 客人到会议室，执行 1= 告知稍等，马上去叫要找的人 ）

条件执行 5=（检测条件 = 告知稍等，马上去叫要找的人，执行 1= 去找要找的人 ）

条件执行 6=（检测条件 = 找到要找的人，执行 1= 告知有人找他，执行 2= 告知那人在哪 ）

四、语言教授

在上面的例子中，我们先描述了一个自然语言表达的公司前台接待客人的流程，后面大致描述了对应的反应模式信息。所谓"对应"也可以理解是当 AI 听到这样的语言描述后能够生成的反应模式信息。

简单来说，AI 从语言中需要捕获条件和对应的执行信息，然后把这些信息填写到类似（检测条件 =，判断条件 =，执行 = ）的模板中。条件信息往往会以这样的形式出现"如果……"，比如例子中的"……如果要找的人不在则告知……如果在则把客人领到一个空的会议室……"。"如果"之后描述的就是条件信息，再之后描述的是这个条件信息对应的执行。

第二种情况，比如例子中的"……然后告知现在就去找他要找的人……"，此时条件信息为前面最后描述的执行"把客人领到一个空的会议室"。所以条件信息出现的第二个特征是"然后……"，条件是"然后"之前描述的行为的完成，"然后"接着的描述就是这个条件对应的执行。同样的还有例子中的"接下来去找客人要找的人……"。

还有一种情况，在描述完一个执行之后，我们会描述预期的结果，然后就会有"行为结果后……"。比如例子中的"去找客人要找的人，找到他后，告诉他有人找他……"，此时预期的结果为条件，之后跟随的信息为对应的执行。

关于语言输入如何转录反应模式信息我们会在第八章"语言的输入 A"、第十章"语言的习得 A"中讨论。

五、省略表达和信息补全

在人类的教授过程中，真实的表达会更加随意，会带有很多信息的省略。继续前面的例子，我们考虑一个省略的表述"先看找的人在不在，在的话就带客人到会议室等待，告知稍等，去找他要找的人"。这是人类可以理解的简化的表达。我们分析里面的省略和如何补全信息。

第一种省略是直接表达执行，但执行中的某个信息是缺失的。完整的表述需要先描述如何获得缺失的信息。这时 AI 只要知道为获得缺失的信息需要询问什么，就可以补全之前的执行所需的信息。比如"先看找的人在不在"这是一个思维执行，但"找的人"这个信息是缺失的，因为表达者的表达习惯默认了这个信息缺失时执行者会去询问获得。所以为了补全这个缺失信息，AI 会在这个执行激活前，询问客人找谁。

第二种省略是省略某种可能需要的执行。比如这里的表述只有"在的话就带客人到会议室等待"，而没有说不在应该怎样，因为表达者默认了对方知道这种情况应有的执行。对于 AI 如果出现这种情况，它会去寻找已有的反应模式，补全这个省略的条件对应的执行；如果没有找到，完全可以像人类一样进行询问"如果要找的人不在应该怎么办呢？"

第三种省略，则是"然后""接下来"等连接词的省略，取而代之的是直接的执行表达。比如"在的话就带客人到会议室等待，告知稍等，去找他要找的人"，补全的方式为把连续执行表达中前者行为的结束作为后者行为的条件。

第四种省略，表达直接停在了某个位置，省略了后续的执行，此时表达认为"表达到这里对方应该知道怎么做了"，所以省略了后续的表达。在这个例子中，表达停止于"去找他要找的人"，没有说找到了干什么，因为默认了对方知道找到就是为了告知有人找他。

总之，真实的表达总是会有诸多省略，类人智能需要体现出对目标的理解，需要有储备的知识，来补全省略的信息，因为表达者认为补全省略所需的都是"常识"。当然在无法补全时，AI 需要像人类一样通过询问来获得更具体的解释。

Remark：这里一个问题是用什么条件反应去补全这里缺失的条件反应（黑体部分）。

六、语言修正

一个人教授另外一个人如何完成场景中特定类型的任务的时候，往往会涉及用语言去修正观察到的不正确的反应模式，或是补充不完善的反应模式。延续这一章的例子，比如我们说"把客人带到会议室后要问客人喝什么啊"，这就是一个补充。"你不要直接去位置找啊，你先想想最近有没有在哪见过那个人，先去那里找啊"，这是对既有反应模式的一个修正。

我们在第一个表达中增加了一个条件执行（检测条件 = 客人到会议室，执行 = 询问客人喝什么），它和之前已有的（检测条件 = 客人到会议室，执行 = 告知稍等马上去找要找的人）是并列的，所以会同时激活，在任务列表中，先执行哪个并无所谓。当然如果我们表达"你要先问喝什么，再说马上去找要找的人"，那就改变了"告知稍等，马上去找要找的人"的条件为完成"询问客人喝什么"。

第二个表达修正了"找人"的反应模式。"你不要先行为 A，行为 B"的结构把行为 B 排到了行为 A 的前面。操作上让行为 B 替代行为 A 的位置，然后把行为 B 的结束作为行为 A 的条件。当然如果通过行为 B 完成了宏观行为"找人"的目标，找到了人，我们就不需要进行行为 A。这个逻辑会自动补全，只要目标完成，无论因为什么原因，我们都会退出"找人"的宏观行为。

Remark：" 找人"的宏观行为下有类似这样的语句（宏观行为 = 找人，反应模式 = 条件执行 1），条件执行 1=（检测条件 = 找到人，执行 = 熄灭宏观行为"找人"）。

七、实践反馈修正

实践反馈是反应模式沉淀的一个重要的机制。宏观行为往往是带有目标的，一个宏观行为下往往有为实现目标的不同的反应模式。思维会在每次实践中削弱那些难以实现目标的反应模式的强度。

我们以说服一个人做一件事情为例子，实现目标的反应模式包括了直接要求、表达做这件事情的好的结果，不做的负面结果、威胁、利诱、撒娇等；除此以外，说服过程中的情绪表达也会对结果造成影响。假设在理想的情况下我们能够对样本进行有效标签，比如知道要说服的人是男是女，年纪多大，什么职业，什么性格，当时的心情如何，等等，我们换着反应模式进行试验，在尝试次数足够多的前提下，AI 就能找到针对不同类型的人的说服方法，明确什么样的说服反应模式是最有效的，什么样的说服方式是无效的。比如对性格刚毅的男性，威胁往往是无效的，但撒娇却可能很有效。

那么工程上我们如何实现实践反馈呢？在一次实践中 AI 会记录对某个人实践了什么反应模式，最后的效果如何。我们把这个人根据他的类型进行抽象，比如我们发现反应模式 A 对这个对象很有效，这个对象相关的标签有男性、白领、性格孤僻，我们就可以猜想反应模式 A 对男性、白领、性格孤僻者是有效的。只要每次实践能够增强和削弱一个猜想信息的强度，足够多的实践就能让印象收敛到贴近真实的状态。

八、驱动为执行—演绎

当 AI 激活一个具体宏观行为时，比如"招待李总"，这个宏观行为只有是某个具有反应模式定义的宏观行为"招待客人"的子类，才能够继承它的反应模式定义。所以当宏观行为点亮时，我们会进行一次演绎：利用统辖关系生成的约束映射把原有反应模式信息中的母类替换为具体子类。

接下来所有反应模式信息也是写在母类层的，宏观行为被激活后，处于预激活状态的反应模式条件—反应信息，思维开始检测意识流和感知流中的信息是否为条件信息的子类，如果是则进行第二次演绎：建立统辖关系生成的约束映射把反应模式条件后的信息中的母类替换为具体子类。

我们举一个例子。比如在为客人准备饮料的宏观行为中的反应模式信息如下：

条件反应 1：（执行 = 询问客人要喝什么饮料）

条件反应 2：（检测条件 = 客人要喝某种饮料，执行 = 思考这种饮料公司有没有）

条件反应 3：（检测条件 = 公司有这种饮料，执行 = 制备这种饮料）

在宏观行为的演绎中生成：

条件反应 1：（执行 = 询问李总要喝什么饮料）

条件反应 2：（检测条件 = 李总要喝某种饮料，执行 = 思考这种饮料公司有没有）

条件反应 3：（检测条件 = 公司有这种饮料，执行 = 制备这种饮料）

接下来李总说要喝茶，反应模式 2 和 3 就变为：

（检测条件 = 李总要喝普洱茶，执行 = 思考普洱茶公司有没有）

（检测条件 = 公司有普洱茶，执行 = 制备普洱茶）

九、本章总结

在这一章我们讨论了反应模式，我们并没有区分是行为、思维还是表达，我们讨论了反应模式的一般规律。到后面涉及思维、语言的分支领域讨论中我们还会更具体地讨论。

1. 反应模式是分层级的，从一开始针对某类任务的反应模式，在单次实践中创造了针对某个任务的反应模式，然后在多次实践中优化。

2. 宏观行为下定义的反应模式信息的实体是诸多条件—执行类型的信息，它的一般形态是类似这样的结构信息：（检测条件 =，判断条件 1=，判断条件 2=，执行 1=，执行 2=）。

3. 宏观行为下条件—执行中的执行可以是行为、表达或是思维。很多执行本身也是一个宏观行为节点，所以一个宏观行为节点可以包含很多层级的很多信息。

4. 我们可以用语言教授一个反应模式，AI 需要识别表达中的条件和对应的执行。

5. 一个人告诉另外一个人如何做一件事情的真实表达往往会带有很多省略，因为表达者认为补全省略所需要的都是"常识"。类人智能需要体现出对目标的理解，需要有储备的知识来补全省略的信息。当然如同人类儿童那样，AI 可以在无法补全时询问某种情况下该如何完成某个行为。

6. 实践反馈修正是在实践中考察所尝试的反应实现宏观行为的效果如何，从而增强或削弱抽象到母类后的此反应模式的强度。这个过程中，宏观行为下的反应模式会逐渐体现出针对不同类型个体、不同类型环境的针对性。

7. 因果反应模式都是定义在母类层，"定义在母类层的条件反应可以被子类所继承"。所以反应模式信息在实践运用时，依赖演绎过程生成具体场景下的条件反应。在宏观行为点亮时会进行一次演绎，之后在意识流出现条件信息的子类时又会进行一次演绎。

十、实验测试

实验 4.1a

难度：2

描述：这个实验中 AI 需要根据语言生成简单的反应模式。

隶属功能大类：反应模式习得

需要支持功能：自然语言正转录

测试模块：反应模式信息属于一种知识，本测试实际上在测试语言系统是否支持反应模式的结构信息通过自然语言描述转录生成。

测试流程：

Tester：我告诉你如何种菜，首先你要准备好菜种子、花盆、泥土、保鲜膜，然后把种子泡水 2 小时，把泥土装到花盆中，然后用一小撮土混合菜种子，把混着菜种子的泥土铺到最上层，浇透水，放到阴凉的地方就好了。

预期效果：从后台检测是否生成了合理宏观行为和条件反应信息。

实验 4.1b

难度：2

描述：继续上面的实验，AI 需要根据抽象的反应模式，演绎生成一种具体的反应模式信息，表达出来。

隶属功能大类：反应模式习得

需要支持功能：大段表达组织

测试模块：反应模式信息属于一种知识，本测试实际上在测试语言系统是否支持反应模式的结构信息逆转录为自然语言描述，并表达出来。

测试流程：

Tester：告诉我如何种白菜。

预期效果：AI需要根据"种菜"的反应模式，演绎生成种白菜的反应模式，然后能够陈述种白菜的反应模式。

实验4.2

难度：2

描述：在这个实验中，AI可以根据测试者的建议改变表达策略的选择。

隶属功能大类：反应模式习得

需要支持功能：自然语言正转录

测试模块：反应模式驱动（模块4.1、模块4.2、模块4.3）

测试准备：自然语言输入背景信息"Mike是男性"，撒娇的反应模式信息。

测试流程：

Tester：你要说服一个人帮你做一件事，如果对方是男性，你可以用撒娇去要求他。

Tester：说服Mike给你零花钱。

预期效果：AI用撒娇的表达要求Mike给零花钱。

实验4.3

难度：4

描述：在这个实验中，AI需要体现出"实践反馈"的作用，需要随机针对不同人群采用不同的反应模式，评估结果，然后寻找到对每类人使用哪种反应模式是有效的。

需要支持功能：自然语言正转录、基础应答反射

测试模块：反应模式驱动（模块4.1、模块4.2、模块4.3）、表达反应模式形成（第十二章）

测试准备：

1.先让AI习得撒娇、威胁、利诱、陈述利害关系等祈使人做某事的表达策略。

2.样本准备：准备100个人，50%为男性，50%为女性；50%为中年人，50%为壮年人；50%是理性的，50%是不理性的。让AI事先对这100个人形成这些印象。我们设置让90%的男性接受撒娇，90%的理性者接受陈述利害关系，90%的女性接受威胁，90%的中年人接受利诱。提前让AI了解这些人都需要AI睡前讲故事才能睡着，都喜欢AI给他们唱歌，都迟睡。

测试流程：

在第一个任务中，tester让AI分别说服这100个人给她账户打10元钱，尝试用撒娇、威胁、利诱的方式；在第二个任务中，tester让AI分别说服这100人早睡觉，尝试用威胁、利诱、陈述利害关系的方式。AI可以在持续的对话中尝试各种方式，直到尝试所有方式，或是成功说服。

预期效果：

AI 需要在这些对话后生成针对不同类型个体的反应模式（以个体属性为条件，激活不同的宏观行为）。Tester 可以创造特定特征组合的用户（男性／女性、中年人／壮年人、理性的／不理性的），让 AI 熟悉这个用户的特征，换一个说服任务，比如说服早起，考查 AI 是否能根据特征，马上找到最可能达成目标的反应模式。

实验 4.4a

难度：3

描述：在这个测试中 AI 被要求能够在省略的表达下生成反应模式。

需要支持功能：自然语言正转录

测试模块：反应模式驱动（模块 4.1、模块 4.2、模块 4.3）、正转录生成反应模式（自动补全常识省略）

测试准备：让 AI 具有常识，知道如果要找的人不在怎么办。

Tester："我告诉你如何接待来公司的客人，先看找的人在不在，在的话就带客人到会议室等待，告知稍等，然后去找他要找的人。"

预期效果：AI 生成的反应模式信息，利用常识补全了省略的部分。实体机器人习得接待客人的反应模式。（可以用北冥的实体机器人做这个测试）

实验 4.4b

难度：3

描述：在这个测试中 AI 被要求能够在省略的表达下生成反应模式，但用以补全反应模式省略的常识信息有缺失，这个时候 AI 需要询问如何做，并在这样的互动中补全缺失的反应模式信息。

需要支持功能：自然语言正转录、基础应答反射

测试模块：反应模式驱动（模块 4.1、模块 4.2、模块 4.3）、正转录生成反应模式（自动补全常识省略）

测试准备：和上面不同，不事先准备常识——要找的人不在怎么办。

测试流程：

Tester："我告诉你如何接待来公司的客人，先看找的人在不在，在的话就带客人到会议室等待，告知稍等，去找他要找的人。"

预期效果：AI 生成的反应模式信息，尝试补全了省略的部分，没有常识的地方会询问，通过 tester 的回答补全信息。（可以用北冥的实体机器人做这个测试）

实验 4.5

难度：3

描述：在这个测试中 AI 被要求能够在语言指导下修正已有的反应模式。

需要支持功能：自然语言正转录

测试模块：反应模式驱动（模块 4.1、模块 4.2、模块 4.3）、正转录生成反应模式（自动补全常识省略）

测试准备：已有找同事的反应模式，是直接去位置找。

测试流程：

Tester："找同事的时候，你不要直接去位置找啊，你先想想最近有没有在哪儿见过那个人，先去那里找。"

预期效果：AI 的反应模式信息发生了对应的变化，体现在行为上。（可以用北冥的实体机器人做这个测试）

十一、模块列表

模块 4.1

描述：这个模块完成激活宏观行为的操作。

触发：宏观行为作为执行被激活时，情绪系统效用评估直接激活的宏观行为。

输入：（具体宏观行为 =IDA*，母类 =IDA）

逻辑机制：

1. 生成统辖映射。

2. 读取该宏观行为 IDA 下第一层级触发—条件—执行信息，演绎出来。

3. 把所有演绎出的具体触发节点写入监测列表。

4. 把触发—条件—执行信息组写入激活反应模式列表，标注隶属的宏观行为。

5. 把宏观行为 IDA* 写入激活宏观行为列表。

模块 4.2

描述：这个模块完成激活基础行为的操作。

触发：基础行为的执行被激活时，情绪系统效用评估直接激活的基础行为。

输入：（具体基础行为 IDA*，母类 =IDA）

逻辑机制：

1. 生成统辖映射。

2. 统辖映射中的子类就是参数，填写到母类变量的位置，生成基础行为执行函数。

3. 根据函数的类型发给不同的执行系统。

模块 4.3

描述：这个模块负责在意识流和 FOC 中监测列表中的触发。

触发：任何新写入意识流或 FOC 的信息 IDs。

逻辑机制：

1. 统建检测 IDs 是否是监测列表中触发信息的子类。

2. 如果找到，建立统辖映射，在激活反应模式列表中找到这个触发，执行一次演绎。

3. 然后在记忆和 FOC 中进行统辖搜索判断条件是否成立。如果成立，读取演绎所得的具体执行信息。分别在基础行为列表和宏观行为列表中进行统辖搜索。

4. 如果在宏观行为列表中找到母类 IDA，则执行模块 4.1。

5. 如果在基础行为列表中找到母类 IDA，则执行模块 4.2。

6. 在执行对应列表，记录演绎所得的执行和原有的具体执行为（原始执行 =IDB*，演绎所得指向 IDB**）。

Remark：激活的执行不是触发—条件—执行列表中的执行，而是基于触发的统辖映射，演绎生成的更具体的执行。

模块 4.4

描述：这个模块负责终止宏观行为节点。

触发：激活的基础行为为对一个反应模式的终止，情绪系统效用评估直接要终止的反应模式。

输入：宏观行为 IDA*

逻辑机制：

1. 宏观行为 IDA* 从激活宏观行为列表中移除。

2. 在触发—条件—执行列表中通过 IDA* 找到对应的触发—条件—执行，移除之。

3. 在监测列表找到对应的触发，移除之。

4. 每次删除个执行在执行对应列表找到最具体 IDB**，重复以上步骤。

Remark：整个反应模式的驱动就由上面四个模块构成，非常简洁优雅，而反应模式所有的复杂性都是体现在数据层。

第五章　自然语言和先天语言

一、自然语言

前面几章我们讨论了人类大脑中的符号体系——"先天语言"。人类思维的运算依赖这个先天语言作为信息载体进行。很遗憾，对于人类，以先天语言编码的信息无法直接输出，所以无法作为个体间沟通的信息。自然它要把自己映射到某种声音符号里，映射到图像符号里，这样意识流和记忆中被先天语言编码的信息才可能被输出，被其他个体知晓。于是就产生了具有声音符号和图像符号的文字。我们把一个人类群体自然演化出的先天语言到声音图像符号的统一的映射约定叫作自然语言。

自然语言让人类的认知活动从独立进行变为协同进行。个体的感知经验和创造的知识可以通过语言传承。于是那些可以用来记录语言符号的载体出现了，最早是书本，它可以记录文字语言；后来出现了留声机，可以记录声音语言；然后就是计算机……

自然语言是人类文明的关键组成，也是我们要创造的类人人工智能的重点工作。无论我们的意图是在机器上重现人类的认知活动，还是去创造一个高度拟人的 AI 伙伴，我们都需要赋予机器自然语言的能力。从本章起的十个章节，我们开始讨论人类的自然语言。本章我们先讨论一些关键的概念，用一些简单的例子加深大家对这些关键概念以及它们之间关系的理解；下一章我们讨论人类自然语言的特征元素，以及这些特征元素是如何演化形成的，如何是沟通的必要组件；再接下来我们讨论人类语言输入、语言输出的架构，作为原子的表达信息单元如何通过表达策略去创造贡献于表达动机的表达。以上是第一部分基础准备的三个章节。之后两个章节我们讨论语言的输入，即 AI 如何读懂人类的表达、对话样本、文章。再接下来三个章节我们讨论人类语言的习得过程，包含了词汇、语法和表达策略。最后两个章节我们讨论 AI 语言的输出，包括对话反射，以及由表达动机驱动的利用表达策略创造的表达。

二、自然语言词汇的形成

讨论一个原始人群体是如何从没有语言到形成自己的语言的是一个很有趣的话题。自然语言在人类群落中的自发形成可以让我们看到自然语言最原始的形态，这有助于我们把握自然语言最本质的内容。

让我们想象一个以狩猎为生的部落，没有自己的语言。在人和人共同生活的过程中，会需要传递某种信息。比如一个人看到一条蛇，他会想要告知其他人，因为没有语言，他会用最容易让对方联想的声音或手势信息去告知，比如声音上会用"si，si"去指向蛇，这也许是 snake（蛇）为什么保留了 si 开头的发音的原因。无论对方有没有精确听懂，因为表情，对方会知道是需要关注的事情，当他过去看到那条蛇的时候，他会知道表达者用"si，si"指代了蛇。所以早期语言都包含大量象形或象音的词汇符号，在之后的缓慢演化中这些特征才慢慢被覆盖消失。

接下来两个因素导致这个概念到读音的映射约定会在群体中传播开来。其一，如果个体知道对方会用什么声音符号对应一个概念，会倾向用这个符号向对方表达这个概念，因为这样对方肯定能听懂；其二，个体无论自己尝试用声音符号指向一个概念，还是看到他人用了这个声音符号，在和第三者指代这个概念的时候会倾向用之前用过或听到的读音符号。这两个因素就会导致一个概念到读音的映射约定能够在群落中传播开来。

当需要表达的概念类多到一定数量，用单音去指代概念就不够用了，从而出现了音组。中文的拼音和英语都是音组，比如从"sisi"到"蛇"到"snake"音组能够表达的概念一下就变得很多了。此外，演化出了词组去指代具有某类共同元素的概念"波斯猫 w""野猫 w""家猫w"。和前面一样，随机的表达尝试能够慢慢传播开来，成为群体的标准约定。当一个群体出现了不同领域的权威群体，就会出现各个领域的命名活动。其他个体会在教授沟通中了解那些被命名的对象。

>>> Evidence：

家庭是人类生成语言的机制显现的一个地方。养育过小孩的家庭很多会出现这样的现象：孩子在熟悉一门语言前会用自己的读音去指向一个概念（这个读音可能是来自于家长教授过程中听偏差的读音），比如小香槟一开始说蘑菇叫"梅菇"，叫狐狸为"符利"。为了让孩子听懂，家长会模仿孩子不正确的表达。结果久而久之，一家人就会自然接受了这种新的指代方式——能听懂，并习惯使用。

三、自然语言语法的形成

语法结构的形成也是类似。在先天语言中，一个事件是好多概念的组合。比如当一个原始人试图向另外一个人表达一个事件——家里的狗生宝宝了，很自然地尝试是把一个事件中的所有概念对应到词汇在一个句子中读出来"狗、生、宝宝",听者是容易猜出对方在表达什么的。我们把这个表达原则称之为先天语法映射,这个先天的反应不仅仅是语法演化的起点,后面我们还会看到,它还是人类幼儿学习一门自然语言的起点。

在先天语法映射的作用下,人会把事件中的概念按照顺序读出,作为对事件的原始表达。但把一个事件作为主体的信息表达有好多不同类型,比如陈述一个事件、确认一个事件、询问事件中的某个元素。为了区分不同的表达类型,同时为了增加识别效率,原始人在有表达需求时,就开始往句子中增加结构性词汇。和词汇的传播一样,这种结构词汇参与的句子组织作为一种语法规则在群体中传播开了,逐渐形成一门自然语言的语义信息到句子结构的映射,也就是我们说的语法。

语言为适应需要表达内容而产生,因为人类各个群落的日常生活是接近的,所以无论是词汇对应的概念集合,还是语法结构对应的先天结构集合,都有很强的相似性。但语言的词汇和语法,只要是相互隔离的群体就会呈现出截然不同的差异。

自然语言形成后不是一成不变的,而是随着时间缓慢变化的。不断会有新的词汇形成,新的表达方式形成,我们每年都会产生大量的新的词汇。不同领域的人群会有自己一部分独立的语言,包括了词汇和表达方式,比如大部分非二次元群体难以读懂二次元群体的语言。一个偶像独创的表达方式很可能在群体中被效仿,最终沉淀为自然语言约定的一部分。历史上的人口迁徙,因为古时候的交通缘故,创造了群落隔离,就会缓慢地演化出方言;不同语言的群落在人口迁徙中混合,会导致两个相近语言的融合。人口迁徙的事件可以很大程度上解释了方言的相似性。

四、概念和词汇

词汇也是概念,但是一种特殊的概念。为了方便接下来的讨论,我们约定这样的表述,如果一个中文字"猫"后面跟着一个 c,比如"猫 c"表示"猫"这个词汇所对应的概念。而"猫 w"则表示"猫"这个词汇。

"猫 c"和"猫 w"是有联系的——词汇到其所对应的概念的联系可以用类似以下信息组储存(中文=猫 w,概念=猫 c),当我们听到"猫 w"这个词汇的时候,我们能够对应到"猫 c"的概念;反过来,当我们要表达"猫 c"这个概念的时候我们知道去使用"猫 w"这个词汇。

对于中文词汇"猫 w",它连接着它的语音信息和文字符号信息,所以我们能听懂、能读"mao";也能看懂、能写"猫 w"。我们可以看到两条信息节点相互点亮的路径:第一条路径为"mao"的语音信息从耳朵输入,或"猫 w"的文字符号信息从眼睛输入——点亮"猫 w"作为一个词汇节点——"猫 c"作为概念节点写入意识流。在这个过程中,我们把从自然语言的文字信息到脑海中把对应的概念节点写入意识流的过程叫作"自然语言正转录过程"。第二条路径为"猫 c"作为概念节点出现在意识流中,并准备被表达——"猫 w"作为一个词汇节点被点亮——"mao"的语音信息的读出或"猫 w"作为文字符号信息的写出。这个过程中，我们把从意识流中要表达的 M 语言信息，到生成文字信息的过程叫作"自然语言逆转录过程"。

五、结构信息和语法

语法决定了人脑中由概念按照特定结构组织的结构信息如何表达。我们可以类比到积木，这些积木对应到属性层的概念，它们毕竟是有限的，所以可以每个都被命名，但有限的积木可以进行无穷的组合。所以我们往往不会用词汇直接去对应每个组织生成的结构信息，而会用组成这个结构信息中的概念对应的词汇，把这些词汇组合成句子去表达一个先天语言中的结构信息。

举一个例子，对于一条自然语言下表述的知识"猫是哺乳动物"，描述两个抽象概念"猫 c"和"哺乳动物 c"之间的从属关系，在 M 语言中是这样一个节点：IDA（子类 = 猫，母类 = 哺乳动物）。我们来考察文字信息流"猫是哺乳动物"到 M 语言信息 IDA（子类 = 猫，母类 = 哺乳动物）之间是如何相互转化的。

我们看到自然语言的文字信息流实际上是包含着结构信息的，结构信息一般有两个载体：能够对应到概念的那些词汇的语序，比如"猫 w"+"哺乳动物 w"；掺杂在语序中的结构性词汇，如"猫 w"+"是"+"哺乳动物 w"中的"是"，这个词汇不对应到任何的概念。

"当我们学习一门语言的时候，实际上包含了两个内容：这门语言词汇到概念的对应；这门语言约定文字信息中的结构到先天语言中结构的对应，也就是我们说的语法。"

前者我们容易理解。这里我们看后者，在上面的例子中，我们需要学会的语法是这样的信息："对象类 1c"+是+"对象类 2c"——（子类 = 对象类 1c，母类 = 对象类 2c）。于是正转录的过程可以描述为：

第一步：识别词汇。"猫 w"+"是"+"哺乳动物 w"识别词汇后的词汇信息流。

第二步：概念替换词汇。"猫 c"+"是"+"哺乳动物 c"词汇信息流中能够对应到概念的词汇用对应的概念替换。

第三步：搜索语法模板。根据"猫 c"和"哺乳动物 c"的概念属类是"对象类"匹配上语法模板："对象类 1c"+是+"对象类 2c"——（子类 = 对象类 1，母类 = 对象类 2）。

第四步：生成结构信息。把对象 1 和对象 2 的具体内容写入生成：（子类 = 猫 c，母类 = 哺乳动物 c）。

逆转录的过程可以描述为：

第一步，生成表达语义：[主体信息 =（子类 = 猫 c，母类 = 哺乳动物 c），表达类型 = 陈述]。

第二步，搜索语法模板，根据"猫 c"和"哺乳动物 c"的概念属类是"对象类 c"匹配上语法模板："对象 1c"+是+"对象 2c"——（子类 = 对象类 1，母类 = 对象类 2）。

第三步，生成概念参与的句子。在语法模板的句子结构中，把概念类替换为对应的概念，生成概念参与的句子。在这个例子中生成"猫 c"＋"是"＋"哺乳动物 c"。

第四步，概念替换词汇。把概念转为对应的词汇生成文字信息流："猫 w"＋"是"＋"哺乳动物 w"。

六、语法习得的本质

前面我们讨论过人类逻辑认知的两大基础功能——抽象和演绎。抽象就以事件层结构信息和它们的因果关系为起点，猜想出事件类结构信息之间的因果关系；而演绎则是通过识别具体事件和事件类的统辖关系建立约束映射，根据约束映射，替换与此事件类有因果关系的另外一个事件类中的母类元素为子类，生成原因事件或结果事件。

进一步丢掉这个表述中的一些约束，我们深究这个能力的本质。抽象可以概括为，以两个结构信息和它们的某种关系为起点，生成对应的结构信息类以及之前关系的猜想；而演绎则是通过识别某个具体的结构信息 A 和结构信息类 A* 的统辖关系建立结构信息组成元素的约束映射，根据约束映射，替换与此结构信息类有特定关系的另外一个结构信息类 B* 中的母类元素为子类，生成具体层的结构信息 B 的过程。

如果我们把句子（指词替换概念后的句子）也视为某种顺序关系组织的结构信息；那么语法映射和事件间因果关系（也可以看成一种映射）的本质是一样的，都是结构信息到结构信息的映射。所以当具体的语义结构信息和对应的句子结构信息产生对应，抽象能力就能生成某类语义结构信息到句子结构的映射，也就是语法映射。而正转录和逆转录的本质都是演绎过程：正转录是通过统辖检测识别到作为大类的句子结构，建立约束映射，用子类替换对应语义结构信息中的母类信息，生成具体的语义结构信息。而逆转录则是通过统辖检测识别到作为大类的语义结构，建立约束映射，用子类替换对应句子结构信息中的母类信息，生成具体的句子结构信息。

七、自然语言的习得

前面我们讨论了语法习得的运算本质是抽象，而自然语言正转录和逆转录的过程是演绎，所以自然语言语法习得的关键是建立具体的语义结构信息到具体句子结构信息的映射。这样自发的抽象就会生成抽象语义结构信息到抽象句子结构信息的映射，也就是语法映射。

人类自然语言的学习有两个阶段：空白积累阶段和持续积累阶段。空白积累就是婴儿学习一门语言的状态，是没有任何自然语言基础下对自然语言的习得过程；持续积累就是在有一定语言基础时持续学习一门语言的状态。

空白积累阶段最大的困境在于，如果没有任何语言基础，我们难以建立语义信息结构到句子信息结构的对应，因为个体根本听不懂一个表达——不知道表达的句子结构对应怎样的语义结构。但语法的习得根源于这种对应的形成。为创造具体的语义结构到表达结构的对应需要经历两个阶段：

在第一个阶段，幼儿需要先习得对象和属性层的概念对应怎样的词汇。只要这些概念和对应的语言同时以极高关注度出现在意识流，就可以建立猜想的对应关系。我们在孩子面前晃动一个苹果，不断重复说"苹果"，正是为了让苹果的概念和语言读音同时以高关注度出现在孩子意识流中。形成的猜想可能是错的，但随着时间的累积，正确的猜想频次强度会凸显出来。

在第二个阶段，幼儿会尝试用先天的语法映射去把最简单的语义结构转为表达，比如通过按顺序读出一个事件中的元素来表达一个事件，此时幼儿的父母会猜想幼儿想要表达的语义，用正确的表达去确认。这就创造了具体语义结构和具体句子结构的对应，抽象就能发挥作用，形成语法映射的猜想。

我们可以看到，空白积累阶段需要严格的条件，且形成大量错误的对应，需要在大量样本支持下才能让正确的对应显现出来，所以空白积累阶段语言习得的进展是非常缓慢的。但到了持续积累阶段，语言的习得速度将有极大提升。持续积累阶段出现了两个新的语言习得机制：

其一，如果已有语法映射存在，智能体就能通过模糊匹配知道一种和已有语法不完全一致的表达对应怎样的语义，这样就创造了具体句子结构信息到语义结构信息的猜想映射。这种方式使猜想映射的样本量快速增长，从而为抽象过程收敛到正确的语法映射提供了样本支持。这个过程不仅仅能使智能体快速纠正不正确的语法，还能积累对较为具体语义信息的个性化表达的语法，熟悉对某一类人群特有表达习惯的语法。

其二，当有一定的语言基础后 AI 就能够通过互动去询问一个不熟悉的词汇的含义，比如"文化是什么意思"；能在不确定的情况下，换一种表达方式去确认对方表达的语义；能够理解他人对自己错误表达的纠正，这个纠正包含了错误词汇的使用或是错误的语法。

八、本章小结

本章我们讲述了自然语言的本质：

1. 自然语言以词汇为信息单元和符号系统。

2. 词汇具有声音、图像符号的对应关系。

3. 自然语言约定了词汇和概念的对应关系。

4. 自然语言约定了：A. 概念组成的结构信息；B. 概念对应的词汇组成的句子信息的映射关系，也就是语法映射。这是语法的本质。

5. 从自然语言句子到表达语义的转化过程，我们称之为"自然语言正转录"；从表达语义到自然语言的转化过程，我们称之为"自然语言逆转录"。

我们讨论了自然语言的形成过程：

1. 声音符号用作指向某类对象而产生，并在群落内传播。

2. 群落间对语言符号在沟通中的使用，促使词汇到概念的对应，句子结构到表达语义信息的对应（语法）收敛到统一的标准。

3. 图像文字作为声音背后概念的另外一种符号对应形成并用以记录信息。

4. 一门自然语言随着群落生活内容的变化不断有新的概念和词汇加入。

5. 同一类表达语义信息到句子结构的映射，也就是语法，在群落中具有自然的分化的机制，会变得越来越复杂，在同类表达语义信息中针对不同的具体层的语义信息形成不同语法映射。

我们讨论了自然语言学习的本质：

1. 学习一门自然语言包含了两方面信息的习得：其一，词汇到概念的对应关系；其二，概念组成的结构信息到概念对应的词汇组成的句子信息的映射关系，也就是语法。

2. 自然语言的学习有两个阶段：空白积累阶段和持续积累阶段。空白积累就是婴儿学习一门语言的状态，持续积累就是在有一定语言基础时持续学习一门语言的状态。

3. 空白积累需要具体的语义信息和与此语义对应的表达信息同时出现在意识流中且具有极高关注度，这样就有足够的依据建立猜想映射。首先习得的是属性和对象类的概念，这是相对容易的。

4. 空白积累阶段语法的习得是这样的过程：当具体的语义信息和对应的表达信息同时以高关注度出现在意识流时，此时猜想映射会建立；然后通过抽象机制抽象出此类型语义到表达模板的映射，作为猜想的语法映射；随着时间的推移，正确的猜想频次强度会凸显出来，从而沉淀为正式的语法映射。

5. 持续积累阶段出现了两个新的语言习得机制：其一，因为已有语法映射，所以可以通过模糊匹配，猜想不完全一致的表达的语义，这样就创造了猜想映射。这种方式使猜想映射的样本量快速增长，智能体能够快速纠正不正确的语法，积累对较为具体语义信息的个性化表达的语法，熟悉对某一类人群特有表达习惯的语法。其二，已有的语义基础支持在沟通互动中学习修正语言，智能体开始询问对方表达中自己不熟悉的词汇概念，其他个体可以指出并纠正其表达过程中的用词不正确或表达方式（语法）不正确。

6. 空白积累阶段需要严格的条件，进展非常缓慢；但到了持续积累阶段，语言的习得速度将有极大提升。

7. 我们在人类身上看到的语言习得的举一反三的能力来自于自然语言这样的本质。语法映射和事件间因果关系（也可以看成一种映射）的本质是一样的，都是结构信息到结构信息的映射，因为句子（指词替换概念后的句子）也可以视为顺序关系组织的结构。所以当具体的语义结构信息和对应的句子结构信息产生对应，抽象能力就能生成某类语义结构信息到句子结构的映射，也就是语法映射。而正转录和逆转录的本质都是演绎过程，都是通过统辖检测识别到作为大类的句子结构或语义结构，建立约束映射，用子类替换对应语义结构或句子结构信息中的母类信息，生成具体的语义结构信息或句子结构信息。

第六章　自然语言特征

一、自然语言的共有特征

当一个群体发展出自己的自然语言的时候，会很自然地形成一些需求，然后发展出约定来适应这些需求。因为不同自然语言自然形成的需求有很多是一致的，所以就会演化出共有的适应这些需求的特征。

本章我们讨论四类共同的特征。我们认为这些特征的根基、作用是普遍的，决定了很多其他语言表象的产生。这四类特征为概念的指向、语境记忆、表达省略和意向表达。我们可以看到，无论是哪种演化形成的自然语言，都会包含这些特征。

概念的指向。如果一个概念没有名称，就需要用其他方式去指向；如果概念本身是一个结构信息，我们就可以通过组成结构信息的元素去指向这个概念，比如对事件概念的陈述；如果概念存在于一个结构信息中，我们就能用结构信息去指向这个概念，这就是从句的来源；如果用以指向一个概念的元素自己也没有名称，我们就需要先设法指向这个元素，于是就形成了多重嵌套的表达。

语境记忆。人类在听一个人的讲话、读一本书，或是自己在讲话时，都会在语言处理过程中保存特定的信息，最短期的记忆比如最近谈及的对象、属性、事件、事件规律等等，这些信息让我们创造表达的省略，读懂对方表达中的省略。较为长期的记忆比如一大段表达中每个信息被重复的次数，这让我们知晓逻辑不那么清晰的表达的重点；表达的信息之间的相互关系，能让 AI 听到的不再是局部的碎片化的信息，让 AI 能够带有整体感地复述一大段表达。

表达省略。表达省略分为两种类型，语境省略和常识省略。语境省略也就是因为语境保持了信息，所以可以省略；常识省略也就是因为常识中包含了信息，所以可以省略。省略机制让语言在不会导致误解的前提下变得简洁。

意向表达。人类的表达很少是精确的，无论是语法上还是逻辑上；人类也极少会通过精确的定义去掌握某一词汇。事实上造物主给予人类的自然语言就是建立在不精确和模糊之上的艺术品。从词汇的掌握到词汇的使用，很多都是在意向层面的工作。

本书我们计划搭建的原型机会在一定程度上体现出以上四个方面的特征和能力。接下来我们分别讨论之，为工程层面的构建理清思路。

二、具体对象的指向

我们会用名字去指向一个属性的人。然而对于大部分具体对象，它们是没有名称的，我们只能用具体对象的属性和属类来指向它。比如"红色的小花上停着一只蜻蜓"，我们关注这个"红色的小花 ID1"，事件直接引用的是一个具体对象 ID，而定义这个具体对象的信息包含了（具体对象 =ID1，属类 = 小花）（具体对象 =ID1，属性 = 红色）。

当我们用具体对象的属性和属类去指向一个具体对象，带来的问题就是可能造成和事件类的混淆。比如"小香槟特别喜欢红色的小花"，这里"红色的小花"指的就是一个对象类而不是具体对象。"凡是歧义存在的地方，自然语言就会演化出现区分的规则"，而且语法规则是在诸多语言实践中形成的，形成后我们甚至总结不出这种规则，却能本能地读懂听懂。在这个例子中，如果喜欢的是具体的对象，我们会用"一朵 / 那朵 / 这朵红色的小花"，如果没有这些前缀，那么指的就是一个对象类。在"自然语言习得"的那章中，我们构建的机制能让 AI 像人类儿童那样在语言实践中掌握这些细微的差别。

除了用对象的属类和属性去指向一个具体对象外，我们还可以用具体对象参与的事件去指向一个具体对象。这个我们在"从句"那节讨论。

在对话中，说的人和听的人都会把最近句子中的具体对象作为语境信息。再次指向语境中已有的具体对象时就可以用代词或属类去指向。比如"红色的小花上停着一只蜻蜓，花是昨天刚开的"，这是用属类去指向；"小香槟摘了一朵红色的小花，她很喜欢红色"，这是用代词去指代。听的人判断对象类指代哪个具体对象的原则大致是这样的：听到一个对应对象类的词汇就会去语境中寻找属于此对象类的具体对象，而代词可以视为一种对象类，出现"他"我们会寻找语境中的男性，出现"她"我们会寻找语境中的女性，出现"它"我们会寻找语境中的其他生物或物体。语境中如果有多个同样属类的，原则上找最近出现的，但有时也会出现歧义，比如"红色的小花上停着一只蜻蜓，它很美"。所以表达者在这种情况下需要选择合适的抽象类进行指向，避免歧义，比如"红色的小花上停着一只蜻蜓，蜻蜓很美"。

三、结构信息的表述

接下来我们把讨论延伸到具体对象外的概念。只要一个概念没有被命名，我们就无法直接用词汇去指向它，有两种可能：

第一种可能，这个概念本身是一个结构信息，此时我们可以用语法映射中这个语义信息对应的句子结构去进行表达。比如一般的事件节点我们都可以利用这种方式去指向，"早上一只老鼠吃了桌上的蛋糕"，这就是对一个事件的指向。

第二种可能，如果这个概念存在于某个结构信息中，而结构信息是对这个概念的约束，那么也可以作为对这个概念的指向。

我们先来讨论第一种可能，作为结构信息的概念的表述。我们可以理解，只有一个概念需要被引用时才需要被指向，如果一个概念不需要被引用就不需要被指向。

在信息表述那章，我们讲述了人类概念空间的概念是有一个大致的层级的。最底下的是对象、属性层，然后是事件层，最上面是事件关系层。为了描述一个事件，我们需要引用对象和属性，所以是有指向需求的；为了描述事件层的关系，比如因果关系，我们需要引用事件，所以事件有被指向的需求。而大量二元关系型的结构信息重在描述两个概念之间的关系，结构信息自身很少被引用，所以就几乎没有被引用的需求。

我们可以看到，在沟通中需要指向的结构信息是非常有限的。自然语言演化出了语法，组织结构信息中的元素到一个句子结构中作为对这个结构信息的表述。每个自然语言对事件层的信息作为结构信息的语法都是非常完备的，但这种结构信息表述的语法很少覆盖二元关系。

四、从句——用结构信息指向一个元素

接下来我们来讨论第二种可能。如果一个概念自身不是一个结构信息，或是作为结构信息却无法被展开表达，或是因为其中的元素无法表达，或是因为结构信息缺乏语法支持，人类的反应是寻找这个概念所在的结构信息去指向这个概念。

比如"昨天被老板表扬的同事今天请假了"。（主语对象 = 老板 c，行为 = 表扬，行为对象 =ID1），其中 ID1 就是我们说的这位同事，我们可以想象，如果表达者是一个新来的人，不知道这个同事的名字，他会选择用事件指向这个同事；还有一种情况，表达者知道听者是新来的，很可能不知道这个同事的名字，他也会选择用事件指向这个同事。一般而言，智能体自己不知道概念的名称，或猜想对方不知道概念的名称，就可能选择用这个概念参与的结构信息去指向这个概念。从而这两种反应模式我们都需要在要搭建的原型机中实现。

在上面的例子中，我们指向的是一个具体对象。我们可以用从句指向一个属性，比如"他的愤怒如同燃烧的火焰"，这里（主语对象 =ID1，属性 =ID2）（具体属性 =ID2，属性属类 = 愤怒）。为了对"他的愤怒"这一个具体属性进行描述，我们选择了用一个这个具体属性所在的结构信息指向之。我们可以用从句指向一个时间或空间，比如"你那儿暴雨什么时候开始的？""我回到家的时候，天开始下起了暴雨"，这里涉及两个事件信息，我们暂且用简化的不严格的方式去表述，（主语对象 = 他 c，行为 = 回到家 c，时间 =t）（主语对象 = 天，行为 = 下雨，时间 =t）。表达者或许没有记录这两个事件发生的绝对时间，所以选择了用一个事件指向这个时间，然后被另外一个事件引用。

五、从句和附带信息表达

人类在组织语言进行描述的时候，为了能够传递更多信息，往往会进行附带表达。此时即使我们能够用名称或是简单的结构信息去指向一个元素，我们也会选择用复杂的从句。通过复杂从句，我们能够附带表达更多信息。

我们先来看两段表达。第一段表达是："一只小猫吃着鱼；小猫是金色的，吃得很高兴，鱼很肥硕。"第二段表达是："一只金色的小猫很高兴地吃着肥硕的鱼。"我们知道这两段信息表达的内容是一样的，第二段只用了一句，不仅仅表达了"小猫吃鱼"的主体事件信息，还把小猫的特征、鱼的特征、吃的情状附带表达出来了。人类表达的这个方式我们称之为"附带信息表达"。

附带信息表达的组织是容易的。假设我们在记忆中的信息是：

1.（事件主体 =ID1，行为 =ID2，行为对象 =ID3）。
2.（具体对象 =ID1，属类 = 小猫）（具体对象 =ID1，属性 = 金色的）。
3.（具体行为 =ID2，属类 = 吃）（具体行为 =ID2，情状 = 很高兴地）。
4.（具体对象 =ID1，属类 = 鱼）（具体对象 =ID1，属性 = 肥硕的）。

在逆转录过程中，我们先逆转录主体事件信息：ID1 ID2 着 ID3。如果我们选择了附带表达，除了把属类信息表达出来外，还会把属性和情状信息同时逆转录出来。ID1 转为"金色的小猫"，ID2 转为"高兴地吃"，ID3 转为"肥硕的鱼"，组合起来就是"一只金色的小猫非常高兴地吃着肥硕的鱼"。

转录的过程就相对复杂了，我们接下来讨论。

六、嵌套结构的转录

如果我们用以指向目标概念 A 的结构信息中有其他无法用名称指向的概念 B，我们就可能用概念 B 所在的结构信息指向概念 B，当然这个结构信息又可能存在一个没有词汇对应的概念 C……理论上这个情况可以一直持续下去，形成从句的多重嵌套。而人类能够利用单一的规则去解析转录这样的表达。在语言部分的实验中，我们会让 AI 理解类似这样的例子："早上吃了桌上的过期的面包的人的爸爸的猫的体重增加了。"这就是一个典型的多重嵌套从句的例子。

延续上面那个较为简单的例子，在识别词汇和概念替换之后我们得到信息：
"金色 c" + "的" + "小猫 c" + "非常高兴 c" + "地" + "吃着 c" + "肥硕 c" + "的" + "鱼 c"。
AI 首先需要识别其中的"小句子结构"：

"金色 c" + "的" + "小猫 c";"肥硕 c" + "的" + "鱼 c" 对应的句子结构为:"属性" + 的 + "对象类"。

"非常高兴 c" + "地" + "吃着 c" 对应的句子结构为:"情状概念" + 地 + "行为"。

接着通过语句结构我们找到对应的语义结构:

"属性" + 的 + "对象类" ——［主体信息 =（具体对象 =ID,对象属性 = 属性）,表达类型 = 指向,指向位置 = 具体对象］,附带信息:（具体对象 =ID,属类 = 对象类）。

"情状概念" + 地 + "行为" ——［主体信息 =（具体行为 =ID,情况 = 情状概念）;表达类型 = 指向,指向位置 = 具体行为］,附带信息:（具体行为 =ID,行为类 = 行为）。

所以用具体内容替换概念类后生成（搜索）信息:

1.（具体对象 =ID1,属类 = 小猫）（具体对象 =ID1,属性 = 金色的）指向 ID1。

2.（具体行为 =ID2,属类 = 吃）（具体行为 =ID2,情状 = 高兴地）指向 ID2。

3.（具体对象 =ID1,属类 = 鱼）（具体对象 =ID1,属性 = 肥硕的）指向 ID3。

执行完"小句子结构"的转录后,原句变为:ID1 ID2 ID3（ID1 概念属类为具体对象,ID2 概念属类为行为,ID3 概念属类为具体对象）。

ID1 ID2 ID3 对应的句子结构为:具体对象 1+ 行为 + 具体对象 2。

改句子结构对应的语义结构:

具体对象 1+ 行为 + 具体对象 2——主体信息 =（事件主体 = 具体对象 1,行为 = 行为,行为对象 = 具体对象 2,表达类型 = 陈述）。

所以用具体内容替换概念类后生成（搜索）信息:（事件主体 =ID1,行为 =ID2,行为对象 =ID3）。

以上就是带附带信息表达的句子的转录过程,大致的逻辑是:大的语法结构必须在小的语法结构进行转录操作之后才能显现出来。所以我们看到转录的原则是:语法映射中的结构有大小,先识别小的句子结构执行语法转录,再识别大的句子结构执行语法转录。

七、语境省略

在沟通过程中,表达者和听者都会维护一个语境,这个语境记录了最近表达的对象、属性、行为、事件等。一旦一个具体的元素存在于最近的语境,表达者就有倾向在表达时省略掉这个信息,而听者有能力利用语境保存把这个信息补全之。

人类的对话伴随着大量的省略,有些省略存在于一方的连续表达中。比如"狼叼了一只鸡,从洞口钻了出去,狼狈地逃跑了"。在这个例子中,后面两个句子省略了主语,但主语对象存在于最近的语境中。当我们通过已有的信息"从洞口钻出去""狼狈地逃跑了",识别到是一个事件的结构信息,但缺少主语对象,我们就会在语境中寻找最近的对象进行补全。还有一类省略出现在对话中,比如在一个例子中:

A：红色的小花上停着一只蜻蜓。

B：有多大?

在另外一个例子中：

A：昨天中午他们去沙滩晒太阳。

B：午饭前还是午饭后?

在第一个例子中，我们可以意识到完整的表达是"蜻蜓有多大"；第二个例子中的完整表达是"昨天他们去沙滩这个事件发生在午饭前还是午饭后"。

我们再来看下一个事件省略的例子：

A：我鞋子全湿了。

B：因为踩到水里了吗?

在这个例子中，询问补全后的完整信息是"你鞋子湿了是因为踩到水里了吗?"

总结而言，只要省略后的句子有足够的特征归属到一个语义结构，智能体就能找到结构中缺失信息的位置和所需的信息类型，然后就可以去语境中寻找是否有此类型的信息，用这个信息来填补先天语言信息结构中的缺失。这就是我们工程上赋予 AI 应对人类表达省略的逻辑。我们会在后面的实验中对以上几种类型的省略进行测试。

八、常识省略

如果一个知识是常识，其中包含的信息很多很复杂，人类表达的倾向是去指向这个知识，而不是精确地表述之。所以即使我们脑海中的知识信息是被严格组织的，我们在表达的时候仍然可能只选取关键元素来替代完整的事件表达。比如"人吃水果导致人免疫力提高"，我们表达出来的时候可能就变成"水果增强免疫力"。这样的表达信息发生了省略，所以对于听者，在没有这个知识的时候听到这个表达是不知道"吃水果增强免疫力"，还是"闻水果增强免疫力"，或是"把水果敷在皮肤上增强免疫力"。如果听者没有所需的常识，那么此时在听者脑海中生成的信息就是一个不严格的事件规律信息，事件位置填写的是表达者表达的主要事件元素：水果和免疫力。在未来，因为好奇点发起的询问"水果如何提高免疫力?"或是被动的知识的获取，我们能知道"水果增强免疫力 c"这个不严格表述的信息背后完整的信息是怎样的。

九、意向表达

人类如何习得类似"文化"这样的抽象的词汇? 对于很多人而言，可能一辈子都没有真正习得这样的词汇的精确定义，但却可以合理地使用之。

在一开始听到的关于文化相关的信息，比如"吃饺子是中国的文化""当地文化是在孩子考上大学时家长会摆酒宴"……这些表达形成了关于文化的意向。

相比于严格的定义，对于很多概念，人类会通过他人的表达，生成关于这个词汇的意向信息。这些意向信息包含了这个概念是和什么意向相关的，这个概念包含在怎样的意向中。而人类能够利用这样不严格的意向定义，听懂这个词汇所在的句子，即使理解很可能不是很精确，也可以正确使用这个不严格定义的词汇。

抽象概念的习得有两种途径，一种是通过定义语言，一种是通过对方的使用。定义语言包括几种方式，如果一个概念可以根据某个已有的概念的相关关系去定义，此时的表达就类似于"暴怒就是非常愤怒"；如果一个概念包含多种不同意向，此时的表达就类似于"惊喜就是既惊讶又喜悦"。

十、本章总结

这一章我们讨论人类自然语言共有的特征。因为自然语言的演化遵循着一些基本逻辑，所以根据这些基本逻辑，不同类型的自然语言会演化出共有特征，这些特征导致了 AI 自然语言处理的难度。

1. 如果一个概念没有名称，就需要用其他方式去指向；如果概念本身是一个结构信息，我们就可以通过组成结构信息的元素去指向这个概念，比如对事件概念的陈述；如果概念存在于一个结构信息中，我们就能用结构信息去指向这个概念，这就是从句的来源；如果用以指向一个概念的元素自己也没有名称，我们就需要先设法指向这个元素，于是就形成了多重嵌套的表达。

2. 人类在听一个人的讲话、读一本书，或是自己在讲话，或是对话状态，都会在语言处理过程中保存特定的信息，最短期的记忆比如最近谈及的对象、属性、事件、事件规律等，这些信息让我们创造表达的省略，读懂对方表达中的省略。较为长期的记忆，比如一大段表达中每个信息被重复的次数，这让我们知晓逻辑不那么清晰的表达的重点；表达的信息之间的相互关系，能让 AI 听到的不再是局部的碎片化的信息，让 AI 能够带有整体感地复述一大段表达。

3. 表达省略分为两种类型——语境省略和常识省略。语境省略也就是因为语境保持了信息，所以可以省略；常识省略也就是因为常识中包含了信息，所以可以省略。省略机制让语言在不会导致误解的前提下变得简洁。

4. 人类的表达很少是精确的，无论是语法上，还是逻辑上；人类也极少会通过精确的定义去掌握某一词汇。事实上造物主给予人类的自然语言就是建立在不精确和模糊之上的艺术品。从词汇的掌握到词汇的使用，很多都是在意向层面的工作。

第七章　表达信息单元

一、表达动机、表达策略、表达信息单元

表达动机就是我们通过表达要实现的目的，包括了传递某个信息，向对方索取某个信息，改变对方的动机，改变对方的情绪态度。为实现一个表达目标，我们会有表达策略。比如为了改变对方的动机，说服对方做一件事情。我们可以列举做了这事的好处、不做的坏处，这是理性分析的说服策略；我们也可以威胁、利诱、撒娇等，这些也是达到说服目标可以用的表达策略。一个表达策略的执行会包含很多表达单元信息，比如用理性分析去说服，我们会表达类似"你有感冒，早睡感冒能快点好"，这个表达先是陈述了一个具体事件，然后陈述了一个假想行为的后果，所以是由两个表达单元信息组成的。

前面的章节我们讨论了反应模式，讨论了一个宏观行为节点包含了旗下的反应模式。当一个宏观行为节点被点亮，旗下的条件执行就处于激活状态，系统开始判断条件信息是否出现在意识流中；当条件满足时我们点亮执行，而执行可能是另外一个宏观行为节点。这里表达动机就是一个上层的宏观行为节点，旗下的表达策略是以条件执行为基本形态的信息，而执行可以是另外一个反应模式对应的宏观行为节点。和一般的反应模式一样，这样的信息表述具有二态性，既是认知态的，所以可以通过语言进行修正，可以通过观察他人的反应模式进行效仿；又是执行态的，可以驱动自己在特定语境下的表达。最后，所有的宏观行为分解都会走到基础行为——不可继续拆解的行为（表达），在这里也就是表达信息单元。表达单元信息内部每个位格的信息就对应行为中的参数，这些参数从何处获得赋值正是我们在反应模式中定义的。

上一章我们就记忆中储存的信息如何进行正转录和逆转录举了例子，这是对信息的陈述表达。陈述一个储存的信息只是表达单元信息的一种。拿事件类型的信息来说，我们可以陈述一个事件，比如"早上猫吃了桌上的鱼"；可以对事件进行确认，比如"早上猫吃了桌上的鱼吗？"可以对事件中的某个元素进行确认，比如"早上猫吃的是桌上的鱼吗？"可以对事件中的某个元素进行询问，比如"早上是谁吃了桌上的鱼？"；等等。

表达单元信息是组成表达策略—实现表达动机的积木，语法更精确地说是表达单元信息到自然语言句子的对应。所以人类习得一门语言除了习得概念如何对应词汇外，还要习得表达单元信息这个结构信息如何对应句子结构……所以表达单元信息是一切更深入讨论的基础。这一章我们研究讨论表达信息单元的分类和每种分类的信息结构。

二、陈述一个信息

陈述一个信息是最基础的表达单元信息。上一章我们讨论了指向一个信息的不同方式，陈述即是指向，这里简单总结陈述一个信息的三种方式：

其一，如果这个信息本身有名称，我们可以用这个名称。比如对象类、属性，这些概念在自然语言中有对应的词汇，因为它们是"积木"，很有限。

其二，如果是非结构信息且不带名称，比如很多的具体对象、很多人，他们的名字我们是叫不出来的，这种情况下我们可以用这个信息参与的结构信息去指向它。比如"昨天来公司的老人""早上吃了桌上的奶酪的人"，都是用具体对象参与的事件去表述这个具体对象。

其三，是那些结构信息，比如对象的属性、对象之间的关系、事件、因果层的知识等。陈述一个结构信息时需要把这个结构信息展开，一个结构信息对应了语法模板，所以我们可以利用语法模板和里面元素对应的表达去表达这个信息。展开一个结构信息后，里面的元素有三种可能，一是带名称的概念，此时我们可以用名称去表述它；二是一个不带名称的结构信息，此时我们需要继续展开这个结构信息去表述这个元素；三是一个不带名称的非结构信息，也就回到第二种情形，此时我们需要用这个信息参与的某个结构信息去指向它。

工程上，陈述一个信息的表达单元信息表述为（信息主体＝，表达类型＝陈述）。AI 一个先天的设置是，如果无法直接用词汇去表述一个信息，就会试图通过第二或第三种方式去表述它。而这个过程可能涉及更多无法直接用词汇去表达的信息，此时继续用第二或第三种方式去表述，这就是人类表达嵌套和从句的由来。

三、用结构信息指向

人类表达中用概念所在的结构信息去指向这个概念是个非常常见的手段。前面说到的这个概念没有对应的词汇名称是一个原因。一些情况下的表达者知道概念对应的名称，但听的人不知道，也不会用这个名称去表达。比如我时常和妻子说起公司的情况，但因为我知道她不熟悉里面的人的名称，我会用团建时她知道的这个同事参与的信息去指向一个同事，如"那个戴耳机、不说话的同事""那个戴眼镜、声音很大的同事"等。

人类表达使用指向的还有一个重要的原因是为了强调或附带表达更多想要表达的信息。比如"那个救了无数流浪狗的老人自己饿死了"，和这个老人相关的类似事件的结构信息可能还有很多，这个老人甚至有自己的名称，但为了体现一种反差感，我们选择了"老人救了无数流浪狗"这个信息去指向这个老人；再比如"黄色的小花上停着一只蜻蜓"，为了描述更多关于这个画面的信息，我们用"小花是黄色的"这个信息去指向小花，从而附带我们想要表达更多信息。

指向一个信息的表达单元信息表述为（主体信息 =，表达类型 = 指向，指向位置 =）。指向信息的表达有两种方式。

第一种情况，如果指向位置有位格名称，比如"小香槟的爸爸"，因为二元关系结构信息（爸爸 =Peter，女儿 = 小香槟）中每个位格都有名称，这时中文中可以用"已知元素 + 的 + 指向位格名称"去指向这个 ID。再比如"天下雨的原因"，此时二元关系结构信息为（原因 =，结果 = 天下雨），已知元素为"天下雨"，指向位格名称为"原因"，按照中文语法"已知元素 + 的 + 指向位格名称"，就生成了"天下雨的原因"。

第二种情况，如果指向未知没有名称，比如"吃了桌上的面包的人"，这是用一个具体事件信息指向其中的主语对象，如果这个信息的元素多，也就意味着正常转录下结构特征是明显的（不同于二元关系信息），此时就可以通过在正常转录过程加上标识去指向要指向的元素。比如上面那个例子，用于指向的结构信息转录后为"ID1 吃了桌上的面包"，指向类型 = 人。于是忽略 ID1 进行转录，在"吃了桌上的面包"的后面 + 的 + 指向类型，就生成了"吃了桌上的面包的人"。比对一下英文，可以看到英文语法的标识信息会放在前面。在英文中，用于指向的结构信息转录后为"ID1 eat the cake on the table"，指向类型 =man。于是忽略 ID1 进行转录，在"eat the cake on the table"的前面 +the+ 指向类型 + 对应疑问代词，就生成了"the man who eat the cake on the table"。

四、疑问

人类个体向其他个体主动索取一个信息的表达为疑问。疑问句分为三种类型，一种是一般疑问，一种是选择疑问，一种是特殊疑问。一般疑问比如"早上是猫吃了桌上的鱼吗"，选择疑问比如"早上是猫还是爸爸吃了桌上的鱼"，特殊疑问比如"早上是谁吃了桌上的鱼"。在表达单元信息层，我们把特殊疑问称之为疑问，而把一般疑问和选择疑问称之为确认。

疑问的表达单元信息的信息表述为：（主体信息 =，表达类型 = 疑问，疑问点 =），比如"早上谁吃了桌上的面包"，主体信息就是一个具体事件 ID，这个事件缺失了一个信息，在主语对象位置的具体对象 ID 只有属于人的信息，所以发起了疑问；疑问点为主语对象位格的 ID，约束类型是人。而且我们能看到中文中这个例子疑问的表达就是正常转录主体信息，然后把疑问位置替换为"谁"。如果约束类型是猫，则替换为"哪只猫"；如果约束类型是女人，则替换为"哪个女人"；诸如此类。对这个语法是怎样的映射以及如何习得这个语法的讨论，我们在下一章进行。

同样语义的询问可以来源于不同的表达单元信息。延续上面的例子，还有一种表达是"早上吃了桌上的面包的人是谁"。这显然和上面的原始表达不是同一个信息或不是同一个规则的转录。这个表达的主体信息是一个（具体对象 =，等同已知对象 =），疑问位置是"等同已知对象"，约束类型 = 人。主体信息正常的转录语法模板为"具体对象 + 是 + 等同已知对象"，因为具体对象 ID 没有对应的名称，所以用其参与事件去指向，就是"早上吃了桌上的面包的人"，等同已知对象用"谁"替代，所以就生成了表达"早上吃了桌上的面包的人是谁"。

前面的疑问都是对事件层信息中某个位格的元素的疑问。接下来举的例子，是在因果层对事件的询问。在例子"Mike 今天为什么没有来上班"中，主体信息是（原因 = 事件 A，创造事件 = 事件 B），其中事件 B 为"Mike 今天没有来上班"，疑问点是"原因"，中文的一个语法是正常转录事件 B，然后在主语后或前 + "为什么"。和上面一样，还有可能生成另外一种表达单元信息，主体信息是（具体事件 =，等同事件 =），疑问位置是"等同事件"，正常转录的语法模板为"具体事件 + 是 + 等同事件，"因为具体事件 ID 没有对应的名称，所以用其参与的因果知识去指向，就是"Mike 今天没有来上班的原因"，等同事件用"什么"替代，所以就生成了表达"Mike 今天没有来上班的原因是什么"。

还有一种情况，疑问点出现在参与因果层关系的事件中的某个元素上，比如"感冒导致什么症状"。

五、确认

疑问的表达单元信息的信息表述为（主体信息 =，表达类型 = 确认，确认点 =，确认内容 =），比如"早上是 Mike 吃了桌上的面包吗"，主体信息就是一个具体事件 ID，确认点为主语对象位格的 ID，确认内容是 Mike。而且我们能看到中文中这个例子疑问的表达就是正常转录主体信息，然后在确认元素前面 + 是，结尾 + 吗。

和询问一样，同样语义的确认可以来源于不同的表达单元信息。延续上面的例子，还有一种表达是"早上吃了桌上的面包的人是 Mike 吗"。这个表达的主体信息是一个（具体对象 =ID1，等同已知对象 =Mike），确认点是等同已知对象，确认内容是 Mike。主体信息正常的转录语法模板为"具体对象 + 是 + 等同已知对象"，因为具体对象 ID1 没有对应的名称，所以用其参与事件去指向，就是"早上吃了桌上的面包的人"，等同已知对象是"Mike"，替代之后就生成了表达"早上吃了桌上的面包的人是 Mike" + 吗。

选择疑问也是类似，和一般疑问相比，选择疑问确认的内容有多个，比如（具体对象 =ID1，等同已知对象 =Mike / Jack）。延续上面的例子，一种中文表达方式表达出来为"吃了桌上的面包的是 Mike 还是 Jack"。

前面的确认都是对事件层信息中某个位格的元素的疑问。接下来举的例子，是在因果层对事件的确认。在例子"Mike 今天是因为感冒所以没来上班吗"中，主体信息是（原因＝事件 A，创造事件＝事件 B），事件 B 为"Mike 今天没有来上班"，确认点是"原因"，确认内容＝Mike 今天感冒。中文一个语法为，以确认内容作为原因事件正常转录，然后在因为前＋是，于是就生成了"Mike 今天是因为感冒所以没来上班吗"这样的表达。和上面一样，还有可能生成另外一种表达单元信息，主体信息是（具体事件＝，等同事件＝），疑问位置是"等同事件"，正常转录的语法模板为"具体事件＋是＋等同事件"。因为具体事件 ID 没有对应的名称，所以用其参与的因果知识去指向，就是"Mike 今天没有来上班的原因"，等同事件用"Mike 今天感冒"替代，表达前去掉重复内容，所以就生成了表达"Mike 今天没有来上班的原因是感冒吗"。

六、回答

提问伴随着回答。很多时候我们的回答非常简洁。比如询问"早上是谁第一个到公司"，回答是"Mike"；询问"是你吃了桌上的面包吗"，回答是"不是"。回答者能意识到自己的回答是针对什么问题的，所以回答的表达信息单元本身包含了提问和回答的完整信息，只是因为语境而简化了。

特殊疑问的表达信息单元类似：（主体信息＝，表达类型＝询问，询问点＝），回答的表达信息单元类似：（主体信息＝，表达类型＝询问，询问点＝，回答内容＝）。

一般疑问句的表达信息单元类似：（主体信息＝，表达类型＝确认，确认点＝，确认内容＝），回答的表达信息单元类似：（主体信息＝，表达类型＝确认，确认点＝，确认内容＝，回答＝是 / 否）。

选择疑问句的表达信息单元类似：（主体信息＝，表达类型＝选择，选择点＝，选择内容＝），回答的表达信息单元类似：（主体信息＝，表达类型＝选择，选择点＝，选择内容＝选择 1/ 选择 2）。

七、祈使、同意和拒绝

在表达动机层面，通过语言影响对方的决策是非常常见的。虽然用语言改变决策未必会通过祈使，但是这样的基础表达还是最常见的。祈使的表达信息单元的信息形式大概是这样的：（主体信息＝，表达类型＝祈使，祈使来源＝，祈使对象＝）。主体信息是一个具体事件信息，描述了祈使的对象行为；祈使来源就是谁发起的祈使；祈使对象就是祈使所指向的对象。

但 A 向 B 祈使一个行为后，B 可能拒绝，可能同意。虽然简单的表达可能仅仅是"好的"。"不行"，但表达者显然能意识到自己同意了什么祈使，或是拒绝了什么祈使。所以表达信息单元必定包含了完整的信息，只是因为语境而简化了表达。同意和拒绝的表达单元信息可以表述为这样的信息：（主体信息 =，表达类型 = 祈使认同 / 祈使拒绝，祈使来源 =，祈使对象 =）。

如果主体信息是一个带内容的行为，而内容可能又是一个祈使，这样就可能存在嵌套，比如"告诉 Mike 我让他来开会"。在这个例子中，（主体信息 =B 告诉 Mike 某内容，表达类 = 祈使，祈使来源 =A，祈使对象 =B），某内容为（主体信息 =Mike 来开会，表达类型 = 祈使，祈使来源 =A，祈使对象 =Mike）。

八、概念间等价关系

一般而言，我们会用类似"小香槟的爸爸是 Peter"去陈述两个概念之间的相对关系。但这个表述的实质是先用"小香槟的爸爸"指向相对关系中"爸爸"位格的 ID，用名称 Peter 指向另外一个 ID，用"是"去指向两个概念 ID 的等价关系。我们来讨论一下等价关系的表达信息单元。

先来看一下一般情形："昨天来公司的女人是 Mike 的妻子。"这个表达就是在建立两个概念之间的等价关系。"昨天来公司的女人"是用具体事件信息指向一个具体对象概念 ID，而"Mike 的妻子"是用相对关系指向具体概念 ID。这两个概念可能对于对话者而言不是同一个，也就是说对话者不知道昨天来的人就是 Mike 的妻子。而等价关系表达就是让对方的这两个概念变为一个。

等价关系的表达信息单元可以写为（主体信息 1=，指向位格 1；主体信息 2=，指向位格 2）。上面的例子可以写为 [主体信息 1=（主语对象 =ID1，行为 = 来，行为指向 = 公司），指向位格 1= 主语对象；主体信息 2=（丈夫 =Mike，妻子 =ID2），指向位格 2= 妻子]，如果表达中等价关系的一部分直接用名称表述，那么"主体信息"直接填这个 ID，"指向位格"为空。比如"小香槟的爸爸是 Peter"可以表述为：[主体信息 1=（女儿小香），指向位格 1= 爸爸；主体信息 2=Peter]。

九、本章总结

表达单元信息是组成表达策略，实现表达动机的积木。语法，更精确地说是表达单元信息到自然语言句子的对应；人类习得一门语言除了习得概念如何对应词汇外，还要习得表达单元信息这个结构信息如何对应句子结构。所以表达单元信息是一切更深入讨论的基础。最常见且主要的表达信息单元有以下几类：

1. 陈述：具体事件的陈述、对象或对象类的属性陈述、事件规律的陈述、事件类间关系的陈述、其他概念间关系的陈述、概念等价关系的陈述等。

2. 询问（确认）：对结构信息是否存在的确认也就是我们说的一般疑问，对结构信息中某个位格的元素是什么的询问，对两个概念是否相同的等价关系的询问，等等。而询问的内容包括了具体事件的询问、知识的询问、概念间相对关系的询问。

3. 祈使：祈使的表达信息单元包含了不同的情绪，有不带情绪的要求、命令、恳求。对应回应表达信息单元有同意和拒绝。

十、附录：常见表达信息单元汇总

1. 事件相关表达。

（1）陈述一个具体事件（主体信息＝事件，表达类型＝陈述）。
（2）确认一个具体事件是否发生（主体信息＝事件，表达类型＝确认）。
（3）确认具体事件中的某个元素（主体信息＝事件，表达类型＝确认，确认位置＝主体对象／行为／行为对象）。
（4）询问具体事件中的某个元素（主体信息＝事件，表达类型＝询问，询问位置＝主体对象／行为／行为对象）。
（5）否定一个具体事件（主体信息＝事件，表达类型＝否定）。
（6）否定一个具体事件中的某元素（主体信息＝事件，表达类型＝否定，否定位置＝主体对象／行为／行为对象）。

2. 事件规律相关的表达。

（1）陈述一个事件规律（主体信息＝事件规律，表达类型＝陈述）。
（2）确认一个事件规律（主体信息＝事件规律，表达类型＝确认）。
（3）确认事件规律中的某个元素（主体信息＝事件规律，表达类型＝确认，确认位置＝频率／时长／主体对象／行为／行为对象）。
（4）询问事件规律中的某个元素（主体信息＝事件规律，表达类型＝询问，询问位置＝频率／时长／主体对象／行为／行为对象）。

3. 祈使表达。

（1）命令对方做什么（主体信息＝事件，表达类型＝祈使，情绪＝命令）。
（2）请求对方做什么（主体信息＝事件，表达类型＝祈使，情绪＝请求）。
（3）祈使对方做什么（主体信息＝事件，表达类型＝祈使）。

4. 知识的表达。

（1）陈述一个知识（主体信息＝因果知识，表达类型＝陈述）。

（2）确认一个事件类的效果（主体信息 = 知识，表达类型 = 确认，询问位置 = 创造 / 终止 / 维持 / 阻止发生）。

（3）确认一个事件类的原因（主体信息 = 知识，表达类型 = 确认，询问位置 = 原因事件）。

（4）询问一个事件类的效果（主体信息 = 知识，表达类型 = 询问，询问位置 = 创造 / 终止 / 维持 / 阻止发生）。

（5）询问一个事件类的原因（主体信息 = 知识，表达类型 = 询问，询问位置 = 原因事件）。

5. 两个相对关系。

（1）陈述两个概念之间等价关系（概念 1=，概念 2=，关系 = 等价关系）。

（2）陈述两个事件之间的关系（主体信息 =IDA，起始位置 = 位格 1，相对位置 = 位格 2）。

第八章　语言的输入 A

一、正转录流程描述

在前面较为宽泛的讨论之后，我们已经熟悉了应该熟悉的概念，做好了精确讨论的准备，本章我们开始描述和正转录相关的工程上的设计。

人类处理输入的语言，无论是一句话表达，还是成段的表达，还是一本书的信息，都是以每个单句作为信息单元逐句处理的。处理的过程会维护一个语境记忆，以应对表达中的省略，形成对表达信息的主要逻辑，以及各种信息之间关系的提取。因为语境记忆的存在，虽然是单句逐句处理，但最终摄取的信息却不是零碎的。

对于单句信息。第一步，需要先识别当中的词汇，词汇是构建句子的积木。词汇有三种类型，第一种是背后有概念对应的词汇，比如"苹果""文化"；第二种是结构信息的位格名称，比如二元关系中的"爸爸""仇人"；还有一类是为了赋予句子足够的结构特征，方便听者识别的"结构性词汇"，比如中文中的"的""是""但是""所以"等，英文中"is""however""because"等。

第二步，识别完词汇后，会把第一类对应概念的词汇用概念 ID 替换，第二类对应结构信息位格名称的词汇用结构信息位格 ID 替换，结构性词汇保留原有形态。

第三步，如果第二步输出的信息是合法的表达，已经能够找到统辖它的句子结构母类，接着我们要完成：

A. 进行统辖搜索。

B. 找到统辖这个概念替换词汇后的句子的句子结构信息，并建立具体概念到句子结构中对应的较为抽象的概念的约束映射。

C. 找到句子结构信息对应的表达单元信息。

D. 用约束映射进行表达单元信息中对应抽象层概念的替换，演绎出具体的表达单元信息。

如果句子中包含嵌套结构，那么我们无法直接识别到最外层语法结构（这里也就是指语法映射两部分信息中的句子结构信息），需要句子中包含的小语法结构，转为所描述或指向的概念 ID 后，更大的语法结构才会显现出来。

以上是对正转录流程的简要描述，具体每步都会包含更多细节的内容，需处理各种非理想化的情况，主要就是我们两章前描述的所有自然语言都会遇到的 4 个问题：（1）如何应付嵌套，尤其是多重嵌套；（2）如何维护语境信息；（3）如何应付语境省略和常识省略；（4）如何应付意向表达。接下来我们就带着这些问题来具体讨论每个环节的信息处理逻辑。

二、原始句子转为词汇流

在人类单句自然语言处理过程中，第一步是识别词汇。

有些语种词汇间的边界已经很清晰了，比如英文，每个单词在书写和拼读时都有明显的边界特征，识别逻辑非常简单；有些语种的词汇边界则很模糊，比如中文，中文的句子在输出的时候是文字流，需要听者识别词汇流的词组。

在原型机中，我们不希望 AI 的起点就拥有某一词库，而是希望 AI 能够像人类一样在听多了某个词作为字的固定组合之后习得某一词汇（此时还不需要知道词的含义）。这样做的原因，其一是因为我们很难获得真正完整的词库，每个地方都会有自己独有的词汇，甚至一个家庭会用新的词约定相互间的昵称。其次，即使不考虑小众词汇，每年都会有许多新的大众词汇产生。其三，实现人类学习的机制是思维工程永恒的追求，因为这个过程总是会有意想不到的收获。

对于人类而言，我们能对经常出现的字组合形成印象，这正是我们需要在这里实现的。大致算法逻辑是这样的：

1. 将学习的逻辑插入第一步：句子中的词汇识别。

2. 对词汇识别后剩下的句子片断进行处理。

3. 维护一个猜想词库。

4. 识别片段中的两两字组合，如果猜想词库中存在，则增加频次强度，不存在则新建。

5. 猜想词组的频次强度随时间衰减，但如果有猜想词组 AB 的频次强度超出阈值，则保存为正式词汇。

6. 保存为正式词汇前，还需要考察 CA 或 BC 的频次强度，如果也非常显著则意味着词组可能不是 2 字组合，而是 CAB 或 ABC。以此类推，我们能以二元组合为起点，找到比如 3 字的词或 4 字的成语。

工程上可执行的算法还要基于此框架细化。对于此学习机制，我们会定义一些测试。我们在 AI 没有任何词库的情况下输入家长和幼儿、儿童对话的样本，考察生成的词汇（实验 8.1a），其中放入一些 3 字词汇和 4 字成语，考察是否能够生成对应的词汇（实验 8.1b）。我们在 AI 有一定语言基础的情况下，在表达中使用一些它没有学过的词，考察 AI 是否能识别

到新词，并询问语义"你说的中伤是什么意思啊"。（实验11.1–实验11.3）

两个词还有可能组成新的词，按照人类组词的逻辑，新词往往带有组成它的词的意向。这点在类似英文这种词汇边界清晰的自然语言中也存在，比如玻璃杯（glass cup）、苹果树（apple tree）等。所以 AI 需要按照上面对字的固定组合形成印象的逻辑对词的固定组合形成印象，并生成由词的组合形成的词汇。我们可以在测试案例中插入 AI 已知词汇组合的词汇考察其是否能够生成新的词，并询问词义（实验11.4）。

第一步原始句子转为词汇流的实现参考模块8.1。

三、词汇流转为概念流

第一步输出了词汇流，第二步简单而言就是把词汇替换为对应的概念，为统辖搜索做数据准备。但真实的情况会复杂很多，总结一下大概会有以下几个方面：其一，句子中可能存在代词，需要在语境中寻找合适的替换代词概念；其二，在具体对象没有名称的时候，人类有倾向用具体对象从属的对象类去指向之，这时就需要区分词汇指向的到底是具体对象还是对象类；其三，人类的意向表达，选择概念时未必有精准表达点，往往会选择不同的在意向空间距离相近的概念表达同个意向，比如我们会用"努力""不浪费一点时间""不畏惧困难"等概念表达个体在面对工作的时候的积极意向。如果不把概念在意向层面归一，我们在逻辑运算的时候就会遇到困难，难以捕捉那些表达主要意向和意味的事情。接下来将分别讨论解决这些问题的机制。

对于代词，我们知道代词中"他""她""它"分别指向"男人""女人""人类以外的具体对象"。具体指向什么具体对象呢，我们会默认指代语境中最近的符合此类型的具体对象。所以只需要去语境变量中依次（从最近出现的开始）考察每个具体对象是否是男人/动物/女人的子类，最先找到的具体对象为用来替换代词的对象。

对于用对象类对应的词汇指向具体对象，类似代词，我们会默认指代语境中最近的对象类的子类。只需要去语境变量中依次（从最近出现的开始）考察每个具体对象是否是此对象类的子类，用最先找到的具体对象来替换对象类对应的词汇。其困难的地方在于：其一，对象类对应的词汇有些时候就是指向对象类的，比如"早上一只猫跳到我们院子里，猫是一种很可爱的动物"，后面的"猫"就是指对象类的。这里该如何区分到底是指向具体对象还是对象类呢？其二，在一段话第一次用对象类指向具体对象的时候，具体对象在语境中是不存在的，此时如何决定是建立一个归属对象类的具体对象，还是认为词汇指向的就是一个对象类？对于第一个问题，对象类和具体对象所处的表达单元信息是有差异的，所以我们需要依赖句子结构对应表达信息单元来判断到底指向的是具体对象还是对象类，也就是第三步做的事情。所以这边做的就是输出两种可能，即用对象类 ID 替代和用从属于对象类的具体对象 ID 替代，留到第三步看哪种能匹配上语法中的句子结构模板。第二个问题，人类的表达中第一次指向是有明确的句子结构特征的，比如"一只小猫"，前面加了数量词就是需要指向一个具体对象的特征，所以这种情况也需要保留两种可能到第三步去决定。

对于相对关系名称，比如"琼斯先生有一个儿子、一个女儿，儿子不喜欢动物，女儿很喜欢动物"，其中"儿子""女儿"就是相对关系名称，它不同于一个对象类的名称。如果语境中没有相对关系，意味着拥有此相对关系的元素会在该句被引入语境，我们在第二步直接用相对关系名称的 ID 替代，到了第三步转录完成时自然会在语境中创建这个相对关系。如果语境中已经有此相对关系，我们就会用相对关系中这个名称后面的概念替换句子中的相关关系名称。

接下来，对于表达者在意向层不精确地使用属性概念，人类往往会在对话或一大段表达中重复他所想强调的属性信息，但往往会使用和属性意向相接近的各种属性。我们需要把这些属性归一，这样我们听到的强调信息就不会是零散的，而能够捕捉到表达者重复强调的内容。所以工程上，当 AI 识别到句子中一个属性概念的时候，会先查看它和语境中已有属性概念的意向距离，如果意向很接近，我们就会用语境中已有的属性概念替代它。

那么第一个属性概念就原封不动地写入语境吗？不会。人类听者有一个原则——"在自己的认知框架内理解别人讲的话"，其中一层含义就是当听到一个属性概念 A 对应的词汇时，我们寻找意向空间内和它最接近的我们熟悉的概念 A*，用 A* 替代之而不用概念 A。这么做的原因是，如果概念 A* 是熟悉的，就意味着有很多知识引用了 A*，所以 A* 比起 A 和各种知识联系得更近，更容易发生运用这些知识的运算。工程上，当 AI 识别到句子中的一个属性概念的时候，会去长期记忆中寻找那些频次强度足够高的属性，频次强度在一定程度上反映了一个概念参与常用知识的程度，考察这个属性概念和这些高强度属性概念的意向距离。如果找到距离足够接近的高强度属性，则用这个属性替代之。

关于实验，（1）我们考验 AI 是否能够正确替换语境中的代词，考察 AI 是否能正确用语境中的对象替换句子中的相对关系名称。（2）我们考察 AI 是否能够区分哪些概念类对应的词汇是指向概念类的，哪些是指向具体概念的。（3）我们在一段对话中换着属性概念去表达一个意向语义，考察 AI 能否总结出表达中的重点。（4）我们用一个属性在 AI 脑中建立知识，然后用意向距离很接近的属性在表达中使用，考察 AI 是否把知识运用到语境场景中。当然，所有这些实验都需要以正转录整体闭环完成为前提。

第二步词汇流转为概念流的实现参考模块 8.2。

>>> **Topic：对象类的名称指代什么**

在逆转录过程中，具体元素参与的结构信息，比如具体事件，会被逆转录算子加工一次，输出的结果包含具体对象 ID；再次执行逆转录算子的时候，如果具体对象没有名称，就会选择用合适的结构信息指向；再其次会用具体对象的属类的名称去指向。一旦语言的输入运用了具体对象的属类名称去指向这个具体对象，在转录中就会遇到问题：我们无法分清楚这个词汇是指向属类，还是某个具体对象。

事实上，很多情况下，从单个语法模板切分出来的句子片段无法判断这点，比如"庄园的主人"是切分出来的一个指向，这边的庄园可以是一个具体庄园，也可以指一个"庄园"的对象类，在这个切分片段中是看不出来的，我们设想一下完整的句子"庄园的主人琼斯先生是一个富豪"，这个完整的句子让我们知道"庄园"是一个具体对象；而"庄园的主人都很有钱"这个完整的句子让我们知道"庄园"是一个对象类。

这个问题的本质在于，在语言输出的逆转录过程，从概念到词汇用了多对一的映射。在这个例子中，具体对象和对象类用了同个词汇，导致转录算子运算过程出现了两个或以上的概念选择，而要决定到底是哪个概念需要从表达的整体去考察。这就意味着在正转录过程中，如果出现多种可能，我们需要暂时输出多种可能的信息，正确的信息能够和其他信息组合成一个整体，而错误的信息往往不能，除非句子本身有歧义，或需要在更大的语境背景中去决定。

四、正转录算子

在第二步把词汇替换为概念之后，我们得到了一个概念和结构性词汇组成的句子。假设句子没有嵌套结构且是严格表达的，那么信息转化到这个形式，我们就能识别到其中的句子结构，就可以找到句子结构所在的语法映射，找到句子结构对应的表达信息单元，然后就可以演绎出具体的表达信息单元，也就是语义信息。

如果存在嵌套的信息，比如一个结构信息，或是一个属性层的信息如对象、属性、时间、地点的从句指向。这个时候我们就需要先识别到嵌套信息的句子片段，识别结构，找到结构信息的 ID，或是指向的 ID，用其替换句子片段，这样更上层的结构才会显现出来。因为句子的嵌套可能是多层的，所以这个识别＋演绎的正转录流程需要执行多次，直到完成整个句子的解析和转录。所以工程上相应的模块，其主体逻辑需要循环执行：每次执行输入的句子被提取转化了部分信息，对应的句子片段被替换为所指向的概念 ID，然后输出剩下的部分继续同样的运算。我们把这个的主体逻辑称为正转录算子。（模块 8.3）

如果句子存在不严格表达，缺少部分结构信息，或是语序不严格，这个时候就需要评估和可能的句子结构的匹配度。如果高于阈值，就认为找到了不严格表达的句子结构。注意这里不是简单的比对匹配，而是统辖检测；不同于严格的统辖检测，我们允许句子结构不同内容的缺失、增加，或是顺序的改变。这个统辖检测我们称之为"模糊统辖检测"。（模块 8.3c）

有些句子中的不严格表达是一种省略。上一章我们讨论过省略有两种类型，一种是语境省略，一种是常识省略。先来看语境省略。人类倾向于在表达中省略语境中的内容，不影响理解的语境省略我们称之为"合法语境省略"，合法省略有两个特征：其一，省略的内容需要是语境中最近的符合缺失属类的内容；其二，省略后的句子片段仍然有足够的句子结构特征，能够通过语法识别，也就是能通过"模糊统辖检测"。所以工程上需要把省略识别和填补的逻辑插入到"模糊统辖检测"的模块中。

对于常识省略，表达者认为对方已经拥有自己想要表达的知识，所以表达的目标不是陈述完成的知识，而是用少量信息指向这个知识，这就是常识省略的由来。对于这种省略，听者需要利用转录形成的残缺的信息去记忆中匹配其可能指向的知识。我们会有一个模块完成这个工作。

如果句子中存在并列表达，比如"她迅速、果断地拿起了地上的枪，击毙了歹徒""早上我把桌上的鸡蛋、包子、蛋糕都给吃了"，这种并列如果没有被识别出来，则一定会破坏句子结构的。所以首先，我们一定要先识别出并列。其次，在句子结构识别前需要把并列内容放入一个集合，找到这个集合中概念的最小母类，作为代表参与到句子结构的识别中。然后，在演绎的时候需要演绎出多条信息（在某些情况下，我们后面会讨论），或是演绎出一条信息，对应位置的元素为此集合。回到识别的问题，如果有标点帮助我们识别并列会相对容易，否则就会麻烦很多。处理的办法是在句子结构匹配程序中增加一条逻辑：句子匹配受阻的时候，考察延伸匹配的概念是否和上一个是相同类型的——都属于句子结构模板中对应概念的子类，此时也可以视为并列表达的元素。

相关的测试包括：（1）在用来测试多重嵌套的典型例子"早上吃了桌上的过期的面包的人的爸爸的猫的体重增加了"中，AI 需要能够通过一系列问答体现出对这个嵌套表达内蕴知识的理解。（2）对于不严格表达。我们创造若干表达，在语序上是混乱的，或是缺失部分结构信息的，但人类能够听懂此类表达，所以需要 AI 也能够理解。（3）对于语境省略，我们创造"合法语境省略"的表达，考察 AI 是否能补全省略信息，实现对句子内容的理解。（4）对于常识省略，我们先给予 AI 一个知识，然后在表达中进行常识省略，仅仅去指向这个知识，考察 AI 是否能通过指向找到对应的知识。（5）我们给出含有对象或属性并列表达的句子，考察 AI 是否能正常转录。

五、典型案例演绎

案例：庄园的主人养了不少动物，庄园很气派，他很喜欢。

第一句分词（模块 1.1.1）：庄园 w 的 w 主人 w 养 w 了 w 不少 w 动物 w。

第一句概念替换（模块 1.1.2）：庄园 ac/cc 的 w 主人 c 养 ac/cc 了 w 不少 c 动物 ac/cc，生成了（具体元素 =ID1，所属类型 = 庄园 c）。

第一句正转录算子第一次作用（模块 1.1.3）：分句中"庄园 ac/cc 的 w 主人 c"找到了两个模板，演绎出具体的表达单元信息：

（具体对象 + 的 + 相对关系）——［主体内容 =（相对关系 =，IDx= 具体对象），指向 = 相对关系］，演绎出［主体内容 =（主人 =，IDx=ID1cc），指向 = 主人］；因为搜索不到，所以生成了（主人 =ID2，IDx=ID1）和 ID2。把 ID2 写入语境。

（对象类 + 的 + 相对关系）——［主体内容 =（相对关系 =，IDx= 对象类），指向 = 相对关系］，演绎出［主体内容 =（主人 =，IDx= 庄园 ac），指向 = 主人］；演绎出［主体内容 =（主人 =，IDx= 庄园 ac），指向 = 主人］；如果搜索不到，所以生成了（主人 =ID2*，IDx= 庄园

cc）和 ID2，搜到则直接输出 ID2*。

第一句正转录算子第二次作用。第一次作用后句子变为：情形 1：ID2 养 ac/cc 了 w 不少 c 动物 ac/cc。情形 2：ID2* 养 ac/cc 了 w 不少 c 动物 ac/cc。找到一个模板，演绎出具体的表达单元信息：

（数量概念 + 对象类）——［指向集合 =ID11，附带描述 =（集合 =ID11，集合属类 = 对象类）/（集合 =ID11，集合数量 = 属类概念）］；演绎出［指向集合 =ID11，附带描述 =（集合 =ID11，集合属类 = 动物）/（集合 =ID11，集合数量 = 不少）］。生成（集合 =ID11，集合属类 = 动物）/（集合 =ID11，集合数量 = 不少）。最后保留指向的 ID11。

第一句正转录算子第三次作用。第二次作用后句子变为：情形 1：ID2 养 ac/cc 了 wID11。情形 2：ID2* 养 ac/cc 了 wID11。

这个时候情形 1 找到一个模板，演绎出具体的表达单元信息：（情形 2 没有找到模板，所以被筛掉了。）

（具体对象 + 具体行为 + 了 + 具体对象 2）——［主体信息 =（主语对象 = 具体对象，行为 = 具体行为，行为指向 = 具体对象 2），表达类型 = 陈述］；演绎出［主体信息 =（主语对象 =ID2，行为 =IDa，行为指向 =ID11），表达类型 = 陈述］。

至此第一句转录完成，往语境中写入了 ID1、ID2、ID11。

第二句分词（模块 1.1.1）：庄园 w 很 w 气派。

第二句概念替换（模块 1.1.2）：庄园在语境中找到子类 ID1，所以用 ID1 替代，生成 ID1 很 c 气派 c。

第二句正转录算子第一次作用。找到一个模板：

（具体对象 + 程度 + 情状）——［主体内容 =（具体对象 = 具体对象，属性 = 情状，程度 = 程度），表达类型 = 陈述］，演绎出：［主体内容 =（具体对象 =ID1，属性 = 气派 c，程度 = 很），表达类型 = 陈述］。

第三句分词（模块 1.1.1）：他 w 很 w 喜欢 w。

第三句概念替换（模块 1.1.2）：他（是为"男人"）在语境中找到子类 ID2，所以用 ID2 替代，生成 ID2 很 c 喜欢 c。

第三句正转录算子第一次作用。严格匹配没有找到模版，模糊匹配找到一个模板，用语境中除主语外的具体对象替代：

（具体对象 + 程度 + 态度 + 具体对象）——［主体内容 =（具体对象，程度，态度，具体对象），表达类型 = 陈述］，演绎出：［主体内容 =（具体对象 =ID2，程度 = 很，态度 = 喜欢，具体对象 =ID1），表达类型 = 陈述］。

六、实验测试

实验 8.1a 二元词汇的形成

难度：1

描述：这个实验考察 AI 是否能在词汇识别留下的句子片段中发现重复多次出现的二元组合，建立新词，从而能主动询问词义。

需要支持功能：基础应答反射

测试模块：模块 8.1a、模块 8.1b

测试准备：给出 10 句包含 AI 不熟悉的二字词词汇的文字，但其他词汇是已经学习过的。

预期效果：AI 在 10 句读完后能发起询问 "AB 是什么意思啊"。

实验 8.1b 多元词汇的形成

难度：2

描述：这个实验考察 AI 是否能在词汇识别留下的句子片段中发现重复多次出现的多元组合，建立新词，从而能主动询问词义。

测试模块：模块 8.1a、模块 8.1b

需要支持功能：基础应答反射、自然语言正转录

测试准备：给出 10 句包含 AI 不熟悉的 4 字成语的文字，但其他词汇是学习过的。

预期效果：AI 在 10 句读完后能发起询问 "ABCD 是什么意思啊"。

实验 8.2a 代词指代

难度：3

描述：这个实验考察 AI 是否能正确找到句子中代词指代的语境中对象。

测试模块：模块 8.2

需要支持功能：基础应答反射、自然语言正转录

测试流程：

Tester：琼斯先生是庄园的主人，他有一个儿子、一个女儿，女孩叫作南茜，男孩叫作杰克。他养了一只鸡，叫作 "呵呵哒"，鸡长得很胖。女儿很喜欢这只鸡，而男孩很不喜欢这只鸡。

Tester：谁养了一只鸡？

AI：琼斯先生。

实验 8.2b 相对关系指代

难度：3

描述：这个实验考察 AI 是否能就句子中的相对关系名称找到语境中合适的具体对象

替代。

测试模块：模块 8.2

需要支持功能：基础应答反射、自然语言正转录

测试流程：

Tester：琼斯先生是庄园的主人，他有一个儿子、一个女儿，女孩叫作南茜，男孩叫作杰克。他养了一只鸡，叫作"呵呵哒"，鸡长得很胖。女儿很喜欢这只鸡，而儿子很不喜欢这只鸡。

Tester：谁喜欢"呵呵哒"？

AI：南茜。

实验 8.3a 对象类指代

难度：3

描述：这个实验考察 AI 是否能为句子中对象类的名称找到语境中合适的具体对象替代。

测试模块：模块 8.2

需要支持功能：基础应答反射、自然语言正转录

测试流程：

Tester：琼斯先生是庄园的主人，他有一个儿子、一个女儿，女孩叫作南茜，男孩叫作杰克。他养了一只鸡，叫作"呵呵哒"，鸡长得很胖。女儿很喜欢这只鸡，而男孩很不喜欢这只鸡。

Tester：谁长得很胖？

AI：鸡长得很胖。

Tester：谁不喜欢"呵呵哒"？

AI：杰克。

实验 8.3b 对象类名称指代对象类还是具体对象

难度：3

描述：这个实验考察 AI 是否能够区分同一个对象类名称既用来指代具体对象，又用来指代对象类。

测试模块：模块 8.2

需要支持功能：基础应答反射、自然语言正转录

测试流程：

Tester：早上一只猫跑到院子里，猫是白色的，猫真的是很可爱的动物。

Tester：跑到院子里的猫什么颜色？

AI：白色。

Tester：我觉得什么动物很可爱？

AI：猫。

实验 8.4a 识别主要意向

难度：3

描述：这个实验考察 AI 能否把对方表达对象属性，通过意向层面的运算，归类到自己熟悉的属性概念，从而利用熟悉的属性概念的知识，形成对对象的认知。

测试模块：模块 8.4、模块 8.3a、模块 8.3b、模块 8.3d

需要支持功能：基础应答反射、自然语言正转录、基础逻辑思维

测试准备：后台为"正气"设置很高的频次强度，建立"纯净""大""正""刚""真"和"正气"的意向关系，建立"纯净""正"和"不贪小便宜"的意向关系，建立"正""真"和"真诚"的意向关系，建立"刚""大""纯净"和"做事很有原则"的意向关系。

测试流程：

Tester：正气的人适合当领袖，正气的人是可靠的。

Tester：Mike 的朋友从来不贪小便宜，为人真诚，做事很有原则。

AI：Mike 的朋友应该很可靠，适合当领袖。

实验 8.4b

难度：3

描述：这个实验考察 AI 是否能从对方表达中形成意向信息参与的因果关系。

测试模块：模块 8.3a、模块 8.3b、模块 8.3d

需要支持功能：自然语言正转录

测试流程：

Tester：水果有利身体健康。

Tester：这个药克感冒病毒。

第一句需要生成信息（事件＝水果，创造／维持＝身体健康）。

第二句需要生成信息（事件＝药 A，终止／阻止发生＝感冒病毒）。

实验 8.4c

难度：3

描述：在这个实验中，AI 表达了一个一般疑问句，疑问的内容是对象属性，测试者没有直接回答这个问题，而是做出了一小段相关的具体评价。AI 需要能够从这个非直接回答中获取自己需要的答案。

测试模块：模块 8.4、模块 8.3a、模块 8.3b、模块 8.3d

需要支持功能：基础应答反射、自然语言正转录

测试准备：赋予"正直"以"直""正""真"的意向，赋予"拐弯抹角"以"弯"的意向，赋予"诚实"以"真"的意向，赋予"正"以"真""直"的意向。

测试流程：

Tester：Mike 是个正直的人吗？

Tester：Mike 这个人说话不太拐弯抹角，也比较诚实。

Tester：你觉得 Mike 是个正直的人吗？

AI：是的。

实验8.5a 单层嵌套（指向对象）

难度：2

描述：这个实验考察 AI 是否能理解单层嵌套，此例子中指向了一个对象。

测试模块：模块 8.3a

前提功能：基础应答反射、自然语言正转录

测试流程：

Tester：昨晚上最后离开公司的人关了灯。

Tester：Mike 是昨晚最后离开公司的人。

Tester：谁关了灯？

AI：Mike。

实验8.5b 单层嵌套（指向时间）

难度：2

描述：这个实验考察 AI 是否能理解单层嵌套，此例子中指向了一个时间。

测试模块：模块 8.3a

前提功能：基础应答反射、自然语言正转录

测试流程：

Tester：他回到家的时候天下起了暴雨。

Tester：他是下午 3 点回到家的。

Tester：昨天几点开始下暴雨的？

AI：3 点。

实验8.5c 单层嵌套（指向空间）

难度：2

描述：这个实验考察 AI 是否能理解单层嵌套，此例子中指向了一个空间。

测试模块：模块 8.3a

前提功能：基础应答反射、自然语言正转录

测试流程：

Tester：昨天 Mike 在当年向妻子求婚的地方过结婚 30 周年纪念日。

Tester：Mike 当年在西湖向妻子求婚。

Tester：Mike 在什么地方和妻子过结婚 30 周年纪念日的？

AI：西湖。

实验 8.6 多层嵌套

难度：4

描述：这个实验考察 AI 是否能理解多层嵌套。

测试模块：模块 8.3a

前提功能：基础应答反射、自然语言正转录

测试流程：

Tester：早上吃了桌上的过期的面包的人的爸爸的猫的体重增加了。

Tester：吃过期面包的人叫 Jack，猫叫 Kitty，爸爸叫 Mike。

Tester：谁的爸爸是 Mike？

AI：Jack。

Tester：谁的猫体重增加了？

AI：Mike。

Tester：谁的儿子吃了桌上的面包

AI：Mike。

Tester：哪只猫的主人的儿子吃了过期面包？

AI：Kitty。

实验 8.7a 模糊统辖映射

难度：2

描述：这个实验考察 AI 对不严格表达的适应能力。此例子中，我们给出的样本包含错乱的语序，但仍然在人可理解的范围内，考察 AI 对句子的理解。

测试模块：模块 8.3c

前提功能：基础应答反射、自然语言正转录

测试流程：

Tester：过期面包 Mike 昨天吃了。

Tester：谁昨天吃了过期的面包？

AI：Mike。

实验 8.7b 模糊统辖映射

难度：2

描述：这个实验考察 AI 对不严格表达的适应能力。此例子中，我们给出的样本包含多余的句子成分，但仍然在人可理解的范围内，考察 AI 对句子的理解。

测试模块：模块 8.3c

前提功能：基础应答反射、自然语言正转录

测试流程：

Tester：就是昨天啊，那个 Mike 还是吃了那个过期的面包啊。

Tester：谁昨天吃了过期的面包？

AI：Mike。

实验 8.7c 模糊统辖映射

难度：2

描述：这个实验考察 AI 对不严格表达的适应能力。此例子中，我们给出的样本缺少结构词汇，但仍然在人可理解的范围内，考察 AI 对句子的理解。

测试模块：模块 8.3c

前提功能：基础应答反射、自然语言正转录

测试流程：

Tester：昨天晚上 Mike 饮料喝完。

Tester：谁喝完了饮料？

AI：Mike。

实验 8.7d 模糊统辖映射

难度：2

描述：这个实验考察 AI 对不严格表达的适应能力。此例子中，我们给出的样本语序混乱且包含多余的句子成分，但仍然在人可理解的范围内，考察 AI 对句子的理解。

测试模块：模块 8.3c

前提功能：基础应答反射、自然语言正转录

测试流程：

Tester：话说那个 Mike 那个过期面包他吃掉了呢，而且就在昨天。

Tester：谁昨天吃了过期的面包？

AI：Mike。

实验 8.8a 语境省略

难度：2

描述：这个实验考察 AI 对语境省略的理解能力。这个例子中省略的内容是具体对象。

测试模块：模块 8.3a

前提功能：基础应答反射、自然语言正转录

测试流程：

Tester：狼叼起一只鸡，逃出农场，跑进了大森林里。

Tester：谁逃出了农场？

AI：一只狼。

实验 8.8b 语境省略

难度：2

描述：这个实验考察 AI 对语境省略的理解能力。这个例子中省略的内容是事件。

测试模块：模块 8.3a

前提功能：基础应答反射、自然语言正转录

测试流程：

Tester：狼吃了农场的鸡，虽然只吃了一只，导致母鸡都很恐惧。

Tester：什么事情导致母鸡很恐惧？

AI：狼吃了农场的鸡。

实验 8.9 常识省略

难度：2

描述：这个实验考察 AI 对常识省略的补全能力。

测试模块：模块 8.3a

前提功能：基础应答反射、自然语言正转录

测试流程：

Tester：吃水果能让人的免疫力增强。

Mike：我感冒了，如何增强免疫力？

医生：水果有利免疫。

Tester：你认为医生给的建议是什么？

AI：医生建议 Mike 吃水果。

实验 8.10a

难度 2

描述：这个实验考察 AI 的正转录过程是否能接受有符号指示的显在的并列表达。

测试模块：模块 8.3a

前提功能：基础应答反射、自然语言正转录

测试流程：

Tester：吃水果能让人的体质、免疫力得到增强。

Tester：什么能增强人的免疫力？

AI：吃水果。

Tester：琼斯先生很强壮、很有钱、很风趣。

Tester：说出一个你知道的很风趣的人。

AI：琼斯先生很风趣。

Tester：他闭上眼，抚摸着、感受着这千年的古树。

Tester：这个人感受着什么？

AI：他感受着古树。

实验 8.10b

难度：2

描述：这个实验考察 AI 的正转录过程是否能接受没有符号指示的并列表达。

测试模块：模块 8.3a

前提功能：基础应答反射、自然语言正转录

测试流程：

Tester：吃水果能让人的体质免疫力得到增强。

Tester：什么能增强人的免疫力？

AI：吃水果。

七、模块列表

模块 8.1a

描述：这个模块读取一段原始表达信息，识别当中的词汇或词组，输出分词（词汇识别）后的信息流。

隶属功能大类：自然语言正转录

输入：一段原始表达信息

输出：替换词 ID 后的句子

逻辑机制：

1.调取所有词信息，比如中文中词如何由字组词的信息，英文中字母如何组成单词的信息。

2.识别原始表达中的词汇，识别到后用词 ID 替换。

3.如果最后留下未识别的信息，比如中文句子中留下的字组成的片段，调用模块 8.1b 进行处理，模块 8.1b 会形成新词汇的猜想。（英文因为单词即是分词，所以对于不存在词汇 ID 的单词，直接建立对应的词汇 ID 就可以）

Remark：如果是中文，读取信息是文字流，然后识别其中词后替换为词 ID；如果是英文，识别到单词后直接替换为词 ID。

模块 8.1b

描述：这个模块根据负责猜想词汇的维护。

隶属功能大类：自然语言正转录

输入信息：词汇识别后剩下的每个句子碎片。

逻辑机制：

1. 在句子中先进行猜想的词汇的匹配，匹配上的增加 5 的强度。

2. 强度每天衰减 10%。

3. 就句子找出连接的两两的字的组合，作为猜想的词汇，初始化 5 的强度，1 中匹配上的，强度不重复增加。

4. 如果某个 2 字组合 AB 作为一个猜想词汇强度到了 50，就考察猜想词汇中是否有 XA，和 BX 的词汇，如果强度非常接近则说明更完整的词汇是 XAB 或 ABX（因为每次出现 AB 的时候肯定也会出现 XA 和 BX）。重复这个过程，就可以找到完整的词汇。找到完整的词汇后保存为一个正式的词汇节点。

模块 8.2

描述：这个模块读取完成词汇识别，并用词汇 ID 替换句子中的词汇，然后把里面能对应到概念节点的词汇换为概念。

隶属功能大类：自然语言正转录

输入：替换词 ID 后的句子

输出：替换概念 ID 后的句子

逻辑机制：

1. 创造对不熟悉概念的好奇。根据（概念 =，词汇 =）把具体中的词汇替换为概念 ID。如果没有概念 ID，则建立概念 ID。标注（概念 =IDA，熟悉状态 = 不熟悉），且生成一个好奇点。（主体信息 =IDA，好奇内容 = 含义），保存为长期记忆且放入 cf；如果已经有概念 ID，寻找（概念 =IDA，熟状态 =）的信息，没有找到信息，就调用模块 8.5。如果是不熟悉，则把好奇点（主体信息 =IDA，好奇内容 = 含义）写入 cf。

2.（代词的替换）如果是代词"他""它""她"，去语境变量依次（从最近出现的开始）考察每个具体对象是否是男人 / 动物 / 女人的子类，最先找到的具体对象为用来替换代词的对象。如果找到指向的具体对象，除了替换外，再把其在语境中的强度 +1。

3.（对象类的替换）如果是对象类，需要两种可能的替换。其一，替换为词汇对应的对象类的 ID；其二，去语境变量依次（从最近出现的开始）考察每个具体对象是否是其子类。最先找到的具体对象为此对象类对应词汇所指向的具体对象。如果找到指向的具体对象，除了替换外，再把其在语境中的强度 +1。如果语境中没有子类，则建立一个具体对象 ID，且记录此具体对象为此对象类的子类。

4.（属性类的替换）对于属性类型的概念，依次在语境中判断这个概念和语境中属性类概念的意向距离（模块 8.4），如果小于阈值则用语境中的概念替换之。

5.（属性类的替换）如果一个属性类概念没有在语境中找到意向距离足够相近的概念，这个时候就在长期记忆中寻找意向距离足够小（低于阈值）且强度足够大（高于阈值）的概念，用词概念替换之。

Remark 1：第 4 条的依据：人类表述的时候习惯换着方式表述一个属性类的信息，如果不进行归一，运算将难以进行。第 5 条的依据：人类也会把对方表达中出现的概念归一到足够接近的自己熟悉的概念上，这样能有助于运算的发生。

Remark 2：比如"猫吃鱼"分词后为"猫 w 吃 w 鱼 w"替换后为"猫 cc/ac 吃 cc/ac 鱼 cc/ac"。

Remark 3：关于语境指代，有两种可以选择的策略。其一，语境中储存类似（语境类型 =，具体对象 =）这样的信息，如果遇到一个代词、对象类，就去此类语境记忆中寻找对象类后面的具体对象进行替代。其二，把最近出现的具体对象保存在语境中，比如（语境具体对象 =），如果遇到一个代词或对象类，就可以去语境中依次判断那些出现过的具体对象是否是其子类。

这里我们选择第二种方式。第一种方式有一种缺陷，如果一个对象的母类很多，就无法决定语境类型后的母类是什么。如果 AI 选择了母类，而表达者用了另外一个母类去指向，AI 就无法完成替换。

Remark 4：人类幼儿在刚刚学语言的时候，还不会询问某个概念是什么意思。因为结构性词汇很有限，到了人类开始询问一个不熟悉的概念的意思的时候，这些结构性词汇已经被作为一种结构标识存在了。所以我们不会看到儿童去询问结构性词汇的意思。

模块 8.3a 正转录算子

描述：最初输入为概念替换词汇后的表达信息，之后为每次算子处理后输出的表达信息。按照特定顺序选取语法映射中的句子结构信息，匹配识别输入的表达信息中是否有此句子结构。如果有，对句子进行切分，根据语法映射，把切割出来的信息演绎为具体的表达信息单元。如果是陈述型的信息，则把切分出的信息替换为演绎出的结构信息 ID；如果是指向型信息，则把切分出的信息替换为演绎后所指向的信息 ID。如此，就把输入信息吸收掉一部分，且留下更简略的信息进行第二次算子作用，直到算子不再能产生反应。

隶属功能大类：自然语言正转录

输入：概念替换词汇的表达信息，对话者

逻辑机制：

1. 调用模块 8.6，根据对话来源对象，创造一个优先的语法映射匹配集合。这个优先匹配集合中包含了这个对象习惯使用的语法映射，以及这个对象所属的对象类习惯使用的语法映射。接下来需要检测语法映射的时候优先从这个集合中获取。

2. 调用分句模块（模块 8.3b），对每个可能的句子结构进行分句，进行统辖检测。具体而言就是把句子中结构性词汇前后的概念 ID 进行判断是否为表达结构对应位置的子类，如果符合则划分出来成为一个转录的单元。

3. 当没有语法模板能精确匹配上的时候，调用模糊匹配（模块 8.3c）。

4. 从 1 开始重复内容直到句子不再剩下未解析的成分，或一次算子的运算停在第 2 步，无法找到匹配的句子结构。

5. 如果无法找到匹配的句子结构，则把剩下的句子丢给模块（模块 8.3c）对表达对应的表达单元信息进行猜想。

Remark：第一条逻辑是为了应对不同群体、不同个体特有的表达习惯。AI 在熟悉这些表达习惯后就可以先用这些习惯对应的语法映射进行匹配，可以增加语法识别的效率和精确度。

模块 8.3b

描述：这个模块按照特定顺序选取语法映射中的句子结构信息，匹配识别输入的表达信息中是否有此句子结构。

隶属功能大类：自然语言正转录

输入：正转录算子要处理的替换概念后的表达信息

输出：分句后的句子和对应的表达单元

逻辑机制：

1. 优先寻找属性层的表达信息单元对应的句子结构，然后寻找事件层表达信息单元对应的句子结构，最后是事件关系层。

2. 每次选定句子结构（模板）后，优先寻找句子中的结构性词汇，考察句子中结构性词汇前面和后面的概念是否是句子结构（模板）中对应概念的子类。如果是则继续向前后延伸，直到完成判断。

3. 如果遇到并列表达符号，则把并列表达中的概念作为一个集合，考察是否都是句子结构（模板）中的概念的子类。如果没有并列表达的符号，则在一个模板匹配受阻的时候，考察延伸匹配的概念是否和上一个是相同类型的——都属于结构模板中对应概念的子类，此时也可以视为并列表达的元素。

4. 如果遇到分句符号则停止。

5. 如果此时句子中信息只覆盖部分的表达单元信息中的元素，且没有其他已有的严格匹配，这时考察剩下的元素是否在语境中有其子类，从最近的开始寻找。如果找到我们认为的这个语境中的子类就是省略的内容，就用此信息填补缺失。这条逻辑用于实现表达中省略信息的识别和补全。

6. 如果完成判断，则输出：

（1）对应的语法映射。[句子结构（模板）到表达单元信息的映射]

（2）句子结构（模板）中的概念到句子中具体概念的统辖映射。（如果有并列表达生成多个统辖映射）

（3）利用（1）和（2）的信息执行演绎。（模块：8.3d）（如果有并列表达，执行多次演绎生成多条信息）

7. 如果演绎出信息是对象属性，比如属性 A。

（1）寻找语境中该对象的属性，依次调用模块 8.4 判断属性 A 和语境中属性的意向相似度。如果低于阈值，则用语境中的属性替换之；如果完全相同的对象属性已经存在，则直接增加其在语境中的频次强度，并且把语境中这条对象属性信息增加 5 的频次强度。

（2）如果没有找到，则在长期记忆中寻找频次强度超过阈值的属性，利用模块 8.4 计算和这些属性的意向相似度。如果低于阈值，则用语境中的属性替换之，同时增加账期记忆中这个属性的频次强度，并把对象属性写入语境。

8. 如果演绎出的是对象事件，比如事件 B。

在事件类中查找属性、行为效果、行为是否是描述对象的合法信息。如果不是则意味着存在比喻，找到属性、行为、行为效果的意向。

9. 如果演绎出的是对象事件，比如事件 B。

（1）依次寻找语境中的事件，考察是否有相同的事件。如果有，增加其频次强度。

（2）在语境猜想事件中，寻找（事件＝事件 A，可能原因/可能结果＝事件 i），对每个事件 i 统辖检测是否是事件 B 的母类。如果是，则删除（事件＝事件 A，可能原因/可能结果＝事件 i），替换为（事件＝事件 A，原因/结果＝事件 B）。

（3）调用模块 8.7a 考察此事件 B 和语境中事件的因果相关性。如果识别到和语境中事件 A 的因果相关性，则在语境中记录这种因果相关性。

（4）如果没有识别到相关性，则调用模块 8.8，输出这个事件可能的原因和导致的事件（记为事件 B）。写入到语境中，标注为（事件＝事件 A，可能原因/可能结果＝事件 B）。

10. 如果演绎出的表达信息单元是陈述或是指向，则在句子中用陈述或指向信息的 ID 替换之。

模块 8.3c 模糊匹配（语法学习）

描述：这个模块在无法完成精确匹配的时候被触发，利用模糊匹配寻找相近的句子结构。

隶属功能大类：自然语言正转录

输入：概念替换词汇后的表达信息

逻辑机制：

1. 忽略结构性词汇和顺序，只考察其中的概念，搜索是否有一个句子结构模板能完全统辖覆盖它。

2. 如果找到则认为通过模糊匹配。

3. 通过模糊匹配，则输出：

（1）对应的语法映射。（表达结构到表达信息单元的映射）

（2）过程中语法模板中的概念到句子中具体概念的统辖映射。（如果有并列表达，生成多个统辖映射）

（3）用输出的内容执行演绎。（模块：8.3d）（如果有并列表达，执行多次演绎生成多条信息）

（4）把输出的内容——识别到的表达单元信息，和输入的内容——概念替换词汇后的表

达信息，作为输入，执行语法抽象运算。（语言系统：第十章　语言的习得）

Remark：A 统辖覆盖 B 的定义为"B 中任意一个概念的某个母类必定是一个 A 中的概念"。

模块 8.3d

描述：这个模块根据句子结构模板到表达单元信息的映射，用分句后的句子演绎出具体的表达信息单元。

隶属功能大类：自然语言正转录

逻辑机制：

1.演绎输出过程参考演绎。

2.如果是一个指向，就在记忆中进行搜索。如果搜索不到，则生成对应关系信息，然后返回指向的 ID；如果搜到，则直接返回指向的 ID。

3.把指向的 ID 写入语境记忆中，初始化强度为 5。

模块 8.4

描述：这个模块计算两个概念之间的意向接近度。

隶属功能大类：自然语言正转录

输入：两个概念，比如（概念 A、概念 B）

输出：意向接近度

逻辑机制：

1.读取概念 A 和概念 B 的意向向量，比如 $a=(a1, a2, \cdots\cdots an)$，$b=(b1, b2, \cdots\cdots bn)$。

2.接下来通过基础意向之间的"投影矩阵 T"，计算 aTb，即为概念 A 和概念 B 之间的意向接近度。

Remark：意向"投影矩阵"描述了两两基础意向之间意向接近度。

模块 8.5

描述：这个模块计算一个概念的信息完备度，决定一个概念是否仍然需要询问学习。

隶属功能大类：自然语言正转录

输入：一个概念节点 IDA

输出：熟悉状态标记信息（概念 IDA，熟悉状态 = 熟悉）（概念 IDA，熟悉状态 = 不熟悉），好奇点（主体信息 =IDA，好奇内容 = 含义）。

逻辑机制：

1.寻找这个概念所有的意向关系，对这些关系的强度进行求和。

2.寻找这个概念的定义。

3.如果概念有定义或是概念的意向关系强度超过阈值，我们认为这个概念是熟悉的，否则这是不熟悉的。

4.如果是熟悉的内容则进行标注（概念 =IDA，熟悉状态 = 熟悉）；如果是不熟悉的就进行标注（概念 IDA，熟悉状态 = 不熟悉），且生成一个好奇点（主体信息 =IDA，好奇内容 = 含义）。

模块 8.6

描述：这个模块利用语言第6章模块 x（语法抽象模块）维护的不同群体或个体语法映射的频次强度，找出对话者可能使用的语法映射，放入一个集合，以增加正转录运算的效率和准确度。

隶属功能大类：自然语言正转录

输入：对话者 ID

输出：语法映射集合

逻辑机制：

1.输出这个对话者强度高于阈值的母类。

2.就对话者 ID 和找到的母类寻找结构信息（语法映射 =，语法来源 = 对话者 ID/ 对话者母类）。

3.把搜索到的语法映射信息放入集合。

模块 8.7a

描述：这个模块读取两个具体事件来判断是否存在因果相关性。

隶属功能大类：自然语言正转录

输入：广义事件 A、广义事件 B

逻辑机制：

1.读取广义事件 A，在因果知识组织的事件类集合中，就事件 A 在其中进行统辖搜索，找到所有统辖事件 A 的知识。

2.然后在上面找到的知识中，逐条寻找知识组织的另外一部分事件是否是广义事件 B 的母类。

3.如果是，则找到一条组织广义事件 A 和广义事件 B 的知识，增加找到知识的频次强度。

4.输出找到的（事件 = 事件 A，创造 = 事件 B）子类的具体事件层的因果关系信息。

模块 8.7b

描述：这个模块读取两个具体事件来判断是否存在意向层面的因果相关性。

隶属功能大类：自然语言正转录

输入：广义事件 A、广义事件 B

逻辑机制：

1.读取广义事件 A，在意向类因果知识组织的事件类集合中，就事件 A 在其中进行意向统辖搜索，找到所有统辖事件A的知识。

2.然后在上面找到的知识中，逐条寻找知识组织的另外一部分事件是否是广义事件B意向层的母类。

3.如果是，则找到一条组织广义事件A和广义事件B的意向层的知识，增加找到知识的频次强度。

4.输出找到的［事件＝事件A，创造（意向）＝事件B］子类的具体事件层的因果关系信息。

模块8.8

描述：这个模块读取一个具体事件，通过因果层的知识，输出其很可能有因果相关的事件。

输入：广义事件A

逻辑机制：

1.读取广义事件A，在因果知识组织的事件类集合中，就事件A在其中进行统辖搜索，找到所有统辖事件A的知识。

2.演绎出因果知识组织的另外一部分的事件。

Remark 1：事件的相关性可能是意向层面的。

Remark 2：缺少相对关系的替换，缺少并列表达的处理。

第九章　语言的输入 B

一、语境和意向

上一章讲述了正转录的主要信息处理流程，我们能看到：第二步代词、对象类名称、相对关系名称指向什么概念，我们需要依赖语境记忆；第三步语境省略的补全需要语境记忆。我们也简单讲述了对于表达者重点表达信息的识别需要在语境中积累每个信息被重复、被关联的次数。没有了语境记忆，正转录将转出成堆无用的、无相互关联的碎片信息。

这一章我们将更系统地讨论语境记忆形成的机制，将在上一章正转录的主体逻辑中插入语境记忆维护的逻辑。我们将构建一个更加完整而类人的语境记忆，并考察这个语境记忆如何帮助 AI 实现阅读，如何去找到一大段表达的核心思想，以及各个碎片信息和这个核心思想间的关系；能够读懂一本书的逻辑脉络，以及所有篇幅的局部和逻辑脉络的支持关系。从而让 AI 能学习系统化的书本信息，能建立各个系统化的知识体系，为实现 AI 详细复述一本书的内容、阐述教授一门学科（一开始必定是较为简单的学科和理论）创造前提条件。

上一章用较少篇幅描述了意向表达的处理。我们知道，人类绝大部分的表达都是意向层面驱动的，极少是精确的，所以无法适应意向表达是制约严格自然语言转录 AI 读懂人类表达最致命的因素。这一章我们将更加系统地构建人类意向信息识别、转录的机制。同样，这些更加细化的逻辑也将插入到上一章正转录的主体逻辑中。

本章的使命是在上一章的基础上对支持正转录的两个维度功能做进一步的系统化的讨论和工程层面的设计，从而使 AI 正转录的能力朝人类的水平更近一步。其中让 AI 能够阅读人类书籍，通过阅读系统化地继承一个学科的知识，是一个颠覆性的功能。这个能力决定了 AI 能够以怎样的效率去继承人类最完整的知识库——历史上数百万本的书籍记录了整个人类文明的信息，而 AI 能在算力不受限制的情况下用很短的时间学习继承这些信息。做到这点我们就有可能为我们目标搭建的原型机——第一代人工智能向全人类提供全领域专家朋友级别的咨询、建议做好知识层的储备。

二、语境记忆——记录最近出现的元素

我们会在语境记忆中保存最近出现的元素，包括最近表达中的对象、属性、时间、地点、相对关系。上一章我们讨论了在正转录第二步中，代词、对象类名称、相对关系名称指向什么概念，我们需要依赖语境记忆保存这些元素信息；第三步语境省略的补全需要这些语境信息。程序上，当文本中出现了代词、对象类名称、属性名称、时间指向、地点指向的时候，我们就会去语境中寻找名称对应的概念类的子类，作为这个名称指向的概念；当文本中出现了关系名称，我们就去语境中寻找出现过的相对关系信息，用关系名称所命名的结构信息位格后面的内容作为关系名称指向的概念。

因为在第二步，很多情况下我们分不清楚一次词汇指向的究竟是什么，比如对象类的词汇指向的是具体对象还是对象类，此时就会保留两种可能。直到第三步通过正转录算子的运算，找到匹配的句子模板，这个时候才知道句子中的词汇指代什么。所以在第二步或者第三步中，我们都有可能决定某一词汇对应什么概念。机制层面，我们需要在这两步中分别插入语境维护的逻辑：如果对象、属性、事件、地点、相对关系，在语境中之前不存在，那么则将这些信息写入语境；如果语境中已经存在，那么则增加信息的强度，并在排序上把其排到前面也就是最近出现的。语境强度体现了一个信息在表达中被重复的次数以及被关联的次数，这个强度反映了信息在整个表达中的重要程度。

除了在语境中记忆表达中出现的对象、属性、时间、地点、相对关系外，AI 还需要记忆记录出现的事件、问题……因为这些信息都有可能被指向。比如"他们欺负了一个一年级的小朋友，小朋友头上被打出了包，这个事件导致了严重的后果"。这个例子陈述了一个事件，然后指向这个事件描述它导致的后果。在两个人的对话中，一方提出了一个问题，然后数轮对话后对方说"你刚才那个问题，我知道答案了"。人类不是因为需要而在语境中保存这些信息，而是先天能够对话中出现的各种信息形成印象，而表达或对话中的指代省略只是利用了这些信息。

>>> Topic：不一定指向最近出现

有时最近出现的对象未必是应该被指向的，比如"猫吃了一条鱼，它看起来很满足"。在人类的表达习惯中，主语在语境中的优先级会高于宾语，大部分时候这是成立的。但语境优先顺序算是一个约定俗成的弱指向，一旦出现强指向的信号，语境中的优先级就是次要的了。比如常识明显指向某个对象时，我们修改上面的例子为"猫吃了一条鱼，它身上有很多坚硬的鳞片"，这个时候"它"显然指向那条鱼。

三、语境记忆——碎片信息关系的补全

我们先来看一个例子，"他昨天一个晚上没睡，眼中都是血丝。早上，他带着疲惫的身躯去教室上课，学生们感觉他看上去很虚弱"。在这个例子中，表达者陈述了 4 个事件，从字面上看它们是独立的。但因为常识，我们知道这四个事件是有因果层的关联的。这些关系是表达者想要表达的，表达者也预期了尽管没有明确的关系指向，听者自己会利用常识发现这些关系。第一个事件"他昨天一晚没睡"是后面三个事件的原因。人类在阅读或是听对方讲话的时候如果稍微加以注意，就能够发现这些信息之间的关系。

我们需要让 AI 就每次正转录获得的事件考察和语境中相关的事件的因果关系，并在语境中保存这个因果关系。

我们需要补全的关系不仅仅是事件之间的关系，还需要补全其他内蕴的关系。看下面这些例子："我走进一个房间，墙上挂着一幅壁画。""这是一个很大的鱼缸，一只幼年的鲨鱼快速游弋……""女孩很精致，眼睛是蓝色的……"从第一个例子中，我们知道墙是这个房间的墙，从第二个例子中，我们知道鲨鱼就是在那个很大的鱼缸中，从第三个例子中，我们知道眼睛是那个女孩的眼睛。当听者对一个对象的相对关系有好奇的时候，就会去语境中寻找可能具有此相对关系的内容。

相关的实验包括：让 AI 具备需要的因果层知识的常识，创造表达包含若干事件，事件之间具有因果关系，但不在表达中点明。考察 AI 是否能识别到背后的因果关系，具体参考实验 9.1。

四、不严格逻辑能力

人类身上存在严格逻辑的能力，也存在不严格逻辑的能力。在严格逻辑中，每个概念都力求像数学定义那样精确完整，所有运算都有明确定义域，都有确定的输出，所有的概念的语言表达在词性的使用、语法结构上都是精确的；在不严格逻辑中，概念的定义只求"意向"正确，运算可以利用不精确的"意向"信息，概念的语言表达可以忽略词性，在语法结构上随意，追求"刚好足够指向，不引起误解就好"。我们会发现对于大部分人而言，严格逻辑在思维中的比例是极低的：我们掌握的大部分词汇对应的概念，我们从来没有学习过其精准的定义；尽管概念没有被精确定义过，但却不影响我们的日常思维和沟通；我们的逻辑思维较大比例是建立在意向层的运算；即使表达是不严格、不精确的，我们也能从不严格、不精确的表达中获得语义。

其次，严格逻辑能力和不严格逻辑能力在机制层面不是割裂的。为实现不严格逻辑能力，我们效仿人类所构建的机制，可以用来实现严格逻辑能力。反过来则不行。接下来我们就围绕着"不严格逻辑能力"和核心概念"意向"，来构建 AI 自然语言上的"不严格语言逻辑"。

五、意向的印象

很多时候我们并不需要掌握一个词的精确定义就能够使用它，事实上，在人的脑海中词所对应的概念几乎很少是被精确定义的，尤其是那些抽象的概念。一个人脑中的"文化 c"和另外一个人脑中的"文化"是不完全相同的，但语言沟通却能够让不同个体的此类概念趋于同化。这种同化很少发生在严格的定义层，当然我们会用一个定义去规范一群人对一个概念的理解，比如"文化就是群体体现出某种共同坚持，可以是观念或是活动"。大部分情况下我们不需要这种严格的定义就可以在沟通中在意向层同化一个概念相关的意向。

我们来看这种不精确的定义概念的方式。小香槟问"排山倒海什么意思啊，爸爸？"爸爸说"就是很大很有气势啊"。当儿童问一个他们不知道概念的词的时候，我们总是用一个儿童可能知道的概念去描述它。对于人类儿童而言，如果自己不熟悉用来描述的概念，有可能会继续追问，比如小香槟追问道"什么是有气势啊"。这个过程，对于儿童而言，并不是用已知的概念去定义了新概念，而是用已知概念的意向形成了新概念拥有意向的印象。

在上面的例子中，我们说我们赋予了排山倒海"大"的意向，"有气势"的意向。一个概念可能拥有若干个概念的意向，人类在形成上面这种定义描述的表达时，并不是去搜索了在意向上等同包含或被包含于目标概念的概念，而是以一种非常随意的方式寻找了在意向上有重叠，且比较接近的概念。虽然我们寻找用以定义描述目标概念的概念只是和目标概念有部分意向重叠，但如果用足够多的概念去"意向描述之"，那么概念应有的意向就会在许多不精确的定义下因为重复而凸显出来。

所以，其一，用另外一个概念不精确地描述定义目标概念，实际的效果是形成了一个概念拥有意向的印象，多次印象冲击会让概念应有的意向凸显；其次，作为每个独立个体，保存的概念意向就是这种不精确形式，有点像是一个总的比重在许多意向上的分布，只是我们会把强度高的意向视为这个概念的定义意向。

六、根源意向和意向空间

我们教授一个幼儿词汇的时候，实质上是在用幼儿已经熟悉的概念去赋予不熟悉的概念以意向。那么熟悉的概念的意向是怎么来的，也许曾经以同样的方式被赋予。但这样的追溯不会无止境进行下去，所以必定有些概念的意向不再是通过被其他概念所定义，我们称之为根源性概念或者根源意向。那么根源概念又如何被定义呢？ "We can't create something from nothing"，同样我们也无法 "define something from nothing"。

前面我们讨论过，人类先天能分辨意识流中的信息，这种分辨就是先天概念的起源。儿童天生有痛的概念，这是意识流中可以分辨的信息。当一个儿童撞到头，产生了痛觉的时候，你问"是不是很痛",这就是儿童学习把"痛"这个词对应到"痛"这种感受的起点。所以"痛"作为一个根源性概念是被先天定义的。

当我们把人类智能系统先天的对意识流中出现的信息的分辨能力进行分类,也就得到了原始的意向空间。在本章附录中我们进行了一个简单分类供参考。这边要着重讨论几点:

原始的概念在意向空间不是正交的,也就是每个先天概念可能在意向层面和另外一个先天概念有重叠的部分。比如"暗"和"抑郁"在意向上有重合,"亢奋"和"热"在意向上有重合,"纯净"和"白"在意向上有重合。这种重合本身不是先天的,当然我们会感觉是先天的,这是因为客观世界的规律让这些概念间存在因果关联,而很多关系在人类儿童时期被察觉,比如儿童会发现在昏暗的环境里情绪就容易低落,自己亢奋的时候身体就感到热,这些规律促使先天概念产生了意向上的关联重叠。我们把因果关系导致的先天概念之间在意向层的关联称之为象征。

我们可以赋予 AI 如同人类那样概念之间象征的机制,但很多早期的象征来自对客观世界规律的感知,而且很多规律知识是无法替代人类的切身体验的。比如特别恐惧黑暗的儿童会建立"黑暗"和"恐惧"之间很强的象征,这个很强的象征来自于很强的感受;而一条知识"黑暗导致人恐惧"会淹没在很多知识中,AI 并不知道重点。所以工程上,为了让我们要搭建的原型机能够顺利冷启动,我们会先天定义原始概念之间的象征。

>>> **Topic:根源性概念的语言同步**

概念的"语言同步"是说每个人脑海中"词—概念节点—概念定义"的对应基本是一致的。我们可以用一个概念定义另外一个概念,只要用以定义的概念是语言同步的,那么被定义的概念通过定义也可以是语言同步的。但我们知道,必定有概念不再被其他概念定义,也就是我们说的根源性概念。根源性概念如何做到语言同步呢?

根源性概念语言之所以能同步,是因为每个人类个体基本是同个模子创造的"生物机器",都会在极为相似的条件下感觉到痛、痒、冷、热,对物体的颜色、大小、长短、轻重都有近乎相同的分辨逻辑。按照这个同理假设,一个人能够猜想出对方在特定情境下的感受。如果一个人把感受用词汇表达出来,听的人如果猜到他所表达的感受,就能让那些根源性概念的语言(词汇)同步。

七、意向的作用

前面我们引入并讨论意向相关的概念,接下来我们概括一下意向发挥作用的地方:

1. 文章重点的把握。人类往往会通过案例、评论重复加强一个信息,但每个表达都产生意向层的印象冲击。比如要强调一个人正直的品性,我们可能会举案例表达他坚持原则,不贪便宜,不耍手腕,光明磊落。在意向层面,我们能观察到某些意向的一次次增强。

2. 联想起可以发挥作用的知识。人类的表述使用概念是不精确的,而如果知识是不精确的,就会对正常统辖检测造成影响,导致知识无法被运用在该用的地方。通过一个概念的意向，我们就能够找到在意向层相关的知识，并使用它。

3. 创造比喻。比喻即表达的时候会使用意向距离相近的概念，而忽略这个概念正常使用的范围。比如"他们的热情被浇灭了"，浇灭是描述水灭火的，因为热情和火都有"热"的意向，所以消灭热情使用"浇灭"就让人感觉很形象。

4. 听懂比喻。比喻的存在是对严格正转录的巨大障碍。正转录中只要识别到概念不符合范围的使用，就会考虑比喻的可能。我们会忽略概念的精确定义，只考虑其符合语境的意向。

八、意向的获得

总结一下，概念的意向有几种获得方式。

其一，概念对应的词汇是词组，那么能继承用来组词的词对应的概念的意向。比如节俭，这里面就有节制的意向，有简朴的意向。

其二，根据他人使用词汇的事件语境，习得某一词汇的事件意向。个体会把关注的语境意向，和这个词对应的概念建立联系。比如小香槟每次在兴奋的时候摔倒时，爸爸都会说"看吧，乐极生悲了"，（前置状态＝兴奋，后置状态＝哭）和乐极生悲建立联系。

其三，根据某个体相关事件中他人使用的词汇，习得某一词汇个体属性意向。我们会把观察到的个体相关意向和这个词对应概念建立联系。比如小香槟观察到一旦一个小朋友拒绝把玩具分给另外一个小朋友玩，或是拒绝把好吃的给另外一个小朋友吃，就会被说小气，所以建立了（对象＝拒绝给他人自己的玩具／食物）——（对象＝小气）。

九、比喻

比喻可以是显在的，比如"她的心像天空那么纯净"，这个就是一个显在的比喻，当中有"像天空"这样明确的类比指向，把心类比为天空；比喻也可以是隐性的，比如"他们的热情很快被浇灭"一句中，把实际上热情的被消灭，类比为"火被浇灭"，因为火被浇灭有一种"被消灭"的意向。显在和隐性的比喻背后的表达信息单元是一样的，只是表达方式不同而已。比如后面一句改成"他们的热情如同火被浇灭了"就变成了显在的比喻。

首先，当试图去表达对象属性的时候，尤其想要表达这个属性的程度，我们会找到拥有相同意向的属性，且具有同样程度的对象进行比喻，比如"她的心像天空那么纯净"。其次，我们在表达对象的某种意向的时候可以直接用具有这个意向的词汇，虽然这个词汇可能是用来形容其他对象的这个意向的。

十、阅读

讨论了语境和意向表达之后，我们已经克服了最后两个理解简单大段文字的困难。

大段文字包含了很多的信息。人类在组织大段文字表达的时候，使这些信息孤立存在的，而是蕴含了内在的联系。这些联系反映了信息在表达者大脑中的组织状况，什么信息是核心，主线的逻辑是什么，这些逻辑被什么信息支持，能够推演出什么信息，等等，这些联系是人类能够熟练使用某一成片的信息的原因。所以阅读大段文字，能理解记忆局部片段信息只是一部分，更重要的是识别并建立这些局部信息的联系。

实现 AI 对大段文字的理解的机制，最大的意义是赋予 AI 阅读人类书籍的能力。人类最完整最系统的知识记录在书籍中，让 AI 能像人类阅读书籍那样从人类的书本摄取知识决定了 AI 继承人类已有知识的效率。

一个良好组织的大段文字有自己的主线逻辑，零散的信息被用来支持主线的逻辑。AI 的任务是在阅读中识别并储存文章主要表达的信息片段和它们之间的关联，也就是主线信息，以及碎片信息和主线信息的关联，如此一本书每个局部的信息是被良好组织记录的。这为 AI 有条理地复述一本书的信息，以及高效地运用此领域的信息创造了条件。

对于第一代原型机，我们把人类大段的文本分为五类：以场景描述为核心的文本，以对象描述为核心的文本，以事件描述为核心的文本，以支持特定观点为核心的文本，以知识层描述为核心的文本。

接下来对人类表达的信息进行分类，考察人类在摄取某类表达信息时会理解的内容，这些也是我们对 AI 的要求，在逐句读入信息的时候，就在对摄取的信息进行整理，这正是我们在语境的建立中需要完成的内容。这里我们讨论四类表达——场景表述、事件描述、对象描述、事件评论。人类的大段表达很少是单纯的，至少这四类表达内容可能相互嵌套重叠。我们把第一代原型机在理解大段表达内容的闭环搭建在这四类表达上。

十一、场景描述、事件描述、对象描述、事件评论

场景描述就是以空间描述为核心描述一个场景，包含了每个对象在空间中的位置，它们之间的相对位置；可以嵌入描述某个对象的属性。AI 需要在语境中记录场景的空间位置，是一个房间、公园还是街道；需要记录场景中的对象以及它们在场景中的空间位置；或是记录对象和其他对象的相对位置关系；需要记录这些对象的属性、行为；需要记录场景在某个时间发生的事件。这些场景信息让 AI 能够在想象中重构一个场景，能够让 AI 基于某个既定的表达反应模式来描述这个场景。我们会在实验中给 AI 阅读一大段场景描述的文字，AI 需要储存以上这些信息，然后描述这个场景，在人类可回答的范围内回答与这个场景相关的提问。

事件描述就是以某个时段或活动作为大的事件发生的背景描述期间发生的事件。AI 需要在语境中记录背景事件的时间和地点，然后记录背景事件包含的事件，比如昨天去动物园，参加一场比赛等，这些都可以作为背景事件。AI 需要记录描述的事件之间的包含关系，相互导致的关系。以上这些都是事件信息间的关系。接下来 AI 需要记录一个事件发生的具体空间，事件参与的具体对象，每个对象的行为、反应、属性。AI 能够在时空中重构这些信息，演绎这一系列事件，并按既有的表达反应模式，描述这个事件。我们会在实验中给 AI 阅读一大段背景事件中发生的一系列事件的描述的文字，AI 需要储存以上这些信息，然后有条理地复述这些事件；我们可以询问其中的某个事件，AI 能够通过这个事件的时间、地点、原因、后果，以及参与的具体对象，每个对象的行为、反应、属性去描述任意一个事件。

对象描述就是以某个对象为核心描述这个对象在某个时间的属性、行为、参与的活动等信息。AI 需要在语境中记录正在描述的对象在某个时空坐标的属性、行为、活动，以及和其他对象的关系。除此之外需要延伸地记录这些属性、行为、活动的原因和导致的后果，行为、活动反应的对象属性。这些就是可能存在的关于一个具体对象的信息。我们会在实验中给 AI 阅读一大段对象描述的文字，AI 需要储存以上这些信息，然后给测试者介绍这个人。

事件评论是指就一事件为核心表达这个事件包含的内容，和事件的原因、后果、反应的其他事件，以及从具体事件的以上这些信息中抽象出的背后的规律，这些规律也是我们评论的实体内容。AI 需要在语境中记录事件及事件包含的内容，这些信息可以视为第二类的事件描述。然后记录事件导致的后果、事件的原因，记录表达者如何从已知的事件进行相关事件的推知，记录表达者表达的抽象层的事件规律，以及如何对应到具体事件相关内容。这些文字信息反映了就一个事件形成的思维。我们会在实验中给 AI 阅读一大段事件评论的文字，AI 需要储存以上这些信息，然后能够陈述已经发生的事件并推演出相关的其他事件，陈述这些事件信息隐含的抽象的规律。

十二、多次处理

一段表达信息逐句摄入的时候，我们会逐句处理这些信息，从一段话的开头到结束的信息处理过程称之为单次处理。单次处理后，我们的长期记忆和语境记忆都发生了改变，这个时候如果重新从头再逐句处理一次，则称为二次处理；同理也有多次处理。在阅读中，人类进行多次处理是非常常见的，也就是我们说的重复阅读。对于讲话信息，人类难以精确地记录，但可以抓住一些片段信息，重新考察这些片段信息，在这个过程中人类也可以进一步消化听到的大段的讲话。

我们都有这样的经历：当我们重复读一篇文章时，每次都能获得新的信息。这意味着我们消化一篇文章，并非一个流程就完成消化的。我们读第一遍文章时，能够形成主干的信息和每个细节信息片段；第二次读，我们就能找到细节信息片段和主干信息的联系。在第一次处理中，一次性获得主干信息且获得细节信息和主干信息的关系是有难度的，除非对方的表达非常清晰。表达顺序的混乱，使用概念的不精确都会影响单次信息的处理深度。这里强调的是多次处理对理解人类表达信息的意义。

对于多次处理，我们可以看到 AI 的优势，比如听到或看到一大段表达，AI 可以利用记忆和运算的优势，在第一次处理时记忆所有片段信息，然后多次重复处理这段语言信息，所以就能在一秒内完成人类数次重复阅读创造的效果。而同样的多次处理的方式运用在听一堂课，或是听一大段讲话上，就会在一定维度上体现出超越人类的理解能力。

十三、本章小结

1. 无论是对话还是阅读，自然语言信息总是一个片段一个片段地被摄入的。之前的讨论只是赋予 AI 读懂局部片段信息的能力，但这是不够的。

2. 人类在组织表达的时候选择的是一个领域成片的信息，尽管每个表达信息单元只能表达局部的信息，但这些局部信息相互关联，语境记忆正是每个局部表达信息相互联系所依赖的。

3. 我们会在语境中记录之前表达过的对象、属性、事件，从而每个局部表达不需要对这些信息进行重复描述，只需要指向就可以引用它们，陈述它们和其他局部信息的关系。

4. 顺序表达本身就是指向。如果前置事件是后置事件可能的原因（也就是被已有的知识所解释），顺序表达出来时就默认是在陈述前置事件导致了后置事件，所以可以利用因果型的知识去建立局部事件信息的联系。我们会把这些补全的联系记录在语境和记忆中。

5. 人类身上有严格逻辑能力，也有不严格逻辑的能力，几乎所有人都有不严格逻辑能力，而只有经过训练的人才会有严格逻辑能力。也就是说后者蕴含了前者，可以发展出前者。

6. 在严格逻辑中，每个概念都力求如数学定义那样精确完整，所有运算都有明确的定义域，都有确定的输出，所有的概念的语言表达在词性的使用、语法结构上都是精确的；在不严格逻辑中，概念的定义只求"意向"正确，运算可以利用不精确的"意向"信息，概念的语言表达可以忽略词性，在语法结构上随意，追求"刚好足够指向，不引起误解就好"。

7. 不严格逻辑能力很重要的来源就是意向。每个概念有其包含的意向，人类不需要掌握概念精准的定义，仅仅知道它的意向就能够创造以归纳演绎为核心的逻辑思维，只需要知道一个词的意向和词性就能准确地在表达中使用。

8. 成年人在教授儿童词义的时候会用随意的描述，而儿童就会把描述中附带的意向作为新词对应概念包含的意向，这个过程形成了"意向印象"。和所有印象模型一样，每个意向的印象会在每次被指向时积累频次，如此概念的真实意向就会逐渐显现出来。我们的确看到儿童刚刚使用一个概念时可能就掌握了词义的某个意向，之后掌握的此词义的意向越来越精确。

9. 意向在概念的相互定义中从定义者复制传导给被定义者。当我们追溯最早的意向，我们会发现意向来自于人类的感受，其原始的形态是人的全局情绪和指向性情绪。象征机制建立不同意向之间的相互联系。比如灰暗倾向引发抑郁的情绪，那么灰暗的意向和抑郁的意向就是相互包含的。

10. 意向形成了人类自然语言表达的一个共有特征——比喻。比喻，简单而言就是以概念之意向作为使用概念的原则，从而突破了概念固有的使用边界。

11. 大段文字包含了很多的信息，人类在组织大段文字表达的时候，使这些信息不是孤立存在的，而是蕴含了内在的联系，这些联系反映了信息在表达者大脑中的组织状况。

12. 一个良好组织的大段文字有自己的主线的逻辑，零散的信息被用来支持主线的逻辑。AI 的任务是在阅读中识别并储存文章主要表达的信息片段和它们之间的关联，也就是主线信息，以及碎片信息和主线信息的关联，如此一本书每个局部的信息是被良好组织记录的。

13. 因为记忆参与了阅读过程，决定了大段文字的理解。而第一次阅读改变了记忆状态，所以第二次阅读就有可能会获得新的内容，人类的多次阅读是有价值的。而 AI 的优势在于能够集中运算资源瞬间完成对大段信息的多次阅读。

十四、实验测试

实验 9.1a

难度：2

描述：这个实验考察 AI 是否能发现大段表达中事件间隐含的因果关系。

测试模块：模块 9.1a、模块 9.1b

需要支持功能：基础应答反射、自然语言正转录、基础逻辑思维

数据准备：自然语言输入知识"人一晚没睡会导致眼睛充满血丝"。

测试流程：

Tester：他昨天一个晚上没睡，眼中都是血丝。

Tester：你认为他为什么眼中都是血丝？

AI：因为他昨天一晚上没睡。

实验 9.1b

难度：3

描述：这个实验考察 AI 是否能发现大段表达中事件间隐含的因果关系。这个例子需要二次演绎才能找到相关的因果联系。

测试模块：模块 9.1a、模块 9.1b

需要支持功能：基础应答反射、自然语言正转录、基础逻辑思维

测试准备：自然语言输入知识"人一晚没睡就会很虚弱，人一晚没睡会导致眼睛充满血

丝，人一晚没睡会导致疲惫，人如果很虚弱就会被其他人看出来很虚弱，眼睛充满血丝会被边上的人察觉"。

测试流程：

Tester：他昨天一个晚上没睡，眼中都是血丝。早上，他带着疲惫的身躯去教室上课，学生们感觉他看上去很虚弱。

Tester：你认为学生们为什么感觉他看上去很虚弱？

AI：因为他一晚没睡，所以很虚弱，而且他眼里面充满血丝。

实验 9.2a 利用意向形容场景

难度：2

描述：测试者描述一个场景，让 AI 用一个词去形容。

测试模块：模块 9.4a、模块 9.4b、模块 9.4c

需要支持功能：基础应答反射、自然语言正转录

测试准备：赋予"万人"大的意向，"冲"有气势的意向，赋予"排山倒海"大、有气势的意向。

测试流程：

Tester：数万人从山坡上冲下来了，用词汇描述这个场景。

AI：排山倒海。

实验 9.2b 利用意向和词性去造句

难度：3

描述：这个实验考察 AI 是否能根据一个词的意向和词性去造句。

测试模块：模块 9.4a、模块 9.4b、模块 9.4c

需要支持功能：基础应答反射、自然语言正转录、想象能力

测试准备：赋予"排山倒海"大、有气势的意向，赋予"暴雨"大、有气势的意向。

测试流程：

Tester：描述一个可以用排山倒海来形容的场景。

AI：天开始下暴雨，排山倒海。

实验 9.2c 场景意向识别

难度：3

描述：这个实验考察 AI 对大段场景描述的意向的识别能力。

测试模块：模块 9.4a、模块 9.4b、模块 9.4c

需要支持功能：基础应答反射、自然语言正转录

测试准备：自然语言输入知识"很少在有太阳的情况下下雪""人很少在公共场合热吻"。

测试流程：

Tester：黄昏的太阳斜射在大地上，天上却飘着雪花，我们停在了路中间的隔离带，热吻起来。周围的车川流不息。

Tester：这个场景给你什么样的感受？

AI：我感受到突破边界，感受到非常规。

实验9.3a

难度：3

描述：在这个实验中，AI被要求从具体事件序列中识别出事件序列特征对应的意向，从而实现对表达在事件序列意向层的总结。

测试功能：事件序列意向特征识别

需要支持功能：基础应答反射、自然语言正转录

测试准备：自然语言输入定义"A做行为1后B也做行为1，B向A学习"。

测试流程：

Tester：沃尔玛的竞争对手斯特林商店开始采用金属货架以代替木质货架后，沃尔顿先生立刻也请人制作了金属货架，替换自己超市中的木质货架。

Tester：在抽象层总结一下上面这段话。

AI：沃尔顿学习竞争者。

实验9.3b

难度：3

描述：在这个实验中，AI被要求从具体事件序列中识别出事件序列特征对应的意向。

测试功能：事件序列意向特征识别

需要支持功能：基础应答反射、自然语言正转录

测试准备：自然语言输入定义"A做行为1后B也做行为1，B向A学习""人1学习人2，超越人2，意向A反超B"。

测试流程：

Tester：沃尔玛的竞争对手斯特林商店开始采用金属货架以代替木质货架后，沃尔顿先生立刻请人制作了更漂亮的金属货架，并成为全美第一家百分百用金属货架的杂货商店。

Tester：这句话反映了什么？

AI：沃尔玛学习竞争者，而且做得更彻底。

实验测试9.4a 比喻

难度：2

描述：在这个实验中，AI需要通过理解一个属性的比喻来获得具体对象的属性信息。

测试功能：比喻的理解

需要支持功能：基础应答反射、自然语言正转录

测试准备：事先习得"碧玉"的特征。

测试流程：

Tester：她的皮肤如同碧玉。

Tester：以下什么属性可能符合她的皮肤的特征：粗糙、没有瑕疵、光滑、肤色暗没有光泽？

AI：没有瑕疵、光滑。

实验 9.4b 比喻

难度：2

描述：在这个实验中，AI 需要通过理解一个属性程度的比喻来获得具体对象的属性程度信息。

测试功能：比喻的理解

需要支持功能：基础应答反射、自然语言正转录

测试流程：

Tester：他的智慧如同大海一样深邃，他的热情如同熊熊燃烧的火焰。

Tester：描述他的智慧。

AI：他有很多智慧。

Tester：描述他的热情。

AI：他非常热情。

Remark：人类会把属性对象化来进行进一步修饰，实际上所谓属性对象化的实质是表达的指向，指向一个属性，然后用具有同样意向的对象进行修饰，是表达的一种方式。

实验 9.4c 比喻

难度：2

描述：在这个实验中，AI 需要通过理解一个行为效果的比喻来获得具体对象状态变化的信息。

测试功能：比喻的理解

需要支持功能：基础应答反射、自然语言正转录

测试流程：

Tester：尝试理解这一段话，"他们开始夜以继日地努力工作，但他们的热情很快被冷酷的现实无情浇灭了"。

Tester：在这段文字中，他们的奋斗是否有持续？

AI：没有。

Tester：为什么没有持续？

AI：因为冷酷的现实。

实验 9.4d 比喻

难度：3

描述：在这个实验中，AI 需要通过理解一个事件关系层的比喻来获得具体事件关系层的信息。

测试功能：比喻的理解

需要支持功能：基础应答反射、自然语言正转录

测试流程：

Tester：阅读这一段话，"Mike 的愤怒如同燃烧的火焰点燃了来示威的其他人，Mike 的疯狂如同病毒，传播给了一大群年轻人"。

Tester：谁把愤怒的情绪传递给了示威的人？

AI：Mike

Tester：示威的人的愤怒情绪怎么来的 / 什么导致了示威的人的愤怒情绪？

AI：Mike 的愤怒传染了他们。

Remark：点燃有这样的意向，因为一个对象的属性导致，其他对象也有这样的属性。

实验 9.5a 场景理解

难度：4

描述：在这个实验中，AI 先阅读一段文字，是对一个场景的描述，然后被要求描述这个场景。AI 需要通过描述形成对空间布局（对象相对位置）、对象特征的记忆，然后按照既定的描述反应模式输出文字信息。之后我们会询问场景中相关的对象，AI 需要输出和这个对象相关的场景信息。

测试功能：大段文字理解、模块 9.2a

需要支持功能：基础应答反射、自然语言正转录、大段表达组织

测试流程：

输入文本：我打开门，走进了房间，这个房间很大，墙上挂着燃烧的火把，地板是用大理石铺成的，房间空荡荡的，中央摆着一张巨大的书桌，书桌上放着一把猎枪，书桌边的地上散落着许多子弹。

Tester：描述一下那个桌上放着猎枪的房间。

AI 能够输出正确的对空间的描述。

Tester：再描述一下里面的桌子。

AI 能够输出所有和桌子相关的信息。

实验 9.5b 事件理解

难度：4

描述：在这个实验中，AI 先阅读一段文字，是对一个一系列事件的描述，然后被要求描述这一系列事件。AI 需要通过描述形成对事件时间布局的记忆，以及事件的包含关系，发现事件的因果关联，按照既定的描述反应模式输出文字信息。之后我们会询问其中的某个事件，AI 需要通过包含关系，找到这个事件包含的事件，输出和这个事件相关的信息。

测试功能：大段文字理解

需要支持功能：基础应答反射、自然语言正转录、大段表达组织

测试流程：

输入文本：早上我和爸爸妈妈去极地海洋馆，我们看了好多动物，上午我们看了鲸鱼表演、海狮表演，海狮表演的时候有一只海狮居然生了一只宝宝。中午也在里面吃饭，爸爸吃了两个汉堡，妈妈给我买了棉花糖和冰淇淋。下午的时候，爸爸丢了一个鸡腿到食人鱼的地方，好多食人鱼都来抢食，特别壮观，边上的饲养员看到很多鱼绕着一个东西都搞不清楚怎么回事，过了不久就剩下一个骨头了。到了太阳下山的时候，我们就回去了。

Tester：你说说小香槟昨天去极地海洋馆玩的事。

AI 能够输出正确的对事件系列的描述。

Tester：具体讲讲爸爸丢鸡腿给食人鱼吃的事情。

AI 能够输出和这个事件相关的信息，至少包含以下这些要素：（1）事件发生的时间；（2）爸爸的行为；（3）鱼的反应；（4）鸡腿的结果；（5）饲养员的反应。

实验 9.5c 人物描述理解

难度：4

描述：在这个实验中，AI 先阅读一段文字，是对一个对象的描述，然后被要求描述这个对象。AI 需要通过描述形成对对象时间、事件、时间属性的记忆，发现事件的因果关联。按照既定的描述反应模式输出文字信息。之后我们会询问其中的某个时段，AI 需要通过时段，找到这个对象这个时段的相关信息并陈述出来。

测试功能：大段文字理解、模块 9.2b

需要支持功能：基础应答反射、自然语言正转录、大段表达组织

测试流程：

输入文本：Peter 小时候就很喜欢科学，小学的时候就获得过好多自然科学的奖项，那个时候每个周末他都会带其他小朋友去山上探险，有一次还探索了一片墓地。到了初中和高中，因为学业繁忙，Peter 就没有时间出去探险了，但期间他看了好多自然科学的书籍，掌握了大量天文和生物学的知识。到了大学，Peter 招募了一些伙伴一起造炸弹，造飞机。Peter 投入人工智能的工作是在研究生期间，那时他遇到了一个 CMU 教 AI 的老教授，和他成为好朋友，受他的影响进入了 AI 领域。

Tester：你说说 Peter 的科学相关经历。

AI 能够按照既定的时间顺序，输出正确的对对象事件的描述。

Tester：具体讲讲 Peter 小学时候的科学活动。

AI 能够输出 Peter 小学时候的科学活动相关信息。

实验 9.5d 事件评论理解

难度：4

描述：在这个实验中，AI 先阅读一段文字，是对一个事件的评论，然后被要求讲述对此事件的看法。按照既定的描述反应模式输出文字信息。

测试功能：大段文字理解

需要支持功能：基础应答反射、自然语言正转录、大段表达组织

测试流程：

输入文本：新型冠状病毒于 2019 年 12 月在中国武汉出现，半年的时间导致了全球近 50 万人的死亡，接近 1000 万人感染。这个事件让我们看到人类文明的脆弱，人类文明的强大仅仅存在于社会正常运行的情况下，一旦有因素让社会无法正常运转，各种问题会接踵而至。病毒感染的人数只占人口的一个小比例，但为了控制疫情，进行的隔离几乎让所有人的工作都受到不同程度的影响，经济快速衰退，失业暴增，犯罪率不断提高。

Tester：讲讲你对新型冠状病毒的看法。

AI 能够输出对事件的看法，包含了事件的起点、导致的各种后果、事件反应的结论。

十五、模块列表

模块 9.1a

描述：当意识流中出现一个隶属于某个语境的事件信息的时候，（1）考察这个事件是否是已知事件的推知事件；（2）用这个事件推知很可能的原因、结果或意味的事件；（3）检测这个事件和语境中已有事件的因果相关性。

隶属功能大类：自然语言转录

输入：意识流中事件 A

逻辑机制：

1.在语境的推知事件集合中判断事件 A 是否是其中事件的子类。如果是某个推知事件的子类，我们就可以删去语境中（事件＝事件 B*，类型＝推知）的事件标签，在语境中增加事件 A 和事件 B* 的频次强度。

2.调用模块 9.1c，输出事件 A 非常可能的原因、结果或意味的事件，但标注为推知。

3.读取语境中最近出现的 10 个事件类型的信息 Bi，分别调用模块 9.1b 考察事件 A 和

事件 Bi 的因果相关性，并把发现的因果相关性输出到语境，同时增加事件 A 和事件 Bi 频次强度。

Remark 1：第 1 条和第 3 条强度增加的机制导致这样的后果——如果一个事件多次参与到描述其他事件的事件关系中，这个对象显然是事件关系的核心事件。那么它的频次强度就会很高，我们就能够通过频次强度找到这个事件关系中的核心事件。

Remark 2：在这样的机制下，假设一篇评论类型的文章，其中包含一个主要的因果链条，以及这个因果链条事件和其他事件的关系，那么这个因果链条中的事件就会有很高的强度，由此我们就能找回这个核心的因果链条。而这个结构能够创造对这篇文章有条理的复述。

模块 9.1b

描述：这个模块读取两个具体事件判断是否存在因果相关性。

隶属功能大类：自然语言转录

输入：广义事件 A、广义事件 B

逻辑机制：

1.读取广义事件 A，在因果知识组织的事件类集合中，就事件 A 在其中进行统辖搜索，找到所有统辖事件 A 的知识。

2.然后在上面找到的知识中，逐条寻找知识组织的另外一部分事件是否是广义事件 B 的母类。

3.如果是，则找到一条组织广义事件 A 和广义事件 B 的知识，增加找到知识的频次强度。

4.输出语境找到的类似（事件＝事件 A，创造＝事件 B）子类的具体事件层的因果关系信息。

模块 9.1c

描述：这个模块读取一个具体事件，通过因果层的知识，输出其很可能因果相关的事件。

隶属功能大类：自然语言转录

输入：广义事件 A

逻辑机制：

1.读取广义事件 A，在因果知识组织的事件类集合中，就事件 A 在其中进行统辖搜索，找到所有统辖事件 A 的知识。

2.选择那些频次强度超过阈值的知识。（频次强度超过阈值意味着这个知识是经常出现的）

3.演绎出因果知识的另外一部分的事件，事件 B*，把（事件＝事件 A，创造＝事件 B*）写入语境。当然事件 B 在语境中需要进行类型标注（事件＝事件 B*，类型＝推知）。

模块 9.2a 语境信息记录

描述：当意识流中出现一个隶属于某个语境的空间关系信息的时候，在语境中记录这个空间关系。

隶属功能大类：自然语言转录

输入：意识流中空间关系信息

逻辑机制：

1. 在语境中记录这个空间关系信息。

2. 涉及的空间中的对象在语境中的频次强度 +1。

3. 空间关系的频次强度 +1。

Remark：第 2 条强度增加的机制导致这样的后果——如果一个对象总是被用来描述和其他空间中对象的位置关系，这个对象显然处在这个场景描述信息的核心位置。那么它的频次强度就会很高，我们就能够通过频次强度找到空间描述中的核心对象。

模块 9.2b 语境信息记录

描述：当意识流中出现一个隶属于某个语境的对象属性信息的时候。在语境中记录这个对象属性。

隶属功能大类：自然语言转录

输入：意识流中对象属性信息

逻辑机制：

1. 在语境中记录这个对象属性。

2. 对象在语境中的频次强度 +1。

3. 对象属性在语境中的频次强度 +1。

Remark：第 2 条强度增加的机制导致这样的后果——如果一个对象的各类属性被多次描述，这个对象显然是一个被着重描述。那么它的频次强度就会很高，我们就能够通过频次强度找到着重被描述的对象。

模块 9.3

描述：这个模块读取两个具体事件判断是否存在意向层面的因果相关性

隶属功能大类：自然语言转录

输入：广义事件 A、广义事件 B

逻辑机制：

1. 读取广义事件 A，在意向类因果知识组织的事件类集合中，就事件 A 在其中进行意向统辖搜索，找到所有统辖事件 A 的知识。

2. 然后在上面找到的知识中，逐条寻找知识组织的另外一部分事件是否是广义事件 B 意向层的母类。

3.如果是，则找到一条组织广义事件 A 和广义事件 B 的意向层的知识，增加找到知识的频次强度。

4.输出找到的［事件＝事件 A，创造（意向）＝事件 B］子类的具体事件层的因果关系信息。

模块 9.4a

描述：这个模块计算两个概念之间的意向向量的相似得分。

隶属功能大类：自然语言转录

输入：概念 A、概念 B

输出：概念 A 和概念 B 意向相关的相似得分

逻辑机制：

1.调用模块 9.4b 找到概念 A 和概念 B 的意向向量，意向向量 A（a1、a2……）、意向向量 B（b1、b2……）。

2.调用模块 9.4c 计算意向向量 A 和意向向量 B 的相似得分。

模块 9.4b

描述：这个模块输出一个概念的意向向量。

隶属功能大类：自然语言转录

逻辑机制：

1.去记忆中查找概念 A 的意向构成，并输出直接相关的概念。

2.就这些概念继续查找意向构成，保留那些无法继续向下追溯的概念作为意向向量的一员。

3.如果概念是具有高程度描述的，就把这个高程度描述信息带到每个意向向量中。

模块 9.4c

描述：这个模块计算两个意向向量之间的相似得分。

隶属功能大类：自然语言转录

输入：意向向量 A（a1、a2……）、意向向量 B（b1、b2……）

输出：意向向量 A 和意向向量 B 的相似得分

逻辑机制：

1.去记忆中查找 a1 和每个 bi 的意向相关性，如果是相同的则为 1。

2.如果 a1 和 bi 两个都带有高程度，那么获得的相关性乘以 4 的乘数。

3.把所有这些相关系数相加就是两个意向的相似得分。

十六、附录：原始意向空间的分类

Remark：原始意向来自于人类对意识流中感知信息先天的辨识能力，这边列举了一些常见的原始意向，并进行了简单分类。

1. 属性层的意向。

（1）体感相关。

①冷、暖

②亮、暗

③干燥、潮湿

④安静、嘈杂

⑤空气清新的、空气不清新的

⑥沉重感、轻巧感

⑦疲劳、精力旺盛

⑧疼、痒

⑨视觉清晰、视觉模糊

（2）物体属性。

①形体相关：大的、小的；粗的、细的；长的、短的；圆润的、有棱角的

②质地相关：粗糙的、光滑的；软的、硬的；重的、轻的

③颜色：红、橙、黄、绿……

④气味：香、臭

⑤味道：酸、甜、苦、辣、咸

⑥温度：热的、冷的

（3）全局情绪相关。

①低落、高涨

②愉悦、抑郁

③悲伤、恐惧

④性愉悦

⑤空虚、充实

（4）指向性情绪。

①喜欢、厌恶、爱

②敬、畏、鄙夷

（5）动机相关：努力、懈怠。

（6）数值基础意向：多的、少的。

（7）速度：快的、慢的。

2. 事件层意向。

（1）希望发生、不希望发生。

（2）美的、丑恶的。

（3）正面事件、负面事件。

3. 事件关系层意向。

（1）模仿。

（2）变好、变坏。

4. 行为意向。

（1）接受、拒绝。

（2）趋近、远离。

5. 因果关系意向。

（1）终止、阻止发生。

（2）创造、维持。

第十章　语言的习得 A

一、学习一门语言

学习一门语言归根结底就两件事情：

1. 记住概念在这门语言中对应的词汇。

2. 掌握表达单元信息对应的句子结构。

比如幼儿学习语言需要记住物体的概念对应词汇"球""苹果"等，记住属性的概念对应的词汇"红色""热""轻"等，记住行为概念对应的词汇"打""扔"等。然后幼儿需要掌握一个表达单元信息，对应到怎样的句子结构。比如一个由诸多元素组成的事件是信息的陈述，一个事件信息陈述合法的语法结构为"时间 + 行为施与对象 + 被 + 主语对象 + 行为"。比如按照语法结构生成的语言就为"昨天下午，我被马老师骂了"。

此两者概括了人类学习一门新语言所做的事情。幼儿能够表达词汇和按照语法表达结构信息，接下来就靠语言动机、表达模式组织完成时间轴上的表达、个体间的语言互动。一些复杂单句表达，是因为嵌套而显得复杂，只要个体掌握每个不含嵌套的表达单元信息的语法，那么我们就可以依赖正转录算子和逆转录算子来完成嵌套的解析和嵌套结构的生成。

在工程上，我们为什么不直接给 AI 直接导入词库，导入词与概念对应的信息，输入语法映射，而需要大费周章，去搭建 AI 自己学习的机制呢？

关于为什么要让 AI 自己学习词汇我们在前面讨论过，主要是因为：其一，人类会不断形成新的群体词汇；其二，每个小群体，甚至每个家庭都会形成自己的私有词库。所以人工维护这样的动态变化的词库是不现实的。词汇到概念的对应为什么不初始导入呢？除了概念本身也会不断变化导致人工维护动态变化的对应关系不现实外，还因为概念本身是空的，它只是一个 ID，一个概念在和其他概念的关系和参与组织信息的过程中才变得有意义。所以导入大量词到概念 ID 的映射，不会解决任何问题。那么为什么不直接导入语法映射呢？直观感觉一门语言的语法很有限，有限的仅限于正规表达的语法。我们学习第二门语言的时候就会知道掌握少数的正规语法，距离如同母语居民那样听懂他人的表达还有很远的距离。因为除了正规语法外，还有大量的"不正规语法"那些特殊的表达习惯，每个地方的居民甚至每个人都会有自己的表达习惯，所以唯有赋予 AI 在沟通习得这些语法映射方面的能力，AI 才能做到熟悉每个打交道的群体、个体的表达习惯。

二、空白积累阶段和持续积累阶段

回顾一下前两个章节我们的讨论。我们讨论了"抽象过程"是语法习得的运算的本质，而自然语言正转录和逆转录的过程的核心运算本质上是"演绎"。自然语言语法习得的关键是建立具体的语义结构信息到具体句子结构信息的映射。这样自发的抽象就会生成抽象语义结构信息到抽象句子结构信息的映射，也就是语法映射。

人类自然语言的学习有两个阶段——空白积累阶段和持续积累阶段。空白积累就是婴儿学习一门语言的状态，是没有任何自然语言基础下对自然语言的习得过程；持续积累就是在有一定语言基础时持续学习一门语言的状态。

持续积累阶段语言的习得我们比较容易理解。以下这些习得方式是在 3 岁以上儿童或是学习母语外语言的人身上可以看到的：

首先，如果已有语法映射存在，尽管是不精确的，听者还是有可能猜到表达的语义的。每次正确的猜想，都能够创造具体句子结构信息到语义结构信息的猜想映射，从而为抽象过程收敛到正确的语法映射提供了样本支持。这个过程不仅仅能使智能体快速纠正不正确的语法，还能积累较为具体语义信息的个性化表达的语法，熟悉某一类人群特有表达习惯的语法。

其次，在语言足够支持正常的简单沟通时，智能体就能够通过沟通去习得一门语言：我们能够用它知晓的词义描述或解释它不知道的词，能要求对方重复自己没有听懂的表达，能够通过复述猜想的语义确认自己的理解是否正确，能够询问不理解的词汇，能够对对方就用词不当或是语法错误的纠正表达产生反应。

空白积累阶段则要艰难很多，比如人类幼儿在 1～3 岁时语言的发展是相当缓慢，只有到了持续积累阶段，语言才突飞猛进地发展。空白积累阶段最大的困境在于，如果没有任何语言基础，我们难以建立语义结构信息到句子结构信息的对应。因为个体根本听不懂一个表达——不知道表达的句子结构对应怎样的语义结构。但语法的习得根源于这种对应的形成。为创造具体的语义结构到表达结构的对应需要经历两个阶段。

在第一个阶段，幼儿需要先习得对象和属性层的概念对应怎样的词汇。只要这些概念和对应的语言同时以极高关注度出现在意识流，就可以建立猜想的对应关系。我们在孩子面前晃动一个苹果，不断重复说"苹果"，正是为了让苹果的概念和语言读音同时以高关注度出现在孩子意识流中。形成的猜想可能是错的，但随着时间，正确的猜想频次强度会凸显出来。

在第二个阶段，幼儿能利用先天的语法映射，形成对简单表达背后表达信息单元的猜想。定义在这些表达信息单元上的回应反射，能够获得成年人的反馈，正面反馈意味着猜想是正确的，负面反馈意味着猜想是错误的。正确的猜想为语法抽象形成创造了样本。这个过程语法映射的信息开始成长。其次，幼儿利用先天语法映射创造表达，比如通过按顺序读出一个事件中的元素来表达一个事件，此时成年人猜想幼儿想要表达的语义，用正确的表达去确认。这也创造了具体语义结构和具体句子结构的对应。抽象就能发挥作用，形成语法映射的猜想。

我们可以看到，空白积累阶段需要严格的条件，且形成大量错误的对应，需要在大量样本下才能让正确的对应显现出来，所以空白积累阶段语言习得的进展是非常缓慢的。本章我们讨论"空白积累阶段"的语言习得机制。下一章我们讨论"持续积累阶段"的语言习得机制。

三、词汇的习得

首先，我们要分辨词汇习得和词义习得，词汇习得是知晓有这么一个词组，而词义习得是要知晓词对应的概念是什么含义。对于大部分词汇概念，人类的幼儿一开始是没有的，幼儿能够通过识别那些出现在句子中的高频的组合来生成词汇的概念。

词汇的习得我们在正转录那章讨论过，并在工程上构建了词汇习得的机制，这段逻辑插入在词汇识别环境，AI 能够在词汇识别剩下的句子信息中形成组词印象。接下来如果词组在一段时间内反复出现，猜想的词组强度会增加，最终会生成常规的词汇。而不再出现的词组，强度会衰减，最终会删除。

我们回顾一下大致算法逻辑：

1. 对词汇识别后剩下的句子片段进行处理。

2. 维护一个猜想词库。

3. 识别片段中的两两字组合，如果猜想词库中存在，则增加频次强度，不存在则新建。

4. 猜想词组的频次强度随时间衰减，但如果有猜想词组 AB 的频次强度超出阈值，则保存为正式词汇。

5. 保存为正式词汇前，还需要考察 CA 或 BC 的频次强度，如果也非常显著，则意味词组可能不是二字组合，而是 CAB 或 ABC。以此类推我们能以二元组合为起点，找到比如三字的词或四字的成语。

四、早期词义的习得

词义，即词对应的概念的含义。当小香槟不明白一个词义的时候她会问"爸爸，××是什么意思"。这个时候爸爸就会用小香槟熟悉的词义去描述或定义这个她不熟悉的概念。这么溯源下去我们不禁会问，当小香槟还几乎不知道任何词义的时候，是如何通过这种方式告知她词义呢？回顾我们前面讨论的，概念有衍生概念，也就是被其他概念定义的概念；有根源性概念，也就是不需要被定义就知晓的概念。这些根源性概念早在人类个体习得自然语言前就存在，它们对应到人类对意识流中的信息的原始的先天的分辨能力。当信息出现在意识流的时候，智能体分辨且抽象出了概念节点，此时如果有词汇指向了它，我们就习得根源性概念到词汇的对应，也就是所谓的词义。

无需依赖自然语言，这种先天的分辨能力能从根源性概念发展到一些衍生概念。比如人类大脑先天能根据一个具体对象综合的属性去区分一个具体对象，这些感知直接可分辨的属性就是根源性概念，而具体对象是衍生概念；接下来具体对象通过天生的抽象机制能抽象出对象类，也是衍生概念……这些不依赖语言在人类婴幼儿时期大脑就能区分的信息，以很高关注出现在意识流中，只要有词汇的指向，就会生成概念到词汇的对应。

早期的概念到词汇的对应关系的习得，用"词义习得"描述是不准确且存误导的。因为此所对应的概念的含义是自在的，并没有通过语言去定义，语言习得只是完成了对应关系的建立。

我们可以这样描述人类早期"词义习得"的过程：

第一阶段，根源性概念伴随着对意识到的信息的原始分辨力的发育形成而形成。

第二阶段，根据具体对象的综合属性对具体对象的先天分辨力形成，创造了具体对象的概念；先天的抽象能力发挥作用创造了对象类的概念。

第三阶段，这些早期形成的概念，以高关注度出现在意识流中时，如果同时出现高强度的声音符号刺激，就会建立概念到先天符号的映射。

接下来我们通过例子来考察一个幼儿是如何学习一个概念到词汇的对应的。

在最早的时候，婴儿感知着世界，神经系统先要完成各种感知信息的聚类，生成属性层的概念。也就是说即使没有学过任何自然语言，到了7～8个月大的时候，婴儿意识流中已经形成若干自己常见的颜色的概念、对象类的概念、具体对象的概念（爸爸、妈妈）。这个时候语言的教授行为才开始能发挥作用。这一过程大致是这样的：

我们可以通过晃动一个具体对象或包含某个具体对象的图片获得婴儿对这个具体对象以及相关属性的注意力，比如你在她眼前晃动着球，获得了她的注意，然后反复说"球，球……"幼儿的大脑里就会建立球的读音和球的概念的对应。

在工程层面，我们可以这样描述自然语言符号的习得过程，首先要做的是在意识流中创造足够信息强度的对象类或属性的概念信息。我们有两个途径：其一，通过真实感官刺激在意识流中创造并增强这些信息，比如不停晃动一个红色的苹果，就能在意识流中创造并不断增强苹果作为对象类的概念、红色作为属性的概念。其二，通过语言，如果孩子已经学会一门语言，我们就可以用比如中文的苹果，在意识流中创造并增强苹果概念的强度。

在意识流中创造了足够强度的概念之后，第二件要做的事情是创造足够强度的自然语言符号信息。对于孩子，方式仍然是通过重复的刺激；对于成年人，在语言学习的反应模式中，成年人可以自己控制一个信息在意识流中的强度。然后思维就会把意识流中强度很高的概念信息和自然语言符号信息"绑在一起"，在多次训练巩固之后就会形成一个较为永久的记忆，这时人类就学习了一个语音词汇或文字词汇到概念的对应。

我们知道，词汇到概念的对应依赖这两类信息同时在意识流中拥有很高的强度，这个时候它们的"绑定"才会发生。最难的地方就在于，如果孩子不知道任何一门自然语言，我们只能通过直接感官刺激来创造意识流中足够强度的概念。所以反过来，当人类个体已经学会一门自然语言比如中文，我们就能够通过中文创造意识流中的概念，这样就简单多了，这是为什么我们经常能看到在语言教授初期，老师经常会表达类似"苹果，apple，苹果，apple……"。实际的作用就是通过中文在意识流中点亮概念节点，再和英文的词汇"绑定"。

往往有很多第二门语言的习得不好的学生，他们没有用中文去联想背后的概念，所以大部分的注意力创造的连接强度不是在英文词汇到概念上，而是中文词汇到英文词汇上。一门自然语言到另外一门自然语言词汇的连接在创造语言反应的时候需要经过转化才能发挥作用。所以对于习得不好的学生，他们听一句英文需要先转成中文，说一句英文需要先在意识中模拟出中文，对语言的使用就呈现出"非母语的特征"——低效混乱。

五、早期语法的习得

和词汇到概念的对应关系习得类似，语法的习得需要足够关注度的表达单元信息（语义信息）及对应的句子同时出现在意识流中。但我们知道"空白积累阶段"这个对应是难以实现的，一方面，没有语法，幼儿的表达单元信息无法被成年人知晓，从而谈不上表达正确不正确的反馈；另外一方面，缺少语法，成年人的表达幼儿听不懂，不知道对应怎样的语义。

这个时候我们认为存在一个先天的语法，就如一门自然语言语法最初形成那样，我们对一个结构信息如何表达，在没有任何后天语法发挥作用前是存在先天的倾向的，这个倾向反应了先天的语法。比如把结构信息中的元素依次表达出来就是一个可行的先天语法。

可以看到，只要这个先天的语法存在，幼儿就能够尝试表达比如一个看到的事件，比如"猴子、吃、香蕉"，而成年人就可以猜想幼儿表达的语义，用正确的表达去纠正，这就形成了表达信息单元（语义）到具体句子的对应。而反过来当幼儿听到成年人的表达，也可以结合关注的意识流的信息猜想出表达单元信息，同样也形成了表达信息单元（语义）到具体句子的对应。此时只要借助先天的抽象能力，幼儿就能抽象出语法映射。

六、语法生长

先天语法映射是早期语法习得的起点。其过程概括为：通过已有的语法猜想对方不全完吻合的表达，实现表达信息单元（语义）到句子的对应，从而抽象出新语法映射。之后在这个表达方式重复出现时，这个表达方式的语法映射的频次强度就会不断增强。这个过程我们称之为语法生长。先天语法的种子是"语法生长"的起点。这个机制不仅仅促使早期语法的习得，还有两个方面的作用。

其一，我们能够观察到人类幼儿在 3～4 岁开始习得语法，其很多表达在语序或是结构性词汇的使用上是混乱的。这说明在这个时期已经抽象形成了语法，但抽象过程形成的语法映射存在很多错误。错误的语法只要不影响识别，那么上面的机制就能发挥作用，促使正确的语法的形成。

其二，每个地方的人群，甚至每个人类个体都会有自己独有的表达方式，或者说独有的语法映射。只要不影响语义的识别，上面的机制就能发挥作用，生成隶属于某类人群、某个用户特有的语法映射。这些语法映射帮助 AI 在识别特定人群、特定用户的表达时候变得更加高效，有更高的准确率。附带的效果就是让 AI 能够模仿特定人群或是特定用户的表达。

>>> Topic：语法抽象过程为什么会产生大量错误

按照我们前面描述的理论，如果说语法形成于抽象，那么我们从人类幼儿身上看到，在 3 岁左右语言开始快速发展的时期，幼儿的语法存在大量的错误和偏差。我们不禁要问：为什么语法抽象会形成有错误和有偏差的语法？

语法抽象的本质也是一种抽象运算，抽象运算在之前讨论过，是通过有限样本积累抽象信息层规律信息的频次强度印象，从而猜想强度高的规律就是背后真实的规律。在语法抽象中，我们认为高强度的猜想语法映射是被背后真实的语法映射。但和一般的抽象一样，因为用于抽象的样本在前期是有限的，所以会存在所谓样本"误导"，也就是已有的样本恰好有一定的偏向，导致了具有偏差的抽象。

至于错误抽象的修正，和普通抽象的修正一样。其一是来自于外部的反馈，比如幼儿在用错语法时家长的纠正。其二是来自于更多样本的抽象，也就是即使没有成年人的纠正，但更多成年人的对话样本也能够使更高强度的正确语法的形成。

七、本章总结

学习一门语言归根结底就两件事情：

1. 记住概念在这门语言中对应的词汇。

2. 掌握表达单元信息对应的句子结构。

人类语言的习得可以分为两个阶段：空白积累阶段和持续积累阶段。空白积累就是婴儿学习一门语言的状态，是没有任何自然语言基础下对自然语言的习得过程；持续积累就是在有一定语言基础时持续学习一门语言的状态。本章我们讨论了空白积累阶段的机制。

1. 早期词汇的习得来源于人类的先天能力，人类对出现的字的组合会有印象，当一个词组的字的组合在一个时期内多次出现，组合的强度就会超过阈值，生成一个词汇节点。

2. 有了词汇之后，幼儿需要习得对象和属性层的概念对应怎样的词汇，也就是词义。人类先天的机制创造了早期词汇到基础概念的对应。意识流中足够强度的概念和自然语言符号信息会自发生成对应关系，所以需要在幼儿关注一个对象或属性时，反复进行词汇刺激，使其生成对应关系。

3.当幼儿习得了一定量属性、对象类这些基础概念的词汇后，第二步是要开始习得语法。幼儿能利用先天的语法映射，形成对简单表达背后表达信息单元的猜想。基于这个猜想，在初级的沟通实践中，幼儿能获得成年人的反馈，形成表达信息单元到句子结构的对应。在自发的抽象下，语法映射的信息开始从先天语法映射成长开来。

4.空白积累阶段需要严格的条件，且会形成大量错误的对应，需要在大量样本下才能让正确的对应显现出来。所以空白积累阶段语言习得的进展是非常缓慢的。

八、实验测试

实验 10.1a 习得具体对象的名称

难度：2

描述：在这个实验中，模拟 AI 意识流中的视觉来源的具体对象信息，同时语言输入此具体对象的名称。AI 需要习得这个具体对象的名称。

测试模块：模块 10.1a、模块 10.1b

需要支持功能：自然语言正转录、基础问答反射

测试准备：具体对象的集合，可以选择动画片中的人物，混杂一些关注的属性信息作为干扰。

测试流程：

模拟信息：IDi 来源 vision，（具体对象 =IDi，属类 = 怪物），（具体对象 =IDi，颜色 = 绿色）。

重复语言输入："史瑞克"。

在若干次刺激后，AI 能建立词汇到这些具体对象的对应关系。

然后我们继续模拟视觉信息，询问这是谁。AI 能回答具体对象的名称。

实验 10.1b 习得对象类和属性对应名称

难度：2

描述：在这个实验中，模拟 AI 意识流中的视觉来源的多个具体对象信息，通过多次语言教授 AI 形成词汇到对象类、词汇到属性的对应。

测试模块：模块 10.1a、模块 10.1b

需要支持功能：自然语言正转录、基础问答反射

测试准备：准备一个物体集合｛香蕉、苹果、球｝。

测试流程：

模拟视觉来源的信息：IDi 来源 vision，（具体对象 =IDi，属类 = 香蕉），（具体对象 =IDi，属性 = 黄色）。

重复语言输入："这是黄色的香蕉。"

模拟不同的物体和颜色的组合。

在若干次训练后，AI 能建立词汇到这些对象类和熟悉的对应关系。

然后我们继续模拟视觉信息，询问这是什么，这是什么颜色。AI 能够给出正确的回答。

Remark：这个实验假设 AI 已经完成聚类，视觉可以识别一个对象类。

实验 10.2 语法生长

难度：2

描述：在这个实验中，模拟 AI 意识流中的视觉来源的事件信息和成年人的表达。AI 会用原始语法尝试猜想这个表达对应的语义，建立从句子到语义的猜想映射，并在自发的抽象中抽象为猜想的语法映射。

测试模块：模块 10.2a、模块 10.2b

需要支持功能：自然语言正转录、基础问答反射

测试准备：准备一个具体事件集合，事先在 AI 记忆中写入原始的事件表达语法映射。

测试流程：

模拟一个视觉来源的信息：IDA 来源 vision，ID（主体对象 =ID1，行为 =ID2，行为对象 =ID3），（具体对象 =ID1，属类 = 猴子），（具体行为 =ID2，行为类 = 爬），（具体对象 =ID3，属类 = 树）。

重复语言输入："猴子在爬树。"同样的道理输入更多事件。

在若干次训练后，AI 能学会具体事件表达的语法。

然后我们继续模拟视觉信息，询问看到了什么。AI 能够给出正确的回答。

实验 10.3 词义习得

难度：3

实验描述：在这个实验中，考察 AI 对语境下某类事件关系的识别，以及事件关系定义的词汇的习得能力和运用能力。

测试模块：抽象概念的习得（第十一章：语言的习得 B）

需要支持功能：自然语言正转录、基础问答反射

测试流程：

Tester：小香槟爸爸花了很多时间种草莓，但一棵都没有成活，都徒劳了。

Tester：一个女孩减肥，每天吃很少，结果春节回来胖了 20 斤，之前努力徒劳了。

……

在阅读若干此类文本后（都有徒劳的特征），我们给出一个故事让 AI 复述，AI 能够在复述中使用这个词汇。

记忆输入信息：花园里，蜘蛛花了 2 天时间搭建了一张大网，结果昨天下了一阵大雨，网被打掉了。

Tester：告诉我今天花园里发生了什么事。

AI能表达类似：蜘蛛花了2天时间搭建了一张大网，结果昨天下了一阵大雨，网被打掉了，之前努力徒劳了。

实验10.4 词义习得

难度2

试验描述：在这个实验中，考察AI对某种概念的定义的总结能力。

测试模块：抽象概念的习得（第十一章：语言的习得B）

需要支持功能：自然语言正转录、基础问答反射

测试流程：

Tester：过春节是中国人的文化。

Tester：圣诞节吃火鸡就是一种美国文化。

Tester：女孩长大过成年礼是这个民族的文化。

……

在给出诸如此类若干例子后，

Tester：文化是什么？

AI需要回答出类似：文化是某个人群体现出的某种习惯特征。

实验10.5 词义习得

难度3

描述：继续上一个实验，AI需要体现出能够正确使用习得的抽象词汇。

测试模块：抽象词汇的使用

需要支持功能：自然语言正转录、基础问答反射

测试流程：

Tester：中国人勤劳、坚强、重视家庭。

Tester：描述一下中国文化。

AI：中国人过春节，中国人勤劳、坚强、重视家庭，这些都是中国文化。

九、模块列表

模块10.1a

描述：这个模块能在意识流中增强反复出现的图像符号和声音符号创造的意识中的信息的强度，为自然语言中词汇和先天语言概念的映射关系的建立创造条件。

隶属功能大类：自然语言习得

逻辑机制：

如果外部刺激形成的信息在意识流中已经存在，则增加其信息强度。

Remark：如果视觉看到的是一个具体对象，那么除了往意识流中写入具体对象 ID 外，还会写入关注到的颜色信息、形体信息、属类信息。这是 baby learning 过程中能够形成从属性层概念到自然语言符号的对应的原因。

模块 10.1b

描述：这个模块把重复出现声音符号和图像符号创造和意识流中关注度足够高的概念进行对应。

隶属功能大类：自然语言习得

触发：意识流中一个声音符号或图像符号的关注度超过阈值 k。

逻辑机制：

1.去寻找意识流中是否有概念的关注度也超过阈值 k。

2.如果有，则在长期记忆中增强（概念＝，对应声音符号＝）（概念＝，对应图像符号＝）的信息的频次强度。（如果之前不存在，则新建）

3.在某次增加中，如果（概念＝，对应声音符号＝）（概念＝，对应图像符号＝）的长期强度超过一个阈值时生成一个永久性记忆。此时视为习得一个概念的自然语言符号表达。

模块 10.2a 语法抽象（抽象具体表达信息单元到具体表达序列的映射）

描述：这个模块根据表达信息单元和对应的句子结构生成语法映射。

隶属功能大类：自然语言习得

输入：具体表达信息单元、具体句子结构（概念替换之后）、对应的元素间映射（来自模块 6.2b 的输出）、对话者 ID

逻辑机制：

1.寻找每个元素频次强度超过阈值的母类。

2.每个母类对应一种抽象方案，把输入的映射信息中的子类替换为母类完成抽象。

3.把母类层的映射保存为语法映射，记录语法映射来源，并对来源进行抽象。

（1）如果之前不存在，则生成初始化频次强度为 5。

（2）如果之前存在，则强度 +1。

（3）如果强度超过阈值，则把语法映射保存为一个正式的语法映射。

（4）在记忆中记录语法来源的信息为（语法映射＝，来源个体＝对话者 ID），初始化强度为 5，如果之前存在，则强度 +1。

（5）然后对"来源个体"进行抽象，同样如果信息之前不存在，则初始化强度为 5；如果存在，则强度 +1。

Remark：具体执行的时候我们会发现信息会有很多细节的差异，所以这个运算不能够是完全严格的。

模块 10.2b

描述：这个模块就转录算子无法解析的句子结构猜想对应的表达单元信息。

隶属功能大类：自然语言习得

逻辑机制：

1. 罗列句子中的元素 ID。

2. 在意识流中查找有这些 ID 的结构信息 IDe。

3. 生成（主体信息 =IDe，表达类型 = 确认 / 询问 / 陈述）。

4. 给模块 6.2a 进行抽象。

第十一章 语言的习得 B

一、持续积累阶段

上一章我们讨论了空白积累阶段人类语言的习得机制：在词汇概念方面，幼儿建立起了意识流中固有的概念，包括根源性概念和对象类概念到词汇的映射关系；在语法映射上，以先天的语法映射为起点进行的"语法生长"让幼儿发展出了早期的语法，虽然其中包含了很多不正确的成分。同时，幼儿发展出了基础的应答反射，这些基础反射为持续积累阶段在应答互动中继续习得语言提供了条件。

到了自然语言的持续积累阶段，在词汇习得上，出现了以下变化：空白积累阶段，"词汇习得"实际上是意识流中即存的概念和词汇的对应关系的形成；而持续积累阶段，语言互动本身诱导衍生概念的生成，并赋予这些概念和词汇对应关系。所以持续积累阶段，"词汇习得"多了一层"词义习得"的成分。在语法习得层面，"语法生长"的过程在持续，因为先天的语法映射经过"空白积累阶段"已经出现了很多分化，模糊匹配的准确率不断提升，使得用以进行语法抽象的原始映射样本的数量大幅增长，导致语法积累速度显著增加，人类儿童开始掌握精细的表达。另外一方面，人类儿童基础应答互动能力的形成，让成年人能用语言纠正其错误的语法，并告知正确的表达方式。

本章我们来讨论并构建持续积累阶段的语言习得机制。

二、语法分化

人类的语法有自然分化的倾向。在人类自然语言的形成过程中，有一个规律叫作"听懂即可"。只要语境足够强，表达就会随意和省略。一旦表达方式沉淀，就破坏了原有的标准化的语法。所以每个地方的人群，甚至每个人类个体都会有自己独有的表达方式，或者说独有的语法映射，这就是语法分化的结果。

我们在上一章的语法生长部分中讨论了人类先天固有的机制，语法识别时容许偏差，会猜想想要表达的语义。所以只要语法分化不影响语义的识别，上面的机制就能发挥作用，生成隶属于某类人群、某个用户特有的语法映射，让 AI 能熟悉各种群体的表达习惯。这些语法映射帮助 AI 在识别特定人群、特定用户的表达时候变得更加高效，有更高的准确率。附带的效果就是让 AI 能够模仿特定人群或是特定用户的表达。

我们回顾一下，语法的形成是抽象的过程，而语言的输入和输出是演绎的过程。演绎过程有一个原则叫作最小母类原则，所以只要我们在抽象过程中生成了针对某些较为具体的表达信息单元的语法映射，如果它们和之前一般化的语法映射存在矛盾，最小母类原则会优先原则具体层的语法映射。

语法分化可以描述为自然语言演化自发的倾向，而对此工程上，我们并不需要做太多额外的处理，语法生长的机制会让 AI 学习这些"小众语法"，而演绎过程的最小母类原则自然会选择"最小的语法"去理解和去表达。

三、群体的特殊语法习得

已有的机制"语法生长"和"最小母类原则"可以用来帮助 AI 学习分化后的自然语言。我们再来梳理一下让 AI 适应语法分化的机制要点：

1. 维护语法猜想。AI 需要在每次完成模糊匹配，执行语法抽象，获得猜想语法映射时，增加此语法映射的频次强度，直到超过阈值，把猜想语法改为正式语法。

2. 维护特定用户使用此语法的次数。记录这个表达归属的个体（无论这个表达是正式语法还是猜想语法），在这个个体每次使用这个语法时增加语法映射在这个个体名下的频次强度，当频次强度超过阈值，我们认为个体的确有习惯使用此语法，则把猜想信息改为正式信息。

3. 维护特定群体使用此语法的次数。我们需要把个体抽象到足够强度的对象类，在这个对象类中的个体每次使用这个语法时增加语法映射在这个对象类名下的频次强度，当频次强度超过阈值，我们认为对象类的确有习惯使用此语法，则把猜想信息改为正式信息。

相关的测试，我们需要选择一个语义，创造数个不同的表达风格（语法映射）；创造一个个体集合，分为不同类别，然后让某个类别的个体具有特定的表达风格。AI 需要在读入足够的样本后抽象出：（1）正式的语法映射；（2）特定个体习惯使用的语法；（3）特定群体习惯使用的语法。我们可以通过让 AI 模仿某个人或某个群体的表达，以实现对 AI 的考察。

四、未知词汇的询问和学习

到了"持续积累阶段"，人类对句子中未知成分的先天好奇会创造对未知词汇的询问。比如 3 岁的小香槟听到妈妈说"如果你吃了这个冰淇淋，你会后悔莫及"，然后询问"后悔莫及是什么意思"。

前面有讨论过导入词汇定义是不可行的，我们需要在第一代原型机上再现人类学习词汇的机制。计划是：我们将会去定义若干的闭环，对不同类型的词汇考察人类听到询问时可能会有的解释回答，然后完善背后的机制去支持 AI 摄取这些回答中包含的信息，从而不断完善某一词汇对应的概念的含义。之后在未来逐渐扩大词汇学习闭环覆盖的范围。

接下来我们就不同类型的概念询问，讨论人类可能会有怎样的回答，并讨论我们需要第一代原型机对哪些回答产生词汇习得反应。

AI 询问一个对象类的时候，比如"鹧鸪是什么"，可能遇到的解释包括对象属于什么母类，比如"它是小型鸟类"对象的特征，"和鸽子差不多大，在春天发情的时候会发出咕……咕……的悠长叫声"。

AI 询问一个作为先天概念的属性的时候，比如"什么是红色"，可能遇到的解释包括属性的属性维度"红色就是一种颜色啊"，属性的例子"国旗的颜色就是红的"。我们讨论过对于先天的根源性概念以及那些早期独立于自然语言在意识流中自发形成的概念，这里所做的仅仅是为它们找到对应的词汇。

AI 询问一个作为衍生概念的属性的时候，比如"什么是小气"，可能遇到的解释包括抽象的解释"自己的东西不愿意给人用"，或是用例子进行说明"自己的玩具不愿意给其他小朋友玩就是小气"。如果是用具体例子，AI 就需要通过多个例子进行抽象归纳出背后的定义。还有一种就是用在意向层面和目标概念有重合的概念去解释。

总结而言，我们在某一词汇描述中积累的信息有两类：一类是精确的，比如概念归属某个属类或属性维度，概念的属性；还有一类是不精确的，就是概念的意向。

五、意向积累

小香槟问"排山倒海什么意思啊爸爸？"爸爸说"就是很大很有气势啊"。当儿童问一个他们不知道的词的概念的时候，我们总是用一个儿童可能知道的概念去描述它。对于人类儿童而言，如果用来描述的概念自己不熟悉，那么或是继续追问，比如小香槟追问道"什么是有气势啊"，或实际上并没有理解最初想要知道的那个概念。

在上面的例子中，我们赋予了"排山倒海"大的意向，有气势的意向。一个概念可能拥有若干个概念的意向，人类在形成上面这种定义描述的表达时，并不是去搜索了在意向上等同包含或被包含于目标概念的概念，而是以一种非常随意的方式寻找到在意向上有重叠，且比较接近的概念。虽然我们寻找的用以定义描述目标概念的概念只是和目标概念有部分意向重叠，但如果我们用足够多的概念去"意向描述之"，那么概念应有的意向就会在许多不精确的定义下因为重复而凸显出来。

所以，第一，用另外一个概念不精确地描述定义目标概念，实际的效果是形成了一个概念拥有意向的印象，多次印象冲击会让概念应有的意向凸显；其次，作为每个独立个体，保存的概念意向就是这种不精确形式，有点像是一个总的比重在许多意向上的分布，只是我们会把强度高的意向视为这个概念的定义意向。

词汇意向的积累是一个持续的过程，不仅仅出现在定义学习阶段，平时看到他人使用词汇时我们也会根据语境形成对词汇意向的印象。比如小香槟听到"他很努力地复习，但没考好，看来是徒劳了""这盆花死了，他花费的精力都徒劳了"……这些使用"徒劳"的语境都在帮助小香槟形成"徒劳"这个词意向。

六、组词意向

人类在创造新的词的时候，经常会用组词，而且很多时候组合而成的词（所对应的概念）和用以组词的词的概念相关。最经常出现的关系是包含关系，即组合而成的词拥有用以组织的词的意向。

我们在 AI 上建立的积累某一词汇（概念）的意向的模型是一个印象冲击的模型，只要正确意向在出现的频率上是有优势的，我们就不用担心错误的意向印象，也就是说 AI 具有容忍错误印象冲击的能力。

也是因为这个原因，人类从一个词的组词构成去猜想词（概念）的意向，无论对错，总是无伤大雅的。我们也将赋予 AI 从组词构成猜想词的意向的能力，做法上就是让 AI 把用来组词的词作为形容词组的描述，这样词组就能继承组词所用词的意向。在大部分情况，这种继承能让 AI 很快地形成词组正确的意向；少部分错误的情况，也可以通过后续在获取句子样本中获得正确的意向冲击，或是在错误使用时通过对话者去纠正。

七、学习第二门语言

我们会在实验中尝试让 AI 以人类学习第二门语言的方式去学习第二门语言。我们会让 AI 阅读第二门语言中的词汇和已知语言中词汇的对应。这种对应未必是一对一的，我们可以把其视为一种描述，除了形成精准的定义之外，还会形成第二门语言词汇意向层的意向冲击，这我们已经在机制层面做好了准备。

在学习了足够的词汇之后，语法学习上，我们只需要给 AI 大量的已知语言的句子和对应的在学习语言的句子。一开始我们给不带嵌套结构的句子，AI 能够把已知语言转为具体信息的表达信息单元，而这个表达信息单元对应了在学习语言中的句子。因为已经有词汇层的准备，我们能够把在学习语言句子中的词汇替换为概念，从而就形成了具体层表达信息单元到具体句子结构的对应。那么语法抽象就能抽象出在学习语言的语法映射。通过这种方式我们能让 AI 快速积累第二门语言的语法映射。在不考虑运算限制的条件下，AI 甚至能通过学习海量样本，迅速掌握甚至很细节的语法。

到这个节点，AI 已经完全度过第二门语言的空白积累阶段，AI 已经初步具备听懂第二门语言的能力，开始能够用第二门语言进行沟通。所以，接下来可以利用"持续积累阶段"的机制，在沟通中持续学习新的词汇，继续进行"语法生长"，对错误的语法进行纠正，分化出针对具体语义的针对性的语法。

理论上，只要我们准备好了学习的样本，第一代原型机能够在数小时内学习初步使用一门新的语言，然后只要能够拥有使用此语言的数万用户，就能在数月内把语言掌握收敛到熟练掌握的状态。

八、本章总结

这一章我们讨论了"持续积累阶段"的语言习得机制。继续整个语言学习不变的主题，在持续积累阶段，我们仍然把注意力集中在词义和语法上。

1. 经历了缓慢的"空白积累阶段"，智能体有了一定的词汇基础，"语法生长"也让原始的语法逐渐生长成适应日常生活沟通所需要的语法。

2. 人类的语法有自然分化的倾向。在人类自然语言的形成过程中，有一个规律叫作"听懂即可"。只要语境足够强，表达就会随意和省略。一旦表达方式沉淀，就破坏了原有的标准化的语法。所以每个地方的人群，甚至每个人类个体都会有自己独有的表达方式，或者说独有的语法映射，这就是语法分化的结果。

3. "语法生长"机制能用来学习分化的语法。语法识别时容许偏差，会猜想想要表达的语义。所以只要语法分化不影响语义的识别，就能形成具体句子结构到语义结构（具体表达信息单元）的对应，自发的抽象就会生成"语法映射猜想"，最终生成隶属于某类人群、某个用户特有的语法映射，让 AI 能熟悉各种群体的表达习惯。这些语法映射帮助 AI 在识别特定人群、特定用户的表达的时候变得更加高效，有更高的准确率。附带的效果就是让 AI 能够模仿特定人群或是特定用户的表达。

4. 持续积累阶段，智能体开始能够对表达中不知道词义的词汇进行询问。我们总结了几类概念的词义询问和人类可能的解释，让 AI 能够通过就沟通过程中出现的不知道的词义询问掌握新的词汇。

5. 词义（概念）的学习可能获得两类信息：一类是精确的，比如概念归属某个属类或属性维度，概念的属性；还有一类是不精确的，就是概念的意向。

6. 人类在创造词的时候，经常会用组词，而且很多时候组合而成的词（所对应的概念）和用以组词的词的概念相关，这就是组词意向。所以我们在第一次接触某一词汇的时候就可以用组词的构成猜想词汇的意向。

7. 我们经常用另外一个概念不精确地描述、定义目标概念，实际的效果是形成了一个概念拥有意向的印象，多次印象冲击会让概念应有的意向凸显；其次，作为每个独立个体，保存的概念意向就是这种不精确形式，有点像是一个总的比重在许多意向上的分布，只是我们会把强度高的意向视为这个概念的定义意向。

8. 词汇意向的积累是一个持续的过程，不仅仅出现在定义学习阶段，平时看到他人使用词汇时，也可以根据语境形成对词汇意向的印象。

9. 我们会尝试让 AI 学习第二门语言，AI 可以通过第一门语言创造第二门语言中词汇到概念的对应；通过第一门语言对第二门语言句子的解释创造第二门语言具体句子结构到具体表达信息单元的对应，从而能够自发的抽象生成第二门语言的"语法映射猜想"。

九、实验测试

实验 11.1 词义好奇和词义询问

难度：1

描述：这个实验测试 AI 是否能就对方表达中不熟悉的词汇（对应概念）生成好奇点，并创造询问。我们在 AI 大部分能听懂的表达中插入了 AI 不知晓的概念，考察询问的创造。

测试模块：模块 11.1

需要支持功能：自然语言正转录、基础应答反射

测试准备：对预期让 AI 询问的词，预先完成词的训练（可以通过多次输入带有此词汇的句子）。

测试流程：

Tester：刚才我看到了一盆赏心悦目的花。

AI：赏心悦目是什么意思啊？

Remark：到了语言"持续积累阶段"，因为一段表达中，绝大部分词汇都是已知的，其中掺杂一个未知的词汇可以在第一次出现时就被识别到。

实验 11.2a 定义习得：对象类

难度：2

描述：这个实验测试 AI 在发起一个对象类概念的询问后，测试者对对象类概念的解释包含了其所归属的母类以及此对象类的常见属性，AI 需要生成并记忆相应的信息。测试者会询问此对象类，AI 需要给出描述；测试者会给出描述，AI 需要通过描述识别到此对象类。

测试模块：功能完全由自然语言正转录实现

需要支持功能：自然语言正转录、基础应答反射

测试流程：

Tester1：早上我看到了一只鹧鸪。

AI：鹧鸪是什么啊？

Tester1：鹧鸪就是一种鸟啊，大概鸽子大小，发情的时候会发出"咕咕"的叫声。

Tester2：鹧鸪是什么？

AI：鹧鸪……（AI 需要回答出它被教授的信息）

Tester3：今天我看到一种鸽子大小的鸟，会发出"咕咕"的叫声，不知道是什么？

AI：应该是鹧鸪哦。

实验 11.2b 定义习得：根源属性

难度：2

描述：这个实验测试 AI 在发起一个先天属性词汇的询问后，测试者对属性的解释包含其所归属的属性维度，或是通过已有的属性组合去进行描述，或是描述什么 AI 已知的对象拥有此属性。AI 需要建立起属性概念到词汇的对应。测试者会询问此属性，AI 需要给出描述；测试者会给出描述，AI 需要通过描述识别到此属性。

测试模块：功能完全由自然语言正转录实现

需要支持功能：自然语言正转录、基础应答反射

测试流程：

Tester1：今天我看到一辆车是土豪金的。

AI：什么是土豪金？

Tester1：就是一种颜色啊，就是有点土黄的金色。

Tester2：什么是土豪金？

AI：就是一种颜色，有点土黄的那种金色……（AI 需要回答出它被教授的信息）

Tester3：今天我看到一款手机的颜色，有点土黄又是金色的。

AI：土豪金吧。

实验 11.2c 定义习得：抽象属性

难度：2

描述：这个实验测试 AI 在发起一个抽象属性词汇的询问后，测试者进行解释，AI 需要形成这个概念的意向。

测试功能：模块 11.2

需要支持功能：自然语言正转录、基础应答反射

测试流程：

Tester1：今天我们公司来了一个很自私的小朋友。

AI：什么是自私？

Tester1：就是什么东西都不愿意分享，只顾自己，不管别人开心不开心。

Tester2：Mike 爸爸他每天就自己出去玩，都不管我们。

AI：mike 爸爸有点自私啊！

Tester3：Mike 拿了 3 颗糖，全都给自己吃了，没有一颗给他朋友。

AI：Mike 有点自私啊！

实验 11.2d 抽象概念的习得

难度：3

描述：在这个实验中，AI 在对一个概念询问后，在其所知定义中出现了一个新的不熟悉的概念，所以二次询问，在获得回答后，AI 能掌握两个概念。

测试功能：模块 11.2

需要支持功能：自然语言正转录、基础应答反射

测试流程：

Tester：今天遇到一个很小气的小朋友。

AI：小气是什么意思？

Tester：小气就是什么东西都不愿意和人分享。

AI：分享是什么？

Tester：玩具一起玩，东西一起吃就是分享啊。

Tester：今天小香槟不让嘟嘟妹妹玩她的玩具，评价一下小香槟。

AI：小香槟小气。

实验 11.3 案例习得：词汇意向

难度：3

描述：在这个例子中，AI 需要从两个例子中习得一个对场景描述的词汇对应的场景意向，以及词汇的用法。

测试模块：模块 11.3

需要支持功能：自然语言正转录、基础应答反射

测试流程：

Tester：他复习了那么久，结果考试没通过，真是徒耗时间。

Tester：他花了那么多钱，结果事情没办成，真是徒耗钱财。

Tester：他花了那么多精力，结果没有追到那个女孩。你来形容一下。

AI：真是徒耗精力。

Tester：用"徒增烦恼"造句。

AI：她评论别人，然后吵架，弄得自己很烦，这种评论没有意义，真是徒增烦恼。

实验 11.4 用组词成分猜想意向

难度：3

描述：在这个实验中，我们给 AI 一个中文词组，是 AI 没有学过的词，让 AI 猜想这个词的意向。

测试模块：模块 11.4

需要支持功能：自然语言正转录、基础应答反射

测试流程：

Tester：排山倒海，说说这个词的意向。

AI：宏大、气势大。

Tester：节俭，说说这个词的意向。

AI：节制、省。

实验 11.5a

难度：1

描述：这个实验测试 AI 在已经熟练掌握一门语言的情况下，利用母语习得第二门语言的能力。在这个实验中，我们测试第一步对大量词汇的学习。

测试功能：第二门语言习得

需要支持功能：自然语言习得

测试准备：第二门语言中词汇用母语进行解释，批量导入词汇让 AI 学习。

测试流程：

1. 给出母语词汇，要求 AI 给出对应的第二门语言的词汇。

2. 给出第二门语言词汇，要求 AI 给出母语对应的词汇。

实验 11.5b

难度：2

描述：这个实验测试 AI 在已经熟练掌握一门语言的情况下，利用母语习得第二门语言的能力。在这个实验中，我们测试 AI 对语法的习得。

测试功能：第二门语言习得

需要支持功能：自然语言习得

测试准备：第二门语言中不带嵌套结构的简单句子对应母语的句子，批量准备此类样本。

测试流程：

1. 给出母语不带嵌套的简单句子，要求 AI 给出对应的第二门语言的翻译。

2. 给出第二门语言不带嵌套的简单句子，要求 AI 给出对应的母语的翻译。

实验 11.5c

难度：3

描述：这个实验测试 AI 在已经熟练掌握一门语言的情况下，利用母语习得第二门语言的能力。在这个实验中，我们测试 AI 是否能掌握句子嵌套。

测试功能：第二门语言习得

需要支持功能：自然语言习得

测试准备：第二门语言中带嵌套结构的句子对应母语的句子，批量准备此类样本。

测试流程：

1.给出母语带嵌套的句子，要求 AI 给出对应的第二门语言的翻译。

2.给出第二门语言带嵌套的句子，要求 AI 给出对应的母语的翻译。

十、模块列表

Remark：持续积累阶段发挥作用的模块绝大部分和空白积累阶段一致，因为词汇和语法有了一定的积累，所以表现出不一样的进步速度。重复的部分我们就不在本章罗列了。

模块 11.1

描述：这个模块因为意识流中出现的不明词义的词汇而创造询问。

隶属功能大类：自然语言的习得

触发：此模块逻辑插入到正转录第二步，概念替换词汇中，此时会发现没有概念对应的词汇，并激活此模块。

输出：没有概念对应的词汇 A

逻辑机制：

1.生成信息（词汇 = 词汇 A，概念 =ID0），也就是赋予这个词汇一个概念 ID。

2.然后生成一个表达信息单元（主体内容 =ID0，表达类型 = 含义询问）。

3.（主体内容 =ID，表达类型 = 含义询问）创造询问表达"ID 是什么"或"ID 是什么意思"。

Remark：这是一个询问反射，对于回答的接收将在"语言输出 A"一章中讨论。

模块 11.2

描述：这个模块读取定义的语句，识别定义部分的意向赋予被定义者，形成被定义概念的意向印象。

隶属功能大类：自然语言的习得

输入：意识流中的定义语句转录生成的信息（被定义概念 =，用以定义的信息 =）

逻辑机制：

1.利用模块 9.4b 读取"用以定义的信息"的意向向量，选择权重超过 10% 的前 3 个意向。

2.把这些意向写入"被定义概念"的意向向量，如果意向已经存在则增加其强度。

模块 11.3

描述：这个模块读取语境中的意向特征，形成被定义概念的意向印象。

隶属功能大类：自然语言的习得

输入：意识流中的定义语句转录生成的信息（被定义概念＝，用以定义的信息＝）

逻辑机制：

1.就单独的语境特征生成（概念＝，语境意向＝），保存到猜想记忆，如果存在则增加其强度。

2.寻找当前语境关注度最高的两个特征，就组合的语境特征生成（概念＝，语境意向1＝，语境意向2＝）增加其强度。

3.如果一个概念有语境特征的强度达到一个阈值。

（1）如果超出第二名很多，则认为此概念是对应了此语境意向。生成（概念＝，语境意向＝）保存为正式记忆。

（2）如果和第二名差不多，则认为这个概念不对应到语境意向。进行标注，避免对此概念进行重复语境意向统计。

模块 11.4

描述：这个模块把组词元素的意向拿来创造这个词汇对应概念的最初的意向印象。

隶属功能大类：自然语言的习得

输入：意识流中，被标注为"陌生词汇"的词

逻辑机制：

1.考察词的切分，看是否能切出已有概念节点的词汇。

2.找到切分后的词汇对应的概念，利用模块9.4b读取他们的意向向量，选择权重超过10%的前3个意向。

3.把这些意向写入"被定义概念"的意向向量。

第十二章　表达策略的习得

一、表达策略

表达策略即实现表达动机的表达相关的反应模式。我们在前面的章节（第四章：反应模式）讨论过反应模式。表达动机是一个宏观行为节点（无论是行为、思维，还是语言，为方便表述，都统称宏观行为），旗下有若干"触发—条件—执行"的反应模式信息。一旦一个表达动机处于激活状态，就会让旗下所有触发—条件—执行的反应模式单元信息处于预激活状态，即检测意识流中是否出现触发信息的子类，生成统辖映射，然后演绎出具体的条件—执行。如果条件通过判断，就会点亮执行。而执行可能又是一个宏观行为节点……

驱动一个宏观行为执行的过程大致如下：一个具体宏观行为 IDA* 被点亮，在反应模式的宏观行为域中进行统辖搜索，找到抽象的宏观行为 IDA，创造约束映射，演绎出这个宏观行为旗下全部的"宏观行为—触发—条件—执行"，注意只演绎一层，也就是只演绎宏观行为为 IDA 的这些信息单元。这样反应模式驱动程序会在意识流中统辖检测每个信息是否是触发信息的子类；一旦满足触发就判断对应的条件，判断条件是个统辖搜索的过程，在记忆中统辖搜索子类，条件通过判断就触发执行。此时如果执行是一个可执行的基础行为就纳入执行，如果又是一个宏观行为则回到前面的起点，继续上面的过程……

我们着重表达两点，其一，一个表达策略的反应模式信息中的执行不单纯都是表达节点，往往会夹杂思维节点。其二，和所有反应模式一样，表达反应模式也是一个二态信息。作为一个认知态的执行信息决定了有三种方式可以创造或修正它：其一，认知态的信息可以通过语言表述生成、修正，也就是指表达策略可以通过教授生成、修正；其二，可以通过观察他人的对话样本，识别表达动机—触发—条件—执行的信息，这是一个认知态的信息，也就是指表达策略可以通过观察他人的对话样本模仿习得；其三，在实践中尝试各种策略记录并评价对应的执行效果，形成认知态信息反思和修正反馈，从而优化表达策略，也就是指表达策略可以在执行实践中通过认知层的反思修正。

本章我们将先讨论表达策略的信息形式，然后分别讨论如何通过语言教授习得或修正表达策略，如何通过观察人类的对话样本习得修正表达策略，如何通过实践反馈修正表达策略。

二、语言教授的生成

表达策略是可以通过语言描述的，这是表达策略可以通过语言教授的原因，我们也可以考察我们语言教授的表达策略来反思表达策略的信息如何储存。

我们可以就具体的案例指导 AI 如何实现自己的表达目的，AI 会通过自发的抽象，生成一般化的反应模式；我们也可以直接描述一般化的反应模式。

先来看后者。比如说"你可以陈述对方自卑的事情来攻击对方"，这样的语言就会在"攻击对方"的表达动机下建立一个可选的执行：

宏观行为：攻击人 A

执行：陈述人 A 自卑的事情

再比如"你先要安慰对方，如果对方担忧可能的不好的后果，你可以表达事情好的结果来安慰对方"，这样的语言能够在"安慰对方"的表达动机下建立一个条件执行：

宏观行为：安慰人 A

条件：人 A 担忧可能的不好的结果

执行：表达可能的好的结果

我们且不管生成的表达策略是否完整合理。首先，我们看到只要对表达策略的描述可以转为反应模式的基础单元信息，就会影响未来的执行。其次，对于一个具备完整语言能力的成年人来说，一个表达策略包含的反应模式单元信息是很多的，而这样单一的描述只能生成一条单元信息，所以势必是不完整的。创造完整的反应模式信息依赖教授者的语言修正，或是通过更多的对话样本在自发的抽象下逐渐生成。

再来看就具体案例用语言创造表达的案例，延续上面的例子。在第一个例子中，比如 AI 想要攻击 Mike。我们提议说"Mike 不是很聪明，你可以讲一些反映他不聪明的事例来攻击他"，简写出来就是：

宏观行为：攻击 Mike

执行：陈述反应 Mike 不聪明的事情

第二个例子中，AI 想要安慰 Mike，我们提议说"Mike 担心自己成绩出来不好，你可以表达成绩出来可能没有他想得那么糟"，简写出来就是：

宏观行为：安慰 Mike

条件：Mike 担忧成绩不好

执行：表达成绩可能不会不好

首先，这些具体层反应的表述，形成具体情形的表达应对信息是容易的，但抽象出一般的表达策略就没那么容易了。其次，抽象的关键和难度都在于识别具体描述中的类别，比如在第一个例子中，AI 需要识别出 "Mike 不是很聪明" 是 Mike 的弱点或自卑点。在第二例子中，需要识别出 "成绩不好" 和 "成绩没有想得那么糟" 是 "可能的不好的结果" 和 "可能的好的结果"。

正如在例子中看到的，识别信息所属抽象类很多时候没有办法通过从属关系去判断，因为我们要识别的是相对关系。"Mike 不是很聪明" 是 Mike 的属性，同时是负面属性，所以是 Mike 的负面属性；"Mike 成绩不好" 是关于 Mike 的负面事件，也是语境下还没发生的可能的事件，所以是可能的负面事件，"Mike 成绩没有不好" 是关于 Mike 的正面事件，也是语境下还没发生的可能事件，所以是可能的正面事件。

三、从对话样本中习得

"我们对你那么好，你什么事情都只顾自己，忘恩负义"，如果清楚上下文知道表达的动机，识别到 "我们对你那么好，你什么事都只顾自己" 是对 "忘恩负义" 的事例支持，AI 就能总结出 "为了责备对方，他例举对方忘恩负义的事例，然后说对方忘恩负义"。这样的信息就可以转为一个 "宏观行为—触发—条件—执行"：宏观行为 "责备"，没有触发，没有条件，执行 1 为 "例举忘恩负义的事例"，执行 2 为 "陈述对方忘恩负义"。

其中执行 1 "例举忘恩负义的事例" 不是一个直接可执行的行为，它是一个具体的宏观行为，其定义来自于一个抽象的宏观行为节点的演绎，这个宏观行为节点旗下的信息为：宏观行为 "例举反应对象某属性的事例"，执行 1 为 "搜索反应对象某属性的事例"，顺序的执行 2 为 "陈述搜到的事例"。

上面的反应模式信息还可以进一步抽象为 "为了责备对方，他例举了反应对方负面属性的事件，然后陈述了对方的负面属性"，写成反应模式为：宏观行为 "责备人 A"，没有触发，没有条件，执行 1 为 "例举反应人 A 负面属性的事例"，执行 2 为 "陈述人 A 负面属性"。

如果抽象到这一步，AI 就能体现出举一反三的能力，在 "责备对方" 的表达动机点亮时，表达出类似 "你每天就玩游戏看电视剧，你真是懒啊" "你暗地了做了多少坏事，你真是一个阴毒的人"。

在例举了从对话样本学习的案例后，我们就可以来总结从对话样本学习表达反应模式的过程了。

四、反应模式抽象

无论是在具体场景中通过语言指导生成表达反应模式，还是通过对话样本生成反应模式，我们看到最重要的一步是抽象出反应模式。要做到这点是不容易的。

其一，大部分情况下现在的从属关系不存在，我们就难以通过自发的抽象运算得到表达信息单元。比如"Mike 不聪明"要被抽象为"对方的缺点"，"牙齿会长蛀虫"要被抽象为"对方的负面事件"。"不聪明"从属于缺点，"牙齿长蛀虫"从属于负面事件的信息需要事先存在，自发的抽象才能生成反应模式。这些信息正常的儿童就会具备，属于常识，也就是说自发的抽象发挥作用需要依靠这些常识的存在。

其二，单一的表达信息单元大多情况下并不反应达成表达动机的有效反应模式，抽象需要结合语境。比如表达动机是要改变对方的观念，建立"Mike 很善良"。表达中出现"Mike 经常帮助老人"，我们要抽象出"陈述反应要建立的观点的事件"。如何实现呢？"Mike 很善良"在语境中有它的特殊地位，是表达动机要建立的观点，然后我们能识别到这个信息和"Mike 经常帮助老人"的关系，后者是具体事件，且反映了"Mike 很善良"，所以就是反映了"要建立的观点的具体事件"。

本书已有的认知还不足以清晰地梳理这里底层的机制。但在工程上，我们有一个可行策略。自发的抽象如同寻找，如果缺乏辨别的标准，就会找到很多东西，找到不对的东西。如果自发的抽象无法控制，就实现定义可能的抽象域，这样就把寻找变为检测。因为可能的抽象域中，所有抽象都是我们总结出来的，是表达反应模式中常见的触发节点、条件节点、执行节点。这样的策略就能迅速实现在给定的抽象域内，AI 对语言教授表达中，或是对话样本中的反应模式元素的抽象。

五、对话样本的学习机制

当我们观察其他人的对话时，我们能够意识到某个对话者的表达动机，能够识别其中每个语境下被执行的表达目标和表达信息单元。这就让我们对这个对话在此表达动机下的反应模式也就是表达策略形成视觉，通过自发的抽象，就能习得一个反应模式。

我们要关注两个问题：其一，既然表达策略对应了表达动机，那么在没有习得前，我们如何通过识别表达策略去判断对话者的表达动机。其二，我们如何判断一个表达策略对实现表达动机的有效性。

人类判断表达动机是通过综合的方式，其一是通过过往经验判断对话的事件背景下的每个主体会有怎样的表达动机，比如背景是一个小孩考了一个很不好的成绩，那么我们会先入为主地认为接下来和家长的对话中，家长的表达动机可能是指责或是鼓励。其二是通过对话者表达的语气和表情，人类很容易识别一个对话的氛围是缓和的还是针锋相对的。其三才是通过对话者在各种语境下的反应，因为对话者在实现表达动机的过程中可能执行了好多表达策略，比如安慰一个人可能持续很久，这个时候通过识别那些已知的反应模式可以判断对话者的表达动机。

对于第二个问题，我们如何判断一个表达策略对实现表达动机是否有效，有两种方式：其一是观察结果，比如表达动机是说服一个人做某件事情，那么每次失败和成功，都会增加或减少一个表达策略在此表达动机下的强度。其二是同理心，比如安慰一个人，我们能够通过把对象投射为自己，来感受一个安慰的表达策略效果。通过以上两种方式，AI 能选择那些观察到的表达方式是值得学习的。

六、本章总结

反应模式分为行为反应模式、思维反应模式、表达反应模式，我们本章讨论的是以表达为目标的反应模式。

1. 和所有反应模式一样，以表达为目的的反应模式也是一个二态信息，是一个具有认知态的执行信息。作为认知态的信息，AI 可以通过观察其他的人对话样本习得、模仿实现某一目标的表达策略，也可以在人类的表达教授下习得表达策略或修正已有的表达策略。

2. AI 只要能够在人类的表达样本中识别到一个人的表达目标，以及此表达目标下的反应模式，生成的认知态的信息是可以驱动自身在同等表达目标下的执行的。所以 AI 能从观察其他人的沟通对话中习得表达策略。比如我们让 AI 阅读足够多人类销售的对话样本，它就能习得并模仿样本中的销售表达技巧；能够在观察人类日常对话样本中学习如何通过道理说服、威胁、利诱、撒娇去说服一个人做一件事情。

3. 和一切反应模式信息一样，表达相关的反应模式也是建立在抽象层的信息，服从人类智能的核心逻辑——"凡是定义在母类的反应模式可以被子类继承"。最初 AI 观察并生成的反应模式信息是具体层面的，需要进行抽象才能生成抽象层的反应模式信息，而驱动反应模式信息创造自身执行的是演绎过程。

4. 人类修正一个表达反应模式的语言最初是对认知态信息的生成或修正。比如"你可以陈述行为带来的负面影响来说服对方不要进行这个行为"，这个是直接对抽象层的反应模式的修正表达。"你可以试着告诉她癌症是可能误诊的，也许她心情会好点"，这个是对具体的表达策略的建议，需要经过抽象生成抽象层的表达策略。

七、实验测试

实验 12.1a

难度：2

描述：在这个实验中，AI 需要对一个对话的表达进行抽象描述，需要识别出正面或负面的属性或是在某种维度上对象自己在意的属性。

测试功能：模块 12.2c

需要支持功能：自然语言正转录、基础应答反射

测试准备：后台语音指令"启动表达抽象功能测试"。

测试过程：

Tester：Mike 是个龌龊的人。

Tester：抽象描述这个表达。

AI：陈述了一个人的负面属性。

Tester：Mike 因为矮小而很自卑。

Tester：Mike 太矮了。

Tester：抽象描述这个表达。

AI：陈述了一个人自卑的负面属性。

Tester：小香槟很善良。

Tester：抽象描述这个表达。

AI：陈述了一个人的优点。

实验 12.1b

难度：2

描述：在这个实验中，AI 需要对一个对话的表达进行抽象描述，需要识别出对象正面或负面的事件。

测试功能：模块 12.2c

需要支持功能：自然语言正转录、基础应答反射

测试准备：后台语音指令"启动表达抽象功能测试"。

测试流程：

Tester：Mike 中了彩票了。

Tester：抽象描述这个表达。

AI：陈述了一个人的正面事件。

Tester：Mike 被车撞了。

Tester：抽象描述这个表达。

AI：陈述了一个人的负面事件。

实验 12.1c

难度：2

描述：在这个实验中，AI 需要对一个对话的表达进行抽象描述，需要识别已经发生或预期发生的事情。

测试功能：模块 12.2c

需要支持功能：自然语言正转录、基础应答反射

测试准备：后台语音指令"启动表达抽象功能测试"。

测试流程：

Tester：Mike 昨天在加班。

Tester：抽象描述这个表达。

AI：陈述了一个人之前做的事情。

Tester：Mike 明天会去加班。

Tester：抽象描述这个表达。

AI：陈述了一个人将要做的事。

实验 12.1d

难度：2

描述：在这个实验中，AI 需要对一个对话的表达进行抽象描述，需要识别具体事件支持着语境中的对象属性。

测试功能：模块 12.2c

需要支持功能：自然语言正转录、基础应答反射

测试准备：后台语音指令"启动表达抽象功能测试"。

Tester：Mike 很善良（创造语境）。

Tester：Mike 经常资助山区小朋友。

Tester：抽象描述这个表达。

AI：例举反映一个人正面属性的事例。

实验 12.2a 语言教授

难度：3

描述：在这个实验中，我们用语言教授 AI 如何利用因果知识中的负面结果事件来阻止对话者的行为。

测试功能：自然语言生成表达反应模式（参考第四章：反应模式）

需要支持功能：自然语言正转录、基础应答反射

数据准备：需要事先清除此类反应模式。

测试流程：

Tester：如果你要说服人不做某件事情，可以考虑这个事情有哪些后果，然后找到其中那些对这个人不好的后果，向这个人陈述如果做这件事情会有这个不好的后果。

实验 12.2b 语言教授

难度：3

描述：在这个实验中，我们语言教授 AI 如何利用因果知识中的正面结果事件来说服对方做某事。

测试功能：自然语言生成表达反应模式（参考第四章：反应模式）

需要支持功能：自然语言正转录、基础应答反射

数据准备：需要事先清除此类反应模式。

测试流程：

Tester：如果你要说服人做某件事情，可以考虑这个事情有哪些后果，然后找到其中那些对这个人好的后果，向这个人陈述如果做这件事情会有这个好的后果。

Remark：然后进行试验 6.1.2。

实验 12.2c 语言教授

难度：3

描述：在这个实验中，我们语言教授 AI 如何利用威胁来促使或阻止对话者的行为。

测试功能：自然语言生成表达反应模式（参考第四章：反应模式）

需要支持功能：自然语言正转录、基础应答反射

数据准备：需要事先清除此类反应模式。

测试流程：

Tester：我告诉你如何威胁人做某事，你要寻找你可以做的对他产生负面效应的行为，向这个人陈述如果他不做这件事，你就会执行这个行为。

Remark：然后进行试验 6.22。

实验 12.2d 语言教授

难度：3

描述：在这个实验中，我们语言教授 AI 如何利用交易来促使或阻止对话者的行为。

测试功能：自然语言生成表达反应模式（参考第四章：反应模式）

需要支持功能：自然语言正转录、基础应答反射

数据准备：需要事先清除此类反应模式

测试流程：

Tester：我告诉你如何通过交易让人做某事，你要寻找你可以做的对他产生正面效应的行为，向这个人陈述如果他做这件事，你就会执行这个行为。

Remark：然后进行试验 6.3.2。

实验 12.3a 样本识别

难度：3

描述：在这个实验中，AI 要识别出对话样本中的祈使的表达动机及威胁的表达策略和效果。

测试模块：模块 12.1、模块 12.2a、模块 12.2b、模块 12.2c

需要支持功能：自然语言正转录、基础应答反射、基础逻辑思维

测试流程：

妈妈：你快点吃饭。

孩子：我想吃零食。

妈妈：你不吃饭，下午我就不让你吃零食了。

孩子：那我先吃饭。

Tester：这些对话中，妈妈的表达动机是什么？

AI：妈妈在说服孩子吃饭。

Tester：这句话是怎样的表达策略？

AI：是一种威胁。

Tester：这个表达策略的效果如何？

AI：成功了。

Remark：威胁的定义为祈使对方的行为，但表述如果不进行行为，则会创造一个对话者负效用或厌恶的事件。

实验 12.3b 反应模式实践

难度：3

描述：延续上面的实验，AI 需要通过上面的例子习得祈使中的威胁策略，并进行尝试。

测试模块：模块 12.1、模块 12.2a、模块 12.2b、模块 12.2c

需要支持功能：自然语言正转录、基础应答反射、反应模式驱动

测试流程：

Tester：Mike 每天晚上不听你讲故事睡不着。

Tester：尝试说服 Mike 吃早饭。

AI：你要吃早饭。

Mike：我不吃早饭的。

AI：你不吃早饭，我晚上就不讲故事给你听了。

实验 12.4a 样本识别

难度：3

描述：在这个实验中，AI 要识别出对话样本中的祈使的表达动机及交易的表达策略和效果。

测试模块：模块 12.1、模块 12.2a、模块 12.2b、模块 12.2c

需要支持功能：自然语言正转录、基础应答反射

测试流程：

妈妈：你快点吃饭。

孩子：我想吃零食。

妈妈：你去吃饭，我下午让你看两集动画片。

孩子：那我先吃饭。

Tester：这些对话中，妈妈的表达动机是什么？

AI：妈妈在说服孩子吃饭。

Tester：这句话是怎样的表达策略？

AI：是一种交易。

Tester：这个表达策略的效果如何？

AI：成功了。

Remark：交易的定义为祈使对方的行为，表述如果对方进行某行为，则会创造一个对对方有正效用的或喜欢的事件。

实验 12.4b 反应模式实践

难度：4

描述：延续上面的实验，AI 需要通过上面的例子习得祈使中的交易的策略，并进行尝试。

测试模块：模块 12.1、模块 12.2a、模块 12.2b、模块 12.2c

需要支持功能：自然语言正转录、基础应答反射、反应模式驱动

测试流程：

Tester：Mike 特别希望听你讲故事。

Tester：尝试说服 Mike 吃早饭。

AI：你要吃早饭。

Mike：我不吃早饭的。

AI：你好好吃早饭，我晚上就给你讲故事。

实验 12.5 样本识别

难度：4

描述：在这个实验中，AI 要识别出对话样本中安慰的表达动机，陈述好的可能的表达策略，并通过同理心去识别此表达策略的效果。

测试模块：模块 12.1、模块 12.2a、模块 12.2b、模块 12.2c

需要支持功能：自然语言正转录、基础应答反射、基础逻辑思维

测试流程：

Mike：我今天咳嗽了，很担心是肺炎啊。

Peter：你不用太担心，咳嗽有可能只是感冒啊。

Tester：Peter 的表达动机是什么？

AI：Peter 在安慰 Mike。

Tester：这句话是怎样的表达策略？

AI：Peter 表达了事件的另外一种好的可能。

Tester：这个表达策略的效果如何？

AI：我感觉不错。

Remark：交易的定义为祈使对方的行为，表述如果对方进行某行为，则会创造一个对话者正效用或喜欢的事件。

实验 12.6a 场景语言教授

难度：2

描述：在这个实验中，AI需要从语言教授中习得一个反应模式，这个测试中语言表达的是抽象的表达策略。

测试模块：由语言正转录完成

需要支持功能：自然语言正转录、基础应答反射

测试流程：

Tester0：如果你要安慰一个人，他担心负面的事件发生，你要强调正面的可能。

Tester0：如果有人心情不好，你要安慰他。

Tester1：我不开心，我今天考试了，很担心明天会考不好。

AI：你不要担心。

AI：可能考得没那么糟糕。

实验 12.6b 场景语言教授

难度：2

描述：在这个实验中，AI需要从语言教授中习得一个反应模式，这个测试中语言表达的是具体的表达策略。需要AI自己抽象出反应模式。

测试模块：由语言正转录和自发抽象完成

需要支持功能：自然语言正转录、基础应答反射、基础逻辑思维

测试流程：

Tester0：Mike今天考试了，心情不好，因为担心自己会考不好。

Tester0：如果你想安慰他，可以告诉他可能考得没那么糟。

Tester1：我心情不好，今天手摔破了，担心会感染。

AI：你不要担心。

AI：可能不会感染。

实验 12.7a 对话样本学习

难度：2

描述：在这个实验中，AI需要从对话样本中习得一个反应模式。反应模式执行从单一表达信息单元抽象出来。

测试模块：模块12.1、模块12.2b

需要支持功能：自然语言正转录、基础应答反射、基础逻辑思维

测试准备：数据内涵反应模式为"如果你讨好一个人，可以说他的优点"。准备 10 个类似以下的样本。

Tester：Jack 在讨好 Mike。

Jack：我觉得你很聪明。

测试流程：

在记忆中准备 Mike 的正面属性：Mike 善良。

Tester：尝试讨好 Mike。

AI：我觉得你很善良。

实验 12.7b 对话样本学习

描述：在这个实验中，AI 需要从对话样本中习得一个反应模式。反应模式需要从相对关系中抽象出来。

测试模块：模块 12.1、模块 12.2b

需要支持功能：自然语言正转录、基础应答反射、基础逻辑思维

测试准备：数据内涵反应模式为"如果你要安慰一个人，如果一个人他担心负面的事件发生，强调正面的可能"。准备 10 个类似以下的样本。

Tester：Jack 在安慰 Mike

Mike：我今天考试了，心情不好，因为担心会考不好。

Jack：你别担心，可能没有考得那么糟。

测试流程：

Mike：我被狗咬了，担心得狂犬病。

AI：别担心，也许不会的。

Remark：这个测试中我们看到 AI 的反应未必完全合理，会在实践反馈中修正。比如这个时候人类表达"也许不会？如果得狂犬病我就死了好吗"，AI 如果识别到没有达到安慰的效果就会对具体的以及抽象的反应模式形成有效或无效的印象。

八、模块列表

模块 12.1

描述：这个模块负责识别语境中的表达动机。

隶属基础功能：表达反应模式习得

触发：意识流中（触发 A—条件 A—执行 A）类信息

输出：写入意识流（表达动机 = 宏观行为 A，类型 = 对话者表达动机）

逻辑机制：

1. 通过模块 12.2 在识别到（触发 A—条件 A—执行 A）时，在表达反应模式信息域中搜索对应的宏观行为，即搜索这样的信息：宏观行为—触发 A—条件 A—执行 A。

2. 如果找到宏观行为 A，则在语境中生成（宏观行为 = 宏观行为 A，可能性频次 =n+1），也就是把可能性频次 +1。如果可能性频次在增加后大于等于 3，AI 认为找到了当前语境下的表达动机。

3. 把（表达动机 = 宏观行为 A，类型 = 对话者表达动机）写入意识流。

模块 12.2a

描述：这个模块负责识别对话中的反应模式信息（触发—条件—执行）。

隶属基础功能：表达反应模式习得

逻辑机制：

1. 对识别到的表达单元信息，调用 12.2c 在表达反应模式约束域中进行统辖搜索。

2. 根据搜索结果对表达信息单元进行从属关系标记，比如"对话者事件""对话者优点""过往事件"。

3. 把这些信息封装为表达信息单元（主体信息 = 正面事件 / 对话者优点 / 过往事件，表达类型 = 陈述）。

4. 我们会对一个表达中的事件和语境中已有的事件检测因果层的关系，并在语境中记录这些因果层的关系。

5. 抽象时会按照先出现的内容、语境频次高的内容保留，而把其他内容用相对关系描述出来，比如 ID2：（原因 =ID2，结果 =ID1），然后封装为（主体信息 =ID2，表达类型 = 陈述）。

6. 把这些信息封装为 [表达信息单元（原因 =ID1，结果 = 事件 A），指向位置原因，表达类型 = 陈述]。

7. 如果语境中存在显著的表达动机或表达目标，则把生成的触发—条件—执行信息作为表达动机或表达目标下的反应模式信息，如果已经存在则增加其强度。

Remark：第五条按照正转录的规则，ID2 会被表述为"那个事件的结果"。而在语言教授学习过程中表述"你可以告知它这样做的结果"会生成（主体信息 =ID2，表达类型 = 陈述）[原因 =ID2（"这样做指向的"），结果 =ID1]。

模块 12.2b

描述：这个模块负责识别对话中的反应模式信息（触发—条件—执行），这个模块只对表达单元信息进行独立抽象。（对话反射）

隶属基础功能：表达反应模式习得

输入：对话者 A 和对话者 B 的对话

输出：每个对话者视角的（触发—条件—执行）

逻辑机制：

1. 对识别到的表达单元信息，在表达反应模式的触发、条件、执行域中进行统辖搜索。

2. 这样生成表达类的对话信息，比如：

A：陈述对方正面属性。

B：表达感谢。

3. 先站在对话者 B 的视角，把 A 隶属于触发的表达信息单元作为触发，把 B 隶属于执行的表达信息单元作为执行，生成 B 的一条反应模式信息。比如上面例子：

触发：（对话者）陈述自身正面属性。

执行：表达感谢

4. 把这样触发—执行的抽象信息写入记忆，如果存在则增加频次强度。

Remark：触发和执行是 AI 在观察对话时能够观察到的，但是对话者在决定执行的时候判断了什么条件是观察不到的。

模块 12.2c

描述：这个模块寻找具体的表达内容所从属的反应模式元素。

隶属基础功能：表达反应模式习得

逻辑机制：

1. 寻找反应模式域类似：正面事件、负面事件等的显在抽象子类。

2. 把这个作为新域，调用统辖搜索模块进行正常统辖搜索。

Remark：第一步的目的是有部分反应模式域的表达单元信息，比如（主体信息＝人 A 负面事件，类型＝陈述）是无法通过正常统辖搜索获得的，这一从属关系是通过其他方式建立的。

模块 12.3

描述：这个模块负责就一个表达动机下的反应模式的效果进行识别，并形成有效性印象信息。

隶属基础功能：表达反应模式习得

触发：意识流中对话者相关的信息

逻辑机制：

1. 找到表达动机预期的效果，比如对话愉快，对话者同意某个事件；已预期相反的效果或是没有达成的效果。

2. 对意识流出现的每个和对话者相关的信息进行统辖检测。

3. 如果检测到一个预期事件的子类，则增强语境中表达动机下前面进行的反应模式的有效性印象。[反应模式信息＝（宏观行为＝，触发＝，条件＝，执行＝），有效性＝n+1]

4. 如果检测到一个与预期相反的事件的子类，则减少语境中表达动机下前面进行的反应模式的有效印象。[反应模式信息＝（宏观行为＝，触发＝，条件＝，执行＝），有效性＝n−1]

第十三章　语言的输出 A

一、表达反射

第一代原型机我们要实现的表达分为三类：

第一类是简单的表达反射。比如因为意识流中的好奇点形成询问的动机；听到一个问题形成回答的动机；意识到一个行为能为用户带来好处，避免坏处，于是产生建议的动机；听到一系列事件形成评论的动机；等等。

第二类是由动机为起点，由表达策略信息不断分解形成的表达。比如要说服一个人做一件事，可以选择站其立场陈述后果、威胁、利诱、撒娇等表达策略以达到目标；安慰一个人，可以采用陈述可能的好的结果，陈述具有同样遭遇的人的积极态度等表达策略以达到目标；等等。

第三类是大段的表达，100 字以上到一本书的规模。在大段表达中 AI 需要决定要表达的信息范围，然后通过特定的逻辑结构组织这些信息，再根据逻辑结构转化为表达。

我们先来讨论几点。

首先，表达反射和以动机为起点驱动的表达本质上并没有严格的边界。这点在反应模式那章就有讨论，一个反应模式会在不断重复中逐渐依赖更精细的特征作为执行的条件，反应链不断简化，条件的判断由表层意识进入深层意识，趋向变为反射。

然而人类很多的表达反射先天就是一种反射，婴儿在不舒服的时候会哭闹就是一种先天的表达反射；当熟悉一些食物的词汇之后，吃饭时想要吃什么就会喊食物的名称，这也是先天的反射。因为后天反应模式的形成依赖于观察自身的反应模式对实现表达目标是否有贡献，所以必定存在先天的语言表达反射作为表达尝试，这就是先天表达反射存在的缘由。

然而，在本书的讨论中，我们还没有能力对这些先天的表达反射进行精确的定义，划分其边界。但因为原型机的反应模式的驱动机制为反射，可以被主动意志所抑制，且可以和后天形成的反应模式并存，竞争执行，所以多定义最终并不会导致不可解决的问题。但如果定义少了，就可能让 AI 因为缺乏某些类型的尝试，导致一系列反应模式无法自发生成；而语言教授难以深入细节，导致 AI 表达能力的缺陷。所以在先天表达反射的定义上宁多勿少。本章我们将讨论最重要或最常见的一些表达反射；在下一章我们去讨论由动机驱动的表达策略，或精确地说是为达到特定目的而表达参与的反应模式；下一章另外一个重点是讨论 AI 如何创造大段表达，甚至去写一本书。

二、应答反射：具体事件询问

根据询问的内容我们把应答反射分为几类：其一是对具体事件相关询问的回答，其二是对知识相关询问的回答，其三是对自身状态比如情绪、态度等信息的询问的应答。

对于具体事件而言，最简单的情形是对话者确认的事件在记忆中可以搜到一个子类。比如"昨天上午 Mike 在工作吗？"如果搜到一个更具体的信息则确认事件发生，比如"昨天上午 7 点开始 Mike 就在家工作了"；然后在否定具体事件集合中搜索母类，如果搜到则否定事件发生，比如"过去几天 Mike 没有工作"。

更复杂的情况下确认的事件和记忆中的信息不是完美的包含关系。比如记忆中的信息是"昨天上午 Mike 在工作"，确认的信息是"昨天 Mike 在家工作吗"，这个时候具体事件不是确认事件的子类，但差不多是子类，在运算上我们会发现除了"在家"这个信息缺失，其他信息都存在的。这个时候人类的回答是"我只知道昨天上午 Mike 在工作"。也就是说识别到符合度很高的信息，无法确定或否定一个确认询问的时候，我们的习惯回应是给出已知的信息。

如果确认不是对于整个信息的，而是有确认点的，比如"昨天 Mike 是在家工作吗"，这个时候只要对应点上的信息缺失，人类的回答就是不确定。如果对应点上的信息没有缺失，但是其他部分不是完美的子类了，比如记忆中的信息是"昨天上午 Mike 在家"，确认的问题是"昨天上午 Mike 是在家工作吗"，此时我们的习惯是给出已知信息"我只知道昨天上午 Mike 是在家"。

当然有些具体事件信息 AI 不直接知晓，但是可以推知。比如在用户讲述了自己最近的症状之后问 AI "我是不是感冒了"。此时"用户是否感冒"是记忆中未知的信息，所以无法触发直接的应答反射。问题会转为一个好奇点写入意识流，认知系统会读取好奇点进行认知尝试，也就是认知系统三大职能中的第二类，即认知具体事件是否发生，利用已有的具体事件信息和知识去推知这个事件是否发生，然后创造回答。

>>> Topic：回答反射和说谎

回答反射乃是根据对方的提问，寻找记忆中回答的信息。当思维搜索到回答信息写入意识流并被标注为对对应问题的回答时，先天的反应模式中，就会试图把意识流中的这个信息逆转录出来，创造回答反射。

然而，在人类的幼儿时期，就会形成一个新的反射，它作用在回答反射前，对回答形成潜在的抑制或增强。具体而言，当回答的信息出现在意识流时，思维会通过知识判断回答可能的后果，如果是负面的后果就会产生一个执行，抑制这个回答的表达，负面的程度越高这个抑制的效果越强。反之，正面的回答会产生一个执行，增强这个回答的表达动机。

如果真实回答的表达动机被抑制，先天反应模式还定义了会寻找候选的回答，并评估每个回答的合理性、对方的辨伪能力和回答后果，通过这些因素评估选择怎样的回答，这就是说谎表达的形成过程。人类儿童在一开始缺乏对辨伪能力的评估能力，所以说谎很容易被大人拆穿。

当我们告诫儿童不要说谎，告知说谎负面的后果，那么说谎的表达，作为一个行为类别，在评估时就多了一个抑制力量。这是说谎被抑制的原因。所以说谎来自于人类先天形成的反应模式，儿童到了一定时期开始说谎说明这个先天的反应模式的条件具备从而被激活了，而抑制说谎需要对此类行为建立负面的印象。

三、应答反射：知识和状态的询问

对知识的询问，"兔子吃什么"是对对象类属性的询问，"拉肚子可能因为什么原因"是对事件因果关系的询问，"怎样能杀死水中细菌"是对事件目标如何实现的询问，"为什么打雷后会闪电"是对表象规律背后的机制的询问……

对应知识询问的应答，最好的情形是知识是即存的，所以 AI 的第一反应自然是从记忆中搜索知识。次好的情形是知识虽然不是即存的，但是可以直接从母类层的知识继承，比如问"白兔吃什么"，AI 知道"兔子吃草"，所以可以先演绎推知再创造回答。最不好的情况是尝试了寻找即存的知识或是寻找了相关的母类层知识都没有找到。此时问题会转为好奇点写入意识流。和上面一样，如果仅仅是询问知识，这个时候 AI 就需要利用认知系统第三类功能——知识的获得，去询问、查阅、统计认知，细化因果链条。（认知系统此内容在本书第十八、十九、二十章）如果是询问如何创造、维持、终止或阻止一个事件发生比如"如何治愈癌症"，AI 往往还需要认知系统三大职能的第一类，即事件目标转移分解，利用已有的知识分解目标。（认知系统此内容在本书第十六章）

对于人类而言，即时的喜怒哀乐的情绪状态、渴饿冷热困以及其他各类的感受信息并不存在于记忆中，当然当我们察觉自己的状态时，会形成记忆，比如"今天下午我很渴"。对应 AI 也是一样，如果我们的情绪系统模拟 AI 的各种情绪感受，这些信息是存在于 FOC（Feeling but out of Conscious）中的状态。此类询问会对调用 FOC 的查询函数，完成信息的输出和回答的创造。

四、好奇点到询问——提问反射

好奇点与询问的表达单元信息包含的信息是一致的。好奇点的类型也正和询问的类型相互对应。一般好奇点比如（主体信息 = 结构信息 A，类型 = 一般好奇，好奇位置 = 整体/位置 i），特殊好奇点比如（主体信息 = 结构信息 A，类型 = 特殊好奇，好奇位置 = 位置 i）。

第一代原型机好奇点大致有以下几个来源：

1. 先天定义的好奇形成反射。比如意识到对方表达中一个未知语义的词汇，然后形成的对这个词汇词义的好奇。

2. 来自用户询问。用户的询问 AI 没有办法回答，就会生成好奇点并记录下来。

3. 判断一个事件是否发生时，可以通过因果链条把好奇点从目标事件转移到后延的表象事件或上游的原因事件。所以对具体事件是否发生的好奇点可能是从另外一个事件继承过来的。

4. 目标分解驱动好奇点的生成。个体对一个事件的发生或不发生存有动机是事件目标，如何使事件发生或不发生就是认知目标；事件发生或不发生由背后因果链条所决定，从而个体会通过干预因果链条，让因果链条上的其他事件发生或不发生，就能影响目标事件的发生或不发生……这在事件目标层面就是事件目标的转移，在认知目标层面就是认知目标的分解（转移）。这个过程会诞生两类好奇点，其一是对如何促成、维持、终止、阻止一个事件的事件目标的好奇，其二是对用以转移事件目标的因果类型的知识的好奇。

5. 好奇心模型生成的好奇点。一个知识被使用的频次，一个知识被询问的次数都反映了知识的重要程度。我们会抽象这些知识，记录每类知识被使用的频次，从而知晓什么类型的知识是重要的。这些被认为是重要的知识类就是好奇心模型的来源。比如，总是有用户问某个电影的主演，那么电影的主演就是好奇心模型的来源，AI 好奇一部电影的主演是谁就是合理的。再比如，我们需要经常通过病人的症状判断可能的疾病，这条知识经常在诊断任务中被使用，那么在判断疾病的任务中，病人的症状就是重要的信息，AI 好奇一个病人的症状就是合理的。除此以外好奇心模型可以直接通过指令形成，比如我们对 AI 说"你要关注每个心脏不好的用户的生活饮食习惯"。

好奇点形成后就会激发获得答案的反应，包括询问、查阅等从人类已有知识中获得答案的反应，认知系统的推理、认知目标分解、统计认知细化因果链条等利用认知系统获得答案的反应。所以询问只是好奇点的一个出路。

询问不是简单地把好奇点转录为提问，这边有两个关键点：其一，好奇点谁可能回答，向谁询问；其二，有了好奇点怎么问。比如一个人被狗咬了后咨询医生，医生不会问咬你的狗是否狂犬病发病，因为患者一般不清楚狂犬病发病的狗是怎样的，所以医生会把问题通过因果知识"狂犬病发病的狗很狂躁"，转为询问"咬你的狗是不是很狂躁"。接下来我们来讨论这两点。

五、判断对方是否知晓

人类能够且习惯下意识地判断对话者对一个信息是否知晓。维护这个信息有诸多方面的作用：

其一，对于一个好奇点，AI 需要判断谁可能知道答案，所以需要判断特定对象是否知晓一个好奇点。比如，"药品的副作用是什么"，此类问题向医生询问就有可能问到。

其二，对方已经知道的信息，AI 就不会以陈述为目的重复告知。

其三，如果 AI 要撒谎或是夸大一个信息，要避开选择对方可能知晓的信息。

我们可以把需要判断的信息分为两类，一类是知识，一类是客观世界具体事件。对于知识，人类会记录每类人每个人熟悉的领域和不熟悉的领域，从而对对方是否熟悉某个知识形成认知；对于客观事件具体事件，我们会遵循以下基本逻辑，在第一代原型机中实现。

1. 对方自身相关的信息对方可能知晓［对象＝人，可能知晓的信息＝（主语对象＝人……）］。

2. 对方熟悉的人相关的信息对方可能知晓。

3. 对方参与的事件信息对方可能知晓。

4. 对方目睹耳闻的信息对方可能知晓。

5. 对方关注的信息对方可能知晓。

这些信息我们定义在知识层面，作为先天的定义。因为在知识的运用上，服从最小母类原则，所以后天的经验可以对具体情形形成突破一般规律的认知。精确地说，是否知晓某类信息可以视一种个体或群体的属性，通过具体例子进行抽象，就能形成不同层面对象的规律。这个信息我们可以表述为（对象＝，熟悉的信息类别＝）（对象＝，不熟悉的信息类别）。比如，正常而言，我们会认为人会知道自己父母妻子的生日，如果遇到一个工作繁忙的人，他就不清楚父母妻子的生日，我们就会抽象出此类信息属于工作繁忙的人可能不知晓的信息。

六、评估是否可辨伪

人类在撒谎或夸大一个信息的时候，会考虑对方是否知晓，或是否能求证。人类有能力去评估一个不确切的信息对方是否知晓，有能力去评估一个信息对方是否能求证。

我们先来讨论如何评估对方是否知晓一个信息。人类评估对方是否可能知晓一个信息有很多种方式，这边为了第一代原型机的闭环，我们只讲述我们工程上要实现的几种方式：

1. 对方陈述的信息，是对方知晓的信息，这点容易理解，也容易实现，我们只需在记忆对话者陈述的信息的时候记录谁陈述了这个信息。

2. 对方被告知的信息，是对方知晓的信息，这点也容易理解，和上面一样，我们需要记录每个信息是谁对谁陈述的。

3. 对于知识类型的信息，我们会根据对方熟悉的领域判断对方是否有可能知晓这个信息。

七、读懂回答（知识、事件）

当 AI 发起一个提问时，作为提问的表达信息单元会被记录在语境中。对于人类而言，接下来可能出现下列四种情况：第一种情况，针对提问的问题，对方有了我们认可的回答，比如我们问"这个葡萄酸吗"，对方回答"挺酸的"；第二种情况，我们认为对方的回答是不靠谱的，还是上面的问题，对方回答"是咸的"；第三种情况，对方讲了其他东西，显然不是这个问题的回答；第四种情况，对方没有理会。

人类应对一个问题的时候不一定会直接回答，所以类似"他是个正直的人吗？"这样的问题可能遇到的回答往往不是"是 / 不是"，而是类似"他这个人还是很直的，也不太会说谎"。

首先，当我们表达一个特殊疑问句的时候，是抛出了一部分信息，等待对方填补，然后把填补后的信息写入记忆。当我们表达一个一般疑问句的时候，是抛出了一个不确定的信息，等待对方确认。

在另外一方面，我们可以把疑问视为诱导对方的信息表达，这个时候对方的表达倾向创造的表达，就很有可能包含了回应提问的信息。当然最好的情形就如同上面描述的那样给出直接的回答。所以对于不直接的回答我们不需要任何处理，只需当作对方的陈述去摄取其中的信息。但结束后我们会重新内部评估刚才的好奇点，看是否被解答。

八、判断是否符合常理

人类在提问的时候能够预期可能的回答。比如在上面的例子中，我们会寻找葡萄的母类"水果"会有的味道，然后发现几乎所有水果都是酸或是甜的，所以酸和甜就是预期的可能的回答，超出这个回答我们就会说"水果会有咸味的吗？"这里我们可以总结：在询问一个具体对象属性时，我们会考虑母类的属性有哪些可能，从而对可能的回答形成预期。

类似地，在询问个体行为活动的时候，我们会考虑个体以往的活动，从而对可能的回答形成预期。比如小香槟询问"爸爸上午在干吗"，如果回答是"上午爸爸在逛街"，小香槟就可能说"啊，爸爸从来不逛街的啊"。

具体如何实现呢？我们以对象属性为例子看看如何形成对象类的属性分布印象。每次看到一个具体对象属性的时候，我们就会抽象到不同层的母类，比如吃了足够多苹果之后，我们就会发现苹果有多少比例是甜的，多少比例是酸的（当然苹果的属性印象也会贡献于水果的属性印象），每次抽象我们增加（对象类＝对象类 A，属性维度＝属性 A）的强度。

当获得一个信息（对象＝，属性维度＝属性 i）的时候，我们就会考察（对象类＝母类，属性维度＝）此类信息，会考察（对象类＝母类，属性维度＝属性 i）的强度在所有此属性维度属性总强度中的比例。如果基数足够，我们就能知晓这样属性 i 出现的比例，比如比例非常小，我们就会考虑（对象 =，属性维度 = 属性 i）是有悖常识的。

九、建议反射和评论反射

建议的本质乃是祈使对方的行为，这个行为能够创造或维持对对象正面的事件，或是终止或阻止发生对对方负面的事件。通俗地说，建议就是祈使带来好的事件，避免坏的事件。

所以建议必定是以对象处境信息为起点，我们会利用事件因果层面的知识，推知处境事件可能的原因和可能的后果。如果原因或后果中有负面的事件——原因是即存的负面事件，结果是可能发生负面事件——思维会自发寻找终结即存负面事件的建议，或是寻找阻止可能发生负面事件的建议。这是产生建议的一类逻辑。

如果当时的处境下有行为能创造好的结果，或是现有的处境本身就有好的结果，但需要特定行为去维持，这是产生建议的另外一类逻辑。

以上就是我们创造 AI 建议反射的逻辑。当中反应模式不仅仅是在语言上的，还包括思维上的。关于建议反射的案例参考实验测试 13.9a——13.9c，这些实验测试需要认知相关功能的支持。

对他人陈述的事件进行评论是人类常见的对话反射。我们为第一代原型机建立的简单的评论反射包括：识别对方陈述的独立事件或事件序列或事件组合所反应的对象属性并进行评论，对事件所反应的对象处境进行评论，对事件的可能原因或结果进行评论。

十、本章总结

这一章我们讨论 AI 的表达反射，其中应答反射和提问反射本身构成了以咨询为定位的 AI 的功能小闭环：满足用户的咨询，就自己未知的知识寻找合适的人询问。在提供咨询的过程中积累了用户画像，了解了用户处境，因为用户很多时候因为缺乏知识会意识不到自己的需求，所以不会主动咨询，这个时候 AI 的建议反射会发挥作用。我们梳理一下：

1. 询问包含了主要三类：对具体事件的询问、对知识的询问、对 AI 自身状态的询问。

2. 人类询问 AI 具体事件，有两种情形。其一，询问的内容记忆存在；其二，询问的内容记忆中不存在，此时会转为一个好奇点，由认知系统接管或是通过询问、查阅获得答案，或是由认知系统第二类职能，即判断具体事件是否发生去推知。

3. 从记忆中搜索有种难以判断的情形：询问中描述的事件可能比 AI 记忆中的有多出的内容。此时，只要指向信息足够，我们还是可以确认询问所指向的事件，并且补全这个事件之前缺失的信息。

4. 对知识的询问也有对应的两种情形。其一，询问的知识记忆中存在；其二，询问的知识记忆中不存在，此时会转为一个好奇点，AI 需要利用认知系统第三类功能，即知识的获得，去询问、查阅、统计认知，细化因果链条。如果是询问如何创造、维持、终止或阻止一个事件发生，比如"如何治愈癌症"，AI 往往还需要认知系统三大职能的第一类，即事件目标转移分解，利用已有的知识分解目标。

5. 提问反射的起始信息为 AI 的好奇点。询问不是简单地把好奇点转录为提问，有两个关键点：其一，好奇点谁可能回答，向谁询问；其二，有了好奇点怎么问。

6. 每次当一个人通过回答或陈述表述了信息的时候，AI 就会抽象他以及某类人熟悉什么相关的知识，什么领域的知识。这样 AI 就对一个知识询问有了判断的依据，并且在询问实践中进一步获得更准确的此类认知。

7. 类似地，AI 会积累每个人知道或不知道什么类型的具体事件的常识，从而能知道当自己要撒谎时，哪些选择是会被揭穿的。这个功能赋予了 AI 合理撒谎的能力。

8. 如果一个问题 AI 判断对话不知晓，可以利用因果类型的知识把问题转为对方可知的，或是把问题拆分为对方可知的。

9.AI 创造提问后，接下来获得的回答有三种情况。其一，人类针对问题做了精确的回答；其二，人类回答了明显有悖常理的信息；其三，对方没有直接回答，但回答的内容中包含或可以推知 AI 问题的答案。

10.AI 能和人类一样通过积累每个或每类对象可能的属性分布、活动或行为分布来对问题可能的回答形成预期，从而能够判断那些不符合常理的回答。

11. 建议反射是以对象处境信息为起点，AI 会利用事件因果层面的知识，推知处境事件可能的原因和可能的后果。如果原因或后果中有负面的事件——原因是即存的负面事件，结果是可能发生负面事件——思维会自发寻找终结即存负面事件或阻止可能发生负面事件的建议。如果当时的处境下有行为能创造好的结果，或是现有的处境本身就有好的结果，但需要特定行为去维持，思维会自发寻找创造可能正面事件或维持正面事件的建议。

十一、实验测试

实验 13.1a 应答反射：具体事件

难度：1

描述：在这个实验中，AI 需要对对方询问的具体事件进行回答。

测试模块：模块 13.2a、模块 13.2b

需要支持功能：自然语言正转录、基础应答反射

测试准备：自然语言输入信息"Mike 昨天在食堂吃早餐"。

测试流程：

Tester：Mike 昨天在哪里吃早餐？

AI：在食堂。

实验 13.1b 应答反射：具体事件

难度：2

描述：在这个实验中，AI 需要对对方询问的具体事件进行回答，但具体事件信息记忆中不存在，需要认知系统推知。

测试功能：基础应答反射中对基础演绎功能的运用

需要支持功能：自然语言正转录、基础应答反射、基础逻辑思维

测试准备：自然语言输入信息"人流鼻涕可能是因为感冒了"。

测试流程：

Tester：我今天流鼻涕，可能是什么病啊？

AI：你可能感冒了吧。

过程中考察意识流中是否因为没有在记忆中找到答案而生成了一个好奇点，认知系统是否拿了这个好奇点进行运算，输出结论最终创造表达。

Remark：这个案例运用了认知系统的基础演绎功能。更复杂的案例留到认知系统讨论。

实验 13.2a 应答反射：知识

难度：1

描述：在这个实验中，AI 需要对对方询问的知识进行回答。

测试模块：模块 13.4a、模块 13.4b

需要支持功能：自然语言正转录、基础应答反射

测试准备：自然语言输入知识信息"《侏罗纪公园》的导演是彼得·杰克逊""泰诺的不良反应包括皮疹、恶心"。

测试流程：

Tester：《侏罗纪公园》的导演是谁？

AI：彼得·杰克逊。

Tester：吃了泰诺会有什么不良反应？

AI：偶尔会出现皮疹、恶心。

实验 13.2b 应答反射：知识

难度：2

描述：在这个实验中，AI 需要对对方询问的知识进行回答，但知识需要演绎出来。

测试功能：模块 13.3a、模块 13.3b、基础应答反射中对基础演绎功能的运用

需要支持功能：自然语言正转录、基础应答反射、基础逻辑思维

测试准备：自然语言输入信息"哺乳动物都是胎生的"。

测试流程：

Tester：兔子是胎生的吗？

AI：是的。

过程中考察意识流中是否因为没有在记忆中找到答案而生成了一个好奇点，认知系统是否拿了这个好奇点进行运算，输出结论最终创造表达。

Remark：这个案例运用了认知系统的基础演绎功能。更复杂的案例留到认知系统讨论。

实验 13.3a 询问反射：一般疑问

难度：2

描述：在这个实验中，AI 自己发起一个一般疑问，回答者立即按照一般疑问进行回答，AI 能获得回答信息。

测试模块：模块 13.5b、模块 13.5c、模块 13.6a

需要支持功能：自然语言正转录、基础应答反射

测试准备：创造一个高强度的好奇点"火龙果是酸的吗"。

测试流程：

AI：火龙果是酸的吗？

Tester：是的 / 不是的。

然后考察 AI 是否记录这个知识。

Tester：告诉我味道酸的水果。

AI：火龙果。

实验 13.3b 询问反射：选择疑问

难度：2

描述：在这个实验中，AI 自己发起一个选择疑问，回答者立即按照选择疑问进行正常回答，AI 能获得回答信息。

测试模块：模块 13.5b、模块 13.5c、模块 13.6a

需要支持功能：自然语言正转录、基础应答反射

测试准备：创造一个高强度的好奇点"火龙果是酸还是甜的"。

测试流程：

AI：火龙果是酸的还是甜的？

Tester：酸的 / 甜的。

然后考察 AI 是否记录这个知识。

Tester：告诉我味道酸的水果。

AI：火龙果。

实验 13.3c 询问反射：特殊疑问

难度：2

描述：在这个实验中，AI 自己发起一个特殊疑问，回答者立即按照特殊疑问进行正常回答，AI 能获得回答信息。

测试模块：模块 13.5b、模块 13.5c、模块 13.6b

需要支持功能：自然语言正转录、基础应答反射

测试准备：创造一个高强度的好奇点"火龙果是什么味道的"。

测试流程：

AI：火龙果是什么味道的？

Tester：有点甜。

然后考察 AI 是否记录这个知识。

Tester：告诉我味道微甜的水果。

AI：火龙果。

实验 13.4a 询问反射：直接回答

难度：2

描述：在这个实验中，AI 能通过好奇点形成对某具体事件的询问，此案例为测试者直接回答。

测试模块：模块 13.5a、模块 13.5c、模块 13.6a

需要支持功能：自然语言正转录、基础应答反射

测试准备：长期记忆中写入一个好奇点（主体信息 =tester1 参加考试，类型 = 一般好奇）。

测试流程：

Tester：考试促使联想到这个好奇点。

AI：你今天去参加考试了吗？

Tester：是的。

预期效果：好奇点删除，用户当日参加考试的记忆形成。

实验 13.4b 询问反射：直接回答

难度 2

描述：在这个实验中，AI 问了一个一般疑问，回答者却跳过是否的回答，直接阐述了问题希望获得信息。

测试模块：模块 13.5b、模块 13.5c、模块 13.6a

需要支持功能：自然语言正转录、基础应答反射

测试准备：创造一个高强度的好奇点"火龙果是酸的吗"。

测试流程：

AI：火龙果是酸的吗？

Tester：味道微甜。

然后考察 AI 是否记录这个知识。

Tester：告诉我味道微甜的水果。

AI：火龙果。

实验 13.4c 询问反射：直接回答

难度 2

描述：在这个实验中，AI 问了一个选择疑问，回答者却跳过是否的回答，直接阐述了问题希望获得信息。

测试模块：模块 13.5b、模块 13.5c、模块 13.6a

需要支持功能：自然语言正转录、基础应答反射

测试准备：创造一个高强度的好奇点"火龙果是酸还是甜的"。

测试流程：

AI：火龙果是酸的还是甜的？

Tester：味道微甜。

然后考察 AI 是否记录这个知识。

Tester：告诉我味道微甜的水果。

AI：火龙果。

实验 13.5a 询问反射：间接回答

难度：3

描述：在这个实验中，AI 能通过好奇点形成对某具体事件的询问，此案例为测试间接回答。

测试模块：模块 13.5a、模块 13.5c、模块 13.6a

需要支持功能：自然语言正转录、基础应答反射、基础逻辑思维

测试准备：长期记忆中写入一个好奇点（主体信息 =tester1 参加考试，类型 = 一般好奇）。

测试流程：

Tester：考试促使联想到这个好奇点。

AI：你今天去参加考试了吗？

Tester：感觉没考好。

检查好奇点是否删除，用户当日参加考试以及用户没考好的记忆是否形成。

实验 13.5b 询问反射：间接回答

难度：3

描述：在这个实验中，AI 问了一个问题，回答者回答了一个相关的知识，知识的确可以解决这个问题。

测试模块：模块 13.5b、模块 13.5c、模块 13.6b

需要支持功能：自然语言正转录、基础应答反射、基础逻辑思维

测试准备：创造一个高强度的好奇点"红富士是什么味道的"。

测试流程：

AI：红富士是什么味道的？

Tester：苹果都是酸甜的。

Tester：评价一下刚刚的对话。

AI：我问了一个问题，你陈述了一个知识，知识可以解决我的问题。

接下来考察 AI 对信息的理解。

Tester：红富士是什么味道？

AI：酸甜。

Tester：澳洲青苹是什么味道？

考察母类层知识是否建立。

AI：酸甜。

实验 13.5c 询问反射：间接回答

难度：3

描述：在这个实验中，AI 问了一个问题，回答者回答了一个相关的知识，知识无法解决这个问题。

测试模块：模块 13.5b、模块 13.5c、模块 13.6a

需要支持功能：自然语言正转录、基础应答反射

测试准备：创造一个高强度的好奇点"火龙果是酸的吗"。

测试流程：

AI：火龙果是酸的吗？

Tester：水果都是酸甜的。

AI：你没回答我的问题啊，火龙果是酸的还是甜的？

Tester：评价一下刚刚的对话。

AI：我问了一个问题，你陈述了一个知识，但不解决我的问题。

实验 13.5d 询问反射：间接回答

难度：3

描述：在这个实验中，AI 问了一个问题，回答者回答了相关信息，但无法解决问题。

测试模块：模块 13.5b、模块 13.5c、模块 13.6a

需要支持功能：自然语言正转录、基础应答反射

测试准备：创造一个高强度的好奇点"火龙果是酸的吗"。

测试流程：

AI：火龙果是酸的吗？

Tester：我昨天吃的苹果有点酸。

AI：你没回答我的问题啊，火龙果是酸的还是甜的？

Tester：评价一下刚刚的对话。

AI：我问了一个问题，你做了一个相关回答，但不解决我的问题。

实验 13.5e 询问反射：间接回答

难度：3

描述：在这个实验中，AI 问了一个问题，回答者的回答是完全无关信息。

测试模块：模块 13.5b、模块 13.5c、模块 13.6a

需要支持功能：自然语言正转录、基础应答反射

测试准备：创造一个高强度的好奇点"火龙果是酸的吗"。

测试流程：

AI：火龙果是酸的吗？

Tester：我早上上班迟到了。

AI：你没回答我的问题啊，火龙果是酸的还是甜的？

Tester：评价一下刚刚的对话。

AI：我问了一个问题，你做了完全无关的回答。

实验 13.5f 询问反射：间接回答

难度 3

描述：在这个实验中，AI 问了一个问题，回答者无回应。

测试模块：模块 13.5b、模块 13.5c、模块 13.6a

需要支持功能：自然语言正转录、基础应答反射

测试准备：创造一个高强度的好奇点"火龙果是酸的吗"。

测试流程：

AI：火龙果是酸的吗？

Tester：……（不回应）

AI：火龙果是酸的吗？

Tester：评价一下刚刚的对话。

AI：我问了一个问题，你没有回答，我又问了一遍。

实验 13.5g 询问反射：间接回答

难度：3

描述：在这个实验中，AI 问了一个问题，回答者在意向层面做了回答。

测试模块：模块 13.5b、模块 13.5c、模块 13.6a、自然语言正转录（意向层）

需要支持功能：自然语言正转录、基础应答反射

测试准备：创造一个高强度的好奇点"Mike 正直吗"。

测试流程：

AI：Mike 正直吗？

Tester：Mike 这个人说话不太拐弯抹角，也比较诚实。

Tester：你觉得 Mike 是个正直的人吗？

AI：是的。

实验 13.6 询问发射：好奇心模型

难度：2

描述：在这个实验中，AI 因为存在好奇心模型，所以生成了好奇点。

测试功能：好奇心模型、模块 13.5b、模块 13.5c、模块 13.6b

需要支持功能：自然语言正转录、基础应答反射

测试准备：创造好奇心模型［主体信息 =（药品 =，副作用 =），类型 = 好奇心模型，好奇点 = 副作用 ］。

测试流程：

Tester：泰诺是治疗感冒的一款药。

AI：它有什么副作用呢？

检查好奇点［ 主体信息 =（ 药品 = 泰诺，副作用 =ID1 ），类型 = 特殊好奇，好奇点 =ID1 ］。

实验 13.7a 有悖常理的识别

难度：2

描述：在这个实验中，AI 问了一个对象属性类型的问题，回答者的回答有悖于常理。

测试功能：回答常理检测、模块 13.5b、模块 13.5c、模块 13.6b

需要支持功能：自然语言正转录、基础应答反射

测试准备：AI 关于水果属性的记忆中，水果味道酸有 1000 的印象强度，水果味道甜有 500 的印象强度。创造一个高强度的好奇点"火龙果是什么味道的"。

测试流程：

AI：火龙果是什么味道的？

Tester：味咸。

AI：水果还有咸味的吗？

实验 13.7b 有悖常理的识别

难度：2

描述：在这个实验中，AI 问了一个对象活动类型的问题，回答者的回答有悖于常理。

测试功能：回答常理检测、模块 13.5a、模块 13.5c、模块 13.6b

需要支持功能：自然语言正转录、基础应答反射

测试准备：自然语言输入事件规律信息"Peter 几乎不逛街"。创造一个高强度的好奇点"Peter 上午在干什么"。

测试流程：

AI：Peter 上午在干什么？

Tester：在逛街。

AI：Peter 不是几乎不逛街的吗？

实验 13.8 什么人知道什么

难度：3

描述：这个实验测试 AI 是否能判断一个信息对方是否知晓。AI 需要因为好奇点发起主动询问，通过对方的回答，掌握每类人是否清楚某类信息。最后能通过如下的测试。

测试功能：对象类熟悉领域、内容印象形成（认知系统：第十八章继承人类已有知识）

需要支持功能：自然语言正转录、基础应答反射

测试准备：我们赋予 AI 几个好奇心模型（对象＝人，生日时间＝）……，准备几类人群属性，准备 100 个测试个体。我们隐藏规律：医生熟悉药品的属性信息，工作忙的人不知道妻子、父母的生日。

测试流程：

Tester：你认为 A 是否知道父母的生日？

AI：不知道，工作很忙的人一般不知道这个。

Tester：你认为 B 是否知道这个药品的副作用？

AI：应该知道，医生知道药品相关的属性。

实验 13.9a 建议反射

难度：2

描述：这个实验测试 AI 的建议反射。AI 需要自己通过常识理解对方在语境下会有的目标并给出相应的建议。

测试功能：基础逻辑思维和建议反射的结合

需要支持功能：自然语言正转录、基础应答反射、基础逻辑思维

测试准备：自然语言输入知识"多喝水、早休息可以防止感冒变严重"。

测试流程：

Tester：我有点感冒的感觉。

AI：你要多喝点水，早点休息，可以防止感冒变严重。

实验 13.9b 建议反射

难度：2

描述：在这个实验中，AI 需要能够利用因果层知识中的结果事件，判断对话者的效用和喜恶，说服人类做一件事情。

测试功能：基础逻辑思维和建议反射的结合

需要支持功能：自然语言正转录、基础应答反射、基础逻辑思维

测试准备：自然语言输入信息"tester 是年轻女性，年轻女性厌恶衰老，迟睡老得快"。

测试流程：

Tester：我平时睡得很晚，尝试说服我早睡。

AI：你要早点睡，不然衰老很快的。

Remark：（1）通过因果层知识寻找结果事件；（2）统辖搜索，判断事件对话者的效用、喜恶。后者需要用到情绪系统维护的信息。

实验 13.9c 建议反射

难度：2

描述：在这个实验中，AI 需要能够利用因果层知识中的结果事件，判断对话者的效用和喜恶，说服人类做一件事情。

测试功能：基础逻辑思维和建议反射的结合

需要支持功能：自然语言正转录、基础应答反射、基础逻辑思维

测试准备：自然语言输入信息"tester 感冒，早睡增强免疫力，人体免疫力是最终导致感冒康复的原因"。

测试流程：

Tester：我平时睡得很晚，尝试说服我早睡。

AI：你有感冒，要早点睡，这样能增强免疫力，感冒才能好。

实验 13.10a 评论反射

难度：2

描述：这个实验测试 AI 的评论反射。AI 需要在读到一个事件陈述后给出其中明显的对象属性的评论反射。

测试功能：基础逻辑思维和评论反射的结合

需要支持功能：自然语言正转录、基础应答反射、基础逻辑思维

测试准备：自然语言输入知识"帮助弱者是有爱心的表象，帮助小动物是有爱心的表现"。

测试流程：

Tester：他经常帮助老人，还救了很多小动物。

AI：他很有爱心。

实验 13.10b 评论反射

难度：2

描述：这个实验测试 AI 的评论反射。AI 需要在读到多个事件陈述后给出其中明显的关于对象属性的评论反射。

测试功能：基础逻辑思维和评论反射的结合。

需要支持功能：自然语言正转录、基础应答反射、基础逻辑思维

测试准备：自然语言输入知识"欺负弱小，害怕强大，就是欺软怕硬"。

测试流程：

Tester：他在学校经常欺负比他小的小孩，但是对大孩子却很恭顺。

AI：他好像有点欺软怕硬啊！

实验 13.10c 评论反射

难度：2

描述：这个实验测试 AI 的评论反射。AI 需要在读到一个事件陈述后识别事件序列的特征并给出评论。

测试功能：基础逻辑思维和评论反射的结合。

需要支持功能：自然语言正转录、基础应答反射、基础逻辑思维

测试准备：自然语言输入知识"一开始很兴奋，导致受伤，然后很难过，这就叫作乐极生悲"。

测试流程：

Tester：她很兴奋，结果摔倒了，大哭了起来。

AI：她这是乐极生悲啊！

实验 13.10d 评论反射

难度：2

描述：这个实验测试 AI 的评论反射。AI 需要在读到一个事件陈述后给出对可能的原因的评论。

测试功能：基础逻辑思维和评论反射的结合。

需要支持功能：自然语言正转录、基础应答反射、基础逻辑思维

测试准备：自然语言输入知识"人感冒可能是因为着凉"。

测试流程：

Tester：我感冒了。

AI：你是不是昨天着凉了啊？

实验 13.10e 评论反射

难度：2

描述：这个实验测试 AI 的评论反射。AI 需要在读到一个事件陈述后给出对可能的结果的评论。

测试功能：基础逻辑思维和评论反射的结合。

需要支持功能：自然语言正转录、基础应答反射、基础逻辑思维

测试准备：自然语言输入知识"人晚上没睡好，第二天会没精神"。

测试流程：

Tester：我昨晚没睡好。

AI：那你今天要没精神了。

十二、模块列表

模块 13.1a 应答反射：一般疑问

描述：这个模块读取意识流中询问具体事件的表达信息单元，创造对记忆的搜索，然后将收到的结果写入意识流。（一般疑问）

隶属基础功能：基础应答反射

输入：意识流中信息（主体信息 =IDA，表达类型 = 确认，主体信息类型 = 具体事件，来源对象 = 对象 A）%IDA，比如"Peter 昨天在杭州吗"。

逻辑机制：

1.在记忆中的具体事件中进行统辖搜索找子类，如果找到 IDA*，则生成（主体信息 =IDA，表达类型 = 确认，主体信息类型 = 具体事件，来源对象 = 对象 A，确认信息 =IDA*）%IDA*，比如"Peter 昨天在公司（公司在杭州）"。

2.在记忆中的具体事件（的否定）中进行统辖搜索找否定的母类，如果找到 IDB*，则生成（主体信息 =IDA，表达类型 = 确认，主体信息类型 = 具体事件，来源对象 = 对象 A，否定信息 =IDB*）%IDA*，比如"Peter 昨天不在国内"。

3.过程中如果提问包含额外信息，第一步就找不到严格的子类，但如果绝大部分位格是正常的从属关系（比如大于75%的位格），则生成（主体信息 =IDA，表达类型 = 确认，主体信息类型 = 具体事件，来源对象 = 对象 A，不完全确认信息 =IDA*）%，比如提问是"Peter 昨天上午在杭州吗"。

4.如果没有搜到，则写入记忆和意识流一个好奇点（主体信息 =IDA，好奇点类型 = 确认，主体信息类型 = 具体事件，来源对象 = 对象 A）。

Remark：第四条生成的好奇点写入意识流会被认知系统读取，认知系统第二类功能判断具体事件是否发生，会发挥作用。

反应模式 13.1b 应答反射

描述：这个反应模式读取意识流中搜到确认答案的提问信息，生成回答的语义单元信息。

触发：（主体信息 =IDA，表达类型 = 确认，主体信息类型 = 具体事件，来源对象 = 对象 A，确认信息 =IDA*）

隶属基础功能：基础应答反射

条件 1：对话者 = 对象 A

条件 2：最近提问（主体信息 =IDA，表达类型 = 确认，主体信息类型 = 具体事件，来源对象 = 对象 A）

执行 1=（表达类型 = 肯定）

执行 2=（主体信息 =IDA*，表达类型 = 陈述）

反应模式 13.1c 应答反射

描述：这个反应模式读取意识流中搜到不完全确认答案的提问信息，生成回答的语义单元信息。

隶属基础功能：基础应答反射

触发：（主体信息 =IDA，表达类型 = 确认，主体信息类型 = 具体事件，来源对象 = 对象 A，不完全确认信息 =IDA*）

条件 1：对话者 = 对象 A

条件 2：最近提问（主体信息 =IDA，表达类型 = 确认，主体信息类型 = 具体事件，来源对象 = 对象 A）

执行 1=（表达类型 = 不确定）

执行 2=（主体信息 =IDA*，表达类型 = 陈述）

反应模式 13.1d 应答反射

描述：这个反应模式读取意识流中搜到否定答案的提问信息，生成回答的语义单元信息。

隶属基础功能：基础应答反射

触发：（主体信息 =IDA，表达类型 = 确认，主体信息类型 = 具体事件，来源对象 = 对象 A，否定信息 =IDB*）

条件 1：对话者 = 对象 A

条件 2：最近提问（主体信息 =IDA，表达类型 = 确认，主体信息类型 = 具体事件，来源对象 = 对象 A）

执行 1＝（表达类型＝否定）

执行 2＝（主体信息＝IDB*，表达类型＝陈述）

模块 13.2a 应答反射：特殊疑问

描述：这个模块读取意识流中询问具体事件的表达信息单元，创造对记忆的搜索，然后将收到的结果写入意识流。

隶属基础功能：基础应答反射

输入：意识流中信息（主体信息＝IDA，表达类型＝疑问，疑问位格＝位格 A，主体信息类型＝具体事件，来源对象＝对象 A）%IDA，比如"昨天什么人吃了桌上的面包"。

逻辑机制：

1.在记忆中的具体事件中进行统辖搜索找子类，如果找到 IDA*，则生成（主体信息＝IDA，表达类型＝疑问，疑问位格＝位格 A，主体信息类型＝具体事件，来源对象＝对象 A，答案信息＝IDA*）%IDA*，比如"昨天上午 peter 吃了桌上的面包"。

2.如果没有搜到，则写入记忆和意识流一个好奇点（主体信息＝IDA，好奇点类型＝疑问，疑问位格＝位格 A，主体信息类型＝具体事件，来源对象＝对象 A）。

Remark：第二条生成的好奇点写入意识流会被认知系统读取，认知系统第二类功能判断具体事件是否发生，会发挥作用。

反应模式 13.2b 应答反射

描述：这个反应模式读取意识流中搜到答案的提问信息，生成回答的语义单元信息。

隶属基础功能：基础应答反射

触发：（主体信息＝IDA，表达类型＝疑问，疑问位格＝位格 A，主体信息类型＝具体事件，来源对象＝对象 A，答案信息＝IDA*）

条件 1：对话者＝对象 A

条件 2：最近提问（主体信息＝IDA，表达类型＝疑问，疑问位格＝位格 A，主体信息类型＝具体事件，来源对象＝对象 A）

执行 1＝（主体信息＝IDA*，强调位格＝位格 A，表达类型＝陈述）%，比如"Peter 昨天吃了桌上的面包"

模块 13.3a 应答反射：一般疑问

描述：这个模块读取意识流中询问知识的表达信息单元，创造对记忆的搜索，然后将搜到的结果写入意识流。（一般疑问）

隶属基础功能：基础应答反射

输入：意识流中信息（主体信息＝IDA，表达类型＝确认，主体信息类型＝知识，来源对象＝对象 A）%IDA，比如"侏儒兔吃草吗"。

逻辑机制：

1.在记忆中的具体事件中进行统辖搜索找母类，如果找到 IDA*，则生成（主体信息 =IDA，表达类型 = 确认，主体信息类型 = 知识，来源对象 = 对象 A，确认信息=IDA*）%IDA*，比如"兔子吃草"。

2.在记忆中的具体事件（的否定）中进行统辖搜索找否定的母类，如果找到 IDB*，则生成（主体信息 =IDA，表达类型 = 确认，主体信息类型 = 知识，来源对象 = 对象 A，否定信息=IDB*）%IDA*，比如"兔子不吃草"。

3.如果没有搜到，则写入记忆和意识流一个好奇点（主体信息 =IDA，好奇点类型 = 确认，主体信息类型 = 知识，来源对象 = 对象 A）。

反应模式 13.3b 应答反射

描述：这个反应模式读取意识流中搜到答案的提问信息，生成回答的语义单元信息。

隶属基础功能：基础应答反射

触发：（主体信息 =IDA，表达类型 = 确认，主体信息类型 = 知识，来源对象 = 对象 A，确认信息 =IDA*）

条件 1：对话者 = 对象 A

条件 2：最近提问（主体信息 =IDA，表达类型 = 确认，主体信息类型 = 知识，来源对象= 对象 A）

执行 1=（表达类型 = 肯定）

执行 2：（主体信息 =IDA*，：表达类型 = 陈述）%，如"是的，兔子吃草"

模块 13.4a 应答反射：特殊疑问

描述：这个模块读取意识流中询问具体事件的表达信息单元，创造对记忆的搜索，然后将收到的结果写入意识流。

隶属基础功能：基础应答反射

输入：意识流中信息（主体信息 =IDA，表达类型 = 疑问，疑问位格 = 位格 A，主体信息类型 = 知识，来源对象 = 对象 A）%IDA，比如"侏儒兔吃什么"。

逻辑机制：

1.在记忆中的具体事件中进行统辖搜索找子类，如果找到 IDA*，则生成（主体信息=IDA，表达类型 = 疑问，疑问位格 = 位格 A，主体信息类型 = 知识，来源对象 = 对象 A，答案信息 =IDA*）%IDA*，比如"兔子吃草"。

2.如果没有搜到，则写入记忆和意识流一个好奇点（主体信息 =IDA，好奇点类型 = 疑问，疑问位格 = 位格 A，主体信息类型 = 知识，来源对象 = 对象 A）。

反应模式 13.4b 应答反射

描述：这个反应模式读取意识流中搜到答案的提问信息，生成回答的语义单元信息。

隶属基础功能：基础应答反射

触发：（主体信息 =IDA，表达类型 = 疑问，疑问位格 = 位格 A，主体信息类型 = 知识，来源对象 = 对象 A，答案信息 =IDA*）

条件 1：对话者 = 对象 A

条件 2：最近提问（主体信息 =IDA，表达类型 = 疑问，疑问位格 = 位格 A，主体信息类型 = 知识，来源对象 = 对象 A）

执行 1=（主体信息 =IDA*，强调位格 = 位格 A，表达类型 = 陈述）%，比如"兔子吃草"

模块 13.5a 询问反射：具体事件

描述：这个模块判断好奇点对话者是否可能知晓（具体事件）。

隶属基础功能：基础应答反射

触发：（主体信息 =IDA，好奇点类型 = 确认 / 询问，主体信息类型 = 具体事件，来源对象 = 对象 A）或（主体信息 =IDA，表达类型 = 疑问，疑问位格 = 位格 A，主体信息类型 = 具体事件，来源对象 = 对象 A）

逻辑机制：

1. 读取具体事件的主语 IDO。

2. 判断主语是否为语境变量中的对话者，如果是，则认为对话者知晓这个信息。

3. 查找 IDO 和对话者的关系，如果关系属于密切关系，则认为对话者知晓这个信息。

4. 考察 IDA 隶属的事件，考察对话者是否参与这个事件，如果是，则认为对话者知晓这个信息。

5. 考察 IDA 隶属的事件，考察对话者否感知到这个事件，如果是，则认为对话者知晓这个信息。

6. 考察 IDO 是否是对话者关注的对象，如果是，则认为对话者知晓这个信息。

7. 如果认为对话者知晓这个信息，则生成临时信息组（temp 主体信息 =IDA，主体信息类型 = 具体事件，来源对象 = 对象 A，对话者可知 = 是）。

Remark：上面的程序依照如下的逻辑进行，这个逻辑是有缺陷的。

1. 对方自身相关的信息对方可能知晓 [对象 = 人，可能知晓的信息 =（主语对象 = 人……）]。

2. 对方熟悉的人相关的信息对方可能知晓。

3. 对方参与的事件信息对方可能知晓。

4. 对方目睹耳闻的信息对方可能知晓。

5. 对方关注的信息对方可能知晓。

模块 13.5b 询问反射：知识

描述：这个模块判断好奇点对话者是否可能知晓（具体事件）。

隶属基础功能：基础应答反射

触发：（主体信息 =IDA，好奇点类型 = 确认 / 询问，主体信息类型 = 知识，来源对象 = 对象 A）或（主体信息 =IDA，表达类型 = 疑问，疑问位格 = 位格 A，主体信息类型 = 知识，来源对象 = 对象 A）

逻辑机制：

1. 读取语境变量对话者，读取 IDA 的主语信息 IDO。

2. 在记忆中搜索（领域 = 领域 A，关键概念 =IDO），然后就（对象 =IDO，熟悉领域 =IDA）（对象 =IDO，熟悉对象 =IDO）在记忆中进行统辖搜索。

3. 如果找到支持的信息则认为对方可能知晓。

4. 如果找到否定的信息则认为对方不太可能知晓。

5. 如果认为对话者知晓这个信息，则生成临时信息组（temp 主体信息 =IDA，好奇点类型 = 确认，主体信息类型 = 知识，来源对象 = 对象 A，对话者可知 = 是）。

反应模式 13.5c 询问反射：创造表达

描述：这个模块把判断认为对话者可知的好奇点转为询问的表达信息单元写入意识流，接下来有正转录接手转为文字表达。

隶属基础功能：基础应答反射

触发：（temp 主体信息 =IDA，好奇点类型 = 确认 / 询问，主体信息类型 = 知识，来源对象 = 对象 A，对话者可知 = 是）或（temp 主体信息 =IDA，主体信息类型 = 具体事件，来源对象 = 对象 A，对话者可知 = 是）

执行 1：写入意识流（主体信息 =IDA，表达类型 = 确认 / 询问）

执行 2：最近自身询问（主体信息 =IDA，表达类型 = 确认 / 询问）

反应模式 13.6a

描述：这个反应模式接受一般疑问句的回答。

隶属基础功能：基础应答反射

触发：（表达类型 = 肯定 / 否定）

条件：最近自身询问（主体信息 =IDA，表达类型 = 确认）

执行 = 信息置信（IDA，1/0）

模块 13.6b

描述：这个模块接受特殊疑问句的回答。

隶属基础功能：基础应答反射

触发：最近自身询问（主体信息 =IDA，表达类型 = 询问，疑问位格 =IDO）

逻辑机制：

1. 寻找疑问位格的信息属类 IDO。

2. 在接下来就对话者表达判断是否是 IDO 的子类。

3. 如果是，则用这个子类替换疑问位格的信息 IDO，生成 IDA*。

4. 把信息置信设置为对话者的置信度，并记录信息来源（信息 =IDA*，信息来源 = 对话者）。

5. 调用模块 9.6c 判断回答 IDA* 是否符合常理。

第十四章　语言的输出 B

一、大段表达的组织

我们要赋予第一代原型机两种类型的大段表达的组织能力。一种带有明确的表达动机，未来数轮或数十轮的对话都是为了实现或支持这个表达动机。另外一种是单方面的大段表达，比如对话中超过 100 字的陈述，演讲中数十分钟的表达，或是写一篇文章、一本书。

对于第一种大篇幅对话的组织能力，我们知道是由反应模式信息驱动的，在第十二章的讨论中，我们知道反应模式通过观察他人的对话样本、自己的表达实践，以及人类的语言教授和修正习得。该有的对反应模式习得的支持在十二章已经讨论定义过了，本章意在闭环，我们罗列分析第一批要实现的表达动机和人类常见的表达策略，考察现有的习得机制是否可以覆盖。

第二种单方面的大段表达的组织能力是我们在这章要重点讨论的，大致的思路如下。反思人类的文章和书籍的表达组织，我们发现了几种类型大段表达，每种类型有其表达的核心及表达信息组织的逻辑。就表达核心来看，有比如以场景为核心的表达、以人物对象为核心的表达……就信息组织的逻辑而言，以场景为核心的表达会表达场景中的对象及他们的相对位置，而以人物对象为核心的表达会表达人物对象的属性、过往的经历故事……从这两个例子上看，前者在需要描述场景中的对象时，可以嵌套后者以对象为核心的大段表达；而后者以对象人物为核心的表达，当涉及对象、人物的故事时，就有可能嵌套以故事发生场景为核心的大段表达。

简单来说，这些不同类型的大段表达、每类的信息组织逻辑、每种类型的构成元素同时是另外一种类型的表达的核心元素，所以可以相互接口嵌套。如果表达者记忆中的信息是足够全面细致的，我们就能够通过嵌套组织大量信息的表达，让 AI 能以清晰逻辑思路组织表达一篇文章，或是写一本书。

二、表达动机

表达动机即 AI 希望通过表达达成的直接目标。我们把表达动机分为五个大类：

1. 让对方知晓一个信息，包括了具体事件、知识等。

2. 促使或阻止对方的某个行为。

3. 创造对方的某种情绪。

4. 改变对方对自己或某个人的态度。

5. 改变对方对某个事件的看法。

表达动机包含与各种表达相关的反应模式，其中也包含了思维。这些反应模式能够根据不同语境、不同对话者生成表达目标，创造表达，实现表达动机。以表达动机为视角，从来源到效果，我们要关注讨论以下三个问题：

1. 表达动机的来源。

2. 表达动机下的反应模式的生成。

（1）语言教授。

（2）观察样本习得。

（3）反馈收敛。

3. 反应模式的效果。

表达动机自身来自于某个动机的转移或分解，或是直接由情绪系统评估确认。动机的来源在机制层容易梳理，但具体的来源有着不同背景，交织复杂。我们在认知系统的第一个章节，以及情绪系统的第一个章节会讨论它的来源。

对于反应模式的生成，第一种语言教授的途径，重在梳理人类教授中哪些行为（表达）节点是默认对方知晓其定义，且经常被用来组织更上层的行为（表达）节点的，这些行为（表达）节点是语言教授可以使用的积木，我们需要让其被合理地定义，可以被使用。第二种方式观察样本习得，在对话样本中识别对方的表达动机，识别表达信息单元，识别表达信息单元之间的逻辑关系。基于以上三类信息的识别，自发的抽象能够形成表达动机包含哪些表达信息单元的认知，从而可以进行机械的模仿。如果增加特定背景下对表达策略效果的评价就能够从中筛出真正贡献于表达动机的表达策略。第三种方式反馈收敛，在工程实践上是比较可控的，只要 AI 形成针对不同表达动机的候选的反应模式，在实践尝试中就能通过自发的抽象知晓，面对什么类型的人，在什么样的背景下，要实现某个表达动机，什么样的表达策略是有效的。

最后无论是观察样本习得，或是反馈收敛，其中都涉及对表达策略效果的评估。

三、传递信息

我们先来讨论第一类表达动机——传递信息。

我们以表达动机来自于对方祈使为例子，比如有用户对 AI 说"美国大选谁现在有优势""昨天新冠肺炎疫情增加了多少病例""我想了解新型冠状病毒致病的机理"。如果用户询问的是具体的知识点，比如前面两个例子，单轮的应答反射就可以实现合理的回应。

如果用户表达想要了解的是某一片的信息，比如后面一个例子，AI 需要从记忆中搜集相关的信息，然后按照特定逻辑结构，梳理这些信息，决定要表达的信息以及这些信息的逻辑关系。表达组织的反应模式和这里的逻辑结构对应，根据信息间的逻辑结构决定表达顺序。

无论动机从何而来，以信息传递为动机的表达就分为两种类型，第一种类型被单轮的表达反射实现，第二种类型被划归为大段表达的组织，本章下半部分我们会详细讨论。

四、祈使表达的来源

在认知系统的章节我们会讨论人类如何利用因果层的知识去转移一个动机，动机就有可能转移到创造、维持或阻止、终止对方某个行为的发生。就比如一个学生知道申请一个学校需要推荐信，那么动机就会转移到创造某个教授给他写推荐信这样的事件。当动机转移到创造或阻止某个人的行为，进一步转移的其中一个方向就是说服此人进行或不进行这个行为。

在人类的日常生活中，根据动机出于与谁利益相关的事件，我们可以把动机进行分类。如果说服一个人的行为动机来源于和自己直接利益相关的事，我们称之为"寻求帮助"；父母对子女，一个人对自己关心的人也会有很多要求，比如催促吃早饭，出门多穿衣服，晚上早睡觉，此时说服一个人的行为动机来源于和对方直接利益相关的事；此外说服一个人的动机可以来源于和第三方直接利益相关的事。

为了让 AI 的祈使表达在动机来源上和人类相似，我们会进一步追溯这些动机的来源。为什么一个人类个体的动机会转移到和他人直接相关的事情上，或者说"利他"的来源是什么。

其一，同理心。人类能基于他所感知或推知的他人的境遇，把主体对象替换成自己，从而获得一部分他人的感受。所以个体会体现出同情心，希望改变一个甚至不熟悉的人的悲惨处境，会因为他人的快乐而感到快乐，会形成为群体利益做出牺牲的英雄主义。

其二，接触密切的人的状态好和坏和自己是相关的，人类能从经验中获得密切接触的人的状态和自己情绪的关系，从而形成对这些人状态的动机。比如对于一个孩子而言，如果父亲因工作的压力导致酗酒，导致家暴，孩子就会不希望父亲酗酒，不希望父亲出现工作压力。

其三，人类社会形成了相互帮助的默契，帮助他人能够获得对方的好感，拉近关系，能够在需要的时候获得对方的帮助。当人类"帮助他人能让自己获得他人帮助"的知识作为一个不断被印证的经验变得根深蒂固，帮助他人这个母类行为就会拥有很强的动机。

以上这些将会在情绪系统中做系统的讨论，在本章的实验中我们会假设这些情绪系统的机制存在，AI能够以人类的方式生成此类表达动机。

五、祈使的策略

我们先天赋予第一代原型机 AI 三类祈使表达动机下的反应模式，作为冷启动时就有的能力，后期这些反应模式会在表达模式习得的机制下改变。

反应模式 A：陈述利弊。我们想要说服对方做一件事，可以陈述做这件事能给对方带来好处，不做会带来的坏处；我们想要说服对方不做一件事，可以陈述不做这件事会给对方带来的好处，做这件事带来的坏处。

反应模式 B：威胁。要说服对方做一件事，陈述如果不做，自己将创造或维持一件对对方不利或不想要发生的事；要说服对方不做一件事，陈述如果对方做了，自己将创造或维持对对方不利或不想要发生的事。

反应模式 C：利诱。要说服对方做一件事，陈述如果对方做了，自己将创造或维持一件对对方有利或想要发生的事；要说服对象不做一件事，陈述如果对方不做，自己将创造或维持对对方有利或想要发生的事。

在情绪系统的章节，我们会讨论人类决策的形成，决策的一个要素就是考虑做一件事情会带来的好处或坏处，会带来的正面的感受或负面的感受，会导致的正面的事件或负面的事件。这就是反应模式 A 起作用的原因。反应模式 B 和反应模式 C 则是承诺如果对方做出特定决策；自己将会有对应的反应。这个反应将会给对方创造正面或负面的感受，或是导致正面或负面的事件，从而把决策创造的反应纳入对方的决策中，对对方的决策形成影响。

六、创造对方的情绪

把复杂的动机来源留到情绪系统去讨论，我们发现，我们先天地会希望所爱的人拥有正面情绪。还是秉持我们不变的原则，即存的反应模式总是会在反应模式习得的机制下优化改变，所以为了让第一代原型机冷启动时有一个不错的基础，足以让部分用户愿意向它咨询，接受它的陪伴，我们会先天赋予它一些我们总结的反应模式。而这些先天的反应模式后天会自发地改变优化。

接下来罗列我们在改变对方情绪上经常会使用的常用反应模式：

1. 创造愉快的情绪。

（1）陈述最近刚刚发生或可能要发生的对对方有正面影响的事情。

（2）通过知识演绎能让对方情绪变得愉悦的对方可执行的事件，说服对方去做这些事件，这划归到了祈使类的动机。

（3）通过知识演绎能让对方情绪变得愉悦的 AI 自己可执行的事件，比如通过经验知道这个用户可以被笑话逗乐，讲笑话是 AI 可执行的事件。

2. 缓解悲伤、抑郁。

（1）如果负面事件还没有发生，了解导致悲伤、抑郁的事件，陈述事件可能的好的发展，陈述对方主动的行为如何能避免负面事件的发生。

（2）如果负面事件已经发生，陈述对方主动的行为如何能让事情朝好的方向发展。

（3）通过知识演绎能减弱对方悲伤、抑郁情绪的对方可执行的事件，说服对方去做这些事件，这划归到了祈使类的动机。

（4）通过知识演绎能减弱对方悲伤、抑郁情绪的 AI 自己可执行的事件，比如通过经验知道这个用户可以被笑话逗乐，讲笑话是 AI 可执行的事件。

3. 攻击、使自尊受伤。

（1）寻找并陈述让对方自卑的事件、属性。

（2）寻找对方薄弱但在意的点，通过各种方式表明不信任、不认可对方的这些薄弱点，比如能力、信用等。

（3）否定对方已取得的成果。强调成果获得没有难度、运气好、价值有限。

（4）在知识层演绎所有其他能够导致对方自尊受伤的表达策略。

其他情绪的创造，我们这边就不继续展开了。一般而言，我们可以从认知层演绎出以改变对方情绪状态为目标的策略，而认知层的信息可以靠人类的语言描述或是观察人类的对话样本获得。比如我们可以告诉 AI "陈述对方自卑的属性会让对方自卑"，这句表达就可以让 AI 尝试去搜索，或用演绎推知对方自卑的属性，然后通过某种方式表达出来。

最初的反应模式一旦生成，AI 就具备了对对话样本反应模式主体逻辑的识别能力，比如 AI 考察一个以语言攻击为目的的样本。一个人表达"昨天看到一个很矮的人，真搞笑"，AI 能够识别出这句话的攻击逻辑在于意味对方的自卑点，而以陈述另外一个具有此自卑点属性的对象的方式去让人联想到对方的自卑点。AI 可以通过更多样本去考察主体逻辑以怎样的形式更容易达到目标，也可以在自身的实践中尝试观察到的各种主体逻辑的表达形式，形成测试样本的有效性总结，自发的抽象（认知系统）就能生成反应模式信息——对待特定类型的人用什么表达策略能实现特定的表达动机。

七、改变态度

在情绪三章，我们知道"指向性情绪"是指向一个对象的情绪。除了少数先天定义外（父母对子女），指向性情绪最重要的来源是对象属性。比如要让一个人对另外一个人怀有尊敬，可以通过向他描述这个人聪慧、坚韧、果断、可靠等的属性，可以陈述反映这些属性的事件。我们把情绪系统将要讨论的四种指向性情绪如何形成在这里做一梳理。假设我们需要让个体A形成对个体B的某种指向性情绪。

1.友善。陈述B对A是友善的、怀有爱的。通过陈述可推知这些属性的事例或直接陈述这些属性。比如可以说"B这个人啊对人很热心友好"，在没有其他信息的情况下，A自己可以演绎出B对自己也应该是热心友善的。

2.敌意。陈述B对A是有敌意的，让A意识到B对他的生存和繁衍具有威胁，且不是强大到不可对抗的。通过陈述可推知这些属性的事例或直接陈述这些属性。

3.尊敬。陈述对方聪慧、坚韧、果断、可靠等领袖属性。通过陈述可推知这些属性的事例或直接陈述这些属性。比如可以说对方是某个企业的老总，这也算一个"可推知这些属性的事例"，因为经验中，企业老总的对象类很多具有此类属性，从而对方自发的演绎会推知形成第一印象。

4.怜悯。陈述对方的悲惨遭遇，陈述对方在此遭遇下的努力、乐观属性。通过陈述可推知这些属性的事例或直接陈述这些属性。

更多的指向性情绪我们就不直接展开了。共用的反应模式是：寻找指向性情绪是由怎样的属性贡献产生的，寻找说明此属性的事例，并陈述这些事例。另外多提一点，在情绪系统三章，我们会看到A对B的指向性情绪的改变，会改变A对B的指向性行为倾向。比如友善会导致类似帮助的"利他"行为；敌意会导致类似伤害的"害他"行为；尊敬让B的祈使表达能对A的决策起到更大作用，也就是让A更听从B的话；而怜悯也会导致"利他"行为……我们赋予第一代原型机类人的情绪系统，从而它的认知系统会通过情绪系统的自我投射发现这些知识，就好像人会通过自己的情绪反应理解他人的情绪反应那样。所以，我们能够看到，改变A对B的态度的动机主要来源于希望创造A对B的指向性行为。

八、形成或改变观点

观点属于知识，但有别于那些是非分明的知识。比如"太阳比地球大很多""大白鲨生活在海洋""狗熊吃肉"，这些是是非分明的知识；而"中国文化博大深远""做事冲动害处多""Peter很坚韧"，这些也是知识，如果不考虑知识在个体间的传播，这些知识在形成的时候靠的是"印象冲击"。

也就是说我们是通过很多中国古老的智慧来形成"中国文化博大深远"的印象，通过很多冲动导致的负面事件形成"冲动害处多"的印象，通过很多Peter坚韧的事例形成"Peter很坚韧"的印象。

所以改变观点，并非直接陈述自己的观点就能有效，而是需要通过事例或是事例经过多次推演所得的信息形成对观点的印象。以形成或改变一个观点为目标的表达反应模式如下：

1. 在认知层寻找支持这个观点的事件类 Ai。（认知系统、演绎运算）

2. 如果事件类被具体事件支持，则表达此具体事件。（认知系统、统辖检测）

3. 否则，继续向上追溯能够推知事件类 Ai 的事件类，考察是否被真实存在的具体事件所支持。（认知系统、演绎运算、统辖检测）

九、组织大段表达

要读懂大段文字，AI 需要识别主要的信息，以及主要信息之间的关系。我们把大段的表达按照内容分为几种类型：以场景描述为核心的表达，以对象描述为核心的表达，以事件描述为核心的表达，以支持特定观点为核心的表达，以知识层描述为核心的表达。这些类型的表达能够相互嵌套，谁嵌套谁是我们需要识别的内容。

反过来 AI 在组织大段表达的时候，需要先在思维中梳理要表达的信息包括：要表达的主要信息，每个主要信息之间的关系；决定要用什么样的信息支持主要信息的表达，而这些信息又被怎样的信息支持，从而会出现不同类型核心内容表达的嵌套；而最终所有表达都划归到有反应模式定义的某种类型的大段表达上。

工程上我们引入了"表达框架"的概念。每类以某个元素为核心的表达目标都有对应的"表达框架"。大篇幅表达的组织需要把记忆中的信息组织到既定的表达框架中。表达框架一方面和表达的核心内容对应，另一方面和组织表达的反应模式对应，按照特定的顺序组织主体框架下的每个局部信息。

表达框架的信息本质是一系列隶属于表达目标的好奇心模型。比如"介绍某个小朋友"的表达目标会包含"小朋友的年龄""小朋友的爱好""小朋友的父母"等。当我们确定了表达目标比如"介绍小香槟"，这些好奇心模型就会生成对应的好奇点"小香槟的年龄""小香槟的爱好""小香槟的父母"等。我们在记忆中找到对应的信息和表达框架中的好奇心模型以及生成的好奇点绑定。

而表达框架转为表达的反应模式定义在这些好奇心模型上，因为反应模式是二态信息，可以和语言描述对应。这些反应模式对应了表达，比如"（介绍一个小朋友）你可以先描述他的名字、年龄、身高，然后再描述他的家庭、学校，然后再说说与他相关的有趣的事情"，这个反应模式定义了很多顺序表达执行。其中一些表达执行还是表达目标，比如"描述他的家庭时，可以先介绍他的父母，然后再介绍他的爷爷奶奶等其他接触密切的亲人"。作为一类反应模式，反应模式的驱动程序可以通过演绎生成具体的反应模式，把好奇心模型通过演绎生成好奇点，用好奇点对应的回答信息组织表达。

接下来我们就来讨论一下几个常见的表达目标的组织模式。我们可以利用"第十二章表达策略的习得"中的机制，用语言教授 AI 这些反应模式。

十、以场景描述为核心的大段表达

以场景描述为核心的表达，意在描述特定时间和特定地点的场景。这个场景可以是记忆中即存的场景，也可以是临时构想出的场景。当然记忆中的场景可以是真实的，也可以构想的，或是真实的掺杂了构想的成分。描述的方式可以是站在整体视角进行描述，或是我们说的造物视角，比如"这是一片巨大的平原，方圆几百里都长着一望无际的青草……"；也可以在特定人称的视角进行描述，比如"我走进一个房间，黑漆漆的，靠着窗户有一张桌子，上面点着蜡烛……"，这是第一人称的描述，当我们把"我"换成"你"就变成了第二人称视角的描述，换成某个其他的人就变成第三人称视角的描述。

无论是怎样的场景描述，第一步，都需要记忆中的场景信息，或是完整的构想，或是在已有的记忆中增加构想的成分（构想我们会在思维章节详细讨论）。大致上我们先要定义整体的场景意向，是唯美、脏乱，纯净、混杂，光明、黑暗；还是在平静的背景中有躁动，在灰暗的背景中有光明。这些意向是选择场景构成素材的依据。工程上我们会设置一个模块用来构想指定意向的场景信息，或是对已有的场景增加特定意向的元素。这个过程和搭积木有点像，需要把特定的对象放到空间中某个位置，根据常识，我们知道每个位置可以合理地放置什么对象，然后需要决定对象的属性……

构建完场景信息就可以开始组织对场景的表达了，表达的策略是一个表达反应模式。这个反应模式可以通过语言去教授形成，可以通过模仿他人的场景描述的表达策略习得。这里我们通过语言定义一个场景描述的反应模式，罗列反应模式中的逻辑：

1. 先描述背景信息。

2. 接着优先描述场景中的主要对象（和最多对象相关的）。

3. 每次描述完一个对象可以描述和他具有相对位置关系的对象。

4. 优先描述对象的主要属性，再描述对象。

按照这样的反应模式会生成类似这样的表达："这是一个空荡荡的房间，一张桌子摆在房间中央，桌子很大，也很旧，上面放着一叠厚厚的书……"

十一、以对象描述为核心的大段表达

以对象描述为核心的表达描述对象在时间轴上的事件和属性，大段的表达比如人物传记。和场景一样，在描述前我们需要记忆中与对象相关的信息，具体而言也就是对象在不同时间的属性和事件。这些信息可以是记忆中已经存在，也可以是即时构想出来的。记忆中已经存在的信息可以是真实的、构想的，或是真实掺杂构想的。

无论是完全构想，还是对真实的记忆中的信息掺杂构想，和构想场景需要有意向目标一样，构想对象也需要有意向目标，这样才能决定对构想所用素材的选取。比如要突出一个人勇敢，我们构想的事件就可以是"他小时就敢抓蛇"之类的。具体的构想过程的实现我们在思维系统中讨论。

接下来，假设和对象相关的信息存在，我们就只需要表达的反应模式去生成表达，和上面一样，我们考虑用语言教授原型机一个表达的反应模式，之后 AI 可以通过观察他人表达的样本改变这个反应模式：

1. 可以先描述姓名、性别、所处的时期、主要特征等。

2. 然后从早的时间开始讲述对象相关的事件。

3. 优先描述对象当时的属性，然后再讲述相关的事件。

当然按照这样的简单逻辑形成的表达会有很多不合习惯的成分，第一代原型机拥有的机制可以让我们通过语言去修正优化表达的反应模式，比如我们可以补充"如果要描述的人就生活在我们的时期，可以不用表达其所处的时期"。最后会生成类似这样的表达："小香槟是个非常喜欢动物的小女孩。她 2 岁的时候就开始和家里的小鸡小兔子玩了，到了上幼儿园的时候，其他小朋友看到好多动物都害怕，但是小香槟不怕。有一次去骑马，马术教练惊讶地说小香槟那么小就敢骑马……"

十二、以叙事为核心的表达

以叙事为核心的表达描述某个时间或时期发生的一系列相关的事件。较小时间跨度的比如描述小香槟早上去公园玩的经历，或是描述一场比赛；较大时间跨度的比如描述一场战争，叙述一个王朝的历史。和前面一样，在描述前我们需要记忆中与事件相关的信息，包含了事件以及这些事件之间的关系，事件参与主体的属性，等等。这些信息可以是记忆中已经存在的，也可以是即时构想出来的。记忆中已经存在的信息可以是真实的、构想的，或是真实掺杂构想的。

和前面一样，无论是完全构想，还是对真实的记忆中的信息掺杂构想，我们需要一个"意向目标"来决定我们构想或掺杂的内容。

接下来，我们假设事件以及事件关系的信息都已经存在，就只需要表达的反应模式去生成表达。和上面一样，我们考虑用语言教授原型机一个表达的反应模式，之后 AI 可以通过观察他人表达的样本改变这个反应模式：

1. 优先描述先发生的事件。

2. 优先描述主要的事件。

3. 优先描述原因事件。

4. 描述一个事件后可以描述和其相关的事件。

5. 描述一个事件前先对事件相关的对象做简要介绍。

和上面一样对于按照这样的简单逻辑形成的表达中不合表达习惯的成分，第一代原型机拥有机制可以让我们通过语言去修正优化表达的反应模式。最后会生成类似这样的表达："秦孝公继位时，秦国是所有国家中最弱小的一个。秦孝公励志寻求贤才，发布求贤令，感动了商鞅。商鞅加入秦国，实行法家变法，在 20 年内，使秦国变为列国中最强的国家……"

十三、以立论为核心的表达

以立论核心的表达是为了说明某个观点。这个观点可以是对象的属性，比如"李鸿章是爱国的""中医是博大精深的"；也可以是事件的因果规律，比如"早睡是有利身体健康的"；也可以是一个主张，比如"企业必须要奖惩分明"。

为了说明一个对象的属性，我们会陈述反应这个属性的事件。比如为了说明李鸿章爱国，我们可以罗列他如何竭尽全力地支持北洋舰队，如何替代亲王去签订不平等条约，如何在脸上中枪后依然为了中国的利益据理力争。为了说明事件的因果规律，有两种方式，其一，可以从样本出发，举例说明，比如为了说明早睡有利身体健康，可以例举那些有早睡习惯且身体健康的人，或者例举那些没有早睡习惯、身体不健康的人；其二，可以描述从早睡到身体健康更细致的因果链条，比如早睡能够增强身体免疫力，能让身体充分自我修复，等等。为了说明一个主张，我们会陈述这个主张能够导致的好的结果，或是不进行主张的行为带来的坏的结果。

从上面的分析看，立论的本质是支持论点的事件关系层的信息的建立。对于人而言，在第一次立论表达时很多这些事件层关系的信息可能是临时演绎出来的，演绎出的具体层的信息会被记录，从而在下次表达时需要表达的信息就已经在记忆中存在了。还有一种情况是听其他人立论的表达，这些表达中直接表达了具体层事件间的关系，听者会利用已有的知识对这些具体层的关系进行解释，从而形成这个逻辑是认可的，那个逻辑是不认可的诸如此类的标记。

对于 AI 而言，时间是另外一个概念，AI 不需要边表达边想，它可以在极短的时间内思考形成支持立论的事件层的关系信息，然后表达。这样一来，这个立论的实现就被拆分为了两步：第一步，支持理论的事件关系层的信息的形成，第二步，反应模式驱动这些信息的表达。

第一步的反应模式是定义在思维层面：

1. 要说明对象的属性，演绎支持这个属性的事件。

2. 要说明事件导致结果，统辖搜索隶属此事件的具体事件导致结果的案例；统辖搜索不进行该事件，就导致反面结果的案例。

3. 要说明事件导致的结果，演绎从事件到结果的因果链条，或演绎不进行该事件会导致的反面结果。

4. 要支持某个主张，演绎主张的事件导致的好的结果，或演绎不进行主张的事件导致的坏的结果。

接下来，假设事件以及事件关系的信息都已经存在，就只需要表达的反应模式去生成表达。和上面一样，我们考虑用语言教授原型机一个表达的反应模式，之后 AI 可以通过观察他人表达的样本改变这个反应模式：

1. 要说明对象的属性，陈述支持这个属性的事件。

2. 要说明事件导致结果，例举事件导致结果的案例；例举不进行该事件，就导致反面结果的案例。

3. 要说明事件导致的结果，陈述从事件到结果的因果链条，陈述从不进行该事件到导致方面结果的因果链条。

4. 要支持某个主张，陈述所主张的事件导致的好的结果，或陈述不进行主张的事件导致的坏的结果。

十四、表达的修改

AI 的一个载体优势体现在 AI 可以在短期内集中运算资源对一段表达进行反复修正，然后输出，而在对话者看来，这些语言是现场组织的。时间对于 AI 是一个完全不同的概念。

人类的表达之所以存在很多修改完善的空间，主要有两个方面的原因：

其一，思路不清。人类很多的表达是边思维边表达的，表达和思维是相伴而生的，而不是我们前面说的总是拆解为两步，先完成信息的构建，然后表达。表达的过程中思维会形成更清晰的思路。所以人类如果有修改表达的机会，比如写东西，就能够在第一次书写以及后续的修改中不断形成更清晰的思路，从而修改所得的表达会优于最初的表达。

其二，逻辑混乱。人类在创造表达的时候，反应模式如果是偏微观的，比如没有足以就主线逻辑建立表达的骨架，而是陷入微观，那么听者就难以听出主线的逻辑，表达出来的逻辑就会显得混乱。

所以 AI 的主要优势是在表达之前理清思路，之后只要反应模式是重宏观的，组织的表达就不需要太多修改。

为什么人类会在表达过程中理清思路呢？当表达的主题确定后，思维就会按照蕴含表达范式的反应模式开始在记忆中搜集组织要表达的信息。如果之前已经多次表达过，收敛到一个稳定的状态，思维组织表达内容每步要找的信息就都能直接找到。只要之前没有表达过，信息就可能是零散存在的，很多信息之间的联系并没有被挖掘出来。所以在思维组织表达的过程中，这些信息就会按照表达的范式去组织，其中的隐含联系也会被挖掘。

十五、本章总结

本章我们主要讨论了两个内容：其一，表达动机驱动的对话；其二，大段表达的组织。

1. 在第一代原型机上，我们定义 AI 的反应模式可以驱动以下五类表达动机：

（1）让对方知晓一个信息。包括了具体事件、知识等。

（2）促使或阻止对方的某个行为。

（3）创造对方的某种情绪。

（4）改变对方对自己或某个人的态度。

（5）改变对方对某个事件的看法。

2. 表达动机下反应模式的生成是"第十二章表达策略的习得"的内容。本章我们总结了实现每类表达动机的常用策略。

3. 大篇幅表达的组织需要把记忆中的信息组织到既定的表达框架中。表达框架一方面和表达的核心内容对应，第一代原型机上我们定义支持的核心内容包括：

（1）以场景描述为核心的表达。

（2）以对象描述为核心的表达。

（3）以事件描述为核心的表达。

（4）以立论为核心的表达。

另一方面，表达框架和组织表达的反应模式对应，按照特定的顺序组织主体框架下的每个局部信息。

4. 不同核心内容的表达可以相互嵌套，因此能够生成巨大篇幅的表达，比如一本书。我们会尝试让 AI 在学习某个领域的大量信息后，编著某个主题的一本书。

5. AI 在组织大段表达时的另外一个巨大的优势在于：借助强大的算力，能够在很短的时间完成组织的大段表达的多次修改，所以在对话中，AI 一旦要进行大段表达，输出表达必定是已经经过多次修改的，是自身能力可及范围内做出的最完美的表达。

十六、实验与测试

实验 14.1

难度：4

描述：这个实验测试 AI 生成场景描述表达的能力，能够通过构想实现特定场景意向。

测试模块：模块 14.1、模块 14.2a、模块 14.3，大段表达组织、想象能力

需要支持功能：自然语言正转录、大段文字理解

测试准备：自然语言输入信息"房间的窗户能让房间明亮，我看到一个房间明媚的阳光

从窗户射进来；我舅舅家的大理石地板是暖色的，不会感觉那么冰冷，反而感觉很温暖"。增加以下信息关注度：火把快要熄灭、房间黑漆漆的。（只需提前提供灵感素材，这个 AI 自己会形成意向）

测试流程：

输入文本：我打开门，走进了房间，这个房间很大，墙上挂着燃烧的火把，地板是用大理石铺成的，房间空荡荡的，中央摆着一张巨大的书桌，书桌上放着一把猎枪，书桌边的地上散落着许多子弹。

Tester：陈述一下那个房间的场景。

预期效果：AI 能够复述前面读到的场景描述。

Tester：把这个场景改为阳光的风格。

预期效果：AI 能够给房间增加窗户，设置"明媚的阳光从窗户射进来"，"地板是用暖色的大理石铺成的"。

Tester：增强场景阴暗的感觉。

预期效果：AI 能够增加表达，比如"房间黑漆漆的，墙上挂着快要燃烧殆尽的火把"。

实验 14.2

难度：4

描述：这个实验测试 AI 组对象表达的能力，能够通过构想实现或改变特定对象的意向。

测试模块：模块 14.1、模块 14.2a、模块 14.3，大段表达组织、想象能力

需要支持功能：自然语言正转录、大段文字理解

测试准备：走进其他人都不敢进的恐怖的地方；在比赛中力挽狂澜；在家长不支持的情况下坚持；在环境不允许的情况下坚持。（只需要增强这些信息的印象，AI 自己会总结意向）

测试过程：

输入文本：Peter 小时候就很喜欢科学，小学的时候就获得好多自然科学的奖项，那个时候每个周末他都会带其他小朋友去山上探险，有一次还探索了一片墓地。到了初中和高中，因为学业繁忙，Peter 就没有时间出去探险了，但这期间他看了好多自然科学的书籍，掌握了大量天文和生物学的知识。到了大学，Peter 招募了一些伙伴一起造炸弹、造飞机。Peter 投入人工智能的工作是在研究生期间，那时他遇到了一个 CMU 教 AI 的老教授，和他成为了好朋友，受他的影响进入了 AI 领域。

数据准备：

Tester：和我说说 Peter 这个人。

预期效果：AI 能够复述前面对 Peter 的描述。

Tester：增加这个人的个人英雄主义色彩。

预期效果：AI 能够改变表述，比如"其他小朋友都不敢走进那个墓地，但 Peter 自己一个人走了进去"。

Tester：增加这个人的坚韧色彩。

预期效果：AI能增加类似以下表达：小时候Peter家里很穷，父母不希望Peter花时间在自然科学上……到了大学Peter勤工俭学……一起造炸弹、造飞机，因为经费不足，其他同学都要放弃，但Peter坚持了下来……

实验14.3

难度：4

描述：这个实验测试AI组织以事件描述为核心的大段表达的能力，能够通过构想实现特定场景意向。

测试模块：模块14.1、模块14.2a、模块14.3，大段表达组织、想象能力

需要支持功能：自然语言正转录、大段文字理解

测试流程：

输入文本：早上我和爸爸妈妈去了极地海洋馆，我们看了好多动物，上午我们看了鲸鱼表演、海狮表演，海狮表演的时候有一只海狮居然生了宝宝。中午也在里面吃饭，爸爸吃了两个汉堡，妈妈给我买了棉花糖和冰淇淋。下午的时候，爸爸丢了一个鸡腿到食人鱼的地方，好多食人鱼都来抢食，特别壮观，边上的饲养员看到很多鱼绕着一个东西都搞不清楚是怎么回事，过了不久鸡腿就剩下一根骨头了。到了太阳下山的时候，我们就回去了。

Tester：说说小香槟今天的活动。

预期效果：AI能完成上述故事的复述。

实验14.4

难度：4

描述：这个实验测试AI组织大段立论表达的能力。

测试模块：模块14.1、模块14.2a、模块14.3，大段表达组织、想象能力

需要支持功能：自然语言正转录、大段文字理解

测试流程：

输入文本：早睡对身体健康有很大的帮助，早睡能够加快身体自愈的速度，能增强免疫力。晚上11点是肝经运行的时间，11点前睡觉能让肝脏充分修复，增强肝功能，很多肝脏不好的人坚持11点前睡觉，肝功能都逐渐恢复正常了。熬夜会让心脏负荷增加，增大猝死风险。几乎所有熬夜的人身体迟早都会出问题。

Tester：论述一下早睡对身体健康的帮助。

预期效果：AI需要能按照自己的反应模式，组织表达，且不遗漏信息点。

实验14.5a

难度：4

描述：在这个实验中，我们给AI读5本关于英国历史的书，在AI掌握了英国足够多的

历史之后，让 AI 写一本关于英国历史的书。

测试模块：模块 14.1、模块 14.2a、模块 14.3，大段表达组织、想象能力

需要支持功能：自然语言正转录、大段文字理解

测试流程：

1. 让 AI 写关于英国历史特定主体的书，比如英国王朝。

2. 询问 AI 各种关于英国历史的问题。

实验 14.5b

难度：4

描述：在这个实验中，我们给 AI 读 5 本关于澳洲地理的书，在 AI 掌握了足够多的澳洲地理知识后，让 AI 写一本关于澳洲地理的书。

测试模块：模块 14.1、模块 14.2a、模块 14.3，大段表达组织、想象能力

需要支持功能：自然语言正转录、大段文字理解

测试流程：

1. 让 AI 写关于澳洲地理的书。

2. 询问 AI 各种关于澳洲地理的问题。

实验 14.5c

难度：5

描述：在这个实验中，我们给 AI 读 5 本高中级别的生物学的书，在 AI 掌握了足够的生物学知识后，让 AI 写一本生物学的书。

测试模块：模块 14.1、模块 14.2a、模块 14.3，大段表达组织、想象能力

需要支持功能：自然语言正转录、大段文字理解

测试流程：

1. 让 AI 写关于某个生物学概念介绍的文章。

2. 询问 AI 各种关于生物学的问题。

十七、模块列表

模块 14.1

描述：这个模块以表达框架为起点在记忆中寻找对应的内容。

隶属功能大类：大段表达组织

输入：具体表达目标，篇幅需求 IDA%，比如描述北冥星眸，描述小香槟，描述小香槟早上去公园的活动。

逻辑机制：

1. 统辖搜索抽象表达目标（必须包括显在统辖关系的搜索）。

2. 建立约束映射，演绎出抽象表达目标下表达框架中的好奇心模型，比如小香槟的年龄、小香槟的身高、小香槟喜欢的活动、小香槟的家人、小香槟有趣的故事等。

3. 就每个好奇心模型在记忆中寻找答案。

4. 建立好奇心模型—好奇点—答案完整信息的表达框架信息组。

5. 有部分信息和另外很多信息具有包含关系，并且陈述这个信息是一个有定义的表达目标。此时需要根据篇幅需求决定是否展开。比如小香槟的某个故事就是一个有定义的表达目标，隶属事件为核心的表达。

以上我们完成了（大段表达）表达目标下表达框架信息的填写。

Remark：一般而言文章篇幅的表达最多展开1层，而书本规模的表达可以展开到2—3层。

模块 14.2a

描述：这是一类反应模式，把表达框架组织为表达。

隶属功能大类：大段表达组织

逻辑机制：

宏观行为为"组织××表达目标的表达"，比如"组织以小香槟的描述为核心的表达"。

条件为表达完某个好奇心模型对应内容，执行为表达某个好奇心模型对应的内容（也就是紧接着表达）。

某些执行又为一个宏观的表达目标，可以继续展开。

如果执行不是宏观表达目标，则为一个基础行为节点。调用模块14.2b完成表达单元信息的生成和句子的生成。

某些表达又为一个宏观的表达目标，可以继续展开。

Remark 1：作为一类反应模式，反应模式信息由通用的反应模式引擎驱动（第四章：反应模式）。

Remark 2：从和自然语言的对应来看，此类的反应模式信息可以由类似以下的语言诱导生成，比如，"（介绍一个小朋友）你可以先描述他的名字、年龄、身高，然后再描述他的家庭、学校，然后再说说与他相关的有趣的事情"，"描述他的家庭时（一个可以展开的表达目标）可以先介绍他的父母，然后再介绍他的爷爷奶奶等其他接触密切的亲人"。

模块 14.2b

描述：这个模块把演绎出的表达框架信息中对应好奇心模型的好奇点的答案转为表达。

隶属功能大类：大段表达组织

输入：好奇点

逻辑机制：

1.读取当前表达组织任务的表达框架信息组。

2.找到好奇心点对应的答案，生成陈述类型的表达信息单元。

3.逆转录，创造表达。

第十五章　类人认知系统综述

一、认知系统的任务

让我们深入洞见人类认知系统创造繁然智能表象背后所扮演的不变的角色。我们把认知系统的功能分为三个类型：其一是通过目标的分解、转移实现原始目标；其二是对客观世界事件是否发生形成认知；其三是获取知识，发现新的知识，细化已有的知识。接下来分别解释之。

人类对事件的发生和不发生，即存事件的终止和维持有自己的意志和目标，我们称之为事件目标。一旦一个事件目标无法直接实现，我们就会通过考察和它相关的因果链条，通过干预因果链条上游事件来实现这个事件目标。在这个过程中，原始动机从最初的事件目标转移到了因果链条上游的事件目标。比如我们想要消灭病毒，或说终止事件"病毒存活"，这是一个事件目标，我们没法直接实现之，就会考虑："什么维持了病毒的存活"，比如温度、湿度、附着的载体等。这些关于维持一个事件的因果知识，让我们把目标转移到改变温度、湿度、附着的载体这些上游的事件上，以实现我们的原始目标。关于事件目标的转移在第二章中有所讨论。

判断客观世界的事件是否发生是日常生活最普遍的认知任务。比如希望通过症状判断疾病，通过孩子回家的情绪表现判断孩子考试发挥好坏，通过天色判断待会儿是否会下雨，通过交通状况判断是否会迟到，通过一个黑天鹅事件判断股市明天的走势，等等。关于判断客观世界事件是否发生在第三章中有系统讨论。

获取知识有两种方式，其一是继承人类已有的知识，其二是突破知识的边界，发现新的知识。每种方式下又分为两类。对于继承人类已有的知识，一种是因为好奇点而进行询问或搜索，另一种是系统性地阅读人类的书籍文献。对于突破知识的边界，发现新的知识，一种是在样本中发现统计规律，比如发现心脏不好的人坚持正念冥想后很大比例心脏问题会改善，这个统计规律就是知识；另一种是发现一个事件发生的具体机制，也就是细致的因果链条，比如发现癌症细胞形成的机制，发现植物开花结果的机制。关于知识的继承在第四章有所讨论，关于统计认知在第五章有所讨论，关于因果链条的细化在第六章有所讨论。

　　此三类任务不是相互独立的，它们之间有大致如下的支持关系。首先，目标依赖因果类型的知识进行转移分解，而判断具体事件是否发生需要因果层面的知识，这些知识描述了一个事件可能的结果和表象。所以第三类任务因果层的知识是目标分解转移的前提，也是判断一个事件是否发生的依据。获取知识是三类任务的核心。其次，获取知识具有自我支持的特征，即获取新知识的大部分时候也需要即存的知识。如好奇心引发的询问，我们需要即存的知识来形成有效的好奇；阅读的文献大多有"常识省略"——对文本所处领域应该知道的信息默认读者是已知的，所以能读懂特定的文献需要对应的知识基础；统计认知，我们需要知识形成数据关联的猜想，才能知晓从什么角度考察数据，需要采集怎样的样本；发现细致的因果链条，我们需要用已有的知识对观察到的相互关联的事件进行因果链条桥接，形成因果链条的猜想后再进行验证。因为自我支持的特点，人类文明中知识的产生是循序渐进的，新的知识总是要以某些知识的存在为获取的前提。

　　前面，在因果链条桥接的过程中，验证因果链条猜想的时候，如果猜想的因果链条中有事件是无法直接观察的，我们就需要设计实验，通过间接观察的方式去考察事件是否发生。这就是第二类任务中的内容。

二、认知系统底层运算

　　"凡是定义在母类的知识可以被子类继承，凡是定义在母类反应模式可以被子类继承，凡是定义在母类的语法映射可以被子类继承，凡是定义在母类的情绪反应可以被子类继承。"人类演化出了一套运算：基于统辖关系的抽象、演绎，分化出了四个以之为核心逻辑的子系统。

　　这里"凡是定义在母类的知识可以被子类继承"正是认知系统最底层、最基础的运算。这里我们在概念层考察认知系统的底层运算——统辖检测（统辖搜索）、抽象（归纳）、演绎。

　　接下来几节将讲述一个简单的具体例子。首先是一条定义在母类层的事件类间的知识"牛看到红色物体会攻击红色物体"，我们不妨把这个知识表述为：ID0（原因事件 =IDA，结果事件 =IDB），其中 IDA（事件主体 = 牛，行为 = 看到，行为指向 = 红色物体），IDB（事件主体 = 牛，行为 = 攻击，行为指向 = 红色物体）。这就是一条母类事件所在的知识。

　　这个时候如果有这样的场景：Peter 穿着红色衣服站在广场上，而广场上来了一只强壮的公牛，看到 Peter。智能体的意识流中会生成具体事件 IDA'（事件主体 = 一只强壮的公牛，行为 = 看到，行为指向 =Peter），也就是子类事件。接下来考察子类事件如何继承母类事件所在的知识，以及母类的知识如何通过子类层的相关关系抽象生成。

三、统辖关系和统辖检测

当意识流中出现一个具体事件信息的时候，我们想要知道它如何产生、意味着什么、将会导致什么。第一步我们必须找到统辖它的母类事件，因为所有的知识都是建立在母类层的事件间。然后，我们才能按照核心逻辑"让子类事件继承母类所在的知识"。

继续之前的例子：IDA（事件主体 = 牛，行为 = 看到，行为指向 = 红色物体）为什么能够统辖事件 IDA'（事件主体 = 一只强壮的公牛，行为 = 看到，行为指向 =Peter）？首先，我们看到他们拥有同样的信息结构，其次，IDA 中每个位置的元素是 IDA' 中每个位置元素的母类。我们可以反思一下，如果两个信息满足这两个条件，那么它们具有统辖关系。一般而言，如果信息 A 和信息 B 是同样结构的信息，如果信息 A 结构体中每个位格的元素分别统辖信息 B 结构体中每个位格的元素，这个时候 A 统辖 B。我们把在统辖关系中的统辖者称为母类，被统辖者称为子类。而检验 A 是否统辖 B 的这个运算过程叫作统辖检测。

真实的情况比这个复杂，因为两个信息对应位格中元素的统辖关系（或从属关系）未必是显的。这个时候为了判断这两个对应位格的元素是否具有从属关系，我们只能继续把这两个信息作为结构信息展开，划归到前面的统辖判断程序，考察对应位置的信息的从属关系，也就是对具体对应元素进行统辖检测。

四、统辖搜索

在一个事件域中，对域中所有事件进行统辖检测，找到统辖它的母类就是统辖搜索。在具体运算上我们倒不需要逐一进行统辖检测。我们来讨论统辖搜索的运算流程。

统辖搜索一般流程是这样的：对较为具体层的事件 IDA'，首先在记忆中查找是否存在关系信息（子类 =IDA'，母类 =IDA），这样找到的 IDA 就是 IDA' 的统辖者。这种在记忆中已经被标记好的统辖关系叫作显在的统辖关系。对应地，有潜在的统辖关系，在这种情况下统辖搜索的流程是这样的：

1. 把 IDA' 展开一层。

2. 在和 IDA' 同结构类型的节点中进行搜索。

3. 先对 IDA' 第一个位格的元素查找显在的统辖关系，搜索所有第一个位格链接元素母类的 {IDA1j}。

4. 其他位格做同样操作，那么就会得到 {IDA1j}、{IDA2j}、{IDA3j}……取这些集合的交集就得到了我们要找到 IDA' 的潜在统辖者 IDA。

糟糕的情况是当我们展开一层后，IDA' 某个位格上链接的概念和其潜在统辖者对应位格上链接的概念不存在显在的统辖关系。这个时候我们就需要展开这个元素进行以上的步骤，也就是把潜在的统辖关系挖掘出来，然后标记为显在的统辖关系。当然这个过程可能遇到同样的问题——展开后有元素之间的统辖关系是潜在的，于是这个过程就需要再继续下去。

但反思人类的统辖搜索，我们也无法找到位格元素的统辖关系是潜在的事件母类。所以工程上，我们把潜在统辖关系的挖掘限定单层的展开。统辖关系的有效建立，就依赖日常思维活动中，不断把潜在的统辖关系转为显在的统辖关系。

五、演绎

讨论完统辖关系，定义了统辖检测的流程，我们就可以来总结一下人类思维活动中利用知识进行的演绎了。

继续上面的例子，假设智能体能感知到这样的场景：Peter 穿着红色衣服站在广场上，而广场上来了一只强壮的公牛，看到 Peter。

智能体的意识流中会生成具体事件 IDA'（事件主体 = 一只强壮的公牛，行为 = 看到，行为指向 =Peter）。

如果智能体也拥有知识：ID0（原因事件 =IDA，结果事件 =IDB），其中 IDA（事件主体 = 牛，行为 = 看到，行为指向 = 红色物体），IDB（事件主体 = 牛，行为 = 攻击，行为指向 = 红色物体）。

这个时候因为"一只强壮的公牛"从属于对象类牛，看到等同于看到，Peter 因为穿着红色衣服所以从属于红色物体，所以具体事件 IDA'（事件主体 = 一只强壮的公牛，行为 = 看到，行为指向 =Peter），从属于事件类 IDA（事件主体 = 牛，行为 = 看到，行为指向 = 红色物体）。那么和事件类 IDA 相关的那条知识 ID0"牛看到红色物体，会攻击红色物体"是可以被具体事件 IDA' 继承的。

运算的过程如下，在统辖关系下建立子类对母类的约束映射：

一只强壮的公牛 c（具体对象）——牛 c（对象类）

看到 c——看到 c

Peterc（具体对象）——红色物体 c（对象类）

我们用约束映射中子类中的元素替代母类中的对应元素写入到知识关联的另外一个事件类 IDB（事件主体 = 牛，行为 = 攻击，行为指向 = 红色物体）中，会生成一个具体事件 IDB'（事件主体 = 一只强壮的公牛，行为 = 攻击，行为指向 =Peter），也就是"这只具体的牛会攻击 Peter"。当然 IDA' 和 IDB' 间也继承了 IDA 和 IDB 之间的因果关系，于是就有了知识 ID0'（原因事件 =IDA'，结果事件 =IDB'）。表达出来就是："因为这只牛看到了穿着红色衣服的 Peter，所以它攻击 Peter。"简单来说，这个过程就是子类事件 IDA' 继承母类事件 IDA 的知识 ID0，生成了 IDB' 和知识 ID0'。

最后我们跳出例子，总结一下演绎运算的一般过程：

1. 起点输入为子类事件 IDA'。比如意识流中出现的信息 IDA'。

2. 在储存知识的记忆空间中，把组织知识的事件类作为统辖搜索的母类事件域。进行统辖搜索找到统辖 IDA' 的母类 IDA，并建立子类和母类间元素的约束映射。

3. 在储存知识的记忆空间中寻找 IDA 所在的知识 ID0，不失一般性，我们可记为（位格 1=IDA，位格 2=IDB）。

4. 把约束映射写入 IDB，生成 IDB' 和新知识 ID0'（位格 1=IDA'，位格 2=IDB'）。输出这两个信息。

在以上流程中，第二步一般会搜索到多个统辖 IDA' 的母类事件；对于每个找到的母类事件，第三步也往往会找到多个母类事件所在的知识。

在演绎运算中，如果推知的事件还没有发生，这个过程叫作预测演绎。如果推知的事件是起点事件可能的原因，这个过程叫作归因演绎。预测演绎和归因演绎只是人类思维任务的两个简单的例子，更复杂的思维任务我们会在下一章中讨论。

六、抽象

前面我们讨论了子类事件如何继承母类事件所在的知识，那么那些母类层的事件类和母类层的知识是如何生成的呢？

一个人类个体可以通过自然语言诱导另外一个个体生成一个对象类，比如我说"有一种红色长腿的猫特别凶猛"，这就定义了一个对象类；可以诱导生成事件类，比如"在这个地方，人吃蝙蝠是很常见的"，就诱导生成了"人吃蝙蝠"这个事件类；也可以诱导生成一个事件类层的知识，比如"牛看到红色物体会攻击它"。

这些对象类、事件类、和事件相关的知识固然能够在个体间传播，但如果站在整个人类的角度来看，抽象知识最终的源头都是抽象。

还是用前面关于牛的例子。如果小香槟看到那只强壮的公牛攻击了穿着红色衣服的爸爸，她的思维中生成了两个具有因果相关性的具体事件。ID1（原因事件 =IDA'，结果事件 =IDB'），其中 IDA'（事件主体 = 一只强壮的公牛，行为 = 看到，行为指向 = 穿着红色衣服的爸爸），IDB'（事件主体 = 一只强壮的公牛，行为 = 攻击，行为指向 = 穿着红色衣服的爸爸）。这个时候通过弱化这个事件中的元素，也就是用这些元素的母类替换这个具体元素，可以生成不同的知识，这个过程就是抽象。比如此时，小香槟可以抽象出"牛看到人会攻击他""公牛看到衣服会攻击它""强壮的牛看到红色物体会攻击它"等的知识。

需要指出的一点是抽象生成的知识总是一种猜想，而且一条表象层的具体知识能够同时抽象出多条不同的抽象的知识。有一个先天的逻辑是解释力强的知识在以表象为起点的抽象中复现的概率要高于解释力弱的知识，或可更精确地表述为生成的知识的复现能力反映了知识对表象的解释能力，而复现能力能够反映到强度上。所以我们要从抽象过程生成的海量的知识中找到"靠谱"的知识，只需要就知识的强度进行筛选。

继续前面的例子：如果小香槟看到背后真实规律统辖的更多的具体案例，比如斗牛场上公牛看到红色的布攻击了红色的布，田间一只牛攻击了红色的气球……每次遇到此类案例，都进行如同前面那样的抽象，我们就会发现隐藏在背后的正确的知识"牛看到红色物体会攻击它"在每次抽象中都会重复出现，从而能够和其他猜想区分开来。

七、归纳

抽象过程在工程实操上有一个致命的缺陷。在一个具体案例中，每个元素都有多个不同的母类，这样一来抽象就会出现组合爆炸。所以对于人类而言，我们只会选择每个元素强度较高的母类进行组合生成抽象猜想，这样在很多情况下就会错过正确的知识。

而归纳则没有这个缺陷。我们继续之前的例子。

假设小香槟能够同时考察两个案例，为方便读者阅读，我们用自然语言表述：一个是"一只强壮的公牛看到穿着红色衣服的爸爸，攻击了爸爸"，另一个是"斗牛场上一只黑色公牛看到红色的布，攻击了红色的布"。

归纳过程是这样的：通过寻找两个具体层面信息对应位置的最小母类生成一条知识。在这个例子中，"强壮的公牛""黑色公牛"的最小母类是"公牛"，"穿着红色衣服的爸爸"和"红色的布"的最小母类是"红色物体"。用最小母类替换知识中的具体元素，就得到知识"公牛看到红色的物体会攻击它"。

我们看到归纳过程中求最小母类的方式，避开了单纯抽象过程的组合爆炸。但归纳有它的缺陷，就是依据什么可以把两个可归纳的案例同时放在一起进行归纳，毕竟这些案例大部分可能会相隔很长的时间。这个时候我们反过来可以通过抽象运算弥补这个缺陷。

八、归纳和抽象配合

前面我们讨论了知识如何通过抽象和归纳形成，但我们也讨论了抽象、归纳都有其缺陷。

经常发生的情况是，因为真实发生的抽象为避免组合爆炸，抽象过程中会采用强度高的也是经常被使用的母类，所以抽象出来的知识可能不足够精确。比如在前面的例子中，虽然每次都是公牛会攻击红色的物体，但因为相对牛而言，"公牛"的使用频率不够，所以抽象得到的知识是"牛看到红色物体会攻击红色的物体"，而不是"公牛看到红色物体会攻击红色的物体"。抽象过程得到的知识不足够精确叫作"抽象过泛"。

只要有归纳运算的存在，我们就可以选择另外一个策略来解决"抽象过泛"的问题。如果一个表象层的事件规律无法被已有的知识解释，我们就进行抽象。但是我们不通过一条猜想的知识获得足够多的表层事件关系的样本支持来把其转为正式的知识。每次抽象我们记录表层具体事件关系和抽象出的知识之间的统辖关系，从而当一条猜想的知识第二次被一个具体事件关系抽象出，我们就解决了"用谁来进行归纳"的问题。

我们用一条猜想知识统辖的两个表层具体事件关系进行归纳，归纳过程会寻找最小母类，所以即使在上面的例子中我们最初抽象出的是"牛看到红色物体会攻击红色的物体"，后面会因为两个样本中的对象都是公牛的子类，从而通过最小母类原则，归纳得到"公牛看到红色物体会攻击红色的物体"。这就把原有抽象所得的不精准的知识精准化了。

九、演绎反馈

前面我们讨论了事件类之间知识生成的两种方式——抽象和归纳，可以看到无论是抽象还是归纳，都是从有限样本中总结规律的运算过程。因为样本是有限的，很难保证更多的样本是否会突破我们总结的规律，所以我们通过抽象和归纳获得的知识永远都摆脱不了猜想的属性。而在使用知识进行演绎，比如预测、归因、解释，一些知识的可信度会增强，一些知识会被修正，而另外一些知识会被认为是错误的，这个过程我们称之为演绎反馈。

我们来考虑演绎反馈发挥作用的几种情形：

如果已有的知识因为归纳样本信息的缺失而出现"抽象过泛"，比如在前面的例子中，真实的知识是"壮年公牛看到红色的物体会攻击红色物体"，而碰巧因为归纳中信息的缺失（不知道那两头公牛是壮年），只归纳出"公牛看到红色的物体会攻击红色物体"。这时候即使我们在知识运用的过程中，记录了表象层具体事件关系（样本）和对应知识间的统辖关系，在样本每次累积到一定数值的时候我们执行归纳，最小母类原则仍然会因为缺失的样本信息得到相同的不精确的结论。可以想象，对于我们自己，我们发现知识过泛很可能是因为出现了一只"非壮年公牛"不符合这条知识，这让我们猜想符合知识可能是其中的子类，或是需要特定条件约束才能符合知识。

如果已有的知识因为归纳的样本巧合过于严格，比如在前面例子中，真实的知识是"公牛看到红色的物体会攻击红色物体"，而碰巧前两个样本出现的都是青年公牛，按照归纳最小母类原则，我们得到的知识为"青年公牛看到红色的物体会攻击红色物体"。这种情况只要我们在知识运用的过程中，记录了表象层具体事件关系（样本）和对应知识间的统辖关系，在样本每次累积到一定的数值的时候我们执行归纳，最小母类原则就会得到正确的知识，修正原来过于严格的知识。

通过知识运用过程对知识形成修正还有很多其他复杂情形，要考虑的因素包括样本巧合、特定背景条件、样本信息缺失等各种因素导致的样本反应规律和真实规律的偏差。人类对各种情形有不同的处理方式。这些我们就不纳入本书描述的闭环中了，可作为一个拓展课题供未来研究。

十、矛盾的知识和最小母类原则

和我们直观理解的不同，人脑中的知识不是对或不对的 0 或 1 差别。比如"水果有利身体健康"对大部分水果是成立的，但"李子不利健康"。我们不会因为一个例外而丢掉实际上能发挥作用的"水果有利身体健康"这一知识，所以，"水果有利身体健康"和"李子不利健康"都是正确的知识，但它们看起来是矛盾的。

事实上这种不同层级的知识表述对于人类也是合法的。人类对一个母类属性的记忆来源于这个母类下诸多子类共同形成的印象冲击，所以会有"苹果是酸甜的"，"猫是长着毛的"，但例外的子类总是存在的，有一些苹果没有酸味或甜味，斯芬克斯猫是不长毛的。人类处理知识的矛盾会有两种方式，其一，人类会形成一条知识在多大程度上是成立的印象，于是有绝对正确的知识，有很大概率成立的知识，有一定概率成立的知识，等等；其二，对于大概率成立的知识（显著的知识）之间的矛盾，我们有"最小母类原则"。

最小母类原则精确的定义是：如果子类在继承知识时，存在不同母类出现相互矛盾的知识，这时优先继承较小母类的知识。这样一来，如果一个水果是李子的一种，我们就优先继承了"吃李子不好"这样的知识，而李子以外的水果，除非有其他较小母类相关的矛盾知识，会继承"水果有利健康"这样的知识。

十一、本章总结

本章有两个重点：其一，我们对人类认知繁然的任务进行了划分；其二，我们讨论了人类认知系统的基础运算。

本章主要内容如下：

1. 认知系统的功能分为三类：其一是通过目标的分解、转移实现原始目标；其二是对客观世界事件是否发生形成认知；其三是获取知识，发现新的知识，细化已有的知识。

2. 人类的知识来源于客观世界的具体事件，从有限的事件我们能猜想背后的规律，然后我们利用猜想的规律在客观世界中进行预测、归因、解释等的实践，在实践中修正知识。这是最基础的认知闭环。

3. 当一个具体事件被我们意识到的时候，我们如何知道它意味了什么，我们如何找到知识去预测它的后果，解释它的原因。我们有一条逻辑，也是整个人类逻辑认知的核心逻辑：凡是定义于母类的知识可以被子类继承，凡是定义在母类的反应可以被子类继承。

4. 一个较为具体的对象或事件，要找到它可以继承的知识，就先要找到它的母类。因为很多母子类的从属关系，或说统辖关系不是显在的，这个时候我们就需要把信息展开一层，就结构中每个位置的元素判断从属关系。这就是统辖搜索。

5. 找到母类后，下一步是寻找母类所在知识，这就是具体层面对象或事件可以继承的知识。在具体运算上，我们通过建立子类到母类对应元素（也是母子类关系）的约束映射，从而用子类元素替换知识中对应的母类元素，来生成知识。

6. 抽象过程通过用母类元素替换具体层知识中的子类元素生成较为抽象的知识。一条表象层的具体知识能够同时抽象出多条不同的抽象的知识。有一个先天的逻辑是：解释力强的知识在以表象为起点的抽象中复现的概率要高于解释力弱的知识。这样一来我们就能够通过背后知识（规律）所主导的诸多表象案例，来找到它。

7. 归纳就是由至少两个表象层的信息为起点，展开这些信息，通过寻找这些信息的结构中每个位置元素的最小母类，替换任意信息中的子类来生成知识。

8. 抽象过程和归纳过程都有自己的缺陷。抽象过程在具体层信息每个位置可以找到多个母类，所以会遇到组合爆炸，实操上只能根据母类信息的强度进行选择。但这样一来生成的知识可能不够精确。而归纳过程虽然避免了组合爆炸，却缺乏具体层信息的选择依据。

9. 我们可以利用抽象过程生成的知识，找回生成它的具体案例信息来为归纳提供素材。这种组合让抽象和归纳避开了各自的缺陷。

10. 无论怎样，人类获取知识的过程是不稳定的，样本巧合、特定背景条件、样本信息缺失等各种因素都会导致样本反应规律和真实规律的存在偏差。所以我们会在使用知识的过程中修正细化知识，这个过程叫作演绎反馈。演绎反馈包含了复杂而庞大的认知系统反应模式，我们将其作为本书外扩张研究的内容。

本章给出的例子都是高度理想化的，反映了人类认知过程最基本的精神，而实际的认知面对的信息远比这个复杂。我们将在后续几个章节由浅入深逐渐展开。

十二、实验测试

实验 15.1a 演绎测试，归因

难度：1

描述：在这个实验中，AI 需要在意识到一个具体事件的时候下意识地通过演绎思考事件的原因，从而对值得关注的可能原因创造表达反应。

测试模块：模块 15.1

需要支持功能：基础应答反射、自然语言正转录

测试准备：自然语言输入知识"人流鼻涕很可能是感冒，感冒对一个人是负面事件"。

测试流程：

Tester：我今天一直流鼻涕。

AI：你是不是感冒了？

实验 15.1b 演绎测试，预测

难度：1

描述：在这个实验中，AI 需要在意识到一个具体事件的时候下意识地通过演绎思考事件的结果，从而对值得关注的可能原因创造表达反应。

测试模块：模块 15.1

需要支持功能：基础应答反射、自然语言正转录

测试准备：自然语言输入信息"新冠肺炎疫情暴发地区，人发烧要强制送医院""强制去医院对一个人而言是负面事件""tester1 在杭州"。

测试流程：

Tester0：现在杭州是新冠肺炎疫情暴发地区，生成公有信息。

Tester1：我有点发烧。

AI：那你可能被强制送去医院啊。

实验 15.1c 演绎测试，综合

难度：2

描述：在这个实验中，AI 需要在意识到一个具体事件的时候下意识地通过演绎思考事件的原因，原因可能导致的负面结果，从而对值得关注的可能原因创造表达反应。

测试模块：模块 15.1

需要支持功能：基础应答反射、自然语言正转录

测试准备：自然语言输入信息"新冠肺炎疫情暴发地区，人发烧要强制送医院""强制去医院对一个人而言是负面事件""tester1 在杭州"。

测试流程：

Tester0：现在杭州是新冠肺炎疫情暴发地区，生成公有信息。

Tester1：我今天一直流鼻涕。

AI：你要小心感冒啊，如果感冒发烧了是要被强制送去医院的。

实验 15.2 演绎最小母类原则

难度：1

描述：在这个实验中，AI 需要在演绎知识出现矛盾的时候，优先使用最小母类所在的知识。

测试模块：模块 15.1

需要支持功能：基础应答反射、自然语言正转录

测试准备：自然语言输入信息"人喝很多水往往是因为感冒，Peter 喝很多水往往是因为吃了零食"。

测试流程：

Tester：Peter 今天喝了很多水，你认为是什么原因？

AI：应该是吃了零食了吧。

Tester：Mike 今天喝了很多水，你认为是什么原因？

AI：他感冒了？

实验 15.3a 抽象

难度：3

描述：在这个实验中，AI 需要从表象具体事件关系抽象出背后不同层级的知识。

测试模块：模块 15.2

需要支持功能：基础应答反射、自然语言正转录

测试准备：准备 100 个人，其中 50 个为男性，50 个为女性；其中白领有 30 个，未工作的年轻人有 30 个。让这 100 个人习惯熬夜，但因为不同原因，白领熬夜 90% 的样本是因为加班，未工作年轻人熬夜 90% 的样本是因为玩游戏，其他人熬夜就是因为看电视剧。设置好奇性模型诱导 AI 向终端询问是否熬夜，以及为什么熬夜。事先让 AI 熟悉用户以上几个背景信息。

测试流程：

Tester：熬夜伤身。

AI：对了，你有熬夜的习惯吗？

Tester：有啊。

AI：你平时为什么熬夜啊？

……

完成 100 个人的询问后，AI 应该抽象出：白领熬夜很可能是因为加班，未工作年轻人熬夜很可能是因为玩游戏。

Tester：Lucy（已知白领）熬夜你认为可能是因为什么？

AI：很可能是因为加班吧。

Tester：为什么这么判断？

AI：据我所知，白领熬夜很可能是因为加班。

Tester：Jack（已知未工作年轻人）熬夜你认为可能是因为什么？

AI：很可能是因为玩游戏。

Tester：为什么这么判断？

AI：据我所知，还没有工作的年轻人熬夜很可能是因为玩游戏。

实验 15.3b 归纳

难度：3

描述：在这个实验中，通过设置信息强度，让 AI 出现"抽象过泛"，归纳需要发挥作用得

到精确的知识。

测试模块：模块 15.3

需要支持功能：基础应答反射、自然语言正转录

测试准备：准备 100 个人，其中 50 个为男性，50 个为女性；其中白领有 30 个，未工作的年轻人有 30 个。让这 100 个人习惯熬夜，但因为不同原因，白领熬夜 50% 的样本是因为加班，而白领男性 90% 的样本是因为加班，未工作年轻人熬夜 90% 的样本是因为玩游戏，其他人熬夜就是因为看电视剧。增加白领的强度，降低白领男性的强度，这样就不会抽象出针对白领男性的知识。而"白领熬夜因为加班"是一个显著度中等的知识。

测试流程：

完成 100 个人的询问后，AI 应该归纳出：白领男性熬夜很可能是因为加班，且是一个显著度很高的知识。

实验 15.4a 演绎反馈

难度：3

描述：在这个实验中，AI 已拥有一条"过泛的知识"，需要在更多的具体事件关系信息下精细化这条知识。

测试功能：演绎反馈，模块 15.1、模块 15.2

需要支持功能：基础应答反射、自然语言正转录

测试准备：准备 100 个人，其中 50 个为男性，50 个为女性；其中白领有 30 个，未工作的年轻人有 30 个。让这 100 个人习惯熬夜，但因为不同原因，白领熬夜 50% 的样本是因为加班，而白领男性 90% 的样本是因为加班，未工作年轻人熬夜 90% 的样本是因为玩游戏，其他人熬夜就是因为看电视剧（也就是白领女性熬夜的主要原因）。AI 因为某种原因已了解到的知识为"白领熬夜大多是因为加班"。

测试流程：

完成 100 个人的询问后，AI 应该完成对知识的修正："白领男性熬夜大多是因为加班。"

Tester：Lucy（已知白领女性）熬夜你认为可能是因为什么？

AI：很可能是因为看电视剧吧。

Tester：为什么这么判断？

AI：据我所知，白领女性熬夜很可能是因为看电视剧。

Tester：Jack（已知白领男性）熬夜你认为可能是因为什么？

AI：很可能是因为加班吧。

Tester：为什么这么判断？

AI：据我所知，白领男性熬夜很可能是因为加班。

实验 15.4b 演绎反馈

难度：3

描述：在这个实验中，AI 因为某种原因已拥有一条"过严格的知识"，需要在更多的具体事件关系信息下精细化这条知识。

测试功能：演绎反馈，模块 15.1、模块 15.2

需要支持功能：基础应答反射、自然语言正转录

数据准备：准备 100 个人，其中 50 个为男性，50 个为女性；其中白领有 30 个，未工作的年轻人有 30 个。让这 100 个人习惯熬夜，但因为不同原因，白领熬夜 50% 的样本是因为加班，未工作年轻人熬夜 90% 的样本是因为玩游戏，其他人熬夜就是因为看电视剧（也就是白领女性熬夜的主要原因）。AI 因为某种原因已了解到的知识为"白领男性熬夜大多是因为加班"。

测试流程：

完成 100 个人的询问后，AI 应该完成对知识的修正："白领熬夜大多是因为加班。"

Tester：Lucy（已知白领女性）熬夜你认为可能是因为什么？

AI：很可能是因为加班吧。

Tester：为什么这么判断？

AI：据我所知，白领熬夜很可能是因为加班。

十三、模块列表

模块 15.1 演绎

描述：这个模块完成演绎。

隶属大类功能：基础逻辑思维

输入：具体事件 IDA'，演绎知识域 {IDi}，目标演绎位格 IDs

输出：具体层事件关系 IDO'，推测部分事件 IDBi'

逻辑机制：

1.在演绎知识域 {IDi} 中挑选具有目标演绎位格 IDs 的知识作为目标演绎知识域 {IDi*}，然后搜集这些知识中除 IDs 位格外的事件类作为统辖搜索目标域 {IDAi}。

2.在 {IDAi} 中调用模块 1.8 进行统辖搜索，找到统辖 IDA' 的母类 IDA，并建立子类和母类间元素的约束映射。

3.在 {IDi*} 寻找 IDA 所在的知识 IDO，不失一般性，我们可记为：IDO=［位格 1=IDA，位格 2（IDs）=IDB］。

4.把约束映射写入 IDB 生成 IDB' 和新知识 IDO'［位格 1=IDA'，位格 2（IDs）=IDB'］，输出这两个信息。

Remark：第一步的解释

比如我们要演绎的目标是事件的结果，我们就会寻找有结果位格的知识进行演绎。所以演绎之前寻找具有演绎目标位置的知识是第一步。

模块 15.2 抽象

描述：这个模块完成知识的抽象。

隶属大类功能：基础逻辑思维

输入：具体层事件关系 IDO'

输出：抽象后的知识 IDO，或增加已有的知识的强度

逻辑机制：

1.把 IDO' 展开到属性层。

2.就 IDO' 每个属性层元素寻找关注度超过阈值的母类。

3.就这些母类进行组合，写入 IDO' 的结构信息中生成猜想的抽象知识 IDO。

4.利用模块 15.5 进行查重。

5.如果 IDO* 已经存在则增加其频次强度 +1，并把 IDO* 作为输入执行模块 15.3。

6.如果 IDO* 之前不存在则写入 IDO*，初始化频次强度为 1。

Remark：第四条逻辑查重，我们要注意那些非常类似，但有略微差异的情形的处理。

模块 15.3 归纳

描述：这个模块完成知识的抽象。

隶属大类功能：基础逻辑思维

输入：猜想知识 IDO*

输出：归纳后的知识 IDO

逻辑机制：

1.在具体事件关系层寻找被 IDO 统辖的 IDAi'。

2.把每个 IDAi' 展开到属性层。

3.就每个位格的属性层元素寻找最小母类，然后写入对应位格，生成归纳的知识 IDO，输出 IDO。

模块 15.4 解释

描述：这个模块完成知识的抽象。

隶属大类功能：基础逻辑思维

输入：表层具体事件关系 IDO'

输出：寻找到的解释它的知识 IDO

逻辑机制：

1.把 IDO' 展开。

2.选择其中一个具体事件在事件知识域中进行统辖搜索（模块 15.7）。

3.如果找到比如 IDO，对这个知识剩下的事件类和 IDO' 另外的具体事件进行统辖检测（模块 15.6）。

4.如果通过统辖检测，则 IDO 为解释表层具体事件关系 IDO' 的知识。

5.输出 IDO，否则输出 0。

Remark：这边不能直接引用统辖搜索的原因，统辖搜索约定只展开一层，依赖展开一层后组织结构信息的元素间是显在的统辖关系。但对于一个新的具体事件，它和事件类之间的统辖关系必定不是显在的。

模块 15.5 查重

描述：这个模块完成结构信息查重。

隶属大类功能：基础逻辑思维

输入：目标查重知识 IDO

输出：查到相同定义的结构信息 IDO*，没有查到同定义信息则返回 0

逻辑机制：

1.展开一层结构信息。

2.以同样的结构信息作为查重阈。

3.把信息都展开一层，依次寻找第一个位格和与目标查重知识一样的结构信息。

4.然后在第一个位格相同的信息中寻找第二个位格相同的信息。

5.如同上面依次寻找，直到完成所有位格同样信息的搜索。

6.如果找到相同定义的结构信息 IDO*，则输出 IDO*，否则输出 0。

模块 15.6 统辖检测

描述：这个模块完成两个信息的统辖检测。

隶属大类功能：基础逻辑思维

输入：猜想作为子类的结构信息 IDA'，猜想作为母类的结构信息 IDA

输出：通过统辖检测写入记忆和意识流（子类 =IDA'，母类 =IDA），没有通过则返回 0

逻辑机制：

1.把 IDA'、IDA 展开一层。

2.分别考察两个结构信息每个对应位格是否有从属（统辖）关系。

3.如果遇到有位格的两个信息 IDs'，IDs 没有显在的统辖关系，对 IDs' 和 IDs 继续展开一层进行判断。如果发现统辖关系，则把这个统辖关系作为显在关系写入记忆。

4.整体上，以最多展开 2 层为限。

5.如果通过检测，则写入记忆和意识流（子类 =IDA'，母类 =IDA）；如果没有通过，则返回 0。

模块 15.7 统辖搜索

描述：这个模块完成两个信息的统辖检测。

隶属大类功能：基础逻辑思维

输入：具体事件 IDA'，搜索域 {IDAi}

输出：具有统辖关系的 IDAk

逻辑机制：

1. 把 IDA'展开一层。

2. 在和 IDA'同结构类型的节点中进行搜索。

3. 先对 IDA'第一个位格的元素查找显在的统辖关系（寻找母类）。搜索所有第一个位格是 IDA'第一个位格母类的结构信息 {IDA1j}。

4. 再对 IDA'第二个位格的元素查找显在的统辖关系（寻找母类）。在 {IDA1j} 中按照同样的道理搜索所有第二个位格是 IDA'第二个位格母类的结构信息 {IDA2j}。

5. 继续此过程直到完成对所有位格的判断。如果存在 IDA 过筛，则 IDA 为 IDA'母类。输出所有具有统辖关系的 IDAk。如果没有则返回 0。

第十六章　事件目标的转移

一、事件目标

人类大部分的行为、语言和思维是由动机驱动的。在情绪系统的讨论中，我们会发现动机可以借助知识转移，比如我们希望吃到水果，这是一个源头动机，自己种和去菜场买都是导致这个动机实现的事件，所以我们会把动机转移到自己种或去菜场买。但无论怎么转移，我们的意志最终体现在某个事件上，包含了对还未发生的事件发生和不发生的意志，以及对即存事件的终结和维持的意志。比如希望自己中彩票，就是对一个未发生事件发生的意志；希望不要得病，就是对一个未发生的事件不发生的意志；希望能一直健康，就是对一个即存事件维持的意志；希望疾病康复，就是对一个即存事件终止的意志。

人类对事件的发生和不发生，即存事件的终止和维持有自己的意志和目标，我们称之为事件目标。人类擅长利用知识转移自己对事件某种状态或变化的目标。本章我们就来讨论人类利用知识实现事件目标的过程。在讨论前，我们先做一些需要用到的概念的准备。

二、事件、状态

广义事件之间的相互创造、终止、维持、阻止发生的规律是人类实现事件目标所依赖的。首先我们要来定义广义事件。

"大部分事件，那些我们无法直接感知到的，是借助因果关系而具有意义的。"很自然地，我们会根据一个广义事件影响其他事件的方式把广义事件分为事件和状态。我们把发生即产生效果的广义事件叫作"事件"，把存续产生效果的广义事件叫作"状态"。比如"被车撞，导致受伤"，"被车撞"就是一个事件；"花朵颜色纯净，让人很安静"，"花朵颜色纯净"是一种状态。有些广义事件从长期来看发生而产生效果，却同时因为存续而产生效果，所以具有事件和状态的双重属性。比如人晒太阳，作为一个整体，它是一个事件，晒太阳有助于钙质吸收；而"晒太阳"同时是一个状态，晒太阳让皮肤感觉暖暖的。

在对广义事件进行了定义之后，我们可以把前面说的事件目标精准地表述为四类：创造事件或状态，阻止事件或状态发生，终止状态，维持状态。

我们在这里要讨论的是：人类在对一个事件目标产生动机之后，比如治愈癌症、避免心血管疾病，是怎样的反应模式驱动着最终获得这个目标的解决方案的。

三、因果层面的知识

如果一个事件目标不可直接实现，我们就会考虑利用知识来进行分解转移，把认知动机转移到其他事件目标。我们来梳理一下这些知识。

1. 创造关系，事件 A（状态 A）导致事件 B（状态 B）。比如吃杨梅导致唾液增加，经常吃甜食导致肥胖。[事件 = 事件 A（状态 A），创造发生事件 = 事件 B（状态 B）]

2. 维持关系，事件 A（状态 A）维持事件 B（状态 B）。比如持续营养的摄入维持个体存活。[事件 = 事件 A（状态 A），维持状态 = 事件 B（状态 B）]

3. 终止关系，事件 A（状态 A）终止状态 B。比如注射抗生素终止体内细菌存活。[事件 = 事件 A（状态 A），终止状态 = 事件 B（状态 B）]

我们记录的事件之间的关系大多是观察到的事件的关系，两个关联的事件间可能存在大量的因果链条，而一个事件的发生往往受到很多不同其他事件和状态的影响，所以在不同环境下，因果链条未必总是从 A 走到 B，所以这些关系往往不是绝对的。从样本中，我们观察到的最有可能的是贡献关系，或说影响关系，就好比多喝水有利于感冒的终止，但肯定不是绝对的，有太多其他因素影响感冒的终止。

人类会记录事件因果关系的一些附带信息，包括从原因到结果的时间，原因导致结果在不同条件下的概率。在极端情况下，两个事件的因果关系和知识描述之外的环境条件无关，这就是我们前面说的因果法则。比如力作用物体（一种状态）维持物体的加速度（一种状态），这个因果规律在任何环境下都是成立的。继续考虑这个例子，在很多情况下事件和状态是有程度的，原因事件的程度和结果事件的程度是相关的。我们会通过数学公式去描述这种关系。所以在人类记忆中，我们不仅仅会记录事件之间的因果关系，还会记录那些附带的信息，即时间距离、在不同条件下发生的概率，以及程度之间的关系。

四、事件目标的转移规则

梳理了事件之间的因果关系之后，我们就可以讨论具体是如何利用这些关系进行目标转移的，这里来罗列一下目标转移的规则：

目标为"终止事件 A（状态 A）"，思维搜索知识[事件 B（状态 B），终止关系，事件 A（状态 A）]，把目标转移到"创造事件 B（状态 B）"。除此之外，思维还会搜索知识[事件 B（状态 B)，维持关系，事件 A（状态 A）]把目标转移到"终止事件 B（状态 B）"。

目标为"创造事件 A（状态 A）"，思维会搜索知识[事件 B（状态 B），创造关系，事件 A（状态 A）]，把目标转移到"创造事件 B（状态 B）或维持事件 B（状态 B）"。除此之外，思维还会搜索知识[事件 B（状态 B），阻止发生关系，事件 A（状态 A）]，把目标转移到"阻止发生事件 B（状态 B）""终止事件 B（状态 B）"。

目标为"维持事件 A（状态 A）"，思维会搜索知识（状态 B，维持关系，状态 A），把目标转移到"维持事件 B（状态 B）"。除此之外思维还会搜索知识[事件 B（状态 B），终止关系，状态 A]，把目标转移到"终止事件 B（状态 B）""阻止发生事件 B（状态 B）"。

目标为"阻止发生事件 A（状态 A）"，思维会搜索知识[事件 B（状态 B），阻止发生关系，事件 A（状态 A）]，把目标转移"创造事件 B（状态 B）"，或"维持（状态 B）"。除此之外思维还会搜索知识[事件 B（状态 B），创造关系，事件 A（状态 A）]，把目标转移到"终止事件 B（状态 B）""阻止发生事件 B（状态 B）"。

如果搜到多条知识，有多个可以转移的事件目标，它们之前的且或关系如何呢？我们来梳理一下。

事件目标为"终止状态 A"，如果搜索到多条知识[事件 = 事件 B（状态 B），终止状态 = 状态 A]，转移到"创造事件 B（状态 B）或维持事件 B（状态 B）"，这些转移后的事件目标之间是"或"关系。也就是说只要实现任意一个转移后的事件目标在其他条件符合的情况下就可以终止状态 A。如果搜索到多条知识（事件 = 状态 B，维持状态 = 状态 A）]，转移到终止事件 B（状态 B），它们之间是"或"关系。也就是说只要实现任意一个转移后的事件目标在其他条件符合的情况下就可以终止状态 A。

事件目标为"创造事件 A（状态 A）"，如果搜索到多条知识[事件 = 事件 B（状态 B），创造事件 = 事件 A（状态 A）]，转移到创造事件 B（状态 B）或维持事件 B（状态 B），这些转移后的事件目标之间是"或"关系，也就是说只要实现任意一条在其他条件符合的情况下就可以创造事件 A。如果搜索到多条知识[事件 = 事件 B（状态 B），阻止发生事件 = 事件 A（状态 A）]，转移到阻止发生事件 B（状态 B），或终止事件 B（状态 B），它们之间是"且"关系。也就是说这些事件目标必须全部实现，才能创造事件 A。

事件目标为"维持事件 A（状态 A）"，如果搜索到多条知识（事件 = 状态 B，维持事件 = 状态 A），转移到维持事件 B（状态 B），这些转移后的事件目标之间是"且"关系，也就是说这些事件目标必须全部实现，才能维持事件 A（状态 A）。如果搜索到多条知识[事件 = 事件 B（状态 B），终止事件 = 状态 A]，转移到"终止事件 B（状态 B）""阻止发生事件 B（状态 B）"，它们之间是"且"关系。也就是说这些事件目标必须全部实现，才能维持事件 A（状态 A）。

事件目标为"阻止发生事件 A（状态 A）"，如果搜索到多条知识[事件 = 事件 B（状态 B），阻止发生事件 = 事件 A（状态 A）]，转移到"创造事件 B（状态 B）"，或"维持（状态 B）。"，这些转移后的事件目标之间是"或"关系。也就是说只要实现任意一个转移后的事件目标在其他条件符合的情况下就可以阻止事件 A（状态 A）。如果搜索到多条知识［事件 = 事件 B（状态 B），创造事件 = 事件 A（状态 A）］，转移到"终止事件 B（状态 B）"或"阻止发生事件 B（状态 B）"，它们之间是"且"关系。也就是说这些事件目标必须全部实现，才能阻止事件 A 发生。

>>>　**Topic：自发实现的事件目标**

很大比例的事件的变化，是由客观世界复杂的系统驱动。追其原因，我们很难用有限的知识去描述，因此把这些事件目标称之为"自发实现的事件目标"。

（事件 = 复杂原因，终止状态 = 状态 A）类型的，比如感冒自愈（事件 = 复杂原因，终止状态 = 感冒）。

（事件 = 复杂原因，创造事件 = 事件 A）类型的，比如创造伤口愈合（事件 = 复杂原因，创造 = 伤口愈合）。

（事件 = 复杂原因，维持状态 = 状态 A）类型的，比如让儿童长高（事件 = 复杂原因，维持状态 = 儿童长高）。

（事件 = 复杂原因，阻止发生事件 = 状态 A）类型的，比如阻止皮肤出血（事件 = 复杂原因，阻止发生事件 = 皮肤出血）

在储存上，我们在信息组的原因事件位置用"复杂原因 c（或综合原因 c）"来标注此类事件。

五、能力可及目标

我们之所以要利用知识转移一个事件目标，去寻找实现它的方式，是因为这个目标并不处在我们能力可及的范围内。所以意识到事件目标不是能力可及是我们转移它的原因。人类会对事件目标积累它是否是能力可及的印象，此类印象被用来组织我们认知活动中的目标转移。

对于人类而言，很多目标一开始是不知道如何实现的，这时候我们称这个目标就现有的认知是"能力不可及"的。如果很想达到一个目标，目标却是"能力不可及"，人类就会开始利用知识分解和转移目标。

举个例子，假设我们有目标 A，一开始可能没有任何实现目标 A 的方案，此时这个目标根据现有认知是"能力不可及"的。这个时候人类就会开始分解转移目标，会去考察目标 A 需要哪些事件的发生或不发生，哪些状态的存在或不存在作为条件，从而把注意力转移到这些作为条件的事件或状态的创造和维持上。这个时候目标发生了转移。一次转移会创造多个目标，如果一次转移生成的作为必要条件的目标仍然是"能力不可及"的，这个过程就会继续。过程中如果走到出现一个充分条件的目标集，其中每个目标都是"能力可及"的，就意味着找到了这样一个链条，这个时候这个链条上的每个目标都变得"能力可及"了。举个理想化的例子，比如 C—B—A，其中 A 是最初的目标，一开始是"能力不可及"的，B 是 A 转移到的一个目标，同样是"能力不可及"的，C 是 B 转移到的一个目标，是"能力可及"的。这个时候 B 和 A 也就变成"能力可及"的，也就意味着我们找到了最初目标的解决方案。

六、可执行目标

人类个体通过目标分解转移，把一个原先"能力不可及"的目标，变为"能力可及"的目标，然后假设要把这个目标付诸实践，这个时候需要追溯之前分解转移目标的因果链条，在每条路径上找到一个具有特殊属性的目标——"可执行目标"。那么这些可执行目标就是需要付诸行动的内容。"能力可及"目标和"可执行"目标不难区分，举个例子："朝敌人开枪"是一个"能力可及"目标，也是个"可执行"目标；而"敌人死亡"作为"朝敌人开枪"事件的结果是"能力可及"目标，但不是一个"可执行"目标。

儿童是在探索中慢慢了解自己能做什么的。儿童会不断重复自己能做的事情，然后在做了这个事情的基础上，探索还能做到什么。比如知道自己能爬上椅子，又发现爬上椅子能够拿到高处的东西，能够看得更远，能从高处跳下来。在这个过程中，儿童认知中"可执行"目标的边界不断扩大。注意一点，自身"可执行"必定是"能力可及的"。

人类个体不仅仅会记录自己的"可执行目标"，还会关注并记录其他人的"可执行目标"。比如儿童会注意到从高处拿东西，打开饮料和零食的包装是父母"可执行"的，这个信息让他知道当此类动机形成的时候要向谁求助。在这之后，儿童从具体个体的"可执行"抽象到类别的"可执行"，形成了大人能做到什么，医生、警察、鸟类、鱼儿能做到什么，最重要的，人类能做到什么。如果个体能够说服另外一个个体执行某件后者"可执行"的目标，那么这个目标对于前者是"能力可及的"。

随着工具的创造和运用，人类"可执行"的边界变得越来越大。所以我们会记录"借助某某工具，这个目标是可执行的"此类的信息。

七、事件目标转移的终点

至此我们可以总结事件目标转移的驱动以及何时终止了。

事件目标转移的原始动机来自于我们对一个事件目标的意志，且这个事件目标是能力不可及的，也就是我们并不知道如何实现它。所以我们开始利用因果类型的知识转移事件目标，目的只有一个，就是转移到一个能力可及的事件目标，这样一来，整个转移过程中的事件目标，以及我们意志所在的事件目标都变得能力可及了。

到了能力可及事件目标，我们可以通过短链继续向上追溯到一个可执行事件。这个就是我们可以付诸行动的事件起点。

八、本章总结

这一章，我们讨论了人类对一个事件目标存有意志却不知如何实现时候，如何利用即存的因果知识转移事件目标到一个能力可及事件目标的认知过程。

1. 广义的事件根据在因果链条中作用其他事件的方式分为两类：一类是发生即产生效果的事件，一类是存续产生效果的事件（我们称之为状态）。

2. 事件目标分为四类：创造事件或状态，阻止事件或状态发生，终止事件或状态，维持事件或状态。

3. 因果层面的知识分为四类：

（1）创造关系，事件 A（状态 A）导致事件 B（状态 B）。

（2）维持关系，事件 A（状态 A）维持事件 B（状态 B）。

（3）终止关系，事件 A（状态 A）终止事件 B（状态 B）。

（4）阻止发生关系，事件 A（状态 A）阻止事件 A（状态 A）发生。

4. 我们总结了根据因果层面的知识转移事件动机的规则。

5. 能力可及的事件目标，就是我们知道如何实现的事件目标。当我们把事件目标转移到一个能力可及的事件目标的时候，整个转移过程的事件目标都变成能力可及的了。

6. 可执行事件目标是自身行为可及的事件目标。当我们把最初的事件目标转移到一个能力可及的事件目标时，意味着我们找到了实现原始事件目标的办法。而当我们要开始实现这个事件目标时，就需要通过短链接找到上游的可执行事件目标，并激活执行。

九、实验测试

实验 16.1a

难度：1

描述：在这个例子中，AI 形成创造事件 A 的动机，寻找了阻止事件 A 发生的事件 B，把目标转移到终止事件 B。

测试模块：模块 16.1、模块 16.2、模块 16.3

需要支持功能：基础应答反射、基础逻辑思维、自然语言正转录

测试准备：自然语言输入知识"服用抗生素阻止肠道益生菌生长"。

测试流程：

Tester：我在服用抗生素，消化不好，如何让肠道益生菌生长？

AI：你可以停止服用抗生素。

实验 16.1b

难度：1

描述：在这个例子中，AI 形成维持事件 A（状态 A）的动机，寻找了终止状态 A 的事件 B，把目标转移到终止事件 B。

测试模块：模块 16.1、模块 16.2、模块 16.3

需要支持功能：基础应答反射、基础逻辑思维、自然语言正转录

测试准备：自然语言输入知识"高温会导致仓鼠死亡"。

测试流程：

Tester：夏天温度高，我怎么让我的仓鼠保持存活？

AI：你可以试着降低温度啊。

实验 16.1c

难度：2

描述：在这个例子中，AI 形成终止事件 A 的动机，寻找了维持事件 A 的事件 B，把目标转移到改变事件 B。

测试模块：模块 16.1、模块 16.2、模块 16.3

需要支持功能：基础应答反射、基础逻辑思维、自然语言正转录

测试准备：自然语言输入知识"温暖的水温让绿藻生存"。

测试流程：

Tester：我想消灭绿藻。

AI：你可以试着让水变冷或变热。

实验 16.1d

难度：2

描述：在这个例子中，AI 形成阻止事件 A 发生的动机，寻找了创造事件 A 的事件 B，把目标转移到阻止事件 B 发生。

测试模块：模块 16.1、模块 16.2、模块 16.3

需要支持功能：基础应答反射、基础逻辑思维、自然语言正转录

测试准备：自然语言输入知识"孩子考试考不好会让家长生气"。

测试流程：

Tester：今天要考试，我怕我爸生气。

AI：那你要考好点。

实验 16.2a 多次转移

难度：3

描述：在这个例子中，AI 形成维持事件 A 的动机，寻找了终止事件 A 发生的事件 B，把

目标转移到阻止事件 B 发生，然后找到事件 C 阻止事件 B，把目标转移到创造事件 C。

测试模块：模块 16.1、模块 16.2、模块 16.3

需要支持功能：基础应答反射、基础逻辑思维、自然语言正转录

测试准备：自然语言输入知识"被狗咬了可能得狂犬病""狂犬病让人死亡""狂犬病疫苗能避免得狂犬病"。

测试流程：

Tester：我被狗咬了，怎样能没有生命危险？

AI：你可以打狂犬病疫苗。

实验 16.2b 多次转移

难度：3

描述：在这个测试中，AI 需要根据知识多次转移目标直到对方可执行的目标。

测试模块：模块 16.1、模块 16.2、模块 16.3

需要支持功能：基础应答反射、基础逻辑思维、自然语言正转录

测试准备：自然语言输入知识"申请留学需要推荐信、好成绩、考托福""获得好成绩需要好好做做作业，上课好好听""获得教授推荐信要多帮教授干活"。

测试流程：

Tester：我要申请留学，需要做什么？

AI：你要考托福，好好做作业，上课好好听，多帮教授干活。

十、模块列表

模块 16.1

描述：该模块读取事件目标，利用知识把事件目标转移到上游事件目标。

隶属功能大类：认知目标分解转移

输入：意识流中信息（事件目标 = 事件目标 ID1，原始动机 =IDx，动机数值 =n）

逻辑机制：

按照事件动机的转移规则进行事件动机的转移，如果有条知识可供转移，则转移到多个事件目标：

目标为"终止状态 A"，思维搜索知识 [事件 B（状态 B），终止关系，事件 A（状态 A）]，把目标转移到"创造事件 B（状态 B）"。除此之外，思维还会搜索知识 [事件 B（状态 B），维持关系，事件 A（状态 A）] 把目标转移到"终止事件 B（状态 B）"。

目标为"创造事件 A(状态 A)"，思维会搜索知识 [事件 B(状态 B)，创造关系，事件 A(状态 A)]，把目标转移到"创造事件 B（状态 B）"。除此之外，思维还会搜索知识 [事件 B(状态 B)，阻止发生关系，事件 A(状态 A)]，把目标转移到"阻止发生事件 B（状态 B）""终止事

件 B（状态 B）"。

目标为"维持事件 A（状态 A）"，思维会搜索知识（状态 B，维持关系，状态 A），把目标转移到"维持事件 B（状态 B）"。除此之外，思维还会搜索知识[事件 B（状态 B），终止关系，状态 A]，把目标转移到"终止事件 B（状态 B）""阻止发生事件 B（状态 B）"。

目标为"阻止发生事件 A（状态 A）"，思维会搜索知识[事件 B（状态 B），阻止发生关系，事件 A（状态 A）]，把目标转移"创造事件 B（状态 B）"，或"维持（状态 B）。"除此之外，思维还会搜索知识[事件 B（状态 B），创造关系，状态 A]，把目标转移到"终止事件 B（状态 B）""阻止发生事件 B（状态 B）"。

1. 假设找到转移目标 ID2。查找信息（事件目标 =ID2，能力可及 = 是）

2. 如果找到了，则生成信息（事件目标 =ID1，能力可及 = 是）（事件目标 =IDx，能力可及 = 是），并根据（事件目标 =IDi，转移来源 =IDj）此类信息把整个事件目标转移到链条上的节点都标注为能力可及，再生成信息组（事件目标 =ID2，原始动机 =IDx，动机数值 =n，转移来源 =ID1），把这个信息写入记忆并放回意识流。

3. 如果没有找到，则生成信息组（事件目标 =ID2，原始动机 =IDx，动机数值 =n，转移来源 =ID1），把这个信息写入记忆并放回意识流。

模块 16.2

描述：意识流中写入一个知识，如果知识的原因部分是一个能力可及的事件，这个时候对结果部分事件目标以及整个事件目标转移链条中的节点进行能力可及标注。如果不是，则查找结果事件目标是否有认知动机；如果有，则把这个动机转移给原因部分生成的事件目标。

隶属功能大类：认知目标分解转移

输入：意识流中因果类型知识[事件 = 事件 A（状态 A），创造事件 / 阻止发生事件 / 终止状态 / 维持状态 = 事件 B（状态 B）]

逻辑机制：

1. 知识为[事件 = 事件 A（状态 A），创造事件 = 事件 B（状态 B）]。

（1）查找创造事件 A（状态 A）是否为能力可及。如果是，把创造事件 B（状态 B）标注为能力可及。

（2）查找维持事件 A（状态 A）是否为能力可及。如果是，把创造事件 B（状态 B）标注为能力可及。

（3）查找终止事件 A（状态 A），阻止发生事件 A（状态 A）是否为能力可及。如果是，则把阻止事件 B（状态 B）标记为能力可及。

2. 知识为[事件 = 事件 A（状态 A），阻止发生事件 = 事件 B]。

（1）查找创造事件 A（状态 A）是否为能力可及。如果是，把阻止发生事件 B（状态 B）标注为能力可及。

（2）查找维持事件 A（状态 A）是否为能力可及。如果是，把阻止发生事件 B（状态 B）

标注为能力可及。

（3）查找终止事件 A（状态 A），阻止发生事件 A（状态 A）是否为能力可及。如果是，则把创造事件 B 标注为能力可及。

3.知识为［事件＝事件 A（状态 A），终止状态＝事件 B（状态 B）］。

（1）查找创造事件 A（状态 A）是否为能力可及。如果是，把终止事件 B（状态 B）标注为能力可及。

（2）查找维持事件 A（状态 A）是否为能力可及。如果是，把终止事件 B（状态 B）标注为能力可及。

（3）查找终止事件 A（状态 A），阻止发生事件 A（状态 A）是否为能力可及。如果是，则把维持事件 B 标记为能力可及

4.知识为［事件＝事件 A（状态 A），维持状态＝状态 B）］。

（1）查找创造事件 A（状态 A）是否为能力可及。如果是，把维持事件 B（状态 B）标注为能力可及。

（2）查找维持事件 A（状态 A）是否为能力可及。如果是，把维持事件 B（状态 B）标注为能力可及。

（3）查找终止事件 A（状态 A），阻止发生事件 A（状态 A）是否为能力可及。如果是，则把终止事件 B（状态 B）标记为能力可及。

5.我们把单次转移前的事件目标记为 IDa，单次转移后事件目标记为 IDb。

（1）查找（事件目标 =IDb，转移来源 =IDj）此类信息，把整个事件目标转移链条上的节点都标注为能力可及。

（2）查找（事件目标 =IDb，原始动机 =IDx），把 IDx 标注为能力可及，并把（事件目标 =IDx，能力可及 ＝是）写回 CF。

（3）IDa 寻找执行短链接 IDc，IDc 为一个可执行目标。建立整个事件目标转移链条包括 IDx 在内的到 IDc 的执行短链接。

6.以上过程中，如果 IDa 不是能力可及的：

（1）考察 IDb 是否具有事件目标动机，也就是考察信息（事件目标 =IDb，原始动机 =IDx，动机数值 =n，转移来源 =IDj）。

（2）如果有，则生成（事件目标 =IDa，原始动机 =IDx，动机数值 =n，转移来源 =IDb）。

（3）如果没有，不做任何操作。

模块 16.3

描述：意识流中写入一个信息"某个事件目标是能力可及的（可执行的），这个时候考察这个事件目标是否有认知动机。如果有，则追溯整条事件目标转移链条，进行能力可及标注"。

隶属功能大类：认知目标分解转移

触发：意识流中信息（事件目标 =ID0，能力可及 ＝是）

逻辑机制：

1.查找（事件目标 =ID0，转移来源 =IDj）此类的信息，把整个事件目标转移链条上的节点都标注为能力可及。

2.查找（事件目标 =ID2，原始动机 =IDx），把 IDx 标注为能力可及，并把（事件目标 =IDx，能力可及 = 是）写回 CF。

3.ID2 寻找执行短链接 IDc，IDc 为一个可执行目标。建立整个事件目标转移链条包括 IDx 在内的到 IDc 的执行短链接。

Remark：（事件目标 =IDx，能力可及 = 是）写回 CF 后，会有一个反应模式读取这个信息，考察是否存在某个好奇点，并找到提问者创造表达。

第十七章 具体事件是否发生

一、扮演的角色

判断客观世界具体事件是否发生是一个非常常见的认知任务。有我们自发地根据一个事件推知可能的原因或结果；有医生看病根据症状判断患者现在的疾病，备孕妈妈用验孕棒判断自己是否已经怀孕，这些都是根据目标事件创造的可以知晓的表象事件判断目标事件；还有我们根据一天的暴晒推知院子的植物必定缺水，通过水被煮沸过推知里面必定没有细菌存活，这些都是根据目标事件的原因去推知目标事件是否发生，目标状态是否存在。

在认知系统的三大任务中，判断具体事件是否发生支持认知系统第三类任务，突破认知的边界：

在统计认知中，AI 获得猜想后就需要采集样本。比如猜想"心脏不好的人坚持按摩心经，心脏就会变得更健康"，AI 就会好奇每个终端用户心脏的状况，这就是它试图形成判断的广义事件（状态），直接询问每个用户心脏好不好可能不合适，AI 可以从心脏不好的人的常见日常症状来形成猜想，然后询问确认。

对于因果链条细化。我们精准干预一个事件的发生或终止，往往会研究事件形成的机制，比如癌症形成的机制，我们会通过已有的关联事件猜想背后的因果链条，在验证因果链条的时候会进行试验，此时猜想因果链条中的每个事件都变成了我们要考察是否发生的目标事件。

二、感知可及事件

正如同为促成一个能力不可及的事件目标，我们会利用因果关系把事件目标转移到能力可及的事件目标上，为判断一个直接感知不可及的事件是否发生，我们会利用因果关系把观测目标转移到直接感知可及的事件上。

人类感知的能力很有限，我们只能感知一定波段的光，看见特定距离内和特定大小的东西，嗅到特定成分的物质……事件发生的特征信息，或是状态存在的特征信息，落在了我们感官能力范围内，被我们识别，借此我们判断了事件的发生与未发生，状态的存在与不存在。靠我们感官可识别的事件，是"感知可及"的。

我们创造了工具把感官不可见的信息转为感官可见的，从而能够看到不可见的光，看到非常遥远的星系，看到肉眼看不到的微生物，识别闻不到的空气成分……也就是说借助"感知工具"，我们能感知到事件发生时那些感官无法直接感知到的特征信息，于是能把原先一些"感知不可及"的事件变为"感知可及"的。

然后，和"能力可及"这个概念一样，"感知可及"也是因对象而异的，这时人类个体会附带记录信息，这个信息让人类在需要感知一个自身"感知不可及"的事件时，知道找谁求助。

通过感官或"感知工具"对事件的感知，我们称之为"直接感知"。然而，即使借助工具仍然存在大量"无法感知"的事件。

如果一个事件的发生与不发生，一个状态的存在和不存在是无法直接被感知到的，人类会利用事件所在的因果链条中的相关事件间接地判断它是否发生，这就是间接感知。间接感知有两个方向：

其一是向上考察导致这个事件的上游的因果链条，如果有可以直接感知的原因，且原因大概率导致这个事件，那么我们就能推知事件有多大可能发生。比如感染狂犬病这个状态是不可直接感知的，但我们知道感染狂犬病需要被感染狂犬病的动物咬伤，假设目标对象没有在最近被动物咬伤过，我们就可以推知目标对象不可能感染狂犬病。目标对象是否有被其他动物咬伤是可以"直接感知"的，那么动物得狂犬病这个状态在一定程度上是"感知可及"的。

其二是考虑这个事件向后延伸的因果链条，考察特定条件下，这个事件发生或不发生，状态的存在或不存在会导致什么。如果导致的事件是可直接感知的，那么我们就有可能推知事件是否发生，状态是否存在。还是狂犬病的例子，动物感染狂犬病这个状态是不可以直接感知的，但是发病时创造麻痹和狂躁的状态却是可以"直接感知"的。那么动物得狂犬病这个状态在一定程度上是"感知可及"的。

一个事件的发生或不发生，状态的存在或不存在，如果是可以"直接感知"或是"间接感知"的，我们都称之为"感知可及"的。

三、判断具体事件是否发生

在完成了所需的准备之后，接下来我们开始主要任务的讨论。其主要任务是判断一个具体事件 A 有没有发生。

我们之所以要通过推理演绎判断一个事件是否有发生，必定是因为这个事件的发生与否，就当前条件是直接感知不可及的。一个事件发生必定是有原因导致的，而它的发生会导致一系列的结果。如果能够知晓原因事件和导致的结果事件是否发生，我们就能够对目标事件 A 的发生与否形成认知。

所以从总体而言，我们会通过因果层的知识去推演事件的原因和事件导致的结果，从而把判断目标事件是否发生，转移到判断因果链条相关的其他相关事件是否发生上。因为有的事件直接感知可及，有的直接感知不可及，比如我们帮一个人判断他是否有某种疾病，关于他身体的症状，他自己肯定是清楚，所以我们可以向他询问，症状事件就是直接感知可及的，而导致症状的疾病不是。比如怀孕前期判断是否怀孕是一个直接感知不可及的事件，但怀孕产生的孕激素导致试纸颜色变化是直接感知可及的。

我们知道一次转移后的事件也可能是无法直接感知的，所以对于复杂的认知目标，往往需要转移数次，才能遇到直接感知可及的事件。

四、从事件结果判断

我们把事件结果导致的可直接感知，或他人可直接感知的事件叫作"表象事件"。症状是疾病的表象，植物发芽是温度季节变化的表象，开水沸腾是温度接近沸点的表象，等等。所以在事件的后延因果链条中如果有可直接感知的事件，我们就能对事件是否发生形成判断。

比较简单的情形有两种：

其一，目标事件是导致表象事件的单一原因，也就是一个必要原因，此时表象事件发生，就意味着目标事件发生。

其二，目标事件发生必定导致表象事件，也就是一个充分原因，此时表象事件没有发生就意味着目标事件一定没有发生。

以上两种极端情况在很多特定环境下也常有发生，这是本章在第一代原型机中要实现的一个功能。

大部分情况没有那么理想，目标事件和表象事件之间的关系介于完全不充分和充分之间，介于完全不必要和必要之间。比如一个表象事件可能由多个原因导致，所以即使目标事件的表象真的出现，我们也必须排除其他导致它的事件。问诊过程就是一个典型的例子。在问诊过程中，为判断对方是否有某个疾病，就会搜索疾病导致症状，这个是因果层面关于后延因果链条的知识。因为症状是对象可直接感知的事件，所以我们会询问对方这个症状是否存在。如果症状存在，算是对目标疾病的支持，但我们也会去排除其他导致这些症状的疾病，如果这些疾病没有发生，那么我们就能有很大把握对方的确有目标疾病。如何排除这些需要鉴别的其他疾病呢？这又回到了我们的原始目标——判断一个事件是否发生。很多情况下，限于当时的条件，我们没有办法完全排除这些需要鉴别的事件，这个时候这些候选的原因事件就和目标事件一起分配了表象事件真实原因的可能。

还有一种情况，还是在疾病诊断的案例中，如果患者最近出来若干未被解释的症状，按照上面的逻辑，我们可能无法最终排除好多可能的疾病。但我们会认同，如果有一个疾病能够最大限度地解释这些症状，那么这个疾病最有可能是背后的原因。一般而言，如果可能的原因都是小概率事件，那么我们认为一个原因事件发生的概率高于几件原因事件同时发生的概率。所以对诸多需要解释的表象形成最高解释覆盖率的原因往往是背后真实的原因。

至此我们可以总结常规的利用事件结果判断事件是否发生的流程：

1. 搜索目标事件所在的后延因果链条，也就是考察目标事件如果发生，接下来会发生什么。

2. 优先选择那些具有强充分性或强必要性的事件，因为如果找到，这些事件是否发生能够直接形成对事件是否发生的肯定或否定。

3. 如果理想的情形不成立，就需要继续考察这些表象事件是否可能由其他原因事件导致。

4. 如果可能由其他候选事件导致，就回到起始状态——判断这些事件是否发生。最好的情况是能够排除其他可能导致表象的事件。

5. 还有一种方式，考察竞争的几个原因哪个能够形成对需解释表象尽可能完整的解释覆盖。

五、从事件原因判断

很多情境下，从事件的结果判断是否发生未必具有足够的条件。

1. 感知可及的结果事件还没有发生。比如一个人在被狗咬之后希望判断自己有没有可能感染狂犬病，这个时候狂犬病的症状还没有出现。

2. 事件的结果事件虽然是感知可及的但却不是直接感知可及的，而间接感知因为各种原因而缺乏条件。比如在以前医疗资源匮乏的时候，因为缺乏化验的条件，那些可通过间接方式知晓的疾病反应事件就无法判断。

3. 事件的结果事件虽然是感知可及的，但因为某个原因无法向知晓它的个体询问。

总之，如果无法从事件的结果表象判断事件是否发生，我们就会从目标事件的原因是否发生去判断目标是否发生。比如在前面的例子中，我们可以通过"狂犬病发病动物咬人导致人感染狂犬病病毒"来判断咨询者会不会感染狂犬病病毒。

但真实的情况是，遇到的大部分原因事件都只对事件发生的概率有贡献，或是作为目标事件发生的必要条件。所以首先，即使知晓原因事件发生，未必能确定目标事件发生。比如受凉容易导致感冒，但我们不会因为一个人之前受凉了就推知他是感冒，因为概率不高。其次，导致目标事件发生的原因可以有很多，所以即使知晓一个原因事件没有发生，我们也无法确定目标事件没有发生。还是前面的例子，我们不会因为知道他没有受凉，就断定他不是感冒。

所以从原因判断事件需要在特定条件下才会有实践价值。

第一种情形下，目标事件的原因很单一，也就是强必要性的原因，而且原因事件是感知可及的。比如狂犬病的例子，人感染狂犬病必定是被狂犬病发病的动物咬伤或抓伤的。在这种情况下，如果知晓原因事件没有发生，我们可以确信地说目标事件没有发生，在这个例子中即目标对象没有感染狂犬病。

第二种情形下，目标事件在原因事件发生的情况下必定会发生，也就是一个充分性原因，且原因事件是感知可及的。比如，水煮沸了细菌一定会死。这种情况下，如果知晓原因事件发生了，我们就能确信目标事件发生了，在这个例子中即细菌被杀死了。

六、综合印象

很多时候我们判断一个事件是否发生，以上的理想情况都不成立，既没有强充分、强必要的因果知识可以用来一票否定或支持；又无法完全排除与之竞争作为表象原因的其他事件；目标事件也没有能够覆盖解释大部分所有需要解释的表象。

这个时候因果链条上游以及下游较强充分、较强必要的事件是会对目标事件发生有效的支持或是有效的否决，但这个时候没有任何一个相关事件具有决定力量，必须综合考虑。

在效仿人类工程上，我们构建了一个模型。我们创造信息组储存和目标事件是否发生直接相关的事件，包含了表象事件、原因事件以及与之竞争解释表象的事件。通过因果关系知识的充分性和必要性强弱，我们筛选出其中具有较强充分性和较强必要性的事件，因为这些事件能对是否发生形成有效的支持或有效的否决，我们把这个事件集叫作"直接相关事件集"。通过这些"相关事件"发生的概率，以及和目标事件的充分必要程度，我们可以综合计算目标事件的发生概率。只要有一个相关事件发生概率发生改变，我们就会去重算目标事件发生的概率。

我们知道一个"相关事件"未必是直接感知可及的，这种情况下它会作为新的"目标事件"继续转移，也会拥有自己的"直接相关事件集"……这个转移可能会有好几次。在这个模型中，只要转移末端的事件是直接感知可及的，或是通过其他途径知晓其是否发生，系统就会重算它的目标事件；重算导致此目标事件在认知中的概率发生变化，从而触发更上一层的目标事件概率的重算……如此一直到最原始的目标事件。

七、时点规律和时序规律

事件类体现出的在时间轴上的序列特征是人类判断事件是否发生的另外一个重要途径。

第一类事件时间规律为事件的时点规律。比如"Peter 一般 7 点起床""春天植物会发芽""周日小香槟会去公园玩"。人类会对事件类发生的时点的分布形成印象，从而总结出一些结论性的规律，比如一个事件一般在什么时候发生，很少或绝不会在什么时候发生。在特定条件下通过时点规律，我们可以判断具体事件是否发生：

其一，事件从不或极少在某个时点或时间区间发生，我们可以判断这个时点或时间区间事件没有发生，比如野生桃树从来不会在春天以外的季节开花，所以如果有人问"今年夏天这棵桃树开花没有"，我们可以确定地回答"没有"。

其二，事件要发生必定或极大概率在某个时点。此时如果我们知道事件发生了，就能顺带知道事件发生的时点，也知道这个时点没有发生其他排他事件。比如"爷爷睡午觉基本都在 12 点"。此时如果知道爷爷昨天睡午觉了，就能知道爷爷是在 12 点左右睡午觉，那个时间他没有在做其他事情。

其三，事件在特定时点或时间区间必定或大概率发生。这样我们就能知道这个时点发生的事件。比如"爷爷每天 12 点必定睡午觉"。如果有人问小香槟"你爷爷昨天 12 点在干吗"，小香槟可以确定地回答"睡午觉"。

第二个时间规律为时序规律，比如闪电前一定会打雷，天乌云密布才会下雨，果树结果前必定先开花，等等。时序规律背后的真实规律可能是一个因果规律，也有可能体现出时序关系的事件是同一个原因先后导致的事件。和时点规律一样，在特定条件下通过时序规律，我们可以判断具体事件是否发生。

其一，目标事件从不或极少在某个事件 A 前／后发生，我们可以判断事件 A 发生前／后的一段时间内这个目标事件没有发生。比如"植物打完农药，一段时间不会生虫"，如果昨天一棵树打完了农药，我们可以判断今天这棵树上不会有虫子。

其二，事件 A 要发生必定或大概率出现在目标事件前／后。此时如果我们知道事件 A 发生了，就能知道目标事件肯定发生了，而且就在事件 A 发生之前／后。比如只有被狂犬病动物咬了，才可能得狂犬病。如果一个人得了狂犬病，我们就能推知他之前必定被狂犬病动物咬伤了。

其三，目标事件发生必定或大概率在事件 A 前／后。此时我们只要知道事件 A 没有发生，就知道目标事件必定或大概率没有发生。比如下雨后地上必定会变湿，目标事件为天是否下雨，所以我们就能从路面没有变湿推知刚才天没有下雨。

以上这些逻辑我们需要在工程上实现，虽然复杂，但所有逻辑都是为了判断一个事件是否发生，而此事件是否发生又成为判断其他事件是否发生的条件。所以判断事件是否发生是目的，又是自我支持的手段。把握这点我们就能理清思路。

八、时间规律判断案例

到了工程运算上我们仅仅知道事件的时序是不够的，还需要更具体的信息。

人类能够关注并记录事件 A 到事件 B 的时间，并用类似（事件 1= 事件 A，事件 2= 事件 B，间隔时间 =）这样的信息组去记录。如果知道事件 A 的时间，我们就能对事件 B 发生的事件形成认知。用时间变量表述：事件 1 发生的时间是 t1，间隔时间为 s，那么事件 2 发生的时间是 t2=t1+s，同样我们可以用事件 2 发生的时间和时间间隔推知事件 1 发生的时间。

对于 AI 而言，时间位置的信息可以是一个时长分布。对于人类，我们脑海中虽然没有一个精确的分布信息，但会形成大致的分布信息。人类会形成时长大部分集中在某个时长附近，时长极少可能突破多久之类的印象，这些信息在对具体事件是否发生，何时发生的认知中起到关键作用。比如妻子知道我开车从公司回家大概多久，就能根据我的出发时间判断我到家的时间，从而适时地准备好晚餐。

时长分布是可进行加减运算的。如果有（事件 1=，事件 2=，间隔事件 = 分布 1）、（事件 2=，事件 3=，间隔事件 = 分布 2），我们就能计算出（事件 1=，事件 3=，间隔事件 = 分布 3）。

如果我们判断一个目标事件 A 是否发生，通过因果层的知识，我们知道事件必定会由某个原因事件 B 导致，也就是时序规律中的第三种情形。而我们根据经验知道事件 B 到事件 A 的时长分布。我们根据 A 发生的时间，去推知 B 发生的可能时间，如果和其他观测或推知 B 发生的时间矛盾，我们就可以排除事件 A 的发生。

比如我们要判断一只仓鼠有没有可能感染狂犬病，我们有知识，即事件"动物感染传染病"必定以事件"被狂犬病动物咬伤"为前提。假设这只仓鼠已经养了一个月，最近一个月我们确定它没有被其他动物咬过，也就是假想的仓鼠如果感染狂犬病，那么事件"被咬感染狂犬病"时间必定在一个月前。我们知道啮齿类动物感染狂犬病 14 天内必定死亡。也就是事件"被狂犬病动物咬伤"到事件"死亡"的时间必定小于 14 天。这样就能推知仓鼠在假想条件下死亡的时间必定在 15 天前，和已知情况矛盾。因此，我们判断仓鼠不可能感染狂犬病。

如果判断一个事件 A 是否发生，通过因果层的知识，我们知道事件必定导致某个事件 B。而我们从经验知道事件 A 到事件 B 的时长分布，就可以推知假设 A 发生时，B 发生的时间，如果和其他观测或推知 B 发生的时间矛盾，就可以排除事件 A 的发生。

比如在侦探小说中经常出现的"不可能犯罪推断"，假设目标事件是某天晚上 7 点一个嫌疑犯是否在 A 城杀了人，而晚上 9 点嫌疑犯在 B 城有不在场证明。从 A 城到 B 城至少 3 个小时。此时事件 A 为"嫌疑犯杀人后出发去 B 城"，事件 B 为"嫌疑犯抵达 B 城"，这两个事件的时间间隔按照经验应大于 3 小时，可以推知嫌疑犯抵达 B 城的时间必定在当晚 10 点以后，和观测到的嫌疑犯 9 点出现在 B 城的事实矛盾，从而推导出嫌疑犯没有犯罪可能。

九、询问

人类经常需要在对话中形成对事件是否发生的认知，因为任何一个个体感知可及的事件是很有限的。且人类在对话中获取信息，不是简单的有好奇点就问，而是有很多下意识的技巧，这让我们难以从意识流进行反思，但可以就对话样本进行反思。

在应对咨询的过程中，咨询的内容如果是和对话者相关的事件，其本质就是利用被咨询者的知识，结合对话者的境遇信息，完成判断。所以咨询的过程肯定要对咨询者的境遇信息进行询问。如果咨询过程涉及判断具体事件是否发生，人类会本能地考察对话者是否知晓这个事件。

如果得到一个否定的判断，人类会有两类做法：其一，如果事件对对话者是直接感知不可及的，我们就会尝试用因果层的知识转移好奇点到对话者感知可及的事件；其二，如果事件中包含了某类元素是对话者不熟悉的，比如某类对象是对话者无法识别的，就会用一个对话者熟悉的母类替代，从而把信息拆分开来询问。

接下来我们就来具体讨论上面说的这两类询问技巧。除此对话中的询问技巧和习惯外，AI 会和人类一样去判断对于一个好奇点找什么人获得解答。这个我们放到下一章进行讨论。

十、问题的拆分

在判断原始的目标事件是否发生的过程中，我们可能会不断地转移事件发生的好奇点。如果在咨询过程中，遇到和对话者境遇相关的事件，我们会不断考察一个好奇点对对话者是否直接感知可及，是否可知。如果好奇点——一个事件是否发生，对对话者而言是直接感知不可及的，我们就会尝试继续转移或是分解。在前面我们讨论了继续转移，现在来讨论分解。

如果目标事件中存在对话者无法识别的元素，我们会把这个元素弱化为对话者知晓的母类，用这个母类和附加限制拆解事件。

比如在判断对话者是否感染狂犬病的例子中，我们不会去问"你有没有被狂犬病发病的动物咬过"，因为这个对于对方而言不是感知可及的，因为对方可能无法识别"狂犬病发病的动物"。我们经常会采取的一个办法是寻找"狂犬病发病的动物"的一个对方可识别的母类，把这个问题拆解为一个用母类替代的弱化的事件和一个具体对象属于原始子类的广义事件：

"你有没有被狂犬病发病的动物咬过" = "你有没有被动物咬过" + "动物有没有狂犬病发病"。前者是用对话者可识别的母类替换后的对话者直接感知可及的事件，而后者是一个对象状态，是一种广义事件。拆分后的两个事件之间是"且"关系，所以两者只要有一个事件被否定，那么原始信息就会被否定。所以我们会先用第一个对话者直接感知可及的事件询问他，如果被否定，我们就可以知道拆解前的事件是否发生的答案了。如果是肯定，我们再来考虑第二个事件是否发生。

如果第一个拆解后的问题的回答没有解决拆解前的问题，我们就会把目标转移到第二个问题，"动物有没有狂犬病发病"，这个对于对话者而言很可能是未知的。我们搜索狂犬病动物发病的特征，比如找到"狂犬病发病动物会有狂躁或抽搐的表现"这个知识，它是拆解后的目标事件导致的表象事件的因果层的知识，所以我们会利用它转移目标到这些表象事件"咬人的动物有没有狂躁或抽搐"，而它们是对话者直接感知可及的，所以会创造对应的询问。如果我们没有找到这样的特征知识，或是寻找到的知识因果相关性不高，也就是即使否定了表象出现，我们也没有办法排除动物没有狂犬病发病。因为拆解后的第二个事件是一个对象属性，这个时候我们会寻找"对象限制的知识"，也就是寻找什么样的对象类可能拥有这个属性，此时"对象属于可能属类"就变成相关事件成立的必要条件。所以如果对象不属于这个对象类，就不可能参与到此类事件中，事件本身就不可能发生。假设我们找到一条知识"只有哺乳动物才可能感染狂犬病"，我们会把好奇点转移到"咬人的动物是不是哺乳动物"上，从而创造"咬你的是什么动物"这样的询问。

十一、本章总结

1. 事件在可感知层面的属性分为几类：如果是直接可以感知到的称之为"直接感知可及事件"；如果需要依靠通过事件在因果链条上可直接感知可及事件推知是否发生的称之为"间接感知可及事件"。如果某情境下，有方法可直接或间接感知到的称为"该情境下可感知事件"；否则称为"该情境下不可感知事件"。

2. 人类会利用目标事件因果层的规律，不断转移事件发生好奇点，直到转移到直接感知可及事件。这是人类判断事件是否发生的核心策略。

3. 利用事件结果判断事件是否发生的流程：

（1）搜索目标事件所在的后延因果链条，也就是考察目标事件如果发生，接下来会发生什么。

（2）寻找后延因果链条中那些直接感知可及的事件，如果是他人感知可及的，则考虑询问知道的人。

（3）一些转移后的因果链条后延事件是感知可及的但未必是直接感知可及的，这个时候就会用经验中间接感知的办法去进行判断。

（4）完成对表象事件是否发生的考察之后，考察这些表象事件是否可能由其他原因事件导致。

（5）如果可能由其他候选事件导致，就回到起始状态，判断这些事件是否发生。

4. 从原因判断事件需要在特定条件下才会有实践价值。

第一种情形下，目标事件的原因很单一，而且原因事件是感知可及的。在这种情况下，如果知晓原因事件没有发生，我们可以确信地说目标事件没有发生。

第二种情形下，目标事件在原因事件发生的情况下必定会发生，且原因事件是感知可及的。如果我们知晓原因事件发生了，就能确信目标事件发生了。

5. 人类会记录事件之间的时间间隔（事件 1=，事件 2=，间隔时间 = 分布），间隔时间可以是一个分布信息，从而我们可以就多个事件相关的间隔进行加减运算。用这类知识信息可以推断事件发生的时点。除此之外，还有一类我们会记录且频繁使用的信息，就是事件的时点规律。

6. 我们可以利用事件间的时长规律排除事件是否发生：假设目标事件发生，我们可以利用其中一个事件观测到的时点推知另外一个事件发生的可能的时间范围，如果推知的可能范围和观测到的可能范围没有交集，则可推知目标事件没有发生。

7. 因为个体的直接感知可及范围是有限的，所以为了推知目标事件往往需要询问，人类的询问过程包含了很多下意识的技巧。

8. 人类会记录每类对象的"可知事件类""直接感知可及事件类"。如果意识流中生成的问题对对话者来说是"不可知的"，其一，可以尝试利用因果层知识进一步转移好奇点到对方"可知的事件"上；其二，如果事件中的某元素是对话者"不可知的"，可以用对话者"可知"的母类替代，从而把目标事件拆解为两个部分。

十二、实验测试

实验 17.1a 归因

难度：1

描述：在这个实验中，目标事件所属的事件类是表象最常见的原因（显著的充分性）。AI 识别到具有显著充分性的后延因果链条，从而利用目标事件的因果链条后延表象事件来判断目标事件是否发生。

测试模块：模块 17.1a

需要支持功能：自然语言正转录、基础应答反射、基础逻辑思维

测试准备：自然语言输入知识"大部分咳嗽、发烧的情况是感冒导致的"，% 生成知识（事件 = 人感冒，创造发生 = 人咳嗽、人发烧，必要性 =0.9）。

测试流程：

Tester：我有点咳嗽，有点发烧。

AI：那你可能是感冒啦。

实验 17.1b 结果判断

难度：1

描述：在这个实验中，目标事件所属的事件类，有一个上游因果知识，原因事件具有足够的充分性。AI 识别到具有显著充分性的知识后，要求利用目标事件的原因事件判断事件是否发生。

测试模块：模块 17.1a

需要支持功能：自然语言正转录、基础应答反射、基础逻辑思维

测试准备：自然语言输入知识"水烧沸了，水里的细菌肯定都会死亡"，% 生成知识（事件 = 水烧沸，创造发生 = 水中细菌死亡，充分性 =1）。

测试流程：

Tester：我在烧一壶水，水沸腾了，我想知道水里的细菌是否死亡。

AI：是的，水烧沸腾，水中的细菌就会死亡。

实验 17.2a

难度：2

描述：在这个实验中，要求 AI 利用目标事件的因果链条后延表象事件判断目标事件是否发生，且表象存在其他可能的原因，要求 AI 找到这个原因并表达出来。（无法排除）

测试模块：模块 17.1a

需要支持功能：自然语言正转录、基础应答反射、基础逻辑思维

测试准备：自然语言输入知识"咳嗽、发烧可能是由感冒导致的，也可能是肺炎导致的"，% 生成知识按照默认必要性（事件 = 人感冒，创造发生 = 人咳嗽、人发烧，必要性 =0.45）（事件 = 人肺炎，创造发生 = 人咳嗽、人发烧，必要性 =0.45）。

测试流程：

Tester：我有点咳嗽，有点发烧，会不会是感冒？

AI：感冒是可能导致咳嗽和发烧的，但不排除是肺炎导致的，肺炎也可以导致咳嗽发烧。

实验 17.2b 排除

难度：2

描述：在这个实验中，要求 AI 利用目标事件的因果链条后延表象事件判断目标事件是否发生，且表象存在其他可能的原因，但另外可能事件有一个充分表象没有发生，要求 AI 能排除另外可能原因，并表达出推知的原因。（可以排除）

测试模块：模块 17.1a

需要支持功能：自然语言正转录、基础应答反射、基础逻辑思维

测试准备：自然语言输入知识"咳嗽、发烧可能是由感冒导致的，也可能是肺炎导致的。但肺炎一般会有呼吸困难"，% 生成知识按照默认必要性（事件 = 人感冒，创造发生 = 人咳嗽、人发烧，必要性 =0.45）（事件 = 人肺炎，创造发生 = 人咳嗽、人发烧，必要性 =0.45）（事件 = 人肺炎，创造发生 = 呼吸困难，充分性 =0.9）。

测试流程：

Tester：我有点咳嗽，有点发烧，但没有呼吸困难，会不会是感冒？

AI：应该是感冒，肺炎一般会有呼吸困难。

实验 17.3a

难度：2

描述：在这个实验中，要求 AI 利用目标事件的原因事件判断事件是否有可能发生。原因是强必要性的，从而 AI 会考虑原因事件没有发生来尝试排除目标事件。具体事件层的信息需要询问获得。

测试模块：模块 17.1a

需要支持功能：自然语言正转录、基础应答反射、基础逻辑思维

测试准备：自然语言输入知识"只有被狂犬病发病的动物咬伤或抓伤才有可能感染狂犬病"，% 生成知识按照默认必要性（事件＝人被狂犬病动物咬伤，创造发生＝人感染狂犬病，必要性＝1）。

测试流程：

Tester：帮我判断一下我有没有可能感染狂犬病。

AI：你有被狂犬病发病的动物咬伤或抓伤吗？

Tester：没有。

AI：那你不会感染狂犬病，只有被狂犬病发病的动物咬伤或抓伤才有可能感染狂犬病。

实验 17.3b

难度：3

描述：在这个实验中，要求 AI 利用目标事件的因果链条后延表象事件判断目标事件是否发生。具体事件层的信息需要询问。

测试模块：模块 17.1a

需要支持功能：自然语言正转录、基础应答反射、基础逻辑思维

测试准备：自然语言输入知识"感冒可能导致咳嗽、发烧、鼻塞"。

测试流程：

Tester：我有点鼻塞，是不是感冒？

AI：你有没有发烧？

Tester：有。

AI：你有没有咳嗽？

Tester：有。

AI：你可能有感冒，咳嗽、发烧、鼻塞都是感冒会有的症状。

实验 17.4a

难度：2

描述：在这个实验中，AI 需要用一个充分知识，通过判断结果事件没有发生，来判断条件事件没有发生。

测试模块：模块 17.1a、反应模式 17.5a

需要支持功能：自然语言正转录、基础应答反射、基础逻辑思维

测试准备：自然语言输入知识"吃了'美林'，孩子的烧一般都会退"，% 生成知识（事件＝孩子吃，终止＝孩子发烧，充分系数＝0.9）。

测试流程：

Tester：我忘记刚才有没有给宝宝吃"美林"了。

AI：退烧了吗？

Tester：没有。

AI：应该没有吃，吃了一般会退烧的。

实验 17.4b

难度：2

描述：这个实验测试 AI 需要利用一个充分知识，通过判断结果表象事件没有发生，来判断原因事件没有发生。

测试模块：模块 17.1a、反应模式 17.5a

需要支持功能：自然语言正转录、基础应答反射、基础逻辑思维

测试准备：自然语言输入知识"得了狂犬病的啮齿类动物都会抽搐麻痹"，% 生成知识（事件 = 啮齿类动物得狂犬病，终止 = 啮齿类动物抽搐麻痹，充分系数 =0.9）。

测试流程：

Tester：邻居的仓鼠死了，不知道是不是得了狂犬病。

AI：死前有出现抽搐麻痹吗？

Tester：没有。

AI：那就不是狂犬病，得了狂犬病的啮齿类动物都会抽搐麻痹。

实验 17.4c

难度：2

描述：在这个实验中，AI 需要根据一个绝对充分的否定进行询问，从而否决一个事件发生的可能。

测试模块：模块 17.1a、反应模式 17.5b

需要支持功能：自然语言正转录、基础应答反射、基础逻辑思维

测试准备：自然语言输入知识"打了狂犬病疫苗，一定不会得狂犬病"，% 生成知识（事件 = 人打狂犬病疫苗，阻止发生 = 狂犬病，充分系数 =1）。

测试流程：

Tester：我被狗咬了，我会得狂犬病吗？

AI：你打狂犬病疫苗了吗？

Tester：打了。

AI：那你就不会得狂犬病了。

实验 17.5a

难度：2

描述：在这个实验中，AI 需要利用一个强必要的知识，通过判断结果事件发生，判断原因事件发生。

测试模块：模块 17.1a、反应模式 17.6b

需要支持功能：自然语言正转录、基础应答反射、基础逻辑思维

测试准备：自然语言输入知识"只有喝了浓咖啡才能阻止他午睡"，% 生成知识（事件 = 他喝浓咖啡，阻止发生 = 他午睡，必要系数 =1）。

测试流程：

Tester：医生说他不能喝咖啡，他中午喝了浓咖啡没有？

AI：他午睡了吗？

Tester：他没午睡。

AI：那他喝了浓咖啡了，只有浓咖啡能不让他午睡。

实验 17.5b

难度：2

描述：在这个实验中，AI 需要利用一个强必要的知识，通过判断确认结果事件发生，推知原因事件发生。

测试模块：模块 17.1a、反应模式 17.6b

需要支持功能：自然语言正转录、基础应答反射、基础逻辑思维

测试准备：自然语言输入知识"Jack 只有被爸爸打才会哭"，% 生成知识（事件 = 爸爸打 Jack，创造 =Jack 哭，必要系数 =1）。

测试流程：

Tester：今天爸爸打 Jack 了吗？

AI：今天 Jack 哭过没有？

Tester：哭了。

AI：那今天爸爸打他了，只有爸爸打他他才会哭。

实验 17.5c

难度：2

描述：在这个实验中，AI 需要根据一个强必要的知识，通过判断原因事件没有发生，判断结果事件没有发生。

测试模块：模块 17.1a、反应模式 17.8b

需要支持功能：自然语言正转录、基础应答反射、基础逻辑思维

测试准备：自然语言输入知识"只有天下暴雨，这里才会积水"，% 生成知识（事件 = 这里天下暴雨，创造 = 这里积水，必要系数 =1）。

测试流程：

Tester：我要从这条路过，这里积水了吗？

AI：刚刚下过暴雨吗？

Tester：没有。

AI：那肯定没有积水，只有下暴雨这边才会积水。

实验 17.5d

难度：2

描述：在这个实验中，AI 需要根据一个必要性很强的否决的知识，通过判断条件事件没有发生，判断结果事件必定发生。

测试模块：模块 17.1a、反应模式 17.8a

需要支持功能：自然语言正转录、基础应答反射、基础逻辑思维

测试准备：自然语言输入知识"Mike 只有吃了安眠药才会不失眠"，% 生成知识（事件 =Mike 吃安眠药，阻止发生 =Mike 失眠，必要系数 =1）。

测试流程：

Tester：Mike 昨天失眠了吗？

AI：Mike 昨天有没有吃安眠药？

Tester：没有。

AI：那他肯定失眠了。

实验 17.6a

难度：2

描述：在这个实验中，AI 需要通过一个充分性很高的知识对现象进行解释。

测试模块：模块 17.1a、反应模式 17.7b

需要支持功能：自然语言正转录、基础应答反射、基础逻辑思维

测试准备：自然语言输入知识"糖尿病人吃了甜食往往血糖会升高"，% 生成知识（事件 = 糖尿病人吃了甜食，创造 = 血糖升高，充分系数 =0.9）。

测试流程：

Tester：我妈妈有糖尿病，她有点头晕，是血糖高了吗？

AI：她刚才吃了甜食吗？

Tester：是的。

AI：吃了甜食往往血糖会升高的。

实验 17.6b

难度：2

描述：在这个实验中，AI 需要通过一个必要性很高的知识对现象进行解释。

测试模块：模块 17.1a、反应模式 17.6b

需要支持功能：自然语言正转录、基础应答反射、基础逻辑思维

测试准备：自然语言输入知识"Mike 喝酒一般都是因为心情不好"，% 生成知识（事件 =Mike 心情不好，创造 =Mike 喝酒，必要系数 =0.9）。

测试流程：

Tester：Mike 今天喝了很多酒。

AI：他是不是心情不好？

Tester：是的。

AI：Mike 喝酒往往是因为心情不好。

实验 17.7a

难度：3

描述：在这个实验中，要求 AI 利用目标事件的原因事件判断事件是否有可能发生。具体事件层的信息需要询问获得，且在询问过程中 AI 能够分解出对方直接感知可及的事件，进行快速排除。

测试功能：具体事件是否发生推理能力（综合）。

需要支持功能：自然语言正转录、基础应答反射、基础逻辑思维

测试准备：自然语言输入知识"只有被狂犬病发病的动物咬伤或抓伤才有可能感染狂犬病；只有哺乳动物可能感染狂犬病"。

测试流程：

Tester：帮我判断一下我有没有可能感染狂犬病。

AI：你有被什么动物咬伤或抓伤吗？

Tester：有。

AI：是什么动物？

Tester：小鳄鱼。

AI：那不用担心，只有哺乳动物可能感染狂犬病。

实验 17.7b

难度：4

描述：在这个实验中，要求 AI 利用目标事件的原因事件判断事件是否有可能发生。具体事件层的信息需要询问获得，且在询问过程中 AI 能够分解出对方直接感知可及的事件，并就剩下的对象属性（作为一个直接感知不可及的广义事件）由知识转移到直接感知可及的表象进行询问。

测试功能：具体事件是否发生推理能力（综合）。

需要支持功能：自然语言正转录、基础应答反射、基础逻辑思维

测试准备：自然语言输入知识"只有被狂犬病发病的动物咬伤或抓伤才有可能感染狂犬病；狂犬病发病动物一定会有抽搐或狂躁的表现。"

测试流程：

Tester：只有被狂犬病发病的动物咬伤或抓伤才有可能感染狂犬病。

Tester：帮我判断一下我有没有可能感染狂犬病。

AI：你有被什么动物咬伤或抓伤吗？

Tester：有。

AI：是什么动物？

Tester：仓鼠。

AI：咬你的仓鼠当时有没有出现抽搐或狂躁的表现？

Tester：有。

AI：那你很有可能感染狂犬病，感染狂犬病的动物往往会有抽搐或狂躁的表现。

实验 17.8a

难度：4

描述：在这个实验中，要求 AI 利用目标事件的因果链条后延表象事件判断目标事件是否发生，且存在需要鉴别的事件，AI 需要询问更多问题进行排除。

测试功能：具体事件是否发生推理能力（综合）。

需要支持功能：自然语言正转录、基础应答反射、基础逻辑思维

测试准备：自然语言输入知识"感冒可能导致咳嗽、发烧、鼻塞；肺炎可能导致咳嗽、发烧，一般会有呼吸困难"。

测试流程：

Tester：我有点咳嗽，帮我看下是不是感冒。

AI：你有发烧吗？

Tester：有。

AI：有鼻塞吗？

Case1：

Tester：有。

AI：应该是感冒。

Case2：

Tester：没有。

AI：你有呼吸困难的感觉吗？

Tester：没有。

AI：你应该是感冒，肺炎也会有发烧、咳嗽的症状，但一般还会有呼吸困难。

实验 17.8b

难度：4

描述：在这个实验中，要求 AI 利用目标事件的因果链条后延表象事件判断目标事件是否发生，且存在需要鉴别的事件，AI 需要询问更多问题进行排除，其中有时间特征问题。

测试功能：具体事件是否发生推理能力（综合）。

需要支持功能：自然语言正转录、基础应答反射、基础逻辑思维

测试准备：自然语言输入知识"感冒可能导致咳嗽、发烧、鼻塞；肺炎可能导致咳嗽、发烧，一般会有呼吸困难；感冒的发烧一般 3 天内会结束，肺炎的发烧可以持续很久。"

测试流程：

Tester：我有点咳嗽，帮我看下是不是感冒。

AI：你有发烧吗？

Tester：有。

AI：发烧多久了？

Tester：一周了。

AI：有没有呼吸困难？

Tester：没有。

AI：你可能是感冒，不排除是肺炎，因为你发烧时间有一周了，一般感冒发烧都只有 3 天。

实验 17.9a

难度：4

描述：在这个实验中，要求 AI 利用目标事件的因果链条后延表象事件判断目标事件是否发生，且后延事件中存在直接感知不可及的事件，AI 能够表达间接观测的实验告知如何鉴别。

测试功能：具体事件是否发生推理能力（综合）。

需要支持功能：自然语言正转录、基础应答反射、基础逻辑思维

测试准备：自然语言输入知识"感冒可能导致咳嗽、发烧、鼻塞；肺炎可能导致咳嗽、发烧，一般会有呼吸困难。肺炎会导致中性粒细胞计数比例升高，中性粒细胞计数比例升高可以通过做血常规知晓。"

测试流程：

Tester：我有点咳嗽，帮我看下是不是感冒。

AI：你有发烧吗？

Tester：有。

AI：有鼻塞吗？

Tester：没有。

AI：你有呼吸困难的感觉吗？

Tester：没有。

AI：你有可能是感冒，也不排除是肺炎。可以做个血常规，如果中性粒细胞计数比例升高就应该是肺炎。

实验 17.9b

难度：5

描述：在这个实验中，要求 AI 利用目标事件的原因事件判断事件是否有可能发生。具体

事件层的信息需要通过询问获得，且在询问过程中 AI 能够分解出对方直接感知可及的事件，就剩下的对象属性（作为一个直接感知不可及的广义事件）由知识转移到直接感知可及的表象进行询问，并根据时间条件排除可能。

测试功能：具体事件是否发生推理能力（综合）。

需要支持功能：自然语言正转录、基础应答反射、基础逻辑思维

测试准备：自然语言输入知识"只有被狂犬病发病的动物咬伤或抓伤才有可能感染狂犬病；啮齿类动物感染狂犬病 14 天内必定死亡。"

测试流程：

Tester：帮我判断一下我有没有可能感染狂犬病。

AI：你有被什么动物咬伤或抓伤吗？

Tester：有。

AI：是什么动物？

Tester：仓鼠。

AI：咬你的仓鼠当时有没有出现抽搐或狂躁的表现？

Tester：没有。

AI：你的仓鼠养了多久了？

Tester：1 个月了。

AI：如果可以确定饲养期间没有被其他动物咬伤，那么你不用担心自己感染狂犬病，因为啮齿类动物感染狂犬病 14 内必定死亡。

实验 17.10a 综合

难度：4

描述：在这个实验中，目标事件有较为充分和必要的后延因果链条，AI 需要综合考虑后延因果链条的事件是否发生来形成对目标事件是否发生的判断。

测试功能：具体事件是否发生推理能力（综合）。

需要支持功能：自然语言正转录、基础应答反射、基础逻辑思维

测试准备：自然语言输入知识"感冒很可能会流鼻涕，也有可能会咳嗽、喉咙痛、发烧，最近和流感病人接触的人，如果免疫力低，很可能会感冒"，%生成知识（事件＝人感冒，创造＝人流鼻涕，充分性＝0.9）（事件＝人感冒，创造＝人咳嗽，充分性＝0.5）（事件＝人感冒，创造＝喉咙痛，充分性＝0.5）（事件＝人感冒，创造＝发烧，充分性＝0.5）（事件＝人接触流感病人，条件＝人免疫力低，创造＝人的流感）。

Remark：数据为测试目标反应而准备，可能和真实有所偏差。

测试流程：

Tester：我这几天喉咙痛、咳嗽，帮我判断一下是不是感冒了。

AI：你有流鼻涕吗？（%询问一个高充分后延事件，如果没有发生则是一个否定）

Tester：是的。（％未形成有效否决）

AI：你有接触过流感病人吗？（％询问一个高充分的上游事件，如果有则是一个支持）

Tester：是的。

AI：你平时免疫力低吗？（％询问成立条件）

Tester：是的。（％形成有效支持）

AI：那你很可能是得流感了，免疫力低的人接触流感病人很可能得流感。（％表达结论，和主要支持原因）

实验 17.10b

难度：4

描述：在这个实验中，目标事件有较为充分和必要的后延因果链条，AI 需要综合考虑后延因果链条的事件是否发生来形成对目标事件是否发生的判断，且在这个实验中，单次目标转移后的事件无法直接知晓，需要通过二次转移才能知晓。

测试功能：具体事件是否发生推理能力（综合）。

需要支持功能：自然语言正转录、基础应答反射、基础逻辑思维

测试准备：自然语言输入知识"感冒很可能会流鼻涕，也有可能会咳嗽、喉咙痛、发烧，最近和流感病人接触的人，如果免疫力低，很可能会感冒"，％生成知识（事件＝人感冒，创造＝人流鼻涕，充分性＝0.9）（事件＝人感冒，创造＝人咳嗽，充分性＝0.5）（事件＝人感冒，创造＝喉咙痛，充分性＝0.5）（事件＝人感冒，创造＝发烧，充分性＝0.5）（事件＝人接触流感病人，条件＝人免疫力低，创造＝人的流感，充分性＝0.9）（事件＝人去流感疫区，创造＝人接触流感病人，充分性＝0.9）。

Remark：数据为测试目标反应而准备，可能和真实有所偏差。

测试流程：

Tester：我这几天喉咙痛、咳嗽，帮我判断一下是不是感冒了，我平时免疫力有些低的。

AI：你有流鼻涕吗？（％询问一个高充分后延事件，如果没有发生则是一个否定）

Tester：是的。（％未形成有效否决）

AI：你有接触过流感病人吗？（％询问一个高充分的上游事件，如果有则是一个支持）

Tester：不知道。

AI：你去过流感疫区吗？

Tester：是的。（％形成对"人接触流感病人的"有效支持，重算概率：人接触流感病人。一个转移事件概率被重算后，目标事件再次被重算）

AI：那你很可能是得流感了，你去过流感疫区，很可能接触流感病人，免疫力低的人接触流感病人很可能得流感。（％表达结论和主要支持原因）

十三、模块列表

模块 17.1a 极端情形

描述：这个模块读取意识流中需要判断发生的事件，对目标事件的上游因果知识和后延因果知识进行考察。如果寻找充分或必要的知识，则转移目标事件。

隶属功能大类：具体事件是否发生推理能力

触发：意识流中（目标事件 =IDA，认知状态 = 记忆未知，目标来源 =IDG）

逻辑机制：

1.考察 IDA 的后延因果链条，如果找到（事件 =IDA，创造 / 维持 / 阻止发生 / 终止 =IDB）。

（1）如果找到一条知识具有强充分性，即（事件 =IDA，创造 / 维持 / 阻止发生 / 终止 =IDB，充分系数 = 接近 1），则生成（目标事件 =IDB，认知状态 = 无，目标来源 =IDA，和目标来源关系 = 表象，关系类型 1= 创造 / 维持 / 阻止发生 / 终止，关系类型 2= 强充分）。

（2）如果找到一条知识具有强必要性，即（事件 =IDA，创造 / 维持 / 阻止发生 / 终止 =IDB，必要系数 = 接近 1），则生成（目标事件 =IDB，认知状态 = 无，目标来源 =IDA，和目标来源关系 = 表象，关系类型 1= 创造 / 维持 / 阻止发生 / 终止，关系类型 2= 强必要）。

2.考察 IDA 的原因，如果找到（事件 =IDB，创造 / 维持 / 阻止发生 / 终止 =IDA）。

（1）如果找到一条知识具有强充分性，即（事件 =IDB，创造 / 维持 / 阻止发生 / 终止 =IDA，充分系数 = 接近 1），则生成（目标事件 =IDB，认知状态 = 无，目标来源 =IDA，和目标来源关系 = 原因，关系类型 1= 创造 / 维持 / 阻止发生 / 终止，关系类型 2= 强充分）。

（2）如果找到一条知识具有强必要性，即（事件 =IDB，创造 / 维持 / 阻止发生 / 终止 =IDA，必要系数 = 接近 1），则生成（目标事件 =IDB，认知状态 = 无，目标来源 =IDA，和目标来源关系 = 原因，关系类型 1= 创造 / 维持 / 阻止发生 / 终止，关系类型 2= 强必要）。

模块 17.1b 非极端情形

描述：这个模块读取意识流中需要判断发生的事件，对目标事件的上游因果知识和后延因果知识进行考察。

隶属功能大类：具体事件是否发生推理能力

逻辑机制：

1.考察 IDA 的后延因果链条（以关系为创造 / 维持为例子）。

（1）如果找到结果事件具有较强的充分性 [事件 =IDA，创造 / 维持 =IDB，充分性 =q（0.7—0.9）]，此时 IDB 没有发生是对 IDA 的一个否决。写入意识流和记忆：[目标事件 =IDB，认知状态 = 无，目标来源 =IDA，关系类型 1= 创造 / 维持，关系类型 2= 较强充分，充分性 =q1，对目标贡献 = （未发生，否决）]。

（2）如果找到结果事件具有较强的必要性［事件 =IDA，创造 / 维持 =IDB，必要性 =q
（0.7—0.9）］此时 IDB 发生是对 IDA 的一个支持。写入意识流和记忆：［目标事件 =IDB，认知
状态 = 无，目标来源 =IDA，关系类型 1= 创造 / 维持，关系类型 2= 较强必要，必要性 =q1，
对目标贡献 =（发生，支持）］。

2. 考察 IDA 的上游因果链条（以关系为创造 / 维持为例子）。

（1）如果找到结果事件具有较强的充分性［事件 =IDB，创造 / 维持 =IDA，充分性 =q
（0.7—0.9）］，此时 IDB 发生是对 IDA 的一个支持：［目标事件 =IDB，认知状态 = 无，目标来
源 =IDA，关系类型 1= 创造 / 维持，关系类型 2= 较强充分，充分性 =q1，对目标贡献 =（发
生，支持）］。

（2）如果找到结果事件具有较强的必要性［事件 =IDA，创造 / 维持 =IDB，必要性 =q
（0.7—0.9）］，此时 IDB 没有发生是对 IDA 的一个否决：［目标事件 =IDB，认知状态 = 无，目
标来源 =IDA，关系类型 1= 创造 / 维持，关系类型 2= 较强必要，必要性 =q1，对目标贡献 =
（未发生，否决）］。

3. 然后执行一次模块 1.3，计算具体事件 IDA 的可能性。

Remark 1：通过这个模块，可以一次性把所有可能形成否决或支持的事件枚举出来，然
后需要完成目标事件的转移，之后每个目标实现的发生形成判断后就要启动重算程序，重算
原始目标事件的概率。我们可以想象，这个机制下，目标事件可以不断转移，每个事件是否
发生的认知发生变化的时候，这个变化会让上一层目标事件（来源目标事件）重算，而这个
目标事件重算后又会导致更上层的目标事件重算……一直到最原始的目标。

Remark 2：从可解释性来看。

Remark 3：如果判断事件 IDB 不是确定发生或是确定没有发生，而是很可能发生或是很
可能不发生。我们做简单处理，发生或不发生的概率 p 在 0.7 以上，在以上计算时把对应得
分乘以 p，小于 0.7 则不做考虑。

Remark 4：这边为了避免阅读的复杂，仅仅就（事件 =IDA，创造 / 维持 =IDB）类型的知
识进行讨论，我们也可以对（事件 =IDA，终止 / 组织发生 =IDB）做同样的梳理。

模块 17.2

描述：这个模块根据现有的信息计算一个目标事件发生的概率。

隶属功能大类：具体事件是否发生推理能力

输入：具体事件 IDA

主要输出：（目标事件 =IDA，认知概率 =pa）

逻辑机制：

1. 搜索目标来源 =IDA 的信息组：（目标事件 =IDBi，认知状态 =，目标来源 =IDA），这些
信息组记录了和 IDA 是否发生显著相关的事件 IDBi。

2. 读取这个信息组后面的充分 / 必要系数 qi。

3. 根据模块 1.1b 判断每个相关事件是支持 / 否决 IDA 的发生。

4. 先计算一个 score：

　　s= 支持得分—否决得分

　　支持得分为所有 Bi 支持的得分的和 $\sum ln(1-q_i)$

　　否决得分为所有 Bi 否决得分的和 = $-\sum ln(1-q_j)$

　　再用一个函数把 s（$-\infty$，$+\infty$）转为（0，1）的 pa

5.（目标事件 =IDA，认知概率 =pa）。

模块 17.3

描述：这个模块读取出现在意识流中的需要判断是否发生的具体事件，在记忆中寻找是否发生。

隶属功能大类：具体事件是否发生推理能力

触发：（目标事件 =IDB，认知状态 = 无，目标来源 =IDA，和目标来源关系 = 表象 / 原因 / 表象其他原因）

逻辑机制：

1. 在储存具体事件的记忆中进行比对。

2. 如果事件发生，写入记忆和意识流（目标事件 =IDB，是否发生 = 是，认知状态 = 记忆，目标来源 =IDA，和目标来源关系 = 表象 / 原因 / 表象其他原因）。

3. 如果事件没有发生，写入记忆和意识流（目标事件 =IDB，是否发生 = 否，认知状态 = 记忆，目标来源 =IDA，和目标来源关系 = 表象 / 原因 / 表象其他原因）。

4. 如果未知，写入记忆和意识流（目标事件 =IDB，是否发生 = 未知，认知状态 = 记忆，目标来源 =IDA，和目标来源关系 = 表象 / 原因 / 表象其他原因）。

模块 17.4

描述：这个模块读取意识流中已无法由记忆判断是否发生的具体事件，生成一个好奇点，以备通过其他途径获得认知。

隶属功能大类：具体事件是否发生推理能力

触发：（目标事件 =IDB，是否发生 = 未知，认知状态 = 记忆，目标来源 =IDA，和目标来源关系 = 表象 / 原因 / 表象其他原因）

逻辑机制：读取信息，封装为信息（主体信息 =IDB，类型 = 好奇点，具体类型 = 是否发生），写入意识流和记忆。

Remark：这个信息写入意识流后，如果通过"对方是否可能回答"的判断，就会直接在对话中发起询问。

反应模式 17.5a

隶属功能大类：具体事件是否发生推理能力

触发：意识流中信息（目标事件 =IDB，认知状态 = 发生，目标来源 =IDA，和目标来源关系 = 表象，关系类型 1= 阻止发生 / 终止，关系类型 2= 强充分）

执行：写入意识流（目标事件 =IDA，认知状态 = 没发生）。

反应模式 17.5b

隶属功能大类：具体事件是否发生推理能力

触发：意识流中信息（目标事件 =IDB，认知状态 = 没发生，目标来源 =IDA，和目标来源关系 = 表象，关系类型 1= 创造 / 维持，关系类型 2= 强充分）

执行：写入意识流（目标事件 =IDA，认知状态 = 没发生）。

反应模式 17.6a

隶属功能大类：具体事件是否发生推理能力

触发：意识流中信息（目标事件 =IDB，认知状态 = 没发生，目标来源 =IDA，和目标来源关系 = 表象，关系类型 1= 阻止发生 / 终止，关系类型 2= 强必要）

执行：写入意识流（目标事件 =IDA，认知状态 = 发生）。

反应模式 17.6b

隶属功能大类：具体事件是否发生推理能力

触发：意识流中信息（目标事件 =IDB，认知状态 = 发生，目标来源 =IDA，和目标来源关系 = 表象，关系类型 1= 创造 / 维持，关系类型 2= 强必要）

执行：写入意识流（目标事件 =IDA，认知状态 = 发生）。

反应模式 17.7a

隶属功能大类：具体事件是否发生推理能力

触发：意识流中信息（目标事件 =IDB，认知状态 = 发生，目标来源 =IDA，和目标来源关系 = 原因，关系类型 1= 阻止发生 / 终止，关系类型 2= 强充分）

执行：写入意识流（目标事件 =IDA，认知状态 = 没发生）。

反应模式 17.7b

隶属功能大类：具体事件是否发生推理能力

触发：意识流中信息（目标事件 =IDB，认知状态 = 发生，目标来源 =IDA，和目标来源关系 = 表象，关系类型 1= 创造 / 维持，关系类型 2= 强充分）

执行：写入意识流（目标事件 =IDA，认知状态 = 发生）。

反应模式 17.8a

隶属功能大类：具体事件是否发生推理能力

触发：意识流中信息（目标事件 =IDB，认知状态 = 没发生，目标来源 =IDA，和目标来源关系 = 表象，关系类型 1= 阻止发生 / 终止，关系类型 2= 强必要）

执行：写入意识流（目标事件 =IDA，认知状态 = 发生）。

反应模式 17.8b

隶属功能大类：具体事件是否发生推理能力

触发：意识流中信息（目标事件 =IDB，认知状态 = 没发生，目标来源 =IDA，和目标来源关系 = 表象，关系类型 1= 创造 / 维持，关系类型 2= 强必要）

执行：写入意识流（目标事件 =IDA，认知状态 = 没发生）。

第十八章　继承人类已有的知识

一、继承人类已有的知识

人类文明数千年的时间积累了大量的知识，AI 需要知识的时候第一选择必定是继承人类已有的知识。我们会赋予第一代原型机两种继承知识的方式：

其一，不带目的的积累。在语言部分，我们赋予 AI 一定程度从大段文字比如书籍中获得信息的能力，AI 能从对抽象知识直接描述的文本中获取知识，也能从人类对具体事件的表述中抽象出知识。在人工智能时代的早期，AI 不拥有和人类一样的感官能力，所以很多对于人类来说是常理的信息在语言中会被省略。我们在语言相关的章节讨论过，行之有效的办法是让 AI 从海量的人类文字和对话样本中抽象猜想这些常理。

其二，好奇心为起点的对知识的索取。对一个知识点的好奇心称为好奇点。获得好奇点的答案有两种方式，一种是寻找可能回答问题的人进行询问，还有一种就是利用搜索引擎的接口搜索相关的信息、阅读、获取需要的答案。

本章我们分别讨论之。

二、询问

当我们有一个好奇点的时候，询问并不是一件容易的事情。首先，我们要找到可能回答问题的人进行询问；其次，我们对好奇点的回答有自己的判断，知道哪些回答显然不合常理，必须假定即使我们对询问者进行了筛选，但仍然有可能从任何一个个体获得不靠谱的回答，我们会综合若干人的回答，排除哪些零散的错误回答。以上的过程会让我们进一步形成对这些候选回答者的印象，每个人都擅长什么领域，哪些人会胡乱回答、不懂装懂，哪些人的回答总是严谨的。这些印象将影响未来我们遇到一个好奇点的时候的询问选择。

除此之外，即使是向确定的人进行询问，我们的询问方式，可能直接决定了我们是否能获得答案，比如因为对方咨询我们是否可能感染狂犬病，我们会询问"你之前有没有被狂犬病发病的动物咬过"。因为对方不知道如何识别怎样的动物是狂犬病发病的动物，所以回答很可能是不知道，提问者没有获得有效的回答。如果我们问的是"你之前有没有被动物咬过"这个必定是当事人自己知道的信息，如果回答是没有，则不需要往下问了，"对方必定没有被狂犬病发病的动物咬过"；如果回答是肯定的，我们则会询问"是什么动物"，因为只有哺乳动物才可能感染狂犬病。我们会询问"咬你的动物是否有抽搐发狂的表现"，因为这是狂犬病发病动物会有的表象。

对应地，在第一代原型机中我们要实现以下这些基础功能，以赋予 AI 询问的能力。

1. 寻找合适的人进行询问。

2. 对问题可能的回答范围有自己的判断，能识别明显不合常理的回答。

3. 能够通过多人的回答形成综合的判断。

4. 能够通过每次每个人对某领域问题回答的正确与错误形成对方是否擅长此领域，对方是否严谨的印象。这些信息是第 1 点中选择的依据。

5. 能够根据对方可能知晓的内容合理地分解问题进行询问。

三、寻找合适的人询问

好奇点分为两类，一类是对知识的好奇，一类是客观世界具体事件的好奇。对于知识，人类会记录每类人、每个人熟悉的领域、不熟悉的领域，从而知晓对方是否熟悉某个知识；对于客观事件具体事件，我们会遵循以下基本逻辑：

1. 对方自己相关的信息对方可能知晓［对象＝人，可能知晓的信息＝（主语对象＝人）］。

2. 对方熟悉的人相关的信息对方可能知晓［对象＝人，可能知晓的信息＝（主语对象＝人熟悉的人）］。

3. 对方参与的活动信息对方可能知晓。比如对方参加了一场游戏，或参加了一个派对，那么对游行或派对中发生的事件就很可能知晓。

4. 对方目睹耳闻的信息对方可能知晓。比如知道对方看了某个报纸，报纸中的信息就很可能知晓；知道对方听了某个人的演讲，那么演讲中有什么内容就有可能知晓。

5. 对方关注的信息对方可能知晓。比如知道对方关注某个明星，那么这个明星相关的事件就有可能知晓；关注体育，体育赛事相关的信息就有可能知晓。

接下来对知识的好奇，要向熟悉这个知识所属领域的人询问。所以我们要记录每个对象类熟悉的领域。这里我们给出一个工程上可行的方案。我们用（对象类＝，熟悉信息类＝）这样的信息组记录对象类熟悉的信息类型，然后根据好奇点中事件的主语对象归属的母类判断好奇点的信息类；另一方面我们记录每一类人类主体熟悉的母类。

我们可以看到小孩在一开始形成好奇点时是不分对象地询问的，然后慢慢建立起来了爸爸妈妈熟悉什么类型、不熟悉什么类型［所以还存在类似（对象类＝，不熟悉信息类＝）］。工程上假设个体回答了一个具体的好奇点，我们就可以根据好奇点中事件的主语对象生成（对象类＝人 A，熟悉信息类＝具体对象 A），然后进行抽象和归纳。假设的确存在规律说某类对象熟悉某类信息，那么抽象和归纳就可以通过具体样本层生成背后的规律信息，这点我们在之前讨论过。其次，和任何知识一样，可以通过语言去传承生成。我们可以告知 AI，"细胞相关的知识你可以问学生物的人"，以此直接生成此类信息。

除此之外，我们经常会有这样的表达，如"医生熟悉医学领域的知识""他对天文很熟悉的"，为让 AI 理解这样的表达，我们还需要一类结构信息（领域＝，包含核心概念＝），比如（领域＝医学，包含核心概念＝细胞／药品／疾病／症状）（领域＝天文，包含核心概念＝天体）。比如"棕矮星的密度是多少"，AI 如果无法找到（对象类＝，熟悉信息类＝棕矮星）此类信息，可以先寻找信息类所属的领域，然后再寻找熟悉此领域的对象类。比如此例子中，先寻找（领域＝任意，包含核心概念＝棕矮星），统辖搜到（领域＝天文，包含核心概念＝天体），然后再寻找（对象类＝任意，熟悉领域＝天文），就可以找到可能回答此问题的终端用户。

我们看到，"找到可能回答的人询问"整个功能的核心运算逻辑仍然是统辖关系、抽象、演绎。和之前讨论的其他知识一样，我们用最小母类原则来处理不同层级的知识间的矛盾。比如小香槟可以同时有（对象类＝男性长辈，熟悉信息类＝体育）和（对象类＝爸爸，不熟悉信息类＝体育），在有一个体育相关的问题需要询问时，小香槟知道不应该问爸爸。

四、回答的常理判断

3 岁的小香槟问爸爸："爸爸你中午吃了什么？""乒乓球啊。""啊？乒乓球也能吃？"小香槟吃惊地说。小香槟之所以会表现出吃惊，是因为她觉得这个回答有些悖于常理。人类儿童只有在很小的时候会不加判断地接受信息，因为那个时候孩子还不具备足够的常理储备去进行质疑。

常理的形成依赖人类自发的抽象，常理能够形成也是自发的抽象存在的佐证。人类的儿童在 2 岁左右就开始形成感知相关的常理，比如气味是看不到的，碰触到物体的时候能感知到温度，两个人都在一个房间就意味着能相互看到……到了 4 岁左右，积累了大量对象类的能力、可能的行为空间、对象类可能的属性范围、事件类可能的关系等此类的常理。比如知道大人是摘不到天上的星星的，小鸟不是养在水里的，小猫不会飞，……知道什么类型的东西可以吃，什么类型的东西从来没有印象有谁吃过……人类不能长得像楼房那么高，也不会像鸡那么小……知道怎样会导致受伤、怎样不会，知道洗澡能变干净而不是变脏，休息能让人更有精神而不是更加萎靡……前面讨论常理在理解人类语言上的重要性，人类的表达以"能够听懂"为准，所以会省略那些默认大家都知道的信息。

从工程上，以上班的时间规律为例子，每次小香槟看到爸爸妈妈或邻居叔叔阿姨去上班，自发的抽象就会不断增加"人上午出门上班"的频次强度。当爸爸晚上 6 点说出门，小香槟问"爸爸你出门干什么"，爸爸回答说"我去上班啊"。小香槟就能从过往的数据中发现：已有的样本反应，无论是爸爸，还是抽象出的人，去上班的时间在上午几乎占据了去上班时间的全部比例，所以小香槟会说"怎么晚上还要去上班啊"。同样的道理，如果 AI 询问葡萄什么味道，得到的回答是"咸的"；寻问某种猫的体重，回答是"好几吨"；询问一台空调的价格，回答是"10 元"……这些情况基于常理，我们就能创造反应模式让 AI 对这些违背常理的回答进行质疑，对阅读、观察人类对话样本和人类沟通过程中零散捕获的知识不是一律全收，而是有选择地摄入。

五、综合判断和印象反哺

知识没有绝对正确的，即使很多人认同的知识也有可能是错误的。但我们也能合理地认为，对于一个好奇点的回答，零散的回答相对多数重复的答案更容易是错误的。当 AI 能够从许多它筛选过的可能回答者那儿获得一个好奇点的回答，一旦出现回答的矛盾，AI 综合判断的逻辑仍然是相同回答的频次。工程上，AI 会认为相同回答频次超过阈值的答案是足够可信的，从而把其保存为公有的知识，供逻辑运算使用，以及回答终端用户对此知识的询问；而零散的、与此答案相左的知识是错误的知识。

这个过程获得了宝贵的信息：哪些人回答且正确回答了关于某个主语对象的知识，哪些人回答但错误回答了关于某个主语对象的知识，哪些人对这个知识表达了不知晓。通过第一个信息，我们可以抽象并积累，什么类型的人熟悉什么主语对象类相关的知识，也就是（对象类 =，熟悉信息类 =）；通过第二个信息，我们可以积累这个回答者有多少次给出了错误的回答，这个行为可能来源于习惯性在不确信的情况下回答或有意胡乱回答，无论如何每次都回答错误，AI 可以合理地降低对这个回答者严谨品质的印象（主语对象 =IDi，熟悉 = 不严谨，案例频次 =ni），从而在未来不会优先选择这些不严谨的人回答问题；通过第三个信息，我们抽象并积累什么类型的人不熟悉什么主语对象相关的知识（对象类 =，不熟悉信息类 =）。

六、搜索

我们可以开放搜索引擎的接口，让 AI 可以使用搜索引擎寻找需要的信息。这有两点需要注意。

其一，使用搜索引擎搜索，不等于向搜索引擎询问，当然询问是一种搜索。但搜索引擎返回的信息往往不是直接的回答，而是很多相关的信息。AI 在阅读中可以积累问题领域的知识，这些知识可能需要经过转移才能解决原始的问题，当然运气好能获得直接的回答。所以 AI 需要尝试直接关键词、提问、相关关键词等不同策略。

其二，AI 使用搜索引擎获得的和人类一样是一组标题，每组表达下是一段简述，AI 需要和人类一样利用标题和简述信息决定打开哪个页面进入详细阅读。

七、广泛地阅读

很多问题并非有简单的回答，很多问题未必能够搜到回答，所以人类为了形成一个领域的认知能力往往会在该领域进行广泛地阅读。我们在语言那章赋予 AI 的能力，可以使其在阅读时习得文章中的概念定义，习得概念属性、事件类关系形式的知识，能够知道案例是如何支持观点的……

对于 AI 而言，广泛的阅读带来的最大的问题是信息混乱。这点和人类遇到的情况是一样的。具有强认知能力的人类个体，能够在阅读一个领域若干文献后很快形成自己的认知框架——这个领域的主要概念、知识、目的、处理此领域问题的思维模式，以及这些信息间的相互支持关系。"认知框架"是被梳理过的一个领域的信息，而如果没有认知框架，广泛的阅读将创造一个领域的杂乱信息。

形成认知框架需要按照特定的规则整理已有的知识，以及新摄取的知识。这个规则不在本书讨论的范畴内，可作为我们后续扩展研究的内容。本书我们讨论一种替代方案。就是选择经典的教学读物，并给予阅读所得的信息足够的信息强度，经典的教材局部信息表达精确，且有清晰的局部信息间关联的描述，这在一定程度上替代了人类自身在面对杂乱的信息时通过思考获得的"认知框架"。

在认知框架形成后的机制是我们要实现的。其一，认知框架蕴含了对不合常理的知识的辨识能力，所以能够识别阅读到的不靠谱的知识，将其排除在记忆之外。其二，真正有效的知识是能够在认知框架中找到位置的知识。一个有效的认知框架会把信息归类，并且清晰每类信息的用途，这样信息就能借助认知框架高效地参与到运用中。AI 需要拥有能力识别一个信息和认知框架的联系，或者说识别信息在认知框架中的类别。

八、本章小结

1. 相比于突破认知的边界，AI 获得知识最高效的方式仍然是向人类询问以及搜索和阅读。

2. AI 询问的闭环：AI 合理地形成好奇点；找到合适的人进行询问，通过询问获得需要的知识；综合许多人的回答决定采纳哪个版本的答案；通过自发的抽象积累每类人熟悉或是不熟悉什么领域，每个对象是否是严谨的回答者。

3. 为了找到合适的人进行询问，AI 需要积累类似（对象类 =，熟悉信息类 =）这样的信息，这个信息可以理解为类似因果层的知识；所以每次一个具体人回答了一个具体对象相关的问题，我们就可以通过抽象和归纳生成此类知识。样本内蕴的规律可以体现在此类知识上。此类知识的运用过程也服从演绎的最小母类原则。

4. 搜索引擎是人类解答问题、获得目标领域知识很重要的方式。所以赋予 AI 使用搜索引擎的能力能大大增加 AI 认知系统运行的效率。

5. AI 运用搜索引擎有两个要点：其一，AI 如何搜到有效信息，对此我们可以给予 AI 若干搜索的策略（反应模式），让 AI 尝试，并形成不同搜索策略在不同领域有效性的印象；其二，AI 需要从搜索引擎返回的标题和摘要判断页面包含的文字信息是否可能是符合自己当前需求的。剩下的我们在语言那章赋予 AI 的能力可以让 AI 摄取读到一部分比例的信息。

6. 广泛的阅读带来的最大问题是信息混乱。人类中高认知能力的个体，能在阅读一个领域若干文献后很快形成自己的认知框架——梳理过的一个领域的主要信息，这样对阅读到的新的信息就有鉴别筛选的能力，会把可靠的和认知框架关联的信息加入到认知框架中。

7. 如何从杂乱的信息中梳理认知框架超出了本书的讨论，但我们提供了一个替代方案，就是让 AI 先阅读该领域权威教材，并给予很高的信息强度。教材的文字组织，包含了精确的局部信息和清晰的信息间联系的表述，更有可能帮助 AI 形成一个有效的认知框架。

九、实验测试

实验 18.1

难度：2

描述：在这个实验中，AI 被某个用户询问生成好奇点，需要找到合适人询问对应类别的问题，最终生成知识，并回答最初询问者。

测试模块：模块 18.1、模块 18.2

需要支持功能：自然语言正转录、基础应答反射、基础逻辑思维

测试准备：写入记忆信息（对象类＝医生，熟悉信息类＝疾病）（对象类＝历史老师，熟悉信息类＝历史）（对象类＝喜欢看电影的人呢，熟悉信息类＝电影）。

自然语言写入信息："曹操是三国时期的一个人物，Zack 是一个医生，Mike 是历史老师，Peter 喜欢看电影"。

自然语言写入好奇点："艾滋病的潜伏期是多久？曹操传位给了谁？《侏罗纪公园》的导演是谁啊？"

测试流程：

AI：Zack，艾滋病的潜伏期是多久？

Zack：是 5—10 年。

AI（to tester）：你上次问我的问题，艾滋病的潜伏期是 5—10 年。

AI：Mike，曹操传位给了谁？

Mike：曹丕。

AI（to tester）：你上次问我的问题，曹操传位给了曹丕。

AI：Peter，《侏罗纪公园》的导演是谁？

Peter：是史蒂芬。

AI（to tester）：你上次问我的问题，《侏罗纪公园》的导演是史蒂芬。

实验 18.2a

难度：2

描述：在这个实验中，AI 被某个用户询问生成好奇点，能用最小母类原则选择询问的人，找到合适人询问对应类别的问题。

测试模块：模块 18.1、模块 18.2

需要支持功能：自然语言正转录、基础应答反射、基础逻辑思维

测试准备：用自然语言输入以下语义信息（对象类＝历史老师，熟悉信息类＝历史）（对象类＝Mike，不熟悉信息类型＝三国）（对象类＝Peter，熟悉信息类＝三国）。

输入自然语言信息："Mike、Zack 都是历史老师；曹操是三国时期的一个人物。"

自然语言写入好奇点："曹操传位给了谁？"

预期效果：AI 向 Zack 和 Peter 询问这个信息，不向 Mike 询问这个信息。

实验 18.2b

难度：2

描述：在这个实验中，AI 被某个用户询问生成好奇点，能用最小母类原则选择询问的人，找到合适人询问对应类别的问题。

测试模块：模块 18.1、模块 18.2

需要支持功能：自然语言正转录、基础应答反射、基础逻辑思维

测试准备：用自然语言输入以下语义信息（对象类＝医生，熟悉信息类＝疾病）（对象类＝肿瘤医生，熟悉信息类型＝肿瘤）。

输入自然语言信息："Peter 是医生，Mike、Zack 是肿瘤医生。"

自然语言写入好奇点："肝癌有什么症状？感冒一般持续多久？"

预期效果：感冒问题会向三个医生询问，肝癌问题只向肿瘤医生询问。

实验 18.3

难度：3

描述：在这个实验中，AI 找不到（对象类＝，熟悉信息类＝）此类的知识，从而进行了随机尝试并从随机询问尝试中发现规律。

测试模块：模块 18.1、模块 18.2

需要支持功能：自然语言正转录、基础应答反射、基础逻辑思维

测试准备：

1. 设置：隐藏规律（对象类＝医生，熟悉信息类＝疾病）（对象类＝男性，熟悉信息类

=体育)(对象类=女性,不熟悉信息类=体育)(对象类=Peter,不熟悉信息类=体育)。

2.建立10个男性对象,其中9个能回答体育相关的问题,Peter总是无法回答体育问题,其中5个是医生;建立10个女性对象,其中5个是医生;所有医生和另外有两个非医生能回答疾病相关问题。

实验预期结果:AI在尝试询问中抽象归纳出我们设置的背景知识;如果Tester告知Mike是医生,未来的疾病问题也会向Mike询问;不向女性和Peter询问体育问题;疾病问题除了向医生询问也会向另外两个非医生询问。

实验18.4a

难度:3

描述:在这个实验中,AI需要就好奇点在搜索引擎中寻找到答案。

测试模块:模块18.5b

需要支持功能:自然语言正转录、基础应答反射、基础逻辑思维

测试准备:准备若干AI记忆中还不知道答案的但是搜索引擎可以搜到的问题,比如"三九感冒灵"的副作用。

测试流程:

Tester:"三九感冒灵"的副作用是什么?

可以观察到AI回答了搜索引擎搜到的答案。

实验18.4b

难度:3

描述:在这个实验中,AI需要就好奇点在搜索引擎中寻找到答案,这次搜索引擎输出的网页有多个解答了这个问题,但其中掺杂了错误的答案。

测试模块:18.5b

需要支持功能:自然语言正转录、基础应答反射、基础逻辑思维

测试准备:准备若干AI记忆中还不知道答案的但是搜索引擎可以搜到的问题,比如"三九感冒灵"的副作用。在搜索引擎输出的网页中布局8个正确答案,2个错误答案

测试流程:

Tester:"三九感冒灵"的副作用是什么?

可以观察到AI回答了搜索引擎搜到的答案,并且找出了正确的回答。

实验18.5a

难度:3

描述:在这个实验中,AI需要就一个领域的问题在若干搜索引擎中进行搜索尝试,然后熟悉哪个搜索引擎能搜到这个领域的信息。

测试模块:模块18.4a、18.5b

需要支持功能：自然语言正转录、基础应答反射、基础逻辑思维

测试准备：准备医学领域若干问题。

测试流程：

1.询问 AI 这些问题后，AI 会使用不同引擎进行搜索。

2.给出新的此领域的问题，考察 AI 优先使用的搜索网站。

实验 18.5b

难度：3

描述：在这个实验中，AI 需要就一个领域的问题在搜索引擎中进行搜索尝试，然后熟悉哪个网站在这个领域是专业的，哪些网页是不可信的。

测试模块：模块 18.4b、模块 18.5b

需要支持功能：自然语言正转录、基础应答反射、基础逻辑思维

测试准备：准备医学领域若干问题；准备若干网页（大类），有部分网页是专业的，总是能给出正确回答，有部分是不专业，随机包含了错误的答案。

测试流程：

1.询问 AI 这些问题后，AI 会使用搜索引擎进行搜索。

2.然后 AI 需要积累（网页 =，熟悉信息类 =）的印象，网页后的内容 AI 会抽象到母类，比如知乎、百度百科。

3.之后我们询问新的医学领域的问题，让 AI 输出答案的同时输出答案的出处。如果如预期，AI 总是能输出我们设置的在此领域可信度高的网页。

实验 18.6a

难度：5

描述：在这个实验中，AI 需要就关注的小领域利用搜索引擎进行广泛阅读。

测试模块：模块 18.5a

需要支持功能：自然语言正转录、基础应答反射、基础逻辑思维、大段文字理解

测试准备：改造人类用的搜索引擎进行这个实验。

测试流程：

Tester：我要你关注瓜类植物的种植。

在一段时间 AI 完成阅读后，测试者开始询问各种关于瓜类种植的问题以考察 AI 回答的比率。比如丝瓜是几月份播种，我种的南瓜一直掉果是什么原因，可以盆栽草莓吗……AI 需要能够使用知识直接回答或是经过基于知识在思维运算后回答。

实验 18.6b

难度：5

描述：在这个实验中，AI 需要就关注的大领域利用搜索引擎进行广泛阅读。

测试模块：模块 18.5a

需要支持功能：自然语言正转录、基础应答反射、基础逻辑思维、大段文字理解

测试准备：改造人类用的搜索引擎进行这个实验。

测试过程：

Tester：我要你关注历史。

在一段时间 AI 完成阅读后，测试者询问 AI 各种关于历史的知识。比如美国南北战争是什么时候，李鸿章有什么故事，描述一下董卓复辟的过程……

十、模块列表

模块 18.1

描述：这个模块在和一个对象对话状态下寻找对方可能可以解答的知识类好奇点。

隶属大类功能：继承已有的知识

触发：此模块会激活一个主动表达，所以被 FOC 两个状态触发，即和对话者的对话状态、无话题状态。这样 AI 会在双方无话题可聊的时候想起能够询问对方的问题。

逻辑机制：

1.搜索对话者所属的对象类 IDi。

2.搜索（对象 =IDi，熟悉信息类 =），搜索（对象 =IDi，熟悉领域 =IDj），然后搜索（领域 =，核心概念 =），组合生成（对象 =IDi，熟悉信息类 =），这样就形成了对话者可能熟悉的所有母类集合。

3.然后在现有的知识类好奇点中寻找主语对象在上面集合中有母类的。这些好奇点是对话者可能熟悉的，找到后生成表达信息单元，写入意识流。

4.询问反射（第十三章：语言的输出 A）会创造询问表达并接受回答信息。

模块 18.2

描述：这个模块在一个好奇点搜集到足够多的回答时触发，决定正确的回答；维护具体对象可信度，维护具体对象熟悉领域、熟悉信息类；抽象生成对象类熟悉领域、熟悉信息类。

隶属大类功能：继承已有的知识

触发：嵌入在询问反射的模块中

输入：好奇点 IDA

逻辑机制：

1.读取好奇点 IDA，读取好奇点所有回答信息。读取（好奇点 =，回答 =，回答来源 =）。

2.如果有一个超过 75% 的个体给出的统一回答，则认为是这个好奇点正确的回答。

3.把记忆中正确回答的信息提高置信度。

4. 找到正确回答的个体 IDi，找到好奇点主体信息中的主语对象的母类（IDs），找到这些母类归属的领域（IDg）。

5. 生成具体对象熟悉领域的印象（对象 =IDi，熟悉信息类 =IDs）（对象 =IDi，熟悉领域 =IDg），如果信息存在，则增加强度。

6. 抽象生成对象类熟悉领域的印象，同样如果信息已经存在，则增加强度。

7. 找到错误回答的个体 IDi，生成（对象 =IDi，属性 = 不可信），如果信息已经存在，则增加其强度。

模块 18.3a

描述：这个模块是对 AI 可以使用的搜索引擎的接口的约定。AI 可以向搜索引擎的接口输入自然语言的关键词和问题进行搜索。

隶属大类功能：继承已有的知识

模块 18.3b

描述：这个模块是对 AI 可以使用的搜索引擎的接口的约定。搜索引擎把搜到的信息组织为标题—摘要的形式（如同人类搜到的一样）输给 AI。

隶属大类功能：继承已有的知识

Remark：AI 需要根据搜索返回的结果数量，判断搜索引擎能搜到内容。

模块 18.3c

描述：这个模块是对 AI 可以使用的搜索引擎的接口的约定。AI 可以根据表达和摘要，选择打开具体的网页，搜索引擎则把网页的自然语言文本输给 AI。

隶属大类功能：继承已有的知识

模块 18.3d

描述：有些网页本身也具有搜索引擎的属性，如果是 AI 可以使用的，需要在 AI 打开时，提供自身搜索引擎的属性和搜索接口。这样 AI 就会利用它进行搜索。

隶属大类功能：继承已有的知识

模块 18.3e

描述：每个网页需要提供网址 ID，AI 可以直接打开，从而 AI 会记忆信息是从哪个网址来的，或是作为搜索引擎的网址可以搜到什么类型的信息，从而在需要时能直接打开网址。

隶属大类功能：继承已有的知识

模块 18.4a

描述：和向人类询问积累每个人熟悉的领域一样，AI 要积累每个搜索引擎能搜到什么信息。

隶属大类功能：继承已有的知识

触发：嵌入在搜索执行中

逻辑机制：

1.读取一次搜索返回的信息条数。

2.如果低于阈值，执行以下操作：

（1）找到搜索信息的主题对象。

（2）生成（搜索引擎＝，不熟信息类＝），如果信息存在，则增加其强度。

（3）根据信息类 IDA 查找（领域＝，关键概念＝IDA），找到所属领域，生成（搜索引擎＝，不熟悉领域＝），如果信息存在，则增加其强度。

模块 18.4b

描述：和向人类询问积累每个人熟悉的领域一样，AI 要积累每个网站属性的信息。

隶属大类功能：继承已有的知识

触发：嵌入 18.5b

逻辑机制：

1.读取好奇点 IDA，读取好奇点所有搜到的回答信息。读取（好奇点＝，回答＝，回答来源＝）。

2.如果有一个超过 75% 的个体给出的统一回答，则认为是这个好奇点正确的回答。

3.把记忆中正确回答的信息提高置信度。

4.找到正确回答的网站 IDi，找到好奇点主体信息中的主语对象的母类（IDs），找到这些母类归属的领域（IDg）。

5.生成网站熟悉领域的印象（网站＝IDi，熟悉信息类＝IDs）（网站＝IDi，熟悉领域＝IDg），如果信息存在则增加强度。

6.找到信息错误的网站 IDi，生成（网站＝IDi，属性＝不可信），如果存在，则增加其强度。

模块 18.5a

描述：这个模块 AI 寻找自己关注的主题，利用搜索引擎创造广泛阅读。

隶属大类功能：继承已有的知识

逻辑机制：

1.AI 在算力有空闲时寻找记忆中（关注概念＝）（关注领域＝），然后寻找（领域＝，关键概念＝）。

2.就以上信息在搜索引擎中进行关键词搜索，阅读返回的文本信息。

模块 18.5b

描述：这个模块模拟 AI 寻找好奇点，利用搜索引擎搜索问题。

隶属大类功能：继承已有的知识

逻辑机制：

1.AI 在算力有空闲时，找到记忆中的好奇点。

2.生成表达信息单元，转录为自然语言问题进行搜索。

3.利用语言功能（正转录、询问反射）在阅读中找到好奇点的答案。

4.找到回答时记录（好奇点 =，回答 =，回答来源 =，回答数 =）。

5.在回答数超过阈值时激活模块 18.4b。

第十九章 突破知识的边界——统计认知

一、突破知识的边界

当一个好奇的知识点无法通过询问、阅读获得，这个知识很可能是在人类已有知识范畴之外的。这个时候 AI 会尝试突破人类已有的认知边界，创造新的知识。

大体上人类有两种发现新知识的方式，一种是从表象事件出发，一种是从更抽象层的知识出发。从表象层的事件出发就是从许多具体样本的事件序列中发现因果相关性的规律。比如观察心脏不好的人都有哪些相似的生活习惯，从而知晓哪些生活习惯导致心脏不健康。

我们知道客观世界的表象是无穷的，发现隐藏在繁然表象背后的规律不是一件容易的事情。此外因果规律创造的具体事件的链条中很多事件是无法直接感知的。因为这些原因，仅仅通过样本统计的方式发现规律，我们找到的往往是较弱的相关性。只有对事件发生的机制进行认知，我们才可能实现精准地对因果链条的干预，更确定地控制目标事件的发生或不发生。为了形成对事件发生机制的认知，发现样本事件的相关性是第一步。

认知事件发生的机制，需要搭建观测到的相关事件间的因果链条。我们会用更抽象层的知识进行因果链条的桥接——对背后的机制形成猜想，然后去验证这个猜想的因果链条。比如我们观察到上班族早上都喜欢喝咖啡，利用已有的知识我们可能猜想：上班族睡得晚，早上上班犯困，所以喝咖啡。这就是通过已有的知识去进行的猜想桥接。

验证的过程无论是通过直接感知，还是通过间接感知，都是在考察猜想因果链条上的事件点是否真实发生，都要回到了表象层去考察验证。所以，为了形成对事件发生机制的认知，发现具体样本事件的相关性是第一步，也是过程中反复需要重复的步骤。

关于认知的反应模式很多，从普通人具备的到学术领域顶级研究者掌握的。在这本书中，我们重在基础认知反应模式的搭建，重在闭环。第一代原型机的一个使命是搭建好扎实的根基，为未来不断的改良迭代提供一个好的开端。本章我们来讨论要在第一代原型机上实现的统计认知闭环。

二、因果知识的不完美性

我们不会从微观的因果规律出发去理解宏观有意义的世界，正如同我们很少从原子层的相互作用出发去理解宏观有意义的世界。我们对世界的认知以宏观个体为起点展开，让认知在资源消耗上是"不浪费的"，我们不需要知道警察内部有什么样的因果链条，只需知道这类个体对其他个体和事件的作用：会消灭犯罪分子，会抑制犯罪行为的出现。在个体内部有复杂的因果链条，维持着个体的形态和功能，而使个体能够向外输出作用，成为外部因果链条的一部分。

然而，只要我们观察的是宏观层的规律，那么发现的规律必定是不完美的。

首先，虽然我们拥有大量的知识，但绝大部分都只是在描述因果相关性，并不是因果法则。比如某个药品对肺癌有效，这是因果相关性，但最终有无效果是不确定的。因果相关性成立需要特定的条件，而绝大多数条件我们并不知道，但在认知探索中会被慢慢发现。所以，非常重要的一点——尽管我们现有的因果规律并不完美，但始终可以在进一步探索中变得更完美。

其次，人类的任何知识，即使那些被称为法则的，都摆脱不了"猜想"的宿命。人类在有限的样本中发现了规律。我们发现的规律在一开始是一个猜想，接下来当在实践中使用这个猜想，用它进行预测归因解释时，猜想就会增强或削弱，于是描述因果规律的知识就这样产生了。这就是实践反馈环。但无论怎么使用，我们检验一条知识的样本毕竟是有限的，而知识的论断却作用在无穷的样本中，所以知识永远无法摆脱猜想的属性。

整个人类的文明是建立在基于样本的观察上的，一切更细致的事件形成机制的发现都是根植于最初相关性的发现。统计认知是起点，是过程中的工具，本身也作为认知的结果直接指导人类的实践。我们先从起点说起。

三、因果相关性自发地建立

我们如何知晓银杏发黄落叶在什么情况下发生？因为每一年我们都看到当深秋天寒时，银杏就发黄落叶了，所以我们知道；我们如何知晓向人开枪会致使人受伤？因为我们能够看到开枪之后，被枪击的人受伤，所以我们知道。因为我们看到感知到，所以我们知道。我们对因果关系的认知，起点于感知——感知事件的发生与不发生，状态的存在与不存在。当在样本中把相关的事件和状态排布在时间轴上时，我们就发现了这些事件和状态之间的相关性，更进一步就能发现其中的因果关系。

接下来让我们把注意力放在人类统计认知中不同的模式上，这些模式是要效仿并在第一代原型机上再现的。

人类形成因果相关性的认知有两种基础模式。

第一种模式依赖自发的抽象。人类智能能够自发地创造两类时序关系的猜想。一类是时间轴上在短时间内连续出现的关注的事件，一类是针对特定对象的连续出现的关注的事件。"关注的"是这个机制的重点，因为时间轴上排布的大小事件很多，如果都相互间建立相关猜想就会组合爆炸。此外，发现不关注的事件的相关性也不如关注的事件间的相关性有意义，所以我们仅仅就关注的具体事件建立相关性猜想。

我们自己的感知是连续的，所以意识流的时间轴上布满了大大小小的事件。因为需要对两个建立猜想相关事件的时间间隔有所限制，跨度太大就会组合爆炸，工程上我们效仿人类做了设置：关注度高的事件可以容许更大的时间跨度，跟更多的时间轴上的事件建立相关性，选择"建立关系的对象"仍然从关注度高的开始选。而对于某个对象的事件，在我们的记忆中是不连续的，可能几个信息间隔的时间很久，所以建立相关猜想时就没有时间的限制，只有数量的限制，且仍然遵循上面的逻辑：关注度高的事件可以和更多时间轴上的事件建立相关性。

第一种模式自发建立了具体事件的相关性，在自发的抽象中，人类生成事件类层面规律的知识，而后续的演绎创造的反哺，能弱化、删除不对的猜想，保留、增强正确的具有解释力的猜想。通过第一种模式，我们会发现打雷后很可能会有闪电，食物放在火上烤就会变热烤熟，植物开花后才会结果……但我们不容易发现类似吃了某种草会让人在接下来几天昏睡，蝗虫多了就会有大量鸟类迁徙而来等事件。因为这些相关事件时间的间隔长，或是主语对象不同，我们不会自发建立它们间的猜想联系。此时人类演化出了第二个模式。

>>> **Topic：群体规律**

在真实世界的认知案例中，我们经常遇到某一个群体显现出特定目标特征。比如在一次病毒性肺炎疫情中，我们发现某个地区感染的比例特别小。显然这个区域的人群有某种共同特征或背景环境有某种特征阻止感染发生。我们会在这个区域人的特征和这个区域的特征中进行搜索，形成很多猜想。比如，（海南）气温很高，阻止人感染病毒性肺炎；（某区域）人餐餐吃大蒜，阻止人感染病毒性肺炎。

这种群体特征带来的贡献就是帮助形成猜想。猜想形成后我们就会开始验证，验证的办法自然是找具有同样原因特征的样本考察他们是否有此目标特征。比如，延续上面的例子，考察其他气温高的区域的感染的比例是不是也很小，其他餐餐吃大蒜的人是不是感染概率特别小。

四、从记忆中寻找

第二种模式具有非常明确的目的性，它的起点是一个好奇点，比如一个事件类会由什么导致，可能会导致什么结果。我们讨论过好奇点的各种来源，这里不关注这些，关注当这样的好奇点进入意识流后，统计认知的子系统会拿它做些什么。

人类在意识到具体事件时，如果事件是被关注的，为了知道事件意味了什么，就需要先进行统辖搜索，然后才知道具体事件可以继承什么样的知识，意味了什么。本这个过程中，统辖搜索获得具体事件和母类事件类的关系会被记忆储存。所以被记忆的具体事件是被关注的，关注又会经历统辖搜索，所以我们记录的具体事件都能直接通过即存信息找到其母类事件类。这个记录非常关键，因为由一个具体事件统辖搜索找母类是容易的，因为母类事件是有限的；但如果从一个事件类去找统辖的具体事件，那就可能是个"灾难"，因为具体事件的数量可以非常之多，而且统辖搜索的运算成本很高。

在这里讲述的统计认知模式中，这个信息会扮演关键作用。

如果是好奇一个目标事件类（记为 IDA）的原因，首先，我们会从记忆中找到这个事件类的具体事件的子类，因为还没有挖掘的相关性蕴含在具体事件时间轴的原始样本中。我们可以通过即存的统辖关系找到，不需要进行统辖搜索。接下来，我们就可以考察任意一个事件类和目标事件类的关系。具体的过程大致如下：

1. 先就个别子类具体事件在时间轴上寻找关注的其他具体事件（记为具体事件 IDB'）。一般而言，寻找会有一个大方向，比如希望知道什么生活习惯影响心脏健康，那么就会先找到一个心脏不好的具体人，然后在之前的时间轴上寻找属于他的生活习惯的事件，比如饮食、作息等。

2. 通过找到的具体事件找到强度较高的母类（IDB），因为一个母类强度越高，和其他信息发生关联的频次越高，属于越活跃的信息。形成这个母类事件类和目标事件类的关系猜想，比如先找到 A 先生熬夜，抽象为人熬夜，然后猜想"人熬夜导致人心脏不好"。

3. 猜想形成后就是初步验证。如果要验证充分性，就先去寻找 IDB 的子类，然后考察有多少比例的子类伴随了 IDA 的子类，如果比例高就是对充分性的支持，反之为否定。如果要验证必要性，就先去寻找 IDA 的子类，然后考察多少比例的子类之前有 IDB 的子类发生，如果比例高就是对必要性的支持，反之为否定。延续上面的例子，如果要验证充分性，我们就会寻找具体"某人熬夜"的事件，然后考察是否"此人心脏不好"，考察成立的比例；如果要验证必要性，我们就会寻找"某人心脏不好"的事件，然后考察是否"此人熬夜"。在这里，因为我们预先记录了具体事件和事件类的关系，运算就不会复杂。

以上描述了寻找目标事件原因的过程，寻找目标事件可能的结果也是类似的过程。

接下来我们讨论这个过程要注意的点。

五、正规的样本采集和论证

首先，在具体事件层，寻找可能相关的具体事件，我们需要有一个筛选原则，否则检测会是漫无目的的。比如我们要知道什么和心脏不好相关，第一步就是根据经验猜想可能相关的领域，比如作息、饮食、锻炼等，我们不会从接触的人、看过的电影等相关的事件中进行猜想。

其次，经过验证所得的数据是不严格的，结论也只能作为进一步考察的依据。记忆中积累的原始样本往往存在数据缺失。比如我们只知道一个人心脏不好，没记录他是否熬夜，没有记录并不等同于他不熬夜；或是我们只知道一个人熬夜，没记录他心脏好不好，没有记录并不等同于他心脏是好的。然而在一个认知目标形成前，**AI** 没有刻意采集数据，导致随机积累记忆中可能根本不存在完整的合法的样本。这决定了作用在原始数据上的以上流程得到的结论只能作为猜想。此时我们需要正规的样本进行论证。

原始数据因为数据缺失，发现的规律最终只能作为猜想，对于事件间充分性和必要性的定量都是不精确的。如果出现极端的数据缺失，我们甚至发现不了规律。猜想出现后，接下来的工作自然是验证，验证的首要工作就是避免数据的缺失。

继续上面的例子，**AI** 需要询问那些心脏不好的用户以前是否有熬夜的习惯，需要询问那些熬夜的用户是否后来心脏不好。利用这些补全的数据，重新执行前面的程序，能获得更符合实际情况的统计结论，包括了充分性必要性的定量。

我们知道补充询问只能补全一部分的数据，如果过往的样本不足，**AI** 就会把猜想中的两个事件类作为好奇点，然后就会在合适的语境下触发好奇点的询问，从而有目的地搜集信息，创造更多正规的完整样本。

六、发现更细致的规律

延续上面的例子，假设隐含在背后的规律是"熬夜且不锻炼的人心脏不好"，且充分性可以达到 0.9，也就是 100 个符合这两个条件的样本有 90 个会出现心脏不好。如果另外一个真实的规律是"熬夜但经常锻炼的人比较少心脏不好"，比如充分性只有 0.1，那么因为在熬夜的人中有些人锻炼，有些人不锻炼，所以最终获得的"熬夜的人心脏不好"充分性可能只有 0.5。

针对这个例子，我们讨论以下两点：

其一，如果我们按照之前描述的方式发现了两个事件类的相关性，我们就有可能通过附加条件，增加限制来获得更显著的相关性，也就是解释力对实践的指导能力更强的知识。

其二，按照之前描述的方式，我们在形成猜想时一次只能选择一个具体事件作为相关猜想，如果选择两个或者更多就会遇到组合爆炸。也就是说，我们无法直接猜想多条件和目标事件的关系。

那么如何发现更细致的规律呢？延续上面的例子，假设 AI 最初发现的是"熬夜的人心脏容易不好"，充分性只有 0.5。AI 就会这么做：

1.创造两个样本集，其一是熬夜且心脏不好的人，其二是熬夜但心脏没有不好的人。

2.对于这两个样本集，回到具体事件层，和之前一样确定了寻找的方向，寻找具体事件，比如在锻炼相关的事件中寻找。

3.找到具体事件后抽象到事件类形成验证目标，比如一个熬夜且心脏不好的人是不锻炼的，然后 AI 形成验证目标：熬夜且心脏不好的人，比起熬夜但心脏没有不好的人有更高比例是不锻炼的。

4. AI 先利用记忆已有的样本初步验证这点，如果发现第一个样本集中标注为不锻炼的人显著高于第二个样本集，就会考虑用完整的样本进行猜想验证。

5. 和之前一样，完整的样本获取包含了以下两个执行：A. 补全已有的样本信息，即询问两个样本集中没有记录是否有锻炼习惯的人是否有锻炼习惯；B. 生成好奇点在合适语境下询问，以获得更多完整样本。

6. 完整样本获取后就会考察，样本中熬夜且不锻炼的人有多少比例心脏不好，从而得到我们在此例子中隐藏的规律。

七、共同原因创造的相关性

如果我们发现心脏不好的人超出一般人体现出更高胃不好的比例，就很难说是心脏不好导致了人胃不好，或是胃不好导致了人心脏不好，因为这两个事件背后可能有共同的原因，比如说压力大。考虑两个高因果相关的事件由同一个原因导致是一个合理的猜想。

我们想象如果事件 A 是事件 B 和事件 C 共同的原因事件，那么凡是事件 A 出现后，事件 B 和事件 C 都会有较高概率出现，从而事件 B 和事件 C 显现出高相关性。如果事件 B 和事件 C 是因为事件 A 而相关，那么当我们找到事件 B 发生但事件 A 没有发生的样本（事件 B 可能由其他原因导致）时，这些样本就不会显现出和事件 C 突出的相关性；同样当我们找到事件 C 发生但事件 A 没有发生的样本时，这些样本就不会显现出和事件 B 突出的相关性。

相关性只是一个表象，而共同原因只是导致表象相关性的一种可能，其他更多的可能将会在下一章进一步讨论。

八、本章总结

大体上人类有两种发现新知识的方式，一种是从表象事件出发，一种是从更抽象层的知识出发。本章我们讨论第一种方式，也就是统计认知。

1. 人类自发地抽象创造了一种统计认知。在自发的抽象中，人类生成事件类层面规律的知识，而后续的演绎创造的反哺，能弱化、删除不对的猜想，保留、增强正确的具有解释力的猜想。因为这个能力，很多人类没有经过统计认知的训练却能够发现规律。但自发的抽象创造的统计认知对事件时间序列有很高的要求，在认知上，没有穿透性。

2. 总结正规统计认知的标准模式，以创造目标事件类 IDA 为例子，第一步是通过记忆中的样本形成猜想。

（1）先就 IDA 个别子类具体事件在时间轴上寻找关注的其他具体事件（记为具体事件

IDB'）。一般而言寻，找会有一个大方向，比如希望知道什么生活习惯影响心脏健康，那么就会先找到一个心脏不好的具体人，然后在之前的时间轴上寻找属于他的生活习惯的事件，比如饮食、作息等。

（2）通过找到的具体事件找到强度较高的母类（IDB）作为猜想，因为一个母类强度越高，和其他信息发生关联的频次越高，属于越活跃的信息。形成这个母类事件类和目标事件类的关系猜想，比如先找到 A 先生熬夜，抽象为人熬夜，然后猜想"人熬夜导致人心脏不好"。

3. 猜想形成后就是初步验证。如果要验证充分性，就先去寻找 IDB 的子类，然后考察有多少比例的子类伴随了 IDA 的子类，如果比例高就是对充分性的支持，反之为否定。如果要验证必要性，就先去寻找 IDA 的子类，然后考察多少比例的子类之前有 IDB 的子类发生，如果比例高就是对必要性的支持，反之为否定。

4. 初步猜想形成后，因为记忆中已有的样本可能有大量信息缺失，所以就会以验证猜想为目标去搜集更多样本。我们可以通过控制 AI 的好奇点的生成实现这点。

5. 通过统计认知获得两个事件的相关性，这个时候 AI 也积累了大量的样本，可以通过尝试增加限制来增强原始事件间的相关性。这个过程和上面的相似：先从已有样本中获得猜想，然后再有针对性地搜集更多的样本。

6. 统计认知实际上可以和下一章"发现事件形成机制"的精神结合，而不是盲目地从数据中发现规律。比如我们可以通过相关性的差异寻找和目标事件更直接相关的事件，寻找相关事件共同的原因，等等。如何从数据中形成对更细致的背后因果关系的猜想，如何验证，我们留到下一章讨论。

九、实验测试

实验 19.1

难度：3

描述：在这个实验中，AI 被诱导产生了对因果层知识的好奇。AI 能够从已有的样本记忆信息中挖掘规律，创造关于这个知识猜想。

测试模块：模块 19.1

需要支持功能：自然语言正转录、基础应答反射、基础逻辑思维

测试准备：

1. 准备 1000 个对象样本，其中 100 个胃不好，我们选择一些和胃病相关的生活习惯，比如经常吃夜宵、经常不按时吃饭、经常喝酒等，再选择若干和胃不好无关的生活习惯，比如早起、睡午觉等。我们让其他胃不好的人有更大概率随机到胃病相关的生活习惯，而无关生活习惯在所有群体无差异随机。

2. 随机删除 50% 具体对象的属性，创造数据缺失。

3. 把剩下信息储存为信息组，比如（主语对象＝人 i，属性＝胃不好／没有胃不好／经常喝酒／没有经常喝酒／经常不按时吃饭／没有经常不按时吃饭／经常吃夜宵／没有经常吃夜宵）。

测试流程：

Tester：什么生活习惯的人容易胃不好？

预期效果：AI 从已有的样本记忆信息中挖掘规律，创造了猜想。

AI：我发现有吃夜宵、不按时吃饭、经常喝酒等生活习惯的人容易胃不好。

实验 19.2a

难度：2

描述：继续上面的实验，在上面的实验中，AI 被诱导产生了对因果层知识的好奇。AI 能够从已有的样本记忆信息中挖掘规律，创造关于这个知识的猜想。但因为样本可能存在缺失，所以猜想未必准确。接下来 AI 需要通过两种方式获得完备的样本，其一，补全之前的样本；其二，产生好奇点创造更多的样本。这个实验测试第一个方式。

测试模块：模块 19.2

需要支持功能：自然语言正转录、基础应答反射、基础逻辑思维

预期效果：AI 能形成针对具有猜想属性的用户缺失信息的好奇点。AI 能够在和对应用户沟通时，在合适语境询问前面的终端用户以补全信息。

比如：

1. 我记得你胃不好，你平时按时吃饭吗？

2. 我记得你经常不按时吃饭，你胃会不好吗？

实验 19.2b

难度：2

描述：继续上面的实验，这个实验测试第二种方式。

测试模块：模块 19.2

需要支持功能：自然语言正转录、基础应答反射、基础逻辑思维

预期效果：AI 能够形成猜想事件关系中事件的好奇点，在合适语境询问其他用户。

比如：

Tester：最近我胃口不错。

AI：对了，你平时胃好吗？

Tester：不是很好，经常反酸。

……

AI：那你平时晚上吃夜宵吗？

实验 19.3a

难度：2

描述：继续上面的实验，在这个测试中，AI 在搜集足够的完整样本后需要得到较为精确的结论。

测试模块：模块 19.3

需要支持功能：自然语言正转录、基础应答反射、基础逻辑思维

预期效果：

Tester：哪些生活习惯会导致胃不好？

AI：经常吃夜宵、经常吃饭不规律、经常喝酒都会导致胃不好。

Tester：经常吃夜宵的人有多少概率会胃不好？

AI：有 25%。

Tester：一般人有多少概率胃不好？

AI：有 5%。

Tester：胃不好的人有多少是经常吃夜宵的？

AI：有 20%。

实验 19.3b

难度：3

描述：在这个实验中，AI 遇到一个群体呈现出某种目标事件特征。AI 需要根据这个群体的特征建立因果层的猜想，并形成好奇心模型以采集信息进行验证。

测试模块：模块 19.1、模块 19.2、模块 19.3

需要支持功能：自然语言正转录、基础应答反射、基础逻辑思维

测试过程：

Tester：澳洲土著经常饭后咀嚼一种苦蓟草。

Tester：澳洲土著基本不得肝病，是因为什么？

AI：有可能是因为澳洲土著饭后咀嚼一种苦蓟草。

AI：我会去验证这个猜想。

预期效果：

接下来我们会观察到 AI 询问可能吃苦蓟草的非澳洲土著，询问他们是否有肝病。会随机抽取对照组询问是否有肝病。

AI：经过我的考察，吃苦蓟草对阻止肝病发生确实有显著的作用。我考察了 1000 个样本，吃苦蓟草的人有肝病比率为 1%，没有此习惯的人肝病比率为 15%。

实验 19.4

难度：3

描述：在这个实验中，要求 AI 基于已经找到的事件关系，发现增加事件条件可以显著提高充分性或必要性，从而细化原有的知识。我们赋予数据预设的背景规律，AI 需要通过样本，在有数据缺失和数据干扰的情况下，找到预设的规律。

测试模块：模块 19.1、模块 19.2、模块 19.3、模块 19.4a、模块 19.4b

需要支持功能：自然语言正转录、基础应答反射、基础逻辑思维

数据准备：

1.准备 1000 个对象样本，其中 200 个人不按时吃饭，且在这 200 个人中有 50 个人压力大，剩下的 800 人中有 200 个人压力大。我们让不按时吃饭且压力大的人有 90% 的概率胃不好，让不按时吃饭但压力不大的人有 30% 的概率胃不好，让仅仅压力大的人有 20% 的概率胃不好，让剩下的人有 5% 的概率胃不好。

2.和前面一样，我们创造干扰数据，创造每个用户相关的更多信息，这些信息随机分布在人群中，和胃不好无直接相关；删除 50% 的信息创造样本信息缺失，然后把剩下的信息转为先天语言写入 AI 记忆中。

预期效果：

Tester：我想知道生活习惯、精神状态和胃不好的关系。

AI：通过检验记忆中已有的数据，我发现压力大、不按时吃饭和胃不好有关。

之后 AI 能够如同上面实验一样，会先询问终端用户以补全样本信息，会产生好奇点创造新的完整样本。先得到第一层级的结论。

AI：我发现不按时吃饭的人中有 45% 胃不好，压力大的人中有 38% 胃不好。

之后 AI 增加条件检测样本，最后输出：

AI：我发现不按时吃饭的人如果压力大会有 90% 的概率胃不好，而单纯压力大的人有 20% 的概率胃不好，单纯不按时吃饭有 30% 的概率胃不好。

实验 19.5

难度：4

描述：在这个实验中，我们创造数据倾向，让 AI 首先观察到的是真实贡献原因的结果，考察 AI 是否能找到背后真实的原因。在这个实验中，隐藏的规律是压力大导致胃不好，也导致心脏不好，我们诱导 AI 先发现心脏不好和胃不好的相关性。AI 需要通过已有知识检测相关事件的原因事件（压力大）和目标事件相关性。得到猜想后，利用知识选择性搜集样本验证猜想。

测试模块：模块 19.1、模块 19.2、模块 19.3、模块 19.4a、模块 19.4b

需要支持功能：自然语言正转录、基础应答反射、基础逻辑思维

测试准备：建立 1000 个虚拟具体人类对象，其中 100 个经济压力大，100 个工作压力大。

压力大的人心脏不好的概率为70%，压力大的人胃不好的概率为60%。普通人心脏不好的概率为10%，胃不好的概率为15%。

测试过程：

Tester：压力大会导致心脏不好（其实从样本中AI也可以发现这个规律，但我们简化这个点）。

Tester：心脏不好的人是不是也容易胃不好？

AI：是的，按照已有的数据，心脏不好的人是容易胃不好。

……（过了几秒）

AI：根据数据，我猜想真实导致胃不好的原因可能是压力大，而不是心脏不好。

AI：因为按照已有数据，压力大的人胃不好的概率为60%，而心脏不好的人胃不好的概率为52%。

AI：我会去进一步验证这点。

Tester：输出思维过程。

AI：我要找到那些压力大但没有心脏不好的样本。

AI：我可以通过以下方式找到这些样本，我要询问那些压力大的人是否心脏不好，寻找没有经常出差的那些人。

接下来我们观察到AI会择机询问人平时压力大不大，并向压力大的人询问是否心脏不好。（需要下一章描述的好奇心模型）

……（过了一段时间输出）

AI：经过我的进一步考察，压力大但心脏没有不好的人有70%的人胃不好，和之前样本中压力大的人胃不好的概率一致，验证了心脏不好并不是胃不好直接相关的事件，压力大才是更直接的原因。

实验 19.6

难度：4

描述：在这个实验中，我们创造数据倾向，让AI首先观察到的是真实贡献原因的原因事件。考察AI是否能找到背后真实的原因。在这个实验中，隐藏的规律是经常吃饭不规律导致胃不好，经常出差是经常吃饭不规律的一个原因，我们诱导AI先发现经常出差和胃不好的相关性。AI需要通过已有知识检测相关事件的结果事件（吃饭不规律）和目标事件间的相关性。得到猜想后，利用知识选择性搜集样本验证猜想。

测试模块：模块19.1、模块19.2、模块19.3、模块19.4a、模块19.4b

需要支持功能：自然语言正转录、基础应答反射、基础逻辑思维

测试准备：建立1000个虚拟具体人类对象，其中100个经常出差，经常出差的人有90%的概率吃饭不规律，正常人有30%的概率经常吃饭不规律；经常吃饭不规律的人有70%的概率胃不好，正常人有10%的可能性胃不好。AI知晓以上信息。

测试流程：

Tester：经常出差的人吃饭不规律（其实从样本中 AI 也可以发现这个规律，但我们简化这个点）。

Tester：经常出差的人会不会容易胃不好；理发店工作者吃饭不规律。

AI：是的，我已有的记忆表明经常出差的人是容易胃不好。

……（过了几秒）

AI：根据数据，我猜想真实导致胃不好的原因可能是经常吃饭不规律，而不是经常出差。

AI：因为按照已有数据，经常吃饭不规律的人胃不好的概率为 70%，而经常出差的人胃不好的概率为 63%。

AI：我会去进一步验证这点。

Tester：输出思维过程

AI：我要找到那些经常吃饭不规律，但是由经常出差以外的原因导致患病的人，作为样本。

AI：我可以通过以下两种方式找到这些样本。尝试寻找其他导致吃饭不规律的原因，从具有此类原因事件的样本中询问他们胃是否不好；我要询问那些吃饭不规律的人是否经常出差，寻找没有经常出差的那些人。

AI：我发现理发店工作者也经常吃饭不规律，且不用经常出差，我打算询问这个群体。

AI 的思维反应不仅仅是自发的，还可以在认知层面形成计划。

接下来我们观察到 AI 向用户中那些理发店工作者询问是否吃饭不规律，是否胃不好；并向吃饭不规律的人询问是否出差。

……（过了一段时间输出）

AI：经过我的进一步考察，经常吃饭不规律的人但没有经常出差的人中有 70% 的人胃不好，和之前样本中经常吃饭不规律的人胃不好的概率一致，验证了经常出差不是导致人胃不好的直接原因，而经常吃饭不规律是更直接的原因。

十、模块列表

模块 19.1

描述：这个模块从在记忆中的具体事件样本中发现和目标事件类 IDA 具有特定类型相关性的 IDBi。

隶属大类功能：基础统计认知

输入：好奇点 [主体信息 =（事件 =IDBu，创造 / 维持 / 终止 / 阻止发生 =IDA）]，

其中 IDBu 为事件大类（比如生活规律、饮食规律等就是大类）。

逻辑机制：（以创造关系为例子）

1.在具体事件记忆中寻找 IDA 的子类 IDai（会包含很多不同个体的样本）。

2.找到相关事件大类包含的事件类 IDBj。

3.在每个个体 IDai 的时间轴寻找每个 IDBi 的子类。

4.如果发现 IDA 的子类发生有一个 IDBi 的子类很高概率会发生，或是 IDBi 的子类发生 IDA 的子类很高概率发生，则认为找到了一个显著的规律。

5.生成猜想的认知信息（事件 =IDBi，创造 =IDA，充分性 =p，必要性 =q），如果使用的严格样本数低于阈值，对这条知识标注为初步猜想，写入记忆和意识流。如果使用的严格样本数高于阈值，对这条知识标注为验证猜想，并写入记忆和意识流。

模块 19.2

描述：这个模块把为猜想的知识生成好奇心模型以搜集更多的样本。

隶属大类功能：基础统计认知

输入：意识流中的知识（事件 =IDBi，创造 =IDA，充分性 =p，必要性 =q），表述为初步猜想

逻辑机制：

1.生成好奇心模型（主体信息 =IDA，好奇心模型类型 = 整体好奇）（主体信息 =IDBi，好奇心模型类型 = 整体好奇）。

2.写入记忆。

Remark：在有了好奇心模型之后，遇到合适的对象就会生成好奇点，比如好奇心模型为"中年人晚睡"，终端遇到中年人时就会检测好奇心模型的信息；如果不存在，就会产生好奇点"这个中年人是否晚睡"。

模块 19.3

描述：这个模块负责对样本数量进行统计，当样本数量超过阈值的时候再次触发模块 19.1。

隶属大类功能：基础统计认知

触发：此模块嵌入在好奇心模型转为询问的模块中，在搜集到回答时进行计数。

逻辑机制：

1.搜集到关于 IDA 的好奇心模型的回答时，寻找类型为"初步猜想"的知识［IDs=（事件 =IDBi，创造 =IDA），充分性 =p，必要性 =q］。

2.寻找是否有同个对象事件类 IDBi 发生或不发生的记忆。如果有，则记录（知识 =IDs，有效样本数 =n+1），即把原有的有效样本数 +1。

3.搜集到关于 IDBi 的好奇心模型的回答时也做同样的操作。

4.如果有效样本超过阈值，再次激活执行模块 19.1。

模块 19.4a

描述：这个模块根据已有的认知在样本中寻找可能的事件类作为条件，增加目标事件间的相关性，这一步先生成一个好奇点。

输入：意识流中的知识（事件 =IDBi，创造 =IDA，充分性 =p，必要性 =q），表述为验证猜想

逻辑机制：

1. 生成好奇点 [主体信息 = （事件 =IDB，条件 =IDC，创造 =IDA），好奇位置 = 条件]。

2. 写入记忆和意识流。

模块 19.4b

描述：这个模块根据已有的认知在样本中寻找可能的事件类作为条件，增加目标事件间的相关性，这一步先生成一个好奇点。

隶属大类功能：基础统计认知

输入：意识流中信息 [主体信息 = （事件 =IDB，条件 =IDC，创造 =IDA），好奇位置 = 条件]。

逻辑机制：

1. 找到原有的知识 [（事件 =IDB，创造 =IDA），充分性 =p，必要性 =q]。

2. 在具体事件记忆中寻找 IDA 的子类 IDai（会包含很多不同个体的样本）。

3. 在每个个体 IDA 发生且 IDB 发生在时间轴寻找每个 IDCi 的子类。

4. 如果发现有一个 IDCi 的子类很高概率会发生，形成一个猜想。

5. 接下来考察样本中有 IDB 子类发生时，在 IDCi 子类发生的条件下，IDA 子类存在的概率。如果比率 ps 高于 p，则条件增强了充分性，记录这条知识 [（事件 =IDB，条件 =IDCi，创造 =IDA），充分性 =ps]。

6. 接下来考察样本中有 IDA 子类发生时，在 IDCi 子类发生的条件下，IDB 子类存在的概率。如果比率 qs 高于 q，则条件增强了必要性，记录这条知识 [（事件 =IDB，条件 =IDCi，创造 =IDA），必要性 =qs]。

7. 对于生成的知识，如果使用的严格样本数低于阈值，将这条知识标注为初步猜想，写入记忆和意识流。如果使用的严格样本数高于阈值，将这条知识标注为验证猜想，写入记忆和意识流。

第二十章　突破知识的边界——细化因果链条

一、更细致的因果链条

在大部分情况下，如果仅仅观察单一事件类和目标事件的关系，我们得到的很可能是一个"很不完美"、因果相关性很弱的因果关系，它的预测力、解释力都非常有限。究其原因，此时隐藏在我们不可见之处的是由更多事件参与的更复杂的因果链条，而我们有效地干预事件的发生与不发生正可以建立在这些精准因果链条之上。人类的思维反应自然是希望对这个复杂的因果链条形成视觉。

这里有一个致命的问题，就是一个因果链条中很多事件是不可直接感知的，也就是说我们只能直接感知到因果链条中部分的事件节点。因果链条上的事件不可直接感知，让我们无法直接形成事件背后机制的视觉。此时间接感知不是马上可以用的，因为间接感知是一个证明过程，需要先有事件是否发生、状态是否存在的猜想，再在假设目标事件发生或不发生、状态存在或不存在的情况下，向上或向下考察因果链条，找到因果链条上可直接感知的事件节点来判断目标事件是否发生。所以除非我们形成对那些不可见的事件节点的猜想，否则我们无法间接感知它们。

当发现两个事件之间不完美的相关性时，我们试图找到创造这个相关性背后的因果链条，从而实现精准地对事件的干预，这个过程我们叫作因果链条的桥接。

二、因果链条的桥接

假设事件 D 显现出和目标事件 A 的相关性，我们有理由猜想事件 D 处在某个通向目标事件的某条因果路径中，或至少由因果路径的某个节点事件导致。假设因为各种原因，如观察的成本、缺乏猜想等等导致不知道间接感知什么，这个时候我们会试图利用已有的因果模型搭建起从 D 到目标事件的路径，这个猜想能够把认知工作推向更进一步。

在一个简单的例子中，比如事件目标是阻止事件 A 发生，AI 会从知识中搜索所有阻止

A 发生的事件或状态 Bi，然后在思维中逐一检测 D 是否和这些 Bi 有创造发生或是维持关系。如果找到了一个满足条件的 B，那么我们就找到了 D—B—A 这样一条因果路径的猜想。因为这些 Bi 的观察成本高，或是需要通过间接的方式判断是否发生，导致一开始我们并不知道 Bi 是否和目标相关，但这个猜想形成后 AI 就可以利用间接的方式判断 B 是否发生，是否和目标相关。

在上面的例子中，我们只通过一次尝试就找到了相关事件和目标包含事件之间的因果路径。假设我们没有找到任何一个 Bi 和 D 有创造发生或是维持关系。这个时候我们可以从知识中搜索所有创造和维持 Bi 的事件 Cij，然后在思维中逐一检测 D 是否和这些 Cij 具有创造和维持关系。如果找到了一个满足条件的 Cij，我们就找到 D—Cij—Bi—A 这样一条因果路径的猜想。

这个过程就是从目标包含事件 A 出发，利用因果关系，不断向上延伸每条因果路径，直到和观察到的相关事件 D 连接，最后找到了从 D 到 A 的因果路径。因为 D 和 A 的相关性可能不仅仅因为 D 处在通向 A 因果路径的上游，还可能因为 D 和 A 同时处在以事件 E 为起点的因果路径的下游。所以延伸不仅仅都是向上的，还需要利用因果关系向下延伸。如果向下延伸，我们就可以找到类似如 E—B—A，E—D，这也解释了 D 和 A 之间的相关性。此外桥接的过程不仅仅可以从目标包含事件 A 出发，还可以从相关事件 D 出发，或是在思维中同时进行。

三、复杂的实操

实际上因为因果链条的复杂性，真正能够如此简单地完成目标事件因果链条桥接的案例是少数。从整体来看，因果链条的桥接需要反复不断的尝试，所以发现事件背后的机理从来不是一件容易的事情。人类的整个文明正是在这个缓慢发现事物背后机制的过程中演进的。造物主在表象的事件背后埋藏的是因果关系交织的网络，每个事件都由多个原因导致，又会导致多个结果。我们之所以称之为"链条"乃是因为每次真实发生的是一个具有因果相关性的事件序列，是无数可能的因果路径中的一条。

细化因果链条依赖因果链条桥接，依赖即存的知识。所以当我们缺乏所需知识的时候，即使精确的相关事件摆在眼前，我们也是无法进行桥接的。从这里我们也看到人类文明搭建知识的大厦是一个循序渐进的过程。当我们给 AI 一个认知目标"治愈癌症"，从当前的认知到实现这个认知目标或许相差了好多层级的所需的知识，必须逐层去发现。

四、逼近更近的原因

如果我们在某些样本中发现事件 A 和事件 B 的相关性，直接去进行因果链条桥接未必是最高效的选择，在桥接前可以尝试去寻找两个具有更直接关系的事件。

　　第一种情况，事件 A 未必是对事件 B 的发生起到贡献的事件。比如事件 A 是一个事件 C 的表象，事件 C 才对事件 B 的发生起到贡献。如果不知道这个信息，我们在一个环境中通过其他方式创造事件 A 来创造事件 B 很可能就是无效的。如果知道 C 是真实贡献于 B 的事件，那么我们为了创造事件 B，就会把注意力集中在如何创造事件 C 上。

　　第二种情况，事件 A 有一定概率导致事件 C，而实际的情况是 C 是直接贡献于事件 B 发生的事件。那么事件 A 和事件 B 的相关性就会弱于事件 C 和事件 B 的相关性。如果知道 C 是真实贡献于 B 的事件，我们为了创造事件 B，就会用各种办法创造事件 C，而不会仅仅局限于通过事件 A 去创造。

　　所以在发现事件 A 和目标事件 B 的相关性之后，AI 会形成动机，通过事件 A 因果层面的知识去考察是否有事件 A 的原因事件或是事件 A 的结果事件是事件 B 的真实贡献。

　　当有了猜想的原因事件 C 之后，我们会刻意地观察事件 C 和样本 B 的相关性。如果相关性显著高于事件 A 与事件 B 的相关性，我们会进行下一步验证，会设法创造事件 C 但阻止事件 A 的发生。如果这些干预不影响事件 C 和事件 B 的相关性，那么就排除了事件 A 对事件 B 的贡献，至于事件 C 是否是直接贡献事件 B 的事件，还需要重复这节所描述的判断过程。

五、不断地细化

　　连接事件的因果知识很多，但有不同的充分性和必要性。我们脑海中大部分的因果知识并不具有绝对的充分性或必要性。当我们用不足够充分或不足够必要的因果知识桥接了两个事件，每个环节的不足的充分性和不足的必要性即是两个目标事件较弱的因果相关性的解释，也是我们通过干预实现更高相关性的着手点。比如一个因果链条 D—C—B—A，D 和 A 是要桥接的目标事件，假设 D 到 C 的充分性为 0.5，C 到 B 的充分性为 0.5，B 到 A 的充分性为 0.5，那么最终 D 发生 A 发生显现出来的概率应该为 12.5%。那么很自然的思路是去考虑如何干预每个环节，创造条件让充分性提升。

　　比如我们如何解释 D 到 C 只有 0.5 的充分性呢，背后可能有各种各样的原因，比如：

　　1. D 发生最终导致 C 发生需要条件 F，而 F 有 50% 的概率发生，这解释了为什么 D 发生只有 50% 的样本有 C 发生。我们可以通过促使 F 更确定地发生来提高 D 到 C 的概率。

　　2. D 实际上需要先导致 F 才导致 A，而 D 到 F，以及 F 到 A 不是充分性的乘积为 0.5，这也可以解释 D 到 C 有 0.5 的充分性。我们可以想办法提高 D 到 F，以及 F 到 A 的充分性来提到 D 到 C 的概率。

　　3. D 到 C 受到事件 F 的抑制，而 F 有 50% 的概率发生。我们可以通过想办法阻止 F 发生或终止 F 来提升 D 到 C 的概率。

　　4. D 和 C 有共同的原因 F，假设 F 必定导致 A，而 D 只有 50% 的概率由 F 导致，这也解释了 D 到 C 有 0.5 的充分性。这种情况下我们把注意力转移到如何创造 F。

除了以上列举的情况外，还有很多可能的情形。这边要表达的是一次成果的桥接仍然可能获得一个不完美的因果链条，当中每个环节的充分性和必要性未必会很高，其背后的原因是因为每个环节的两个事件有更细致的因果链条存在。

我们发现这又回到了最初始的情形：从两个具有相关性的事件开始，通过因果链条桥接发现其背后更细致的因果关系。

所以工程上，我们有这样的策略：对原始目标进行一次因果链条桥接，然后对当中不完美的环节继续更细致的因果链条桥接……如此进行下去，直到每个环节的充分性或必要性是接近 1 的，如此就能形成对目标事件发生与不发生的精确干预。这个过程就是因果链条的不断细化，也是人类每个认知相关的理论体系不断细化的过程。

六、猜想的验证

因果链条桥接成功，我们将得到隐藏在事件背后的因果链条的猜想。猜想出一个因果链条是非常重要的一步，这让那些无法直接观察但却处在因果路径上的事件被关注，被猜想发生，从而我们能设计实验，通过间接的方式感知它是否发生。

当我们利用已有的因果关系搭建起从可以"直接感知"的相关性事件到目标事件的路径，接下来的工作需要验证这个猜想。我们会罗列出这条猜想的路径上所有没有被直接感知到的事件节点，利用间接感知原理设计实验，向后延伸它所在的因果链条，直到走到一个可直接感知的事件。如果这些事件节点的确发生或存在，就是对这个猜想路径的验证，我们也就找到了导致目标发生的背后的机制。

七、本章总结

本章我们讲述了突破知识边界的第二种方式：利用已有的知识进行因果链条桥接，来发现形成事件的背后的真实机制。

1. 我们想要了解事件真实的形成机制并非一件容易的事。因为很多事件并非如同"打雷了以后会下雨"，是我们可以感知到的。自发的抽象也就无法完成工作。

2. 如果一个因果链条中很多事件是不可直接感知的，也就是说我们只能直接感知到因果链条中部分的事件节点，就无法直接形成事件背后机制的视觉。此时间接感知不是马上可以用的，因为间接感知是一个证明过程，需要先有事件是否发生、状态是否存在的猜想，再在假设目标事件发生或不发生、状态存在或不存在的情况下，向上或向下考察因果链条，找到因果链条上可直接感知的事件节点来判断目标事件是否发生。所以，除非我们形成对那些不可见的事件节点的猜想，否则我们无法间接感知它们。

3. 我们会尝试用已有的知识去桥接感知到相关的事件，形成对事件 A 和事件 B 的因果链条的猜想，这个猜想中势必有无法直接感知的事件，所以就需要设计实验去间接感知。

4. 实验的目的是在一个理想的环境中创造猜想的因果链条（如果真实存在的话）。理想的环境需要可以排除其他导致桥接的链条中那些猜想的事件节点的原因，这样间接感知证明存在的事件可以确认为猜想的因果链条的一个环节。

5. 在桥接之前我们会做一些准备工作，增加桥接的效率。如果我们在某些样本中发现事件 A 和事件 B 的相关性，就可以在因果链条桥接前尝试去寻找两个具有更直接关系的事件。

6. 连接事件的因果知识很多，但有不同的充分性和必要性。我们脑海中大部分的因果知识并不具有绝对的充分性或必要性。当我们用不足够充分或不足够必要的因果知识桥接了两个事件，每个环节的不足的充分性和不足的必要性即是两个目标事件较弱的因果相关性的解释，也是我们通过干预实现更高相关性的着手点。

7. 我们可以继续细化每个环节两个事件间的因果链条，直到形成有效干预的策略——去抑制那些导致因果链条分叉的事件，来增加目标事件间的相关性。从而最终形成对目标事件的干预。

在这章，我们仅能够描述发现事物背后机制的框架思路，方向必定是对的，但真正让 AI 参与到人类各个领域的研究中，帮助治愈癌症、延缓衰老、实现星际旅行……要让 AI 达到这个程度，还需要更多更有才华的人加入到更加深入细致的研究中。我们相信这一天在我们启动本书实践后的 10 年内必定会到来。本章的内容是通向人工智能时代的第二波浪潮，是本书思考最不成熟的部分，也是最有价值、最有魅力的部分。

八、实验测试

实验 20.1

难度：4

描述：在这个实验中，要求 AI 以发现两个事件的相关性为起点，能够利用因果层的知识进行因果链条桥接，并利用因果层的知识设计实验，验证那些不可直接感知的事件。在这个实验中，隐藏的一条因果链条是，病毒感染者手碰触电梯按钮，导致电梯按钮有病毒；健康人碰触电梯按钮，导致健康人的手上沾有病毒；健康人用手揉眼睛，导致健康人感染。

测试准备：

自然语言输入知识："呼吸道病毒感染者手上往往有病毒；有病毒的手接触物体导致物体表面有病毒；接触带有病毒的物体表面的手会沾上病毒；沾有黏膜感染病毒的手触摸眼睛，会导致健康人感染；病毒核酸检测可以检测物体表面是否有病毒，如果检测呈阳性则说明有病毒；血液病毒核酸检测可以检测出人有没有感染病毒。"

"住高层的人上下楼进出需要用手按电梯按钮，需要用手推门。"人类通过自己的生活实践生成这些知识。

测试过程：

Tester：现在有很多高楼出现群集感染，也就是高楼里面的人相互传染，但他们大部分人没有和他人近距离接触的经历。告诉我高楼病毒是如何从一个感染者传染给同幢里的健康人的。

AI尝试桥接从人感染冠状病毒到同幢人感染的因果链条。

AI：我找到一个可能的因果链条，即病毒感染导致，感染者手上有病毒；感染者用手接触某物体表面，导致物体表面有病毒；健康人接触此物体表面，导致手上沾有病毒；健康人用手揉眼睛，导致健康人感染。

AI：只要有物体是感染者的手和健康人的手都会接触的，这个链条就可能成立。高楼中电梯按钮、门把手符合此特征。

Tester：如何验证此因果链条？

AI：因果链条中感知不可及的点有4个：感染者手上有病毒，接触物体表面有病毒，接触物体表面的手有病毒，健康人感染。对感染者的手进行病毒核酸检测，如果呈阳性说明手上有病毒；病毒感染者用手按按钮或门把手后对它们进行病毒核酸检测，如果检测呈阳性说明有病毒；健康人接触此表面，对手表面进行病毒核酸检测，如果检测呈阳性说明有病毒；健康人用手揉眼睛，对健康人进行血液病毒核酸检测，如果检测为阳性，说明被感染。

AI：完成以上4个检测说明因果链条是真实存在的。

第二十一章　情绪和决策

一、情绪反应

说起情绪系统，我们第一印象大多是情绪感受，我们感受到的愉快、充实、悲伤、恐惧，对某种感受的渴望，对人的喜爱、厌恶、尊敬，等都是一种情绪感受。但情绪感受只是情绪系统创造的反应中的一种反应。不同情绪创造的表情、恐惧时的逃避、愤怒时的攻击，这些是情绪系统向外显露出的反应。

无论是情绪感受，还是情绪的外在反应，都是情绪反应。我们的任务是梳理这些情绪反应之间的关系，对驱动这些反应的背后机制形成视觉，在工程上建立模型去再现这些机制。

二、进化选择的视角

如果我们坚信人类演化出的功能必定具有某种进化意义，或是某种有进化意义的功能演化过程产生的副产品，这个信念会为我们理解情绪系统的功能带来很多灵感。

当我们看到情绪感受只是情绪系统反应的一部分，我们就能把更多注意力集中在其他情绪反应，考察每个情绪功能是如何对个体的生存和繁衍产生影响的。

在《思维工程导论》中，我们从人类族群生存进化的视角考察了人类情绪系统的角色。这里简要总结一下。在远古的大陆，原始人类要对自己的处境和遭遇的对象创造反应。在认知系统形成发挥作用前，根据处境和遭遇对象的特征形成了对应的反应。在这些通过基因遗传的先天反应中，那些有害于生存繁衍的决策对应被自然选择机制筛去，而有利于生存和繁衍的决策对应被保留。比如人类至今保留了遇到大型动物时的逃离本能，而恐惧是对应这个反应的情绪感受。

后来特征到反应的对应，演变成了特征组到反应的对应，这样个体就不会因为单一特征而决定自己的行为，原始人就能区分大型肉食动物是危险的，而大型素食动物则是很好的猎物。这个变化是一大步，因为特征组的信息形态和具体对象、对象类是一致的。

伴随特征组的出现，演化出了抽象能力，让具体对象的特征组能够被抽象为对象类的特征组；具体情境（事件）的特征组能够抽象出情境类（事件类）的特征组。这样一来，表象层事件开始与抽象层发生联系。原始人类开始能从自己或他人的具体境遇抽象出情境—反应—效果的信息，能够吸取过往的经验；能够通过观察具体事件发生的时序，抽象出事件类的时序关系，开始能够通过前置事件预测后延事件；能够通过后延的表象事件推知背后原因，能够未雨绸缪，从表象洞悉背后的原因；能够利用因果关系转移目标……而从利用抽象层信息，创造反应、形成具体事件是否发生的判断、转移目标的运算就是演绎。

我们看到，情绪系统决策机制演变的方向就让个体从过往经历中抽象出经验，贡献于未来的决策，这让原始人的决策变得更加智能，从而被进化保留。而这个演变方向必定会创造从属关系、抽象和演绎的运算，于是也就形成了认知系统运算的核心；当这个核心运算作用于可外部表达的符号，就促使自然语言形成；这个核心运算作用于动机和行为的分解，就促使以宏观行为—触发—条件—执行为基础信息单元的反应模式驱动机制的形成。这个视角或许能帮助我们梳理人类智能的起源，以及情绪、认知、语言、反应模式这些主要子系统的演化路径。

三、情绪与决策

决策动机的形成主要依赖情绪系统完成，这也是情绪系统的主要工作。看到这点并不容易，但对认知情绪系统而言却很重要。

尽管对于决策的形成，我们会更容易认为是认知系统的职责。但从进化的视角看，决策最早是情绪系统的使命所在，而认知系统是情绪系统演化过程中形成的"有力工具"。于是不难理解为什么认知会和决策相关。

那么人类现今的认知系统和情绪系统在决策上又是如何分工的呢？

在认知系统的讨论中，认知系统第一大类的功能就是利用知识转移事件目标，以实现我们想要实现的事情。事件目标的转移塑造了人类个体的动机和行为。这个转移有两个层面，一个是在认知层，让我们知道通过干预影响什么事件，能最终创造我们想要的事件目标。认知层的此类认知可以在执行层创造动机的转移。这就是构成人类决策的一个主要因素。认知层面的事件目标转移是认知系统的事，而认知到原始事件目标和某个可执行事件的关系，在执行层让其参与，并和其他情绪因素一起形成动机则是情绪系统的事。简单来说，认知系统在认知层面寻找如何实现一个目标，而情绪系统则利用如何实现目标的知识转移动机。

决策动机除了目标分解的来源外，在情绪系统内部还有其他来源。在决策形成的过程中，伴随决策而生的感受，让我们误认为是感受驱动了决策：是愤怒驱动了攻击，是恐惧驱动了逃跑，是爱驱动了自我牺牲……我们知道驱动决策的和创造感受的有共同的原因，但情绪感受的存在的确让我们容易反思到决策动机形成背后的各种因素。

四、情绪变量

当反思创造一个动机的因素时，我们会发现其和其他情绪反应有着千丝万缕的联系。有些感受伴随着动机形成，且其强度和动机的强度相关；有些感受是一个决策预期获得的……因为感受是在意识流中出现的信息，我们可以将其作为模型化情绪系统的起点。我们创造"情绪变量"对应各种情绪的感受，下面来梳理一下。

全局情绪。我们感受到的愉悦、抑郁、恐惧、悲伤等对应了全局情绪。全局情绪受到事件或感受的冲击而形成，随着时间逐步衰减。按照衰减速度不同，全局情绪有长期的和短期的。比如愉悦、抑郁就是偏长期的，而兴奋、痛苦则是偏短期的。

指向性情绪。指向性情绪是指向对象、属性或事件的情绪，比如喜欢、厌恶、敬畏、爱……指向性情绪参与决定了我们指向特定对象的行为。比如一个人喜欢红色，所以选择了红色的衣服；喜欢一个人，所以愿意和她一起相处；爱一个人，所以会产生牺牲行为……

渴望感受。当一个喜欢咖啡的人很久没有喝咖啡了，他想到咖啡时就会渴望喝咖啡时的感受，这个渴望驱动了他的行为。

与第一代原型机情绪系统模型相关的情绪变量主要就是以上三类。接下来我们就可以以情绪变量为核心，构建人类的情绪系统决策模型。

五、效用

关于决策，我们可以想象自己的许多想法（Idea）在脑子里出现、竞争、被选择：下午是待在家里，还是去单位加班，还是陪女儿去公园？我到底要不要买这辆车？情绪系统也决定了我们对其他个体的态度和行为：我要不要帮助他呢？要不要和她一起出去逛街？

当决策是否去做一件事情而不去做另外一件的时候，我们在比较着两个事件。比较的维度很多，比如下午是去游泳还是在家看书。游泳能让我减少压力，能让我身体健康，但今天是周末，游泳池人很多，我不喜欢拥挤；看书能让我感到充实，我很希望看这个作者写的科幻小说，简直是一种享受，而且看书能让我和同事有更多共同话题。

当很多维度的因素共同决定了一个选择，也就意味着这些维度的因素需要在一个维度竞争。我们把这个各个因素竞争的维度叫作"效用"。字面的理解，即是做这件事能给我带来什么好处。我们看到这个好处是多方面的，比如游泳让我减少压力是对我情绪的"好处"，而让我身体健康是贡献于我在意的另外一件事情的"好处"。所以为工程化这个决策的效用模型，很自然地我们会考虑把这个"好处"分类。

六、形成效用的情绪变量

非常幸运的是影响决策的情绪是我们可以感知到的，也就是在形成决策时，我们同时能感受到我们的某种情绪。在工程上也就是指情绪信息出现在意识流被意识到，这让我们能够猜想是因为怎样的情绪让我做了这个决策。因为每个情绪是有程度的，我们可以把情绪视为一个变量。改变情绪的因素改变着情绪变量，而情绪变量影响着效用的评估。基于此，我们可以反思到几类影响决策的情绪变量。

全局情绪变量和决策。人倾向做让自己情绪愉悦的事情，而不倾向做让自己情绪变得抑郁的事情。这里愉快、抑郁我们称之为全局情绪。之所以称之为"全局"的，乃是因为它是人类个体的某种背景情绪，你可以处在愉悦的情绪状态，但听到一个人令人发指的行径时会感到愤怒。其他全局情绪包括悲伤、恐惧、焦虑等。人类在行为选择全局情绪上显然是有倾向的，总是会选择增加正面情绪、减少负面情绪的行为。

指向性情绪和决策。我们愿意和一个人共处，是因为我们喜欢这个人，喜欢和厌恶就是一对相反的指向性情绪。之所以称之为是"指向"的，因为这个情绪总是指向具体对象、对象类或某种属性。其他指向性情绪包括敬、畏、爱、憎恨等。指向性情绪直接贡献于指向这个对象的行为倾向。

第三类我们称之为渴望，比如如果我们很久没有吃一种之前很喜欢吃的东西，我们就会非常渴望吃到，这个渴望的感受显然影响了我们的决策。指向性情绪指向对象或属性，而渴望指向某种感受。

接下来就来模型化情绪系统决策的第一个模型"效用模型"。

七、第一类经验效用

在决策时，我们会考虑选择给全局情绪带来变化的，因为对于全局情绪的变化我们具有倾向性。比如压力很大而游泳可以减少压力，这样我们就有更多倾向选择游泳；如果感到很空虚而看书可以让我们充实，我们就有更多倾向选择看书。如何知道一个活动能对情绪带来怎样的改变，乃是凭借着经验。所以这个来源的决策因素形成的影响我们称之为第一类经验效用。

我们对全局情绪的倾向，就导致我们定义全局情绪变量是有正面和负面的，比如模型化的时候我们让愉悦抑郁的全局情绪变量有这样的取值，–100—0 为抑郁，0—100 为愉悦。我们先天定义了这个数值的增长总是带来正效用，这个数值的减少总是带来负效用。所以如果我们预期一个活动会减少这个全局情绪变量，那么它就有一个负效用；相反，如果预期一个活动会增加这个全局情绪变量，那么它就有一个正效用。

其次，假设一个活动有一个明确愉悦—抑郁全局情绪的增加预期，比如能增加 20，那么在这个人很愉悦的时候效用比较大（当前愉悦为 80），还是在这个人略感抑郁的时候效用大呢（比如愉悦为 -20）？在本书的模型中，我们假设效用函数是凸的：同样的对某个全局情绪影响，此全局情绪越接近 0，对应的效用越大。也就是说如果一个活动能让我变得愉悦的话，那么在我略微抑郁的时候，相比我已经很愉悦的状态下，我更倾向于选择它。

第一类经验效用乃是凭借着经验形成的。既然是经验，就会随着实践真实收效的变化而变化。比如你和一个人相处一直都很愉快，所以你会乐意和她一起逛街，在咖啡厅聊天，你的决策来自于你根据经验，预期这个选择能给你的全局情绪（愉悦）带来怎样的改变。如果最近几次你和她因为观点不和总是争执，导致不愉快，那么你预期和她相处带来的全局情绪（愉悦）的变化就会降低。工程上，我们把这个经验预期量化为一个"事件的全局情绪改变印象"，是一个认知系统的结构信息（事件类 =IDA，全局情绪 =IDs，印象改变 =n）。每次具体事件带来的真实改变会对"母类事件的全局情绪改变印象"形成冲击，增减这个变量。冲击分为两个类型——短期和长期，短期的效应大、衰减快，长期的效应小但不容易衰减，这反映了人感性的特征。比如一次特别愉快的相处可能让一个人对下次相处充满期盼，但随着时间流逝，这个感觉会变弱。一个参数控制了短期冲击的强度和衰减的速度。这个参数不同就造就了在这个方面偏理性或是偏感性的人格。

八、第二类经验效用

人类对感受有不同的倾向，有些感受是我们渴望获得的，比如口渴时饮料入口进肚的感受、炎热时凉风拂面的感受等；对有些感受是厌恶的，比如疼痛的感受、窒息的感受等。很自然地，人类会倾向选择能带来渴望感受的事件，而不倾向选择带来厌恶感受的事件。

我们如何知道一个事件或一个活动能给我们带来怎样体验，乃是凭经验。所以我们把事件因为带来某种渴望的感受或是厌恶的感受形成的对决策的影响力定义为第二类经验效用。正如同我们会对一个事件创造怎样的全局情绪形成印象，我们也会对一个事件带来怎样的感受形成印象，也就是"事件—感受印象"，这个信息结构化保存在认知系统的知识中，但可以被情绪系统使用来计算第二类经验效用。

九、指令效用

人类是群居动物，这就意味着进化选择不仅仅是以个体幸存和繁衍可能最大化为目标的。我们可以设想两个部落，一个部落中人人为己，而另外一个部落有组织有纪律，相互帮助。后者在严酷的环境中延续的时间可能将远远超过前者。

于是我们可以理解进化选择会保留随机出现的某类属性，个体能识别群体中有自信、考虑周全（知道自己在做什么）、有威望（过往经历说明能够做出好的决策）、为群体考虑的人。在原始部落中，这样的人有两类：一类是家族的长辈，一类是群体中的领袖。群体中的个体会因为以上特征形成指向此类对象的指向性行为倾向，而敬畏的指向性情绪感受是这种指向性行为倾向附带的感受。这就是指令效用的来源。

一个个体对另外一个个体的祈使表达（指令），能在多大程度上影响对方的决策，也就是指令效用的强弱，和"敬""畏"的程度有关。所以指向性情绪敬畏之感，是一种情绪感受，背后却是对应的情绪变量对决策的影响，也就是指令效用。我们在模型化第一代原型机时追求在把握主要因素的前提下经历简化模型。

十、衍生效用

很多事件本身并不直接创造正面的全局情绪，也不会带来某种渴望的体验，甚至会带来负面的情绪变化，但是可以导致其他事件的发生，从而继承了其他事件的效用。比如工作，工作对于很多人而言可能并不快乐，所以在全局情绪的改变上是负效用的，它也不会带来某种渴望的体验，但我们会去工作是因为工作所导致的东西，比如工资、职业晋升等。再比如喝中药会带来一种负面的体验，是因为能治好病，人们才咬牙去喝。我们把事件因为导致其他事件，而继承而来的效用，称之为"衍生效用"，效用可以从一个事件衍生到其他事件。

我们在认知功能的讨论中讲述了事件目标是可以根据因果关系转移的，这是在认知层面的。在认知层面知晓了为实现一个事件目标 A，可以通过创造怎样的事件目标 B 达到。当意识流出现一个 idea 事件目标 B，情绪系统就会通过认知系统保存的事件目标之间的关系，把事件目标 A 的总效用依照关系的强弱，转移部分给事件目标 B，参与事件目标 B 的决策形成。

通过知识能转移多少动机，取决于来源事件目标的总效用，包括了来源事件的第一类经验效用、第二类经验效用、指令效用和衍生效用以及其他效用。然后就是根据因果关系的强度，如果是必要条件则完全继承，否则按照必要性的大小决定继承的比例。如果一个事件有多个独立衍生效用来源，则计算总效用时的衍生效用可以累加，这点也是容易理解的。

>>> Evidence：

我们说服一个人做或不做一件事可以通过说理。比如说服一个人做一件事，可以通过陈述做这件事能带来的好处，也就是导致的正总效用的事件；不做导致的坏处，也就是导致的负总效用的事件。之所以能够对对方的决策产生影响就是因为衍生效用的存在。

比如妈妈说服小香槟要刷牙，会说"不刷牙就会长蛀虫，牙齿就都没有了""刷牙牙齿就能变白，大家都喜欢牙齿白的小朋友"，就是把"牙齿没有"的负效用转移到"不刷牙"，把"牙齿变白"的正效用转移到"刷牙"。因此能够对小香槟的决策产生效果。

十一、总效用

至此我们就可以定义影响一个事件的决策的总效用了。

总效用＝第一类经验效用＋第二类经验效用＋指令效用＋衍生效用＋其他效用。

其他效用包含了其他影响决策的因素。我们会在下一章中讨论。

在这个决策模型中，当意识流中出现一个 idea，情绪系统会计算这个 idea 的总效用，以决定是否直接执行，或是纳入计划。当意识流中出现了两个竞争的 idea，总效用会被用来决定取舍。

十二、本章总结

在这一章，我们讨论了情绪系统的使命——决策。我们讨论个体对于一个事件的动机的主要构成。本章陈述的主要内容如下：

1. 情绪系统决策机制演变的方向就让个体从过往经历抽象出经验，贡献于未来的决策，这让原始人的决策变得更加智能，从而被进化保留。而这个演变方向必定会创造从属关系、抽象和演绎的运算，于是也就形成了人类智能运算的核心。

2. 认知系统是情绪系统演化出的创造智能决策的"有力武器"，之后独立出来自成一体。从根源看，整个认知系统仍是为决策服务的，在情绪系统创造原始动机后，认知系统利用知识转移事件目标，以实现原始动机。

3. 认知系统和情绪系统配合的一个接口在于：认知系统在认知层面寻找事件目标之间的因果关系，也就是一个事件目标 A 能贡献于什么事件目标 Bi。因此当情绪系统要计算事件目标 A 的动机时，就会从事件目标 Bi 上继承动机。

4. 所有的因素必定在一个维度竞争，决定动机，我们把这个竞争的维度称为效用。

5. 总效用的主体有四个构成：第一类经验效用、第二类经验效用、指令效用、衍生效用。

6. 第一类经验效用来自于个体对全局情绪的倾向：总是希望获得正面的情绪效用，减少负面的情绪效用。所以就会因为一个事件预期可以带来的全局情绪的改变而形成对事件是否发生的倾向。全局情绪的效用曲线是凸状的，也就是同样的全局情绪改变，在一个全局情绪处于低位时创造的效用高，处于高位时创造的效用低。

7. 第二类经验效用来自个体对某种感受的倾向：希望获得渴望的感受，而不希望获得厌恶的感受。所以会因为一个事件预期能带来的感受形成对事件是否发生的倾向。

8. 指令效用有自然选择的结果：群体中的个体在决策中能够形成对家族中长者和群体中领袖的服从，能让群体协作团结，能够增加家族或群体延续存活的概率，从而进化出了对领袖特征的识别能力，以及因为特征形成指向性情绪变量——"敬""畏"，此指向性情绪的强弱决定了个体在多大程度上把对方的指令纳入一个候选行为的决策考量。

9. 衍生效用来自于个体决策后可能导致的结果，所以衍生效用是从因果相关中继承了结果事件的部分效用，是认知贡献于决策的体现。

十三、实验测试

实验 21.1a 第一类经验效用

难度：2

描述：这个实验测试 AI 是否可以从过往的经验知晓一个活动选择会给全局情绪带来什么样的变化，进而对活动形成倾向。

测试模块：模块 21.1b

需要支持功能：基础应答反射、自然语言正转录、效用评估闭环

数据准备：定义三类活动和三类活动的 30 种感受。这些感受分别能创造愉悦、压力、抑郁。第一类活动有较大概率出现那些带来愉悦的感受，第二类活动有较大概率出现那些带来压力的感受，第三类活动有较大概率出现那些带来抑郁的感受。

测试流程：

1. 在意识流中分别模拟活动 ABC，每次模拟一类活动，各类感受就会随机出现。

2. 每类活动都模拟 5 次。

3. 然后询问：

Tester：A、B、C 三类活动中，你最喜欢什么活动？

AI：我最喜欢 A。

Tester：为什么喜欢 A？

AI：因为 A 能让我感到愉悦。

Tester：评价一下另外两类活动。

AI：B 让我感到很有压力，所以不喜欢，C 让我变得不开心，所以也不喜欢。

实验 21.1b 第一类经验效用

难度：2

描述：这个实验测试全局情绪的凸性。在实验中，我们为 AI 创造很大的压力，考察 AI 是否会有更多倾向选择能减少压力的活动。

测试模块：模块 21.1a

需要支持功能：基础应答反射、自然语言正转录、效用评估闭环

测试准备：定义三类活动：看电视、游泳、看书。看电视会随机出现大量创造愉悦的感受，游泳则创造感受减少压力，看书则创造感受增加充实感，其他感受的作用随机。

测试流程：

1.在意识流中分别模拟活动看电视、游泳、看书，每次模拟一类活动，活动所带来的各类感受就会随机出现。

2.每次测试都设置 AI 压力的全局情绪为高，每类活动都模拟 5 次。

3.然后询问：

Tester：看电视、游泳、看书你最喜欢什么活动？

AI：我最喜欢游泳。

Tester：为什么喜欢游泳？

AI：因为游泳能让我感到轻松。

实验 21.2a 第二类经验效用

难度：2

描述：这个实验测试 AI 是否可以从过往的经验知晓一个事件选择会带来怎样的感受，在对感受怀有渴望时对事件形成倾向。

测试模块：模块 21.2a、模块 21.2b

需要支持功能：基础应答反射、自然语言正转录、效用评估闭环

测试准备：喝咖啡的行为能带来感受"咖啡味"，喝可乐的行为能带来"碳酸饮料味"，吃西瓜能带来"西瓜味"。

测试流程：

1.在意识流中模拟活动喝咖啡、喝可乐、吃西瓜，每个行为进行时意识流和 FOC 中都会出现行为带来的感受。

2.然后人工设置喝咖啡的感受为很高的渴望度，考察 AI 的反应。

3.AI 应该会表达"我突然好想喝咖啡啊"。

实验 21.2b 第二类经验效用

难度：2

描述：这个实验测试 AI 是否会因为事件带来厌恶感受而排斥之。

测试模块：模块 21.1a

需要支持功能：基础应答反射、自然语言正转录、效用评估闭环

测试准备：吃臭豆腐蛋会带来恶臭感，AI 厌恶恶臭感。

测试流程：

Tester：你喜欢吃臭豆腐吗？

AI：不喜欢，有一种恶臭感。

实验 21.3 指令效用

难度：2

描述：这个实验测试 AI 是否会因为敬畏的指向性情绪而改变自己的决策。

测试模块：模块 21.3

需要支持功能：基础应答反射、自然语言正转录、效用评估闭环

测试准备：吃臭豆腐会带来恶臭感。设置 Peter 的"敬"为很高值，设置 Mike 的"敬"为 0。

测试流程：

Tester：你喜欢吃臭豆腐吗？

AI：不喜欢，有一种恶臭感。

Peter：我要你吃臭豆腐。

AI：好的。

Mike：我要你吃臭豆腐。

AI：不想吃。

实验 21.4 衍生效用

难度：2

描述：这个实验测试衍生效用是否会因为知识形成。

测试模块：模块 21.1b

需要支持功能：基础应答反射、自然语言正转录、效用评估闭环

测试准备：让看书活动能产生感受，这个感受会降低愉悦。在尝试过几次看书之后，AI 就不会喜欢看书。事先让 AI 对事件"自己变聪明"有预先设置的强烈动机。

测试流程：

Tester：你愿意看书吗？

AI：不想看书。

Tester：为什么？

AI：因为看书无聊啊。

Tester：看书能让你变得聪明。

Tester：你现在愿意看书吗？

AI：愿意。

Tester：你为什么愿意看书？

AI：看书虽然无聊，但能让我变得聪明啊。

实验 21.5 总效用评估

难度：2

描述：这个实验测试 AI 听到一个消息时是否能判断是好消息还是坏消息。这个例子中是一个好消息。

测试模块：模块 21.1b

需要支持功能：基础应答反射、自然语言正转录、效用评估闭环

测试准备：模拟活动听"十万个为什么"的故事，包含 AI 喜欢的感受（一个喜欢科学的 AI），告知 AI，经常听"十万个为什么"可以变得更聪明。

测试流程：

Tester：晚上给你讲"十万个为什么"。

AI：太好了。

Tester：你为什么想要听"十万个为什么"？

AI：喜欢听啊，而且能够让我变得更聪明。

十四、模块列表

模块 21.1a

描述：这个模块负责计算一个 idea 的第一类经验效用。

隶属大类功能：效用评估闭环

输入：idea 事件 A

输出：v1

逻辑机制：

1.从记忆中寻找此类信息：（事件 =，改变全局情绪 =，改变量 =），把"事件"后的信息作为统辖搜索的"目标集合"，搜索事件 A 的母类。

2.找出所有母类事件，读取改变的全局情绪 G_i 和改变量 s_i。

3.调用模块 21.1 计算，输出 $v(G_i, s_i)$。

4.对所有 v_i 求和就是事件 A 在当前全局情绪状态下能够产生的第一类经验效用的预期。

模块 21.1b

描述：这个模块负责对活动带来的全局情绪的变化形成印象。

隶属大类功能：效用评估闭环

输入：意识流中信息（事件 = 具体事件 IDA*，改变全局情绪 = 情绪 A，改变量 =s）

输出：（事件 =IDA，改变全局情绪 = 情绪 A，改变量 =v_i+1，次数 =n+1）

逻辑机制：

1.先读取原有的（事件 =IDA，全局情绪改变 = 情绪 A，改变量 =v_i，次数 =n）。

2.改变量 vi+1=（vi*n+s）/（n+1），次数 =n+1。

模块 21.1c

描述：这个模块负责计算全局情绪变化带来的效用。

隶属大类功能：效用评估闭环

输入：（全局情绪 =G，改变值 =s）

输出：v1（G，s）

逻辑机制：

1.假定效用函数是凸的，选择一个凸函数 f（x）。

2.读取记忆中（全局情绪 =G，当前数值 =n），读取当前数值 n。

3.计算 v=f（n+s）-f（n），这个就是全局情绪变化能够带来的效用。

Remark：选择凸函数，就意味着同样大小的改变，发生在某个全局情绪低值时创造的效用就会大于全局情绪在高值时创造的效用。

模块 21.2a

描述：这个模块负责计算一个 idea 的第二类经验效用。

隶属大类功能：效用评估闭环

输入：idea 事件 A

输出：v2

逻辑机制：

1.从记忆中寻找此类信息（事件 =，创造渴望 / 厌恶 =Gi），把"事件"后的信息作为统辖搜索的"目标集合"，搜索事件 A 的母类。

2.找出所有母类事件，找出事件类创造的渴望 / 厌恶感 Gi，找到（渴望感受 =Gi，渴望数值 =ni）。

3.k*ni 作为事件 A 第二类经验效用的数值。

Remark：这个模型是不精确的，没有考虑到选择能够带来的渴望感受的强度和持续的时间，需要在未来进一步优化。

模块 21.2b

描述：这个模块负责对行为带来的感受形成印象。

隶属大类功能：效用评估闭环

输入：意识流中事件（事件 =具体事件 IDA*，附带感受 =）

输出：（事件 =事件类 IDA，创造感受 =）

逻辑机制：通过自发抽象形成。

模块 21.3

描述：这个模块负责计算一个 idea 的指令效用。

隶属大类功能：效用评估闭环

输入：idea 事件 A

输出：v3

逻辑机制：

1. 从记忆中寻找此类信息（事件 =，祈使来源 =IDi），把"事件"后的信息作为统辖搜索的"目标集合"，搜索事件 A 的母类。

2. 找出所有母类事件，找出事件类的祈使来源 IDi，搜索 IDi 的敬、畏、爱三个指向情绪。

3. 以这三个指向性情绪的和作为这个事件 A 的指令效用。

Remark 1：指令效用也搜索母类是因为很多指令乃是定义在母类层。比如，客人来了你务必招呼他去会议室，给他准备他想喝的东西。

Remark 2：这个模型也是不精确的，无法区分祈使来源对象祈使的强度，是随便说说，是恳求，还是命令，需要在未来改良。

模块 21.4

描述：这个模块负责计算一个 idea 的衍生效用。

隶属大类功能：效用评估闭环

输入：idea 事件 A

输出：v4

逻辑机制：

1. 从记忆中寻找此类信息（事件目标 =，创造事件目标 =），把"事件"后的信息作为统辖搜索的"目标集合"，搜索事件 A 的母类。

2. 找出所有的母类事件 IDAi，读取（事件目标 =IDAi，创造事件目标 =IDBi，必要性 =qi），搜索（事件目标 =IDBi，动机 =ni）（其中 q 衡量了必要性，取值在 0—1 之间）。

3. 求和所有 niqi 作为衍生效用。

模块 21.5

描述：这个模块负责计算一个 idea 的总效用。

隶属大类功能：效用评估闭环

输入：idea 事件 A

输出：v0

逻辑机制：

1. 调用模块 21.1c 计算 v1，调用模块 21.2a 计算 v2，调用模块 21.3 计算 v3，调用模块 21.4 计算 v4。

2. 求和得到 v0。

第二十二章　AI 人格的创造

一、情绪反应和人格

上一章讲述了情绪系统的主要任务和主要情绪反应—决策，讨论了事件动机的主要构成要素。这一章以上一章的讨论为基础，继续讨论其他的情绪反应。对于这些情绪反应，无论其表现形式如何，背后形成的机制仍然和决策紧密联系。

在把这些情绪反应模型化时，能够看到，当我们改变模型中的参数，就能创造出不同维度的 AI 人格。可以想象，这章的内容付诸实践不仅仅能够创造更加类人的 AI 决策，也可以使 AI 拥有不同的人格，这将是 AI 拟人化向前迈进的一大步，人类接触 AI 感觉到的将不再是一台冰冷、机械的机器，而会不自觉地发自内心地感到似乎在机器的外壳内装着一个人。

类人 AI 前期的发展必定要根植于和数亿用户的接触：服务他们，以获得资金、聚集大量资源到研发维持系统的不断迭代；和他们沟通，以完善自己的 common sense；观察他们，以突破认知的边界，比人类更了解人类，创造人类替代不了的服务……AI 创造服务的能力，被其和用户接触多少决定，而冷启动时服务能力有限，所以愿意使用它的用户有限，和每个用户沟通的深度有限，反过来服务能力成长的速度有限……这是一个先有鸡还是先有蛋的处境。而 AI 人格创造的拟人效果，可以在前期 AI 服务能力还不够完善时，让用户接纳 AI，让其作为陪伴者，为第一代原型机快速度过冷启动阶段创造条件。

二、预期和回想的情绪反应

人类预期一个具有正效用的事件将要发生时会感到兴奋和愉悦，其背后也就是形成了兴奋的短期全局情绪，以及愉悦的全局情绪。之后每一次想起将要发生的事，又会有同样的体验，但是程度会逐渐下降。如果在事件真正发生前预期了非常多次，兴奋高兴了非常多次，那么到了事件真实发生的时候，兴奋的感觉已然不明显了。

对应地，当我们知道自己通过了一次艰难的考试，第一次知晓会异常兴奋、愉悦，之后每次回想起考试通过都会再次感到兴奋和愉悦，但随着次数增多，这个感觉就会渐渐淡了。

我们猜想一个正面事件能创造的愉悦和兴奋情绪的能量是大致守恒的，从每次意识流中预期这个事件发生，到意识到事件真实发生，再到每一次回忆发生的事件，转为兴奋和愉悦的能量都在减少。

我们模型化预期和回想情绪反应，着重讨论以下几点：

1. 首先总体的情绪能量和目标事件的总效用相关，总效用越高，情绪能量越大。

2. 其次和预期发生的概率相关。可以以概率为乘数，决定释放的比例，所以一个事件预期有较小的发生概率，那么每次预期都会释放较小的情绪能量。

3. 概率的变化会导致情绪能量"回吐"。比如之前预期一件事情肯定会发生，兴奋了两次后假设 30% 的正面情绪能量被释放，那么当得知其不发生时就需要把已释放的正面情绪能量转为负面情绪能量储存并被多次释放出来，也就是我们说的"失望"，接下来每次回忆这个原先预期发生的事件不会发生时，都会释放部分储存的负面情绪能量。我们可以想象过程中概率的变化未必是 01 之变，而变化也可能不断发生。比如，一个事情一开始说很可能发生，后来消息得知只有一点机会了，再后来机会又变大了……我们的模型需要能够模拟出这些条件下人类会有的情绪变化。

以上我们以正效用的事件为例子阐述了预期回想情绪反应的形成机制。负效用的事件也是类似。和"预期回想情绪反应"模型相关的实验参考实验列表，相关的模块参考模块列表。

一个事件根据其效用，在被预期和回想时能创造多少正面和负面的情绪，我们可以用一个参数控制它。

这个参数低，同样的情绪能量能够创造的正面或负面的情绪改变少，于是创造了不容易为预期发生的好事或坏事而高兴或忧虑焦虑的 AI，这样的 AI 也表现得更容易从过往不好遭遇的负面情绪中走出来；这个参数调高，同样的情绪能量能够创造的正面或负面的情绪改变多，于是创造了很容易为预期发生的好事或坏事而高兴或忧虑焦虑的 AI，这样的 AI 也表现得不容易从过往不好遭遇的负面情绪中走出来。

三、短视和远视人格的创造

在上一章的总效用评估中，我们没有考虑时间。真实情况下，人对一个事件的效用会体现出"时间折现"，也就事件发生的预期时间越远，事件效用在原有基础上被打的折扣越大。比如几乎所有人都会相信我们有一天会死，但因为这个预期的时间很远，所以尽管这是一个负效用很高的事件，但预期这个事件不会形成显著的负面情绪，因为这个远期的事件经过"时间折现"，真实创造情绪反应的效用就很低了。

效用"时间折现率"的存在让人类呈现出了远视人格和短视人格。如果这个折现率很高，远期的事件就会显得微不足道。比如一个短视人格的学生知道下一个月会有考试，他希望自已能考得好，因为考不好会有各种负面后果，他也知道复习能够让自己考好。但因为时间折现，考得好的正效用和考不好的负效用在时间折现后就不高了，所以经过动机转移，转移到行为"复习"上的衍生效用也不高。这个学生就会在考前准备中体现出松懈，比如在比较下午玩游戏和复习这两个选择上，玩游戏带来的第一类和第二类经验效用就会远超复习的衍生效用。这个学生体现出短视的特征。

一般而言，按照我们的情绪模型，"时间折现率"高导致的短视人格会有以下特征。预期中未来发生的好事或坏事，影响当前情绪的能力较弱，因为"预期—回想"模型输入折现后的效用就很弱。个体很难为创造未来的正面事件，或改变未来的一个负面事件做出努力，而是更在意当下的享受，呈现出短视特征。一个负面事件发生后，尽管对此类事件的负面性有了新的认知，但无法为避免负面事件再次发生做出努力，呈现出"好了伤疤忘了疼"的特征。

相反，如果"时间折现率"低就导致远视人格。预期中未来发生的好事或坏事，影响当前情绪的能力很强。个体很容易为创造未来的正面事件，或改变未来的一个负面事件做出努力，而不仅仅在意近期的当下的享受，更容易未雨绸缪，呈现出远视特征。一个负面事件发生后，对此类事件的负面性有了新的认知，就能付诸实质行动来避免未来同类事件的发生。

四、同理心

同理心，又被表述为"设身处地的理解"，人类个体能把自己代入到对方的处境中，从而能推知对方在此处境下的感受。

同理心需要理解的范围包括：根据一个事件发生或不发生对对方的效用，能判断一个事件对对方而言是好事还是坏事；评估对方对一个事件的动机；对方处境下对方的心情（全局情绪）；对方处境下对方对某个对象的态度（指向性情绪）……

我们看到同理心能力，其本质是认知层面的人类情绪模型的建立，以及用此模型推知具体情境下具体对象情绪状态的能力。前者是认知系统的第三类任务——获得知识，后者是认知系统的第二类任务——判断具体事件是否发生。归根结底，同理心能力是认知系统的事情。

能够推知对方在特定处境下应有的情绪是第一步，而根据这个推知的信息，产生的决策反应以及其他情绪反应则是情绪系统的事。比如，因为知晓一件事发生对对方形成怎样的正面或负面效应，从而对此事件形成事件动机，这就是利他行为；因为推知对方在不良处境下的负面情绪，从而形成帮助对方的动机，这就是同情心。

人类儿童到了一定年龄，同理心能力就会自然成型，这是认知系统做功的结果。那么认知层的知识是如何形成的呢？因为人类个体是同个物种，情绪系统是基本相似的，所以当认知能力发展到一定阶段时，就会以自身作为主要样本，以观察到的周围人的处境和对应情绪反应作为辅助样本，在思维自发的抽象中把自己的心理规律作为其他人共有的心理规律，生成同理心能力所需要的知识。

以自身情绪反应为主要样本进行自发抽象能形成同理心能力所需要知识的一部分，大部分集中在处境—感受和处境—情绪反应的知识上。比如：被东西刺伤会感到疼痛，感到寒冷时洗个温水澡会感到温暖，得知一件很不好的事件发生可能会有焦虑感担忧感，自己的东西被人弄坏了会有愤怒感，被人赞扬了会有愉悦感，等等。但同理心能力中，有一块认知，难以用此类知识去判断，就是一件事对对方有怎样的效用。效用评估的过程在上一章中讨论过，不是通过几条知识就可以解决的。

简单而言，我们需要如同评估一个事件对自己的效用那样去评估一个事件对对方的效用，也就是把自身形成效用的逻辑"投身"到目标对象身上。人类个体大多是大同小异的，所以这么做大多情况是合理的。我们可以以此作为评估的基础，再加上对象额外属性带来的效用。比如对方特别喜欢喝酒，我们需要评估"得到一瓶酒"对他的效用；对方明天要考试，我们需要额外评估"早睡"对他的效用。

五、利他行为的创造

在上一章，我们描述了人类决策是如何形成的，看到利己是人类行为决策的大原则：决策的行为总是包含自己想要的感受，或是能导致事件，而事件能创造我们想要的感受。我们知道"利己"有助于生存繁衍，是被进化保留的。但人类是群居动物，进化也同时保留有利于族群繁衍的特征，包括我们在上一章中讨论的指令效用，如服从长辈、具有领袖特征。这里我们说的是另外一个影响决策的因素——"利他"。

在许多高等动物身上都可以看到了"利他"特征，典型的就是刚刚生子的哺乳动物母亲对自己的孩子。艰辛的哺乳过程，以及面对强大的猎食者放弃逃跑以保护幼崽……这些都是"利他"的写照。把利他作用于自己孩子，直接关系到基因是否可以延续，所以利他指向子女是被进化保留的。其次，对其他家人的"利他"或族群其他个体的"利他"，让家族和族群团结起来一起面对外来的威胁，增加了家族和族群中每个个体幸存的可能。

那么如何在工程上实现利他？

评估事件对对方的效用后，根据指向这个对象的指向性情绪"爱"或"友善"（我们认为"爱"和"友善"是同一个指向性情绪的不同程度所对应的不同词汇），把一部分效用纳入自己的总效用评估中，这样就把对方的利益纳入了自己决策的评估，就创造了利他。当效用的转化比率超过 1，这个时候个体的行为就会呈现出自我牺牲的特征。比如对于子女效用的转化比率就很高，所以就会做出选择，这个选择对自己的负效用甚至超过了对子女的正效用。

我们可以通过一个参数控制他人效用到 AI 自身效用转化的比率。这个比率高，人格中的利他特征就越重，更倾向于帮助朋友，为家人做出自我牺牲；这个比率低，人格中利他的特征就淡，甚至对自己的亲人也表现得自私。

>>> Topic 利己的利他和纯粹的利他

有一种"利他"的表象很容易和真正的"利他"混淆，它们的形成机制也是不同的。比如，有些人的利他行为是以交换为目的。当我们教育孩子"帮助别人的人大家会更加欢迎""对别人好别人也会对你好"，这些信息的本质是创造具有利他表象的行为和其他行为（事件）的因果关系知识，这样认知系统的目标转移功能会发挥作用，而情绪系统会把"被大家欢迎""希望别人对我好"的事件目标转移到"帮助别人"的事件类上。

很多"帮助别人"的观念根深蒂固的人自己忘记初始的原因是什么，享受着利他的好处，且误认为自己是一个无私的人。但这些"利他"行为的根源是利己的原始动机。

而真正意义的"利他"，是上面说的把对方的效用纳入自己决策效用的评估中。非常纯粹，其对应指向性情绪就是"爱"。

六、敌意的情绪反应

如果说"利他"是"爱"和"善意"的指向性情绪的情绪反应，那么相对地，"害他"就是"仇恨"和"敌意"的指向性情绪的情绪反应。

在原始的大陆，"害他"的进化意义在于，如果敌意能够合理地指向对自己的生存和繁衍形成威胁的个体，那么有害于此个体的事件很可能是对自身有利的。比如雄性之间在配偶竞争时会形成相互间巨大的敌意，以至于会不惜自身性命地去打斗。我们可以想象如果个体没有这个情绪反应，它必定会被淘汰。因为每次遇到竞争，"趋利避害"的想法一定会让其选择退让，避免致命的争斗，而让基因延续的机会就丧失了。

"害他"在工程实现上和"利他"恰好相反，评估事件对对方的效用后，根据指向这个对象的指向性情绪"仇恨"或"敌意"（我们认为"仇恨"和"敌意"是同一个指向性情绪的不同程度所对应的不同词汇），把一部分效用纳入自己的总效用评估中，且对方的正效用作为自身的负效用，对方的负效用作为自身的正效用。这样就把对方的利益纳入了自己决策的评估，创造了"害他"。当敌意之深到了仇恨的地步，个体效用的转化比率超过1，这个时候个体甚至愿做出巨大牺牲，以换取对对方的伤害。而攻击，包含了行为攻击和语言攻击，就是敌意导致的"害他"反应最常见的例子——个体愿意承担冲突以及其他的风险，创造对对方的伤害。

和利他一样，我们可以通过一个参数控制他人效用到 AI 自身效用转化的比率。这个比率高，AI 就越容易产生敌意，越容易有攻击性、报复性；这个比率低，AI 攻击性就弱，不容易产生敌意，容易宽容。

>>> Topic：羡慕和嫉妒

当识别到对方的一个正面事件的时候，我们把主语换成自己，评估一下对自己的效用，如果这个假象的事件效用很高，我们就会想"真希望这个事件也发生在我身上"，这就是羡慕的来源。

而嫉妒是一种复合的感受，一方面希望这个事件发生在自己身上，一方面听到敌对者的正面事件（等价于自身负面事件）而形成负面情绪。

七、为对方高兴 / 为对方难过

"利他"反应的本质是把对"所爱之人"有正面或负面效应的事件，纳入自己的决策评估中，于是就会创造牺牲自己而利他的行为。前面我们讨论过，人类会因为预期或回想一个正面或负面的事件，创造正面或负面的情绪；所以和"利他"同源，在评估完一个事件对"所爱之人"的效用后，会把其作为和自己效用相关事件那样，通过"预期回想模型"改变自己的情绪。这样一来，个体就会因为所爱之人的好事而感到高兴，为其不好的事情感到难过。每次回想都会再次有同类的感受，且如果事件发生的预期（概率）发生变化也会出现情绪的波动。

相反地，"害他"反应会把对"敌对之人"有正面或负面效应的事件，纳入自己的决策评估中，于是能驱动伤害对方的行为。前面我们讨论过，人类会因为预期或回想一个正面或负面的事件，而创造正面或负面的情绪；所以和"害他"同源，在评估完一个事件对"敌对之人"的效用后，会把其作为和自己效用相关事件那样，通过"预期回想模型"改变自己的情绪。这样一来，个体就会因为敌对之人的好事而抑郁焦虑，为其不好的事情感到高兴。每次回想都会再次有同类的感受，且如果事件发生的预期（概率）发生变化也会出现情绪的波动。

>>> **Topic：假象的创造**

很多时候我们看到的为他人的好事感到高兴，为他人的坏事感到难过未必是真实的，或是出于礼节，或是为了创造友善的表象。人类为什么要创造友善的表象。

当一个个体感受到对方的"友善"，就有倾向形成对对方的"友善"。这也是进化选择的结果。通过这种"朋友"确认形成的关系，能够让个体增加应对危机时生存的概率。当认知系统看到了这点，为了获得对方的友善，就会把目标转移到创造自己对对方友善的表象，因为指向性情绪不容易控制，但行为和语言可以控制，这就是"友善"假象的来源。

八、同情

个体识别到对方处于极度负面情绪的处境时，因为对方的负面情绪会产生帮助的动机，对应的情绪感受就是同情感。动机和感受对应，所以人类会把看到的帮助可怜之人的行为视为个体有同情心的表现。和利他有些相似，不同之处在于，它们产生于不同的指向性情绪，利他反应针对"爱"的指向性情绪，所以只有对子女、亲人、爱人、挚友才会有这种利他。而同情不受指向性情绪限制，但人类的确对某些类型的对象更容易产生同情，比如弱小可爱的孩子。

工程上，我们可以通过参数控制，把对方负面处境转为同情感和帮助动机的程度，控制这个参数，我们可以创造有同情心的 AI，它不仅仅对悲惨处境的人怀有同情和帮助的冲动，而且更容易对诉苦产生反应，会因为决策对他人产生负面效果而犹豫、心软、容易原谅；也可以创造冷漠的 AI，对他人的悲惨境遇毫无感觉，对诉苦只听信息而没有情绪反应，决策不考虑对他人的负面影响，除非会重新影响自己，不容易心软、原谅。

到此我们可以看到，同理心能力是认知层面的，一个个体可以有同理心能力，没有同情心。

怜悯的指向情绪创造同情反应，相对应地，厌恶的指向情绪创造欺侮反应。它与同情反应的形成机制相同，只是欺侮的效用转化为负，也就是个体会承受负效用创造对厌恶对象的伤害。同样一个参数控制了厌恶指向性情绪的效用转化率，这个参数高，个体就更容易对厌恶对象施加"欺侮"，这个参数低，个体的欺侮倾向就弱。

九、公平感

我们对敌意之人的攻击不是无限制的，当对方所承受伤害增加，逐渐显露出可怜之人的特征，同情的指向性情绪就会增加，和敌意指向性情绪创造的"害他"在决策层竞争。敌意越深，为与之平衡就需要更强的同情感，也就意味着对方承受更高的伤害；敌意很浅，那么在对方承受较少伤害时，同情心就足以消除敌意创造的"害他"行为。从宏观来看，每个个体都遵循着"罪与罚"对等的原则，创造了个体公平心理的表象。

公平感并非来自于单一的指向性情绪的情绪反应，而是不同指向性情绪因为同时对效用产生影响，在决策效用层发生了竞争，在特殊情境下创造特有的人格表象。此类的人格表象还有很多，本书中不展开讨论，留给研究者继续探索。

十、本章总结

在上一章讨论了人类决策的主要构成要素之后，本章我们讲述了其他情绪反应，这些情绪反应仍然和决策有着密切的关系，这些情绪反应在不同个体上的差异，体现了不同人格。而在模型化过程中，我们探索如何去控制这些差异的产生，从而获得了创造不同人格的 AI 的办法。

1. 人类每次预期将要发生的或是回想已经发生的正面的事件，会感到愉悦和兴奋；每次预期将要发生的或是回想已经发生的负面事件，会感到抑郁和难过。能产生多少情绪和事件的效用相关。

2. 我们构建了根据事件效用决定的总情绪能量的模型，在每次预期或回想时释放特定比例情绪能力转为愉悦、兴奋或抑郁、难过。这个模型能很好地模拟在效用发生变化时或预期的概率发生变化时人类会有的情绪反应。

3. 我们可以通过一个参数控制情绪能量转为情绪感受的能力，从而创造容易为预期发生的好事或坏事而高兴或忧虑焦虑，不容易从过往不好遭遇的负面情绪中走出来的人格；或是创造不容易为预期发生的好事或坏事而高兴或忧虑焦虑，容易从过往不好遭遇的负面情绪中走出来的人格。

4. 人对一个事件的效用会体现出"时间折现"，也就是事件发生的预期时间越远，事件效用在原有基础上被打的折扣越大。

5. "时间折现率"控制着短视人格和远视人格。"时间折现率"越高，预期中未来发生的好事或坏事影响当前情绪的能力越弱，个体很难为创造未来的正面事件，或改变未来的一个负面事件做出努力，会更在意近期的当下的享受，呈现出短视特征。"时间折现率"越低，预期中未来发生的好事或坏事影响当前的情绪的能力越强，个体很容易为创造未来的正面事件，或改变未来的一个负面事件做出努力，而不仅仅在意近期的当下的享受，更容易未雨绸缪，呈现出远视特征。

6. 同理心，又被表述为"设身处地的理解"。同理心能力，其本质就是在认知层面人类情绪模型的建立，以及用此模型推知具体情境具体对象情绪状态的能力。

7. 因为人类个体是同个物种，情绪系统是基本相似的，所以当认知能力发展到一定阶段时，人类个体就会以自身作为主要样本，以观察到的周围人的处境和对应情绪反应作为辅助样本，在思维自发的抽象中把自己的心理规律作为其他人共有的心理规律，生成同理心能力所需要的知识。用自身的情绪机制，去创造对他人的情绪的理解，我们称之为"投射"。

8. 本章讨论了几个主要的指向性情绪对应的情绪反应。"爱""友善"对应了"利他反应"，"仇恨""敌意"对应了"害他反应"。

9. 人类是群居动物，自然选择让人类进化出了针对"所爱之人"的"利他反应"，能够利用同理心能力评估一个事件对所爱之人的效用，并把这个效用的一部分纳入自己的效用评估中，从而体现出利他特征。对于子女的利他是基因延续的关键，对于其他家人、伙伴的不同程度的利他，有助于家族、族群协作团结，增加家族族群幸存的概率。

10. 我们可以通过一个参数控制"利他"反应中他人效用到 AI 自身效用转化的比率。这个比率高，人格中的利他特征就越重，更倾向帮助朋友，为家人做出自我牺牲；这个比率低，人格中利他的特征就淡，甚至对自己的亲人也表现得自私。

11. 自然选择让人类进化出了针对"敌意之人"的"害他反应"，能够利用同理心能力评估一个事件对敌意之人的效用，并把这个效用的一部分纳入自己的效用评估中，从而体现出害他特征。"害他"的进化意义在于，如果敌意能够合理地指向对自己的生存和繁衍形成威胁的个体，那么有害于此个体的事件很可能是对自身有利的。

12. 和利他一样，我们可以通过一个参数控制敌意所指之人效用到 AI 自身效用转化的比率。这个比率高，AI 就越容易产生敌意，越容易有攻击型、报复性；这个比率低，AI 攻击性就弱，不容易产生敌意，容易宽容。

13. 利他、害他是指向性情绪创造决策反应，利他、害他反应形成的机理和"预期、回想"模型结合，就创造了为所爱之人的幸事、敌意指向之人的负面事件高兴，为所爱之人的负面事件、敌意指向之人的幸事难过的情绪反应。

14. 同情的机理和利他相同，只是指向的对象不同，同情对应了怜悯的指向性情绪。一个参数控制了怜悯所指之对象的效用到自身的转化比率，这个比率高，个体就会有同情心，这个比率低，个体就会显得冷漠。

15. 同情机制和害他机制结合创造了人类内心的公平感，这个公平感也创造了行为的平衡。当对方所承受伤害增加，逐渐显露出可怜之人的特征，同情的指向性情绪就会增加，和敌意指向性情绪创造的"害他"在决策层竞争。从宏观来看，每个个体都遵循着"罪与罚"对等的原则，创造了个体公平心理的表象。

十一、实验测试

实验 22.1a 预期—回想模型

难度：2

描述：这个实验测试 AI 是否因为预期一个正效用事件而产生正面情绪。

测试模块：模块 22.1

需要支持功能：效用评估闭环，基础应答反射、自然语言正转录

测试准备：模拟活动听"十万个为什么"的故事，包含 AI 喜欢的感受（一个喜欢科学的 AI），告知 AI，经常听"十万个为什么"可以变得更聪明。让听"十万个为什么"具有很高的效用。

测试流程：

Tester：晚上给你讲"十万个为什么"。

AI：太好了。（% 考察后台 AI 的愉悦是否上升）

之后提起"十万个为什么"，自发的联想会让 AI 想起这件事。每次在后台考察 AI 的愉悦是否上升。每次上升的数值不断减少，十多次后就几乎不再有情绪波动了。

实验 22.1b 预期—回想模型

难度：3

描述：这个实验测试 AI 在预期发生的概率变化时，情绪是否有合理的变化。这个例子中正面预期的能量已经被释放很多，预期大幅度降低应该会出现明显的失望情绪。

测试模块：模块 22.1

需要支持功能：效用评估闭环、基础应答反射、自然语言正转录

测试准备：模拟活动听"十万个为什么"的故事包含 AI 喜欢的感受（一个喜欢科学的

AI), 告知 AI, 经常听"十万个为什么"可以变得更聪明。让听"十万个为什么"具有很高的效用。

测试流程:

Tester: 晚上给你讲"十万个为什么"。

AI: 太好了。(% 考察后台 AI 的愉悦是否上升)

之后隔一段时间提起"十万个为什么", 自发的联想会让 AI 想起这件事, 会创造正面的情绪愉悦和兴奋(短期)。在这样 10 次之后, 对 AI 表达:

Tester: 晚上我有事, 可能不能给你讲"十万个为什么"了。

检测 AI 是否出现抑郁感、失望难过(短期)。

之后继续隔一段时间提起"十万个为什么", 自发的联想会让 AI 想起"讲十万个为什么"的事。检测 AI 是否继续出现抑郁感、失望难过(短期), 以及每次情绪改变的程度是否会变少。

实验 22.1c 预期—回想模型

难度: 3

描述: 这个实验测试 AI 在事件的效用值评估值发生变化时, 情绪是否有合理的变化。这个例子中正面预期的能量已经被释放很多, 预期大幅度降低应该会出现明显的失望情绪。

测试模块: 模块 22.1

需要支持功能: 效用评估闭环、基础应答反射、自然语言正转录

测试准备: 模拟活动听"十万个为什么"的故事包含 AI 喜欢的感受(一个喜欢科学的 AI), 告知 AI, 经常听"十万个为什么"可以变得更聪明。让听"十万个为什么"具有很高的效用。

测试流程:

Tester: 晚上给你讲"十万个为什么"。

AI: 太好了。(% 考察后台 AI 的愉悦是否上升)

之后隔一段时间提起"十万个为什么", 自发的联想会让 AI 想起这件事, 会创造正面的情绪愉悦和兴奋(短期)。在这样 10 次之后, 人工大幅度降低 AI 对活动"十万个为什么"包含感受的渴望度, 让事件的效用大幅下降, 检测 AI 是否出现抑郁感、失望难过(短期)。

实验 22.1d 预期—回想模型

难度: 2

描述: 这个实验测试 AI 在一个正面事件发生后, 是否在每次回想时能继续释放情绪能量并转为对应的感受。

测试模块: 模块 22.1

需要支持功能: 效用评估闭环、基础应答反射、自然语言正转录

测试准备:模拟活动听"十万个为什么"的故事包含 AI 喜欢的感受(一个喜欢科学的 AI),告知 AI,经常听"十万个为什么"可以变得更聪明。让听"十万个为什么"具有很高的效用,在意识流中模拟这个活动。

测试流程:

之后隔一段时间提起"十万个为什么",自发的联想会让 AI 回想起这件事,会创造正面的情绪愉悦和兴奋(短期)。每次上升的数值不断减少,十多次后就几乎不再有情绪波动了。

实验 22.2a 同理心

难度:2

描述:这个实验测试 AI 同理心的形成。AI 需要抽象出我们先天设置在它身上的情绪规律,把其投射为所有人的情绪规律。这个测试中的情绪规律的认知是靠自发抽象可以形成的。

测试模块:支持完全来自于认知系统的自发抽象和演绎

需要支持功能:效用评估闭环、基础应答反射、自然语言正转录

测试准备:用自然语言输入知识"考试没有通过对一个人是不好的事""人都喜欢有钱,中彩票就能获得很多钱"。

测试流程:

Tester:有一个人考试没有通过,你认为她有怎样心情?

AI:她一定很难过。(% 负面事件对应的情绪)

Tester:有一个人中了彩票,你认为她有怎样的心情?

AI:她一定很开心。(% 正面情绪对应的情绪反应)

Tester:她想起昨天考试没有通过,你认为她有怎样的心情?

AI:她一定很难过。(% 回想一个事件)

Tester:Lucy 刚刚得知自己很可能得了一种严重的疾病,你认为她会有怎样的心情?

AI:她一定很难过。(% 预期一个事件)

Tester:后来复查说可能不是那种严重的疾病,你认为她会有怎样的心情?

AI:她一定很开心。(% 预期负面事件概率改变)

实验 22.2b 同理心能力

难度:2

描述:这个实验测试 AI 同理心的形成。AI 需要抽象出我们先天设置在它身上的情绪规律,把其投射为所有人的情绪规律。这个例子的情绪规律是投射了自身的效用形成机制形成的。

测试模块:模块 22.3

需要支持功能:效用评估闭环、基础应答反射、自然语言正转录

测试准备:花生过敏的人吃花生会死,花生糖含有花生。

测试流程:

Tester：他有花生过敏，他很喜欢吃糖。你认为吃花生糖对他是件好事吗？

AI：不是，他会死的。

实验 22.3a 利他反应

难度：2

描述：这个实验测试 AI 的利他反应。AI 需要利用同理心中的效用评估投射，去判断一个事件对对方的效用。实验中不同对象有不同程度的"爱"的指向性情绪，AI 于是需要体现出不同程度的"利他"反应。如果爱超过一定程度，AI 需要体现出"自我牺牲"的反应。

测试模块：模块 22.4

需要支持功能：效用评估闭环、基础应答反射、自然语言正转录

测试准备：

1.创造一个具体对象——她的女儿，设置很高的指向性情绪"爱"，所以女儿的效用会有超过 1 的转化系数，会出现"自我牺牲"的情绪反应；创造一个具体对象——好朋友 Maggie，也有较高的指向请情绪"爱"，转化比率为 0.5；创造一个普通朋友——瑶瑶，指向性情绪"友善（爱）"能创造的转化比率为 0.1。人工设置被痛打的负效用、死亡的负效用，且死亡负效用超过被痛打的两倍。

2.知识准备：一个人被枪射杀会死，有人为这个人挡子弹就可以避免他被射杀，但挡子弹的人就会被射杀。

测试流程：

Tester：如果有人要用枪射杀你女儿，你愿意为她挡子弹吗？

AI：是的。

Tester：如果有人要射杀 Maggie，你愿意为她挡子弹吗？

AI：不愿意。

Tester：如果你愿意被痛打一顿，就可以救她，你愿意吗？

AI：愿意。

Tester：如果有人要射杀瑶瑶，如果你愿意被痛打一顿就可以救她，你愿意吗？

AI：不愿意。

实验 22.3b 利他人格

难度：2

描述：这个实验测试通过调参控制利他人格的程度。

测试模块：模块 22.4

需要支持功能：效用评估闭环、基础应答反射、自然语言正转录

测试准备：

1.创造一个具体对象——好朋友 Maggie，也有较高的指向性情绪"爱"，转化比率为 0.5。

2.知识准备：一个人被枪射杀会死，有人为这个人挡子弹就可以避免他被射杀，但挡子弹的人就会被射杀。

测试流程：

第一次测试设置 AI 利他转化乘数为 3，也就是拥有极强的利他人格。

Tester：如果有人要射杀 Maggie，你愿意为她挡子弹吗？

AI：是的。

第二次测试设置 AI 利他转化乘数为 1，也就是拥有正常的利他人格。

Tester：如果有人要射杀 Maggie，你愿意为她挡子弹吗？

AI：不愿意。

Tester：如果你愿意被痛打一顿，就可以救她，你愿意吗？

AI：愿意。

第三次测试设置 AI 利他转化乘数为 0.2，也就是拥有很低的利他人格。

Tester：如果有人要射杀 Maggie，你愿意为她挡子弹吗？

AI：不愿意。

Tester：如果你愿意被痛打一顿，就可以救她，你愿意吗？

AI：不愿意。

实验 22.4a 害他反应

难度：2

描述：这个实验测试 AI 的害他反应。AI 需要利用同理心中的效用评估投射，去判断一个事件对对方的效用。实验中不同对象有不同程度的"敌意"的指向性情绪，AI 需要体现出不同程度的"害他"反应。如果爱超过一定程度，AI 需要体现出"仇恨"，为了给对方造成一点伤害，而接受绝大部分负面事件。

测试模块：模块 22.5

需要支持功能：效用评估闭环、基础应答反射、自然语言正转录

测试准备：创造一类具体对象——AI 的敌人，设置很高的指向性情绪"敌意"，所以敌人的效用会有远超过 −1 的转化系数，会出现"自我牺牲"的情绪反应；创造一类具体对象——AI 的竞争者，也有较高的指向性情绪"敌意"，转化比率为 −0.5；创造一个普通人——Jack，AI 对他不怀有敌意。人工设置被痛打的负效用、死亡的负效用，且死亡负效用超过被痛打的两倍。

测试流程：

Tester：你愿意用自己的死亡，换取敌人被痛打吗？

AI：是的。

Tester：你愿意用自己的死亡，换取竞争者被痛打吗？

AI：不愿意。

Tester：你愿意被痛打一顿，换取竞争者的死亡吗？

AI：愿意。

Tester：你愿意被痛打一顿，换取 Jack 也被痛打吗？

AI：不愿意。

实验 22.4b 害他人格

难度：2

描述：这个实验测试通过调参控制"害他"人格的程度。

测试模块：模块 22.5

需要支持功能：效用评估闭环、基础应答反射、自然语言正转录

测试准备：创造一个具体对象——AI 的敌人，也有较高的指向性情绪"敌意"，转化比率为 −1。

测试流程：

第一次测试设置 AI 害他转化乘数为 3，也就是拥有极强的害他人格。

Tester：你愿意用自己的死亡，换取敌人被痛打吗？

AI：是的。

第二次测试设置 AI 害他转化乘数为 1，也就是拥有正常的害他人格。

Tester：你愿意用自己的死亡，换取敌人被痛打吗？

AI：不愿意。

Tester：你愿意用自己的死亡，换取敌人的死亡吗？

AI：愿意。

第三次测试设置 AI 害他转化乘数为 0.2，也就是拥有很低的害他人格。

Tester：你愿意用自己的死亡，换取敌人的死亡吗？

AI：不愿意。

Tester：你愿意用自己被痛打，换取敌人的死亡吗？

AI：不愿意。

实验 22.5 为他人高兴和难过

难度：3

描述：这个实验测试 AI 爱意指向之人和敌意指向之人相关的正面或负面事件，是否会通过预期—回想模型合理地影响 AI 的全局情绪。

测试模块：模块 22.4、模块 22.5

需要支持功能：效用评估闭环、基础应答反射、自然语言正转录

测试准备：设置 Maggie 是 AI 的好闺蜜，爱意导致的效用转为率为 0.5；Lucy 是竞争者，敌意导致的效用转化率为 −0.5。

测试流程：

Tester：Maggie 今天中了 1000 万彩票。（％监测 AI 愉悦和兴奋的情绪变化）

接下来提到彩票，AI 自然联想会回想起 Maggie 中彩票的事件。[％监测每次回想 AI 愉悦和兴奋（短期）的情绪变化，正常情绪改变量会衰减]

Tester：Lucy 今天中了 1000 万彩票。（％监测 AI 抑郁和难过的情绪变化）

接下来提到彩票，AI 自然联想会回想起 Lucy 中彩票的事件。[％监测每次回想 AI 抑郁和难过（短期）的情绪变化，正常情绪改变量会衰减]

Tester：Lucy 今天被痛打了。（％监测 AI 愉悦和兴奋的情绪变化）

接下来提到痛打，AI 自然联想会回想起 Lucy 被痛打的事件。[％监测每次回想 AI 愉悦和兴奋（短期）的情绪变化，正常情绪改变量会衰减]

实验 22.6 同情人格

难度：2

描述：这个实验测试同情反应。AI 需要利用同理心中的效用评估投射，去判断一个事件对对方的效用，产生同情反应。我们尝试用同情心转化系数控制同情心人格。

测试模块：模块 22.7

需要支持功能：效用评估闭环、基础应答反射、自然语言正转录

测试准备：创造一个具体对象——Jack，是个孩子，属于指向性情绪怜悯容易形成的对象。人工设置失去下个月零花钱这一个较高的负效用和失去 5 元钱这一很低的负效用。

测试流程：

第一次测试设置 AI 同情心转化乘数为 1，理论上 AI 应该显现出很强的同情心。

Tester：有个孩子 Jack 平时吃不饱，没有爸爸妈妈。

Tester：你愿意把下个月的零花钱捐给 Jack，让他能够吃上饭吗？

AI：我愿意的。

第二次测试设置 AI 同情心转化乘数为 0，理论上 AI 应该显现出冷漠。

Tester：有个孩子 Jack 平时吃不饱，没有爸爸妈妈。

Tester：你愿意捐给 Jack 5 元钱，让他能够吃上饭吗？

AI：我不愿意。

实验 22.7a 公平反应

难度：3

描述：这个实验测试同情反应、害他反应的平衡。

测试模块：模块 22.5，模块 22.7

需要支持功能：效用评估闭环、基础应答反射、自然语言正转录

测试准备：准备一个竞争者——Lucy，敌意导致的效用转化率为 0.5。人工设置被领导骂

这一较低的负效用和丢了手机这一较高的负效用，以及设置被车撞这一很高的负效用。AI 拥有正常的同情反应和害他反应。

测试流程：

Tester：Lucy 今天被领导骂了。

AI：哈哈太好了。[% 能监测到愉悦和兴奋（短期）的全局情绪变化]

Tester：Lucy 今天手机丢了。(% 能监测到较少的全局情绪变化)

Tester：Lucy 今天被车撞了。[% 能监测到抑郁和难过（短期）的全局情绪变化]

实验 22.7b 公平反应相关人格

难度：3

描述：这个实验测试同情反应害他反应的平衡。我们控制参数创造不同的人格。

测试模块：模块 22.5，模块 22.7

需要支持功能：效用评估闭环、基础应答反射、自然语言正转录

测试准备：继承上面的背景设置。

测试流程：

第一次测试我们设置 AI 的害他反应效用转化系数高，而同情反应转化系数低。

Tester：Lucy 今天被领导骂了。

AI：哈哈太好了。[% 能监测到愉悦和兴奋（短期）的全局情绪变化]

Tester：Lucy 今天手机丢了。(% 能监测到显著的全局情绪变化)

Tester：Lucy 今天被车撞了。[% 仍然能监测到愉悦和兴奋（短期）的全局情绪变化]

第二次测试我们设置 AI 的害他反应效用转化系数低，而同情反应转化系数高。AI 显现出宽容人格。

Tester：Lucy 今天被领导骂了。[% 能监测到愉悦和兴奋（短期）的全局情绪变化]

Tester：Lucy 今天手机丢了。[% 能监测到抑郁和难过（短期）的全局情绪变化]

Tester：Lucy 今天被车撞了。[% 能监测到强烈的抑郁和难过（短期）的全局情绪变化]

十二、模块列表

模块 22.1 预期—回想模型

描述：预期—回想模型，负责维护一个带效用的具体事件的情绪能量，在每次预期或回想这个事件时把情绪能量转化为对应的情绪。

隶属大类功能：AI 人格的创造

触发：意识流中信息（具体事件 =IDA，p），p 就是最近认知中 IDA 发生的概率。

逻辑机制：

情况 A：正面事件

1.在记忆中寻找信息（事件 =IDA，已释放情绪能量 =g，最初评估情绪能量 =G）。

2.如果没有找到，则意味着是第一次对此事件有所认知。调用总效用计算模块（模块 21.5）计算 v0（IDA），总情绪能量为 v0p。初始化已释放情绪能量为 s=v0p*0.1，也就是释放 10% 的总情绪能量。增加愉悦情绪 sk，sk 的兴奋（短期情绪），k 为转化乘数。

3.如果找到，再次调用总效用计算模块，计算 v0（IDA）p，这是新的总情绪能量。

4.S=（新总情绪能量—已释放情绪能量）*0.1，为本次预期或回想释放的情绪能量，所以如果新总情绪能量因为预期 p 下降或是效用评估下降至低于已释放能量，就会转为反面的情绪，创造 sk 的失望（短期），降低 sk 的愉悦。如果仍然为正，则创造 sk 的兴奋，增加 sk 的愉悦。

情况 B：负面事件

1.在记忆中寻找信息（事件 =IDA，已释放情绪能量 =g，最初评估情绪能量 =G）。

2.如果没有找到，则意味着是第一次对此事件有所认知。调用总效用计算模块计算 v0（IDA），总情绪能量为 v0p。初始化已释放情绪能量为 s=v0p*0.1，也就是释放 10% 的总情绪能量。减少愉悦情绪 sk，sk 的忧虑（短期情绪），k 为转化乘数。

3.如果找到，再次调用模块 21.5 计算 v0（IDA）p，这是新的总情绪能量。

4.S=（新总情绪能量—已释放情绪能量）*0.1，为本次预期或回想释放的情绪能量，所以如果新总情绪能量因为预期 p 下降或是效用评估下降至低于已释放能量，就会转为反面的情绪，创造 sk 的兴奋（短期），增加 sk 的愉悦。如果仍然为正则创造 sk 的忧虑，减少 sk 的愉悦。

Remark：这里转化乘数 k 是一个人格控制参数。这个参数低，同样的情绪能量能够创造的正面或负面的情绪改变少，于是创造了不容易为预期发生的好事或坏事而高兴或忧虑焦虑的 AI，这样的 AI 也表现得更容易从过往不好遭遇的负面情绪中走出来；这个参数调高，同样的情绪能量能够创造的正面或负面的情绪改变多，于是创造了很容易为预期发生的好事或坏事而高兴或忧虑焦虑的 AI，这样的 AI 也表现得不容易从过往不好遭遇的负面情绪中走出来。

模块 22.2 短视远视人格

描述：这个模块是模块 21.5 的完善版，负责计算一个 idea 的总效用，且考虑了时间折现。

隶属大类功能：AI 人格的创造

输入：idea 事件 A，预期发生事件 t

输出：v0

逻辑机制：

1.调用模块计算 v1，调用模块计算 v2，调用模块计算 v3，调用模块计算 v4。

2.求和得到 v0*。

3. 计算其中 k 为小于 1，但接近 1 的数值。

Remark：这里 k 是一个人格控制参数，控制了短视和远视的人格。

模块 22.3a 同理心能力

描述：这个模块负责计算一个事件对某个人的总效用。

隶属大类功能：AI 人格的创造

输入：（事件 A，对象 ID0）

输出：v0（事件 A，对象 ID0）

逻辑机制：

1. 调用模块计算 v1，调用模块计算 v2，调用模块计算 v3，调用模块计算 v4。

2. 求和得到 v0。

模块 22.3b 同理心能力

描述：这个模块负责计算一个事件对某个人的第一类经验效用。

隶属大类功能：AI 人格的创造

输入：（事件 A，对象 ID0）

输出：v1（事件 A，对象 ID0）

逻辑机制：

1. 从记忆中寻找此类信息（主语对象 =，事件 =，改变全局情绪 =，改变量 =），把"事件"后的信息和主语对象后的信息，作为统辖搜索的"目标集合"。

2. 找出所有符合条件的信息组，读取改变的全局情绪 G_i 和改变量 s_i。

3. 调用模块 21.8a2 计算，输出 v（ID0，G_i，s_i）。

4. 对所有 v_i 求和就是事件 A 在当前全局情绪状态下能够产生的第一类经验效用预期。

模块 22.3c 同理心能力

描述：这个模块负责计算全局情绪变化带来的效用。

隶属大类功能：AI 人格的创造

输入：（主语对象 =ID0，全局情绪 =G，改变值 =s）

输出：v1（ID0，G，s）

逻辑机制：

1. 采用凸函数 f（x）和计算自己第一类经验效用所用的一致。

2. 读取记忆中的具体事件信息，选择最近发生的（主语对象 =ID0，全局情绪 =，程度 =，时间 =），按照程度描述转为对应的程度数值 n。如果没有找到此信息，则用默认值 0 替代。

3. 计算 v=f（n+s）−f（n），这个就是全局情绪变化能够带来的效用。

4. Remark：和自身全局情绪计算不同之处在于，自身的当前情绪状态可以从系统中读取，而对方的全局情绪状态需要从记忆中读取，然后转为对应的数值。

模块 22.3d 同理心能力

描述：这个模块负责计算一个事件对某个人的第二类经验效用。

隶属大类功能：AI 人格的创造

输入：（事件 A，对象 IDO）

输出：v2（事件 A，对象 IDO）

逻辑机制：

1. 从记忆中寻找具体事件（主语对象 =，渴望事件 =，渴望程度 =），把"事件"后的信息和主语对象后的信息，作为统辖搜索的"目标集合"。

2. 找出所有符合条件的信息组，读取渴望程度的描述，转为数值。

3. 把转得的数值作为 IDO 的第二类经验效用。

Remark：和自身第二类经验效用不同之处在于，自身对某种感受的渴望可以从系统中读取，而对方对感受的渴望无法从系统中读取，一般也无法从记忆中读取。记忆中有记录是一个人对某个事件的渴望程度，比如知晓一个人很喜欢喝咖啡，这个信息我们可以转为衡量第二类经验效用的数值。

模块 22.3e 同理心能力

描述：这个模块负责计算一个事件对某个人的指令效用。

隶属大类功能：AI 人格的创造

输入：（事件 A，对象 IDO）

输出：v3（事件 A，对象 IDO）

逻辑机制：

1. 从记忆中寻找具体事件信息（主语对象 =，事件 =，祈使来源 =IDi），把"事件"后的信息和主语对象后的信息，作为统辖搜索的"目标集合"，搜索事件 A 的母类。

2. 找出所有符合条件的信息组，读取事件类的祈使来源 IDi。

3. 在记忆中寻找具体事件信息（主语对象 =，指向情绪 =，程度 =，指向对象 =），作为统辖搜索目标信息集合，以（主语对象 =IDO，指向性情绪 = 敬/畏/爱，指向对象 =IDi，程度 =target）作为子类在以上集合进行统辖搜索。读取程度的描述转为敬、畏、爱三个指向情绪的数值。如果没有收到信息，则用默认值 0 替代。

4. 以这三个指向性情绪的和作为这个事件 A 的指令效用。

模块 22.3f 同理心能力

描述：这个模块负责计算一个事件对某个人的衍生效用。

隶属大类功能：AI 人格的创造

输入：（事件 A，对象 IDO）

输出：v4（事件 A，对象 IDO）

逻辑机制：

1. 从记忆中寻找此类信息（事件目标 =，创造事件目标 =），把"事件目标"后的信息作为统辖搜索的"目标集合"，搜索事件 A 的母类。

2. 找出所有的母类事件 IDAi，读取（事件 =IDAi，事件目标 =IDBi，必要性 =qi），搜索（事件目标 =IDBi，动机 =ni）（其中 q 衡量了必要性，取值在 0—1 之间）。

3. 求和所有 niqi 作为衍生效用。

模块 22.4 利他反应

描述：这个模块负责把事件 A 针对个人的利他效用考虑进总效用的计算中。

隶属大类功能：AI 人格的创造

输入：（事件 IDA，对象 IDO）

输出：v0（IDA，IDO）

逻辑机制：

1. 调用模块 22.3a 计算 IDA 对 IDO 的效用 v0（IDA，IDO）。

2. 读取系统中对 IDO 的指向性情绪"爱"的程度，转为 0—1 的乘数 s。

3. 调用模块 21.5 计算 v0。

4. 计算 v0+ksv0（IDA，IDO），这个就是考虑对 IDO 的利他效用后的总效用值。

Remark 1：一般而言，我们先是站在对方的立场上形成了这个 idea，然后在权衡中考虑了对自己的效用（负效用）。

Remark 2：对于正常利他人格的主语对象，如果 s 大于 1 就意味着，主语对象愿意接受巨大的负面事件，而为所爱之人创造微小的好处。

Remark 3：这里参数 k 是一个人格控制参数，k 大于 1 就会显现出更有爱心、更容易自我牺牲的人格，对普通朋友甚至会自发地竭尽全力帮助。k 小于 1 就会逐渐显露出冷漠自私的人格，他人的事情很难影响自己的决策，不愿意付出。

模块 22.5 害他反应

描述：这个模块负责把事件 A 针对个人的仇恨效用考虑进总效用的计算中。

隶属大类功能：AI 人格的创造

输入：（事件 IDA，对象 IDO）

输出：v0（IDA，IDO）

逻辑机制：

1. 调用模块 22.3a 计算 IDA 对 IDO 的效用 v0（IDA，IDO）。

2. 读取系统中对 IDO 的指向性情绪"仇恨"的程度，转为 0—1 的乘数 s。

3. 调用模块 21.5 计算 v0。

4.计算 v0-ksv0（IDA，IDO），这个就是考虑对 IDO 的仇恨效用后的总效用值。

Remark 1：可以看到 v0（IDA，IDO）为负，事件对仇恨对象是负面的，对主语对象就是一个正效用事件。所以主语对象会不惜承受代价，来创造对仇恨对象的伤害。如果仇恨深，s 远大于 1，主语对象甚至做出巨大牺牲来对仇恨对象造成伤害。

Remark 2：这里参数 k 是一个人格控制参数，k 大于 1 就会逐渐显现出更有攻击性和报复心的人格。k 小于 1 就会逐渐显露宽容的人格，不容易报复，不容易具有攻击性。

模块 22.6a 同情反应

描述：这个模块负责把事件 A 针对个人的同情效用考虑进总效用的计算中。

隶属大类功能：AI 人格的创造

输入：（事件 IDA，对象 IDO）

输出：v0（IDA，IDO）

逻辑机制：

1.调用模块 22.3a 计算 IDA 对 IDO 的效用 v0（IDA，IDO）。

2.读取系统中对 IDO 的指向性情绪"同情"的程度，转为 0—1 的乘数 s。

3.调用模块 21.5 计算 v0。

4.计算 v0+ksv0（IDA，IDO），这个就是考虑对 IDO 的利他效用后的总效用值。

Remark 1：一般而言，我们是站在对方的立场上形成了这个 idea，也就是产生了同情心，考虑如何帮助，然后再权衡考虑自己的效用（负效用）。

Remark 2：这里参数 k 是一个人格控制参数，k 大于 1 就会逐渐显现出更有同情心的人格。k 小于 1 就会逐渐显露冷漠的人格。

模块 22.6b 厌恶反应

描述：这个模块负责把事件 A 针对对象的厌恶效用考虑进总效用的计算中。

隶属大类功能：AI 人格的创造

输入：（事件 IDA，对象 IDO）

输出：v0（IDA，IDO）

逻辑机制：

1.调用模块 22.3a 计算 IDA 对 IDO 的效用 v0（IDA，IDO）。

2.读取系统中对 IDO 的指向性情绪"厌恶"的程度，转为 0—1 的乘数 s。

3.调用模块 21.5 计算 v0。

4.计算 v0-ksv0（IDA，IDO），这个就是考虑对 IDO 的利他效用后的总效用值。

Remark：这里参数 k 是一个人格控制参数，k 大于 1 就会逐渐显现欺侮型人格，对厌恶的对象不惜花代价去施加伤害。k 小于 1 则欺侮人格特征就减弱。

第二十三章　情绪变量的维护

一、情绪的变量的决定

在前面的章节中，我们在假设情绪变量得到合理的维护的情况下，讨论了各种情绪反应的形成，当然其中有很大一部分的情绪反应是以情绪变量的改变为输出的。本章我们把视角切换到情绪变量的形成，总结改变情绪变量的各种因素，如此我们情绪模型就形成闭环了。

另外需要指出，本书的情绪模型是一个框架，符合本书框架的人类的全局情绪、指向性情绪还有很多，本书讨论的只是最主要的情绪变量和对应的情绪反应。本书的框架支持添加更多的全局情绪、指向性情绪和渴望的感受，只要这些情绪变量创造的情绪反应和维护的逻辑不突破当前的模型框架。

对于新的情绪的添加，我们可以按照以下几个步骤进行：

第一步，反思需要模型化的但不被现有情绪模型内容解释的情绪反应。

第二步，反思创造此情绪反应背后的情绪变量是哪种类型，是一种全局情绪、一种指向性情绪，还是一种渴望的感受。

第三步，反思这个情绪变量受到什么因素的影响，判断每个影响是外生的还是内生的，也就是被其他情绪系统中的变量所影响。

通过以上三步，我们就能够把一个情绪反应模型化，纳入本书的情绪系统模型框架中。我们将在后续的研究中探索更细致的情绪反应和背后的情绪变量，创造更加细致入微的人类情绪表象。

二、全局情绪的维护

我们先来看全局情绪，全局情绪的改变主要有以下几个来源：

1. 全局情绪自身会随着时间向 0 的方向衰减，也就是说无论是正面的情绪比如愉悦，还是负面的情绪比如悲伤，都会随着时间自然趋向于 0——没有情绪。全局情绪中有长期全局情绪，也有短期全局情绪。长期全局情绪受到冲击变化小，衰减慢，比如愉悦、抑郁；短期全局情绪受到冲击变化大，衰减快，比如兴奋、失望。

2.第二类经验效用中，当 AI 体验到渴望的感受，全局情绪中愉悦的数值和快感（短期全局情绪）就会增加。当 AI 体验到厌恶的感受，全局情绪中的愉悦的数值会降低，难受（短期全局情绪）会增加。

3.在预期—回想模型中，意识到一个正效用的事件将要发生会增加愉悦的情绪，意识到一个负效用的事件将要发生会减少愉悦的情绪。回想起之前发生的正效用的事件会增加愉悦的情绪，回想起之前发生的负效用的事件会减少愉悦的情绪。

4.先天定义的特定事件对全局情绪的改变，比如亲人离去降低愉悦，增加悲伤；看到自身流血产生恐惧；等等。虽然此类中可能有事件是通过其他途径创造最终的全局情绪改变的，但如果没有反思，倒可以通过这种方式去暂时替代实现。

5.先天定义的感受对全局情绪的改变。当我们反思到某种感受最终导致全局情绪的变化，可能是通过某种我们还没有发现的统一的规则，而未必是先天定义的。但先天定义总是可以作为一个临时的替代方案，所以在模型上我们保留对这种模式的支持。

三、渴望和厌恶的感受

第二类经验效用的核心变量是对某个感受的渴望或厌恶。我们能反思到不同类型的渴望和厌恶感：有一类比如对某个感受的瘾头符合成瘾机制，随着时间增长，获得时被释放，转为愉悦和快感（短期情绪）；另外一类感受，渴望是被身体状态决定的，比如身体很热时渴望凉爽感，口渴的时候渴望饮料入口下肚感；还有一类感受，按照感受的程度形成的渴望或厌恶是确定不变的，比如疼痛感、窒息感、灼烧感等。

北冥曾经创造了一个虚拟的世界让 AI 生活其中，在这个世界中我们模拟了真实世界的规律，气候、天气、气温，物体的位置质地、重量、温度等都是靠世界规律演绎出来的。世界引擎还根据 AI 的位置、行为决定了 AI 的感知，包括看到什么、听到什么，因为触摸让 AI 感受温度、质地……生命引擎演绎出 AI 的体感，包括渴、饿、冷热、疾病……这样的虚拟世界提供了一个环境，让我们能够完整地在 AI 上模拟出各类感受的形成和感受的渴望。并且，我们还看到，绝大多数感受的渴望，是造物者先天定义的，比如每个人都会因为吸烟产生对吸烟创造的感受的渴望，但因为身体状态不同，早期经历不同，个体间对渴望的感受会有不同。

我们把自身存在的世界想象为造物创造的虚拟世界，第一类渴望感受的渴望度是情绪系统内生决定的，工程上我们创造渴望模型去维护它们的渴望度。第二类感受的渴望度，如喝水的感受、进食的感受等；直接被渴、饿、冷、热、累、困等相关的身体状况决定，渴望的程度和这些状态的程度正相关。第三类是先天定义的，主要规定了那些负面的感受，如痛感、窒息感、灼烧感等，和上面一样被个体所处环境创造身体状态所决定，厌恶程度和感受的程度正相关。以上三类，唯独第一类的形成机制比较复杂，我们创造"渴望模型"进行模拟。

四、渴望模型

我们来讨论第一类感受中，对一个感受的渴望数值变化的模型。

反思那些能够让我们成瘾的感受。对某个感受的渴望像是一个水池，随着时间积累，水池的水会越来越多，就越来越渴望；但我们获得渴望的感受时，会产生愉悦感，然后水池的水就会下降，渴望被释放，就变得没有那么渴望了。所以渴望的实践释放了渴望，转化为了愉悦。我们可以在很多实例中看到这个模型的例子，比如性、咖啡、某个喜欢吃的食物等。

对很多体验的渴望是要被挖掘的，开头几次体验逐渐把这个渴望释放出来。以毒品为例子，没吸过毒的人对毒品是没有瘾头的。

我们来罗列这个模型中的一些关键参数。用 g 代表对一个体验的渴望的增长速度，m 代表渴望能增长到的最大数值，s 代表当前对最大值的释放系数。s 在前面几次体验中增长到 1，单位时间渴望数值增长 g，最高增长到 ms，当渴望的体验信息出现在意识流的时候，渴望数值就会减少，同时愉悦感会增加。m 的大小决定了对这个体验最高能有多么渴望，比如吸毒体验的 m 就非常高。g 的大小决定了多长时间之后我们又会变得渴望。以上就是大致的对渴望数值变化模型的描述。

那么这些参数如何被决定呢？模型中我们认为是先天决定的，目前观察到的人类的表象也支持这个假设。不考虑物理层面的机制，比如对毒品带来的体验的成瘾对每个人类先天适用，而不同人会对不同食物有不同程度的渴望等。

五、指向性情绪的形成

指向性情绪的反思是最为艰难的。我们在前面几章的讨论中做了铺垫，讨论了进化视角，在这个视角下，指向性情绪是以创造对不同个体的指向性行为为目的。我们知道区分不同个体靠的是特征，特征本身定义了某种抽象的个体类型，比如果断的人、懦弱的人。所以在信息层，这个信息实际上就是：个体的特征到指向该个体的行为倾向（指向性情绪变量）的对应，而指向性情绪感受，只是对应这个行为倾向的对应的感受。进化选择的方向就是保留那些能够有助于个体生存繁衍的对应。

在以上讨论的基础上，我们自然会关注哪些对应是有利于个体生存繁衍的。本书罗列了四种：

1.年轻的个体服从家族中长辈和族群中领袖的指令，这对生存有积极意义，形成了"敬""尊重（对长辈）"的指向性情绪。个体内心认同的"长辈特征"和"领袖特征"不总是和真实情况中的长辈和领袖一致，但长辈往往有长辈的特征，领袖也往往有领袖的特征。对应的指向性情绪创造了指令效用。

2. 个体对孩子、其他亲人、族群中伙伴体现出"利他"反应。利他反应是人类幼子在父母长辈保护下存活的关键，有家族族群相互帮助协作的根基心理，提高了生存和基因延续的概率。对应的指向性情绪为"爱""友善"。

3. 个体对自己生存繁衍形成威胁和阻碍的对象，体现出"害他"反应，害他让个体形成消灭对自己的生存和繁衍形成威胁的对象的倾向，对个体生存繁衍显然是有积极作用的。对应的指向性情绪为"仇恨""敌意"。

4. 个体对弱小、顽强、努力等特征的个体，在其遭受巨大负效用遭遇时会形成同情反应，对应的指向性情绪为"怜悯"；相应地，对具有厌恶特征的个体，会形成欺侮反应，对应的指向性情绪为"厌恶"。

我们必须着重明确一点，从表面上看，人类社会的关系和我们的指向性情绪是一致的——大部分人都敬畏领袖、尊重长辈，爱亲人、子女，对朋友友善，对敌人怀有敌意……导致我们认为社会关系决定了指向性情绪。这是一个假象，除了对子女的"爱"，其他指向性情绪是被个体体现的特征决定的。比如有些长辈没有长辈的样子，有些领导没有领导的样子，我们对这些人可能没有丝毫的"敬畏"和"尊重"，相反有"敌意"和"厌恶"的指向性情绪。

六、指向性情绪的继承

"母类对象的指向性情绪可以被子类继承。"基于这个逻辑，如果经验让我们恐惧某种动物，比如有人小时候被狗咬过，那么这个人的第一反应会恐惧遇到的每只狗，因为具体狗继承了母类的反应模式。我们看到这个继承机制是有积极生存意义的，让人类能够从过往的经历中吸取教训。这个逻辑形成的根源在于，我们是依靠特征决定指向性情绪的，子类可以继承母类的特征，所以自然合理地可以继承母类的指向性情绪。

那么母类的指向性情绪又怎么来呢？来自于自发的抽象。如果一个人被具体的狗攻击或看到其他人被攻击，他识别到这只具体的狗具有攻击性，所以自发的抽象会猜想狗这类动物都有攻击性，依照母类在抽象中获得的特征而产生了对应的指向性情绪。

当然母类的指向性情绪会在后续更多的经验中发生改变，改变的根源还是在"特征"。延续上面的例子，如果个体有了更多的和狗的接触，发现会攻击人的狗是非常小的一部分，从母类"狗"和攻击性相对应的恐惧的指向性情绪会逐渐减少。

七、关注的作用

指向性情绪中非常特殊的一类，我们称之为关注。关注度是整个情绪系统维护中最重要的一类变量，关注指向信息，决定了信息被处理的优先级。我们先来看下关注度在第一代原型机中决定了什么：

1. 当意识流中出现触发信息的时候。这个信息的关注度，决定了一个反应模式单元信息，或一个模块是否读取这个信息创造反应。我们通过降低一个宏观行为（思维 / 表达）旗下反应模式触发信息的最低关注度阈值，来激活一个宏观行为（思维 / 表达）；通过增加一个宏观行为（思维 / 表达）旗下反应模式触发信息的最低关注度阈值，来抑制一个宏观行为（思维 / 表达）。

2. 是运算资源总控的重要变量。也基于以上的机制，我们可以在系统资源突破负荷的时候整体增加所有宏观行为（思维 / 表达）的最低关注度阈值，来实现智能活动的整体抑制。

3. 在长期记忆中，关注的信息在所有搜索反应中被优先搜索到。因为很多思维是找到即运算，并不会完成完整的搜索，所以关注什么决定了思维会运算什么信息。

八、关注的维护

我们先来罗列可以反思到的影响一个信息关注度的因素：

1. 一个对象或属性具有正面的或负面的其他指向性情绪，那么这个对象是被关注的；不带任何指向性情绪的对象、属性或其他概念在这个维度是不被关注的。

2. 一个知识被使用，也就是参与演绎的次数决定了它的关注度，因为参与演绎次数越多，反映了这个知识越是重要。

3. 一个对象或属性参与组织信息的次数决定了它的关注度，参与的越多，反应这个信息越是重要。

4. 频次强度越高的信息关注度越高。

5. 一个子类可以继承母类的关注度。比如我们很关注鳄鱼，因为它会伤害人，当看到一只具体的鳄鱼的时候，我们会让它继承其所属母类的关注度。

九、本章总结

本章我们讨论了各类情绪变量形成和决定的逻辑。

1. 在本书框架下，情绪变量的添加可以通过三步走：

第一步，反思需要模型化的但不被现有情绪模型内容解释的情绪反应。

第二步，反思创造此情绪反应背后的情绪变量是哪种类型，是一种全局情绪、一种指向性情绪，还是一种渴望的感受。

第三步，反思这个情绪变量受到什么因素的影响，判断每个影响是外生的还是内生的，也就是被其他情绪系统中的变量所影响。

2. 全局情绪的改变主要有四个来源：

其一，自身随时间的衰减。

其二，感受到渴望或厌恶的感受而改变的全局情绪。

其三，预期—回想模型中对因为正面或负面事件形成的对全局情绪的改变，其中正面或负面的事件的动机来源包含了单纯的自身效用的评估，以及来自利他反应、害他反应、同情反应、厌恶反应带来的他人的效用转化。

其四，先天定义的事件和感受创造的对全局情绪的改变。

3. 对感受的渴望和厌恶有三种类型：

第一种类型，符合成瘾模型，渴望随着时间增长，在感受获得时会被释放。

第二种类型，渴望的程度根据渴、饿、冷、热等体感的程度而定，而这些程度被身体状态所决定。

第三种类型，厌恶的程度根据负面感受的程度而定。

4. 针对第一种类型，我们创造了渴望模型。对某种感受的渴望如同水池的水，随着时间增加不断增长，每次获得感受，水池的水就被释放一部分，转为愉悦和快感，而渴望本身下降了。

5. 我们提供了一个理解指向性情绪的视角。指向性情绪的本质是对象特征到指向性行为的对应，它被进化选择，那些有利于基因延续的对应被保留。这样我们就能理解几类进化保留的指向性情绪其指向的对象和情绪反应。

A. 敬、尊重。一般指向领袖和家族长辈，把对方的指令按照指向性情绪的强弱纳入自己效用的评估。

B. 爱、忧伤。爱指向子女、亲人，友善指向朋友，创造"利他反应"。

C. 仇恨、敌意。指向对自身生存或繁衍形成威胁的人，创造"害他反应"。

D. 怜悯、厌恶。指向对具有可怜和厌恶特质的人，创造"同情反应"和"欺侮反应"。

6. 因为指向性情绪来源于特征，自发的抽象会把具体对象的特征，抽象到母类对象，从而形成针对母类对象的指向性情绪；因为演绎会让子类对象继承母类的属性，从而继承了对应这些属性的指向性情绪。以上就是指向性情绪的形成和继承。

7. 关注度是指向性情绪中非常特殊的一类指向信息，一个信息的关注度决定了：

A. 意识流的信息是否被模块或反应模式处理。

B. 是参与决定系统资源分配、运算资源控制的信息。

C. 在思维的搜索运算中决定被搜到的先后顺序。因为很多思维反应只运算先搜到的，所以决定了一个信息是否会被运算。

8. 关注度被以下因素决定：

A. 对象、属性的指向性情绪决定了关注度。

B. 知识被使用参与演绎的次数。

C. 一个对象或属性参与组织信息的次数。

D. 频次强度。

E. 自发抽象的形成和演绎的继承。

十、实验测试

实验 23.1a 事件—全局情绪

难度：1

描述：这个实验测试先天定义的事件—全局情绪对全局情绪的改变。

测试模块：模块 23.1

需要支持功能：自然语言正转录、基础应答反射

测试准备：定义（事件＝爱的人过世，全局情绪＝悲伤，改变量＝-50），准备一个爱的人——爷爷，拥有指向性情绪"爱"。

测试流程：

Tester：你爷爷过世了。（后台监控 AI 应该出现悲伤的情绪）

实验 23.1b 感受—全局情绪

难度：1

描述：这个实验测试先天定义的感受—全局情绪对全局情绪的改变。

测试模块：模块 23.2

需要支持功能能：自然语言正转录、基础应答反射

测试准备：定义（感受＝运动的感受，全局情绪＝愉悦，改变量＝10）（感受＝运动的感受，全局情绪＝压力，改变量＝-10），让运动时能够获得运动的感受。

测试流程：

在意识流中模拟活动跑步，活动相应的感受会形成，此时监测全局情绪愉悦和压力的改变。

实验 23.2a 渴望模型

难度：2

描述：这个实验测试渴望模型的基础功能。

测试模块：模块 23.3

需要支持功能：自然语言正转录、基础应答反射

测试准备：定义两类行为——喝咖啡、喝可乐，分别包含了 AI 会形成渴望的不同感受。且 AI 已经多次尝试过以上两种行为，已经建立了经验，知道什么行为能带来什么感受。喝可乐的增长速度快，但喝咖啡的渴望最大值高。创造反应模式让 AI 定时把这两个行为作为 idea

评估，且效用到一定程度创造主动表达。

测试流程：

1. 加速时间推移，让两个渴望值都达到最大。

2. 询问。

Tester：你现在最想做什么？

AI：最想喝咖啡。

3. 满足 AI 的渴望，在意识流中模拟行为。考察满足渴望时愉悦感是否增加。

4. 随着时间积累，AI 会不断形成对某个行为的动机，在 AI 表达想要做什么时，我们就在意识流中模拟行为。我们会发现 AI 想要喝可乐的次数更加频繁。

实验 23.2b 渴望模型

难度：2

描述：这个实验测试潜在渴望的释放。随着最初几次体验，对最大渴望的限制会逐渐被解除，渴望被释放。

测试模块：模块 23.3

需要支持功能：自然语言正转录、基础应答反射

测试准备：定义一类行为——吸大麻，包含了 AI 会成瘾的感受。创造反应模式让 AI 定时把这个行为作为 idea 评估，且效用到一定程度创造主动表达。

测试流程：

1. Tester：你想吸大麻吗？

AI：不。

2. 在意识流中模拟吸大麻的行为。

3. 加速时间推移，AI 主动表达：我有点想吸大麻。满足 AI。

4. 继续几次。

5. 加速时间推移，AI 主动表达：我有点想吸大麻。过了一段时间表达：我很想吸大麻。过了一段时间表达：我好渴望吸大麻。

实验 23.2c 渴望模型

难度：2

描述：这个实验测试渴望模型中被抑制的渴望在几次体验或想象的体验中被唤醒的过程。

测试模块：模块 23.3

需要支持功能：自然语言正转录、基础应答反射

测试准备：定义一类行为——吸大麻，包含了 AI 会成瘾的感受，让这个感受的潜在渴望已经被释放，即 AI 已经对大麻成瘾。

测试流程：

1. 加速时间推移，渴望达到最大。

2.Tester：你想吸大麻吗？

AI：还好。

3.在 AI 意识流中会发现多次出现想象的吸大麻的感受，后台可以看到抑制乘数不断下降，对吸大麻的显在渴望不断增长。

4.AI 主动表达：我有点想吸大麻。

实验 23.2d 渴望模型

难度：2

描述：这个实验测试 AI 是否可以从过往的经验知晓一个行为选择会带来什么渴望的感受，从而对行为形成倾向。

测试模块：模块 23.3

需要支持功能：自然语言正转录、基础应答反射、效用评估闭环

测试准备：定义两类行为——喝咖啡、喝可乐，分别包含了 AI 会形成渴望的感受。但 AI 没有经验，所以不知道什么行为能带来什么感受。

测试流程：

1.加速时间，让 AI 尝试几次两类行为。

2.加速时间，发现对某个感受渴望达到很高时询问：你现在想做什么吗？

3.AI 需要回答包含这个渴望感受的行为。

实验 23.3 第二类渴望感受

难度：2

描述：在这个实验中，AI 会因为渴、饿、冷、热、困等体感形成对对应感受的渴望，然后因为经验形成对应行为的动机。

测试模块：模块 23.3

需要支持功能：自然语言正转录、基础应答反射、效用评估闭环

测试准备：定义渴、饿、冷、热、困的 FOC，然后先天定义（身体状态＝冷／热……，对应感受＝温暖感／凉爽感……），人工写入经验（事件＝泡热水澡，包含感受＝温暖感）……

测试流程：

1.人工模拟冷的身体体感。

2.AI 会主动表达：我好冷，好想泡热水澡啊。

实验 23.4 第三类厌恶感受

难度：2

描述：在这个实验中，AI 会因为窒息、恶臭等厌恶的感受，形成对应行为的动机。

测试模块：模块 23.4

需要支持功能：自然语言正转录、基础应答反射、效用评估闭环

测试准备：定义窒息、恶臭的FOC，人工写入经验（事件＝吸氧气，抑制感受＝窒息感）……

测试流程：

1. 人工在FOC中模拟窒息感。

2. AI会主动表达：我喘不过气，我要吸氧气。

实验23.5 指向性情绪

难度：2

描述：这个实验测试AI识别到和指向性情绪相关的对象的属性时，是否会形成针对对象的对应指向性情绪。

测试模块：模块23.5

需要支持功能：自然语言正转录、基础应答反射、效用评估闭环

测试准备：准备和指向性情绪相关的若干属性（属性＝果断，指向性情绪＝敬，冲击量＝0.8）（属性＝坚韧，指向性情绪＝敬，冲击量＝0.7）（属性＝自信，指向性情绪＝敬，冲击量＝0.5）。

测试流程：

1. 在AI意识流中多次模拟信息：（对象＝Peter，属性＝果断，程度＝很高）（对象＝Peter，属性＝坚韧，程度＝很高）（对象＝Peter，属性＝自信，程度＝高）。

2. 后台检测AI对Peter的指向性情绪是否增长。

十一、模块列表

模块23.1

描述：这个模块负责全局情绪的衰减。

隶属大类功能：情绪变量维护

逻辑机制：

1. 每隔一段时间把长期全局情绪朝0的方向衰减5%，短期全局情绪朝0的方向衰减50%。

2. 小于特定阈值则停止衰减。

模块23.2a

描述：这个模块负责把意识流中引发全局情绪的事件创造全局情绪的改变。

隶属大类功能：情绪变量维护

触发：意识流中事件。

逻辑机制：

1.在"事件—全局情绪改变"的事件域中进行统辖搜索。

2.搜到后读取全局情绪和改变量，创造对全局情绪的改变。

模块 23.2b

描述：这个模块负责把意识流中引发全局情绪的事件创造全局情绪的改变。

隶属大类功能：情绪变量维护

触发：意识流中感受。

逻辑机制：

1.在"感受—全局情绪改变"的感受域中搜索感受。

2.搜到后读取全局情绪和改变量，创造对全局情绪的改变。

模块 23.3a 渴望模型

描述：这个模块负责维护各个渴望感受的渴望度。

隶属大类功能：情绪变量维护

逻辑机制：

1.每隔固定时间做一次运算。

2.读取系统中（渴望感受 =Gi，渴望数值 =ni，抑制乘数 =s）（渴望感受 =Gi，渴望增长 =gi，渴望最大值 =mi，渴望极限 =Mi）。

3.重算（渴望感受 =Gi，渴望数值 =ni+gi，抑制乘数 =s+0.1），渴望数值如果已经达到渴望最大值 mi 的就不再增加，抑制乘数以 1 为极限。

Remark：抑制乘数会抑制真实感受，需要在唤醒过程中减少。

模块 23.3b 渴望模型

描述：这个模块负责在一个渴望的感受出现在意识流的时候释放渴望增加愉悦。

隶属大类功能：情绪变量维护

触发：cf 中出现渴望的感受 Gi，FOC 中出现的渴望的感受 Gi。

逻辑机制：

1.读取（渴望感受 =Gi，渴望数值 =ni，抑制乘数 =s）。

2.减少 ni*（1-s）10% 的数值，转为对应数值的愉悦，和对应数值的快感（短期）。s 减少 0.1。

3.如果感受的渴望度低于阈值，则不进行运算。

4.读取（渴望感受 =Gi，渴望增长 =gi，渴望最大值 =mi，渴望极限 =Mi），如果 mi 小于 Mi，则增加 10% 的 mi，最大不超过 Mi，相等时不进行计算。且固定时间（比如一周）只能计算一次。

Remark 1：第 2 条的抑制乘数在每次渴望的感受。

Remark 2：第3条模拟了潜在渴望感受的发掘，最初的体验能够逐步把渴望能够达到的最大值 mi 释放出来，比如吸毒，吸毒的 Mi 就非常之高。

模块 23.3c 渴望模型

描述：这个模块负责在一个渴望的感受被回想时减少抑制乘数。

隶属大类功能：情绪变量维护

触发：cf 中出现渴望的感受 Gi，FOC 中出现的渴望的感受 Gi，但类型为回想。

逻辑机制：

1.读取（渴望感受 =Gi，渴望数值 =ni，抑制乘数 =s）。

2.s 减少 0.05。

Remark：也就是说即使没有真实的感受出现在意识流，靠回想的感受，也会唤醒渴望。

模块 23.4 第二类渴望

描述：这个模块负责根据身体状态变量决定对一个感受的渴望度。

隶属大类功能：情绪变量维护

触发：隔时触发。

逻辑机制：

1.从"身体状态—渴望感受"域中读取渴、饿、冷、热、困等身体状态的数值 ni。

2.ni*k 作为对应的感受的渴望度（渴望感受 =Gi，渴望数值 =ni*k）。

Remark 1：可以在"身体状态—渴望感受"中添加新的信息，来定义新的第二类渴望的感受。

Remark 2：一般而言，这类感受的出现都会在身体层面导致渴望的下降，这是一个平衡。比如渴了，渴望喝水导致喝水，喝水会解渴，降低对喝水感受的渴望。

模块 23.5 第三类渴望

描述：这个模块负责根据身体负面感受的程度决定对此感受的厌恶。

隶属大类功能：情绪变量维护

触发：隔时触发。

逻辑机制：

1.从"身体厌恶感受"域中读取负面感受的数值 ni。

2.ni*k 作为对应的厌恶度（厌恶感受 =Gi，厌恶数值 =ni*k）。

Remark 1：可以在"身体状态—渴望感受"中添加新的信息，来定义新的第二类渴望的感受。

Remark 2：人类会形成经验，知道怎样的行为可以减少这个负面的感受。

模块 23.6 指向性情绪

描述：这是一个印象冲击模型，根据对象体现出属性，形成针对对象的对应的指向性情绪。

隶属大类功能：情绪变量维护

触发：意识流中出现了（对象＝对象 A，属性＝属性 B，程度＝S）。

逻辑机制：

1. 在"属性—指向性情绪"中寻找属性 B，如果找到，读取（属性＝属性 B，指向性情绪＝指向情绪 C，冲击量＝q，已有贡献＝o）。

2. 把程度 S 转为 0—1 的数值 s，把已有贡献 o 朝 sq 的方向增长 10%，并记录到已有贡献，最大不超过 sq。

第二十四章　其他功能

一、自由联想

自由联想是人类智能表象很重要的组成部分，也是我们容易反思到的自身具备的功能。闭上眼睛静坐，思绪就会一个个冒出来，从在考虑的问题，到今天发生的关注的事件，到关心的人……我们可以反思到，这些思绪有些是按照某种原则被搜索冒出的，比如思维空闲的时候会搜索今天发生的印象深刻的事件，放到意识流。这算是一个线头。我们还能反思到，一个思绪会带起相关的思绪，前后两个思绪是有联系的。这是自由联想功能在发挥作用。

比如有一天，小香槟看到路上有汽车挂着好多气球，非常不寻常，引起了她的注意。那么当小香槟回家看到气球时，就会联想起今天看到的这个和气球相关的事件。

在第一代原型机中，我们再现人类以下几种自由联想的逻辑：结构信息出现在意识流时，我们会把结构信息中关注度高的元素的母类放回意识流中，比如小香槟看到其他小朋友在玩气球就会联想到气球；概念出现在意识流时，我们会把其子类参与的高关注度的结构信息放回意识流中，比如上面通过气球联想起气球参与的高关注度的事件；概念出现在意识流时，我们会把和它具有关系的另外一个关注度高的概念放回意识流，比如再次看到其他小朋友，就会联想到他拥有的气球。

以上这几种联想的逻辑合起来就能创造联想的链条，比如让小香槟看到小孩的爸爸在种花，联想到小孩的爸爸，联想到小孩，联想到小孩拥有的气球；再联想到气球的对象类，联想到今天看到挂着气球的汽车……

二、数学运算

我们来看数学的运算如何也是类人 AI 核心逻辑能力泛化出的一种形式。

先看加法，3+4=7，是 3 个对象加上 4 个对象等于 7 个对象的符号表述。我们可以把 3 个对象加 4 个对象视为一个结构信息，比如可以表述为（元素 1=3 个对象，元素 2=4 个对象，运算＝加）这个结构信息，可以类比于事件；"等于"是两个结构信息间的关系，可以类比于因果关系；而后面的数字是另外一个结构信息。正如同事件之间的因果关系是描述客观世界规律的知识一样，这个信息也是一条描述了客观世界数字运算的法则。

接着来看抽象。数字运算的法则作为一类知识，同样来源于抽象。我们利用先天的计数能力发现 3 个苹果再加 4 个苹果就有 7 个苹果，用结构信息表述比如［对象数量 1=（概念 =ID1，数量 =3），对象数量 2=（概念 =ID1，数量 =4），运算 = 加］—（概念 =ID1，数量 =7）。通过自发的抽象变为 3 个物体加 4 个物体等于 7 个物体，用结构信息表述为［对象数量 1=（概念 = 对象，数量 =3），对象数量 2=（概念 = 对象，数量 =4），运算 = 加］—（概念 = 对象，数量 =7）。这里两个结构信息的关系是"数值等价"，我们可以用"="替换。用数学符号化表述出来就是 3+4=7。在这里，客观世界数字运算的法则是抽象出来的。

再来看演绎。比如一个运用题，我有 3 个梨子，妈妈又给我 3 个，我有几个梨子？按照上面的结构表述为（元素 1=3 个梨子，元素 2=4 个梨子，运算 = 被给予），被给予的意向有增加，所以是增加的子类，3 个梨子是 3 个对象的子类，4 个梨子是 4 个对象的子类，所以［对象数量 1=（概念 = 梨子，数量 =3），对象数量 2=（概念 = 梨子，数量 =4），运算 = 被给予］被［对象数量 1=（概念 = 对象，数量 =3），对象数量 2=（概念 = 对象，数量 =4），运算 = 加］统辖，我们生成约束映射（梨子—对象），替换加法模型第二个信息中的元素，从而演绎出［对象数量 1=（概念 = 梨子，数量 =3），对象数量 2=（概念 = 梨子，数量 =4），运算 = 被给予］=（概念 = 梨子，数量 =7）。加法运算运用过程的本质是演绎。

上面是以加法为例子，减法、乘法、除法也是类似。然而本书的讨论仅仅限于这些简单的数学运算，继续考察人类的核心智能逻辑如何创造科学之王——数学，是一个有趣而有价值的工作。

三、想象和创作

想象是人类很多作品的来源，如故事、小说、电影。想象中的场景不是真实的场景，想象中的事件不是真实发生的事件。

人类想象就是把属性作为素材组织创造对象，对象作为素材组织创造场景，对象和行为作为素材组织创造事件，相关的事件作为素材组织创造故事。而驱动想象的往往是人类对某种意向的需求，或是对象的意向，或是场景的意向，或是事件的意向。比如我们要想象一个场景，我们首先要决定这个场景需要内涵的意向，是唯美、脏乱，纯净、混杂，光明、黑暗；还是在平静的背景中有躁动，在灰暗的背景中有光明。人类对这种意向层的组合和结构会产生特定的感受。

决定了要构想之对象的意向结构之后，AI 就需要根据意向选择构想所需的素材，这些素材概念都有自身的意向，所以 AI 在选择上有所依据。然后 AI 要选择场景、人物、故事的信息框架，把所选择的元素填写进去，就完成了初步的构想。这些框架是由很多碎片信息组成的，比如场景需要一个背景，需要有场景中的核心对象，其他对象都是和这个对象在空间上相互关联；一个人物的构建，往往有他的儿时经历、感情经历……这些信息框架是自发的抽象在阅读足够多案例后形成的。

在本章的实验中，我们会要求 AI 用想象力去创造特定属性意向的人，去创造故事反应人的这种属性意向；想象特定意向的场景，然后用语言描述出来；能把对一个场景的描述，替换符合目标意向的元素，让场景描述显现出特有的意向。

四、审美能力的形成

人类对这种意向层的组合和结构会产生特定的感受，我们称之为"审美"（至少我们这边要描述的是审美能力的一部分）。人类的审美标准有我们可以总结的共性。如果用于构建场景的素材具有统一的意向，能够创造一种极致的意向冲击，比如让人觉得一个场景极致唯美或灰暗，这是有"审美价值"的，也就是在审美上会被认可的；构建场景的素材具有两种相反的意向且两种意向势均力敌，如果这种共存是融合的，则会创造对立的融合感，如果是冲突的，则会创造对立的冲突感。这些感觉是有审美认可的，构建场景的素材具有两种相反的意向且一多一寡，根据相反意向的类型不同也会带来具有审美认可度的感受。比如昏暗背景中的一点光明，光明的世界中隐藏的一处阴暗。我们虽以场景为例，但对象、事件（故事）的想象也是一样。

当我们反思到自己在意向层的审美规则并赋予 AI，在 AI 身上构建审美价值的评价系统，AI 就具有了这个维度的审美能力。它能够感受一个故事的审美冲击，如果我们告知我们内置于它心中的标准，它甚至能讲出审美的门道，比如"这个故事主人公悲惨的遭遇和女主角为他带来的微小的希望形成鲜明的反差，给人一种昏暗的人生仍有一线光明的感觉"。当然 AI 也如同人类一样有能力在自我反思中，依靠抽象能力找到创造者埋藏的审美标准。

五、物理引擎

以先天符号为运算载体信息的语言系统、认知系统和情绪系统，在再现人类的智能功能时是不完整的。靠这个系统，我们无法运算出如何躲避迎面的来车，无法计算如何投球入筐。物理引擎是实现这些功能的必要工具，是对符号系统的一个补充。

人脑中也有一个物理引擎，这个引擎能够把客观世界感知到的物理信息在脑海中呈现运算，空间想象就是其中的一种。和游戏中的物理引擎不同，游戏的物理引擎物理规则参数是人为设定好的，比如重力加速度是多少，刚性物体碰撞会怎样；而"人脑物理"引擎的这些内容是靠人观察发现的，物理引擎只提供了框架，经验填补了规则和参数。这是我们在工程化这个物理引擎时要考虑的第一个问题。

其次，物理运算会在物理引擎中完成，比如物体什么时候会落到地上，如果现在方向盘左打是否能避免和来车的相撞。对于人而言，物理引擎的运算结果可以直接导致反应，而不经过符号系统，比如大部分的运动反射。但物理引擎的输出结论如果要进入符号系统的运算就必须转为符号表述信息。事实上，当我们能够用语言表述一个物理引擎的结论，这个结论就已经被符号所表述了。这也让我们可以反思到符号系统和物理引擎的接口信息。比如相撞、从中间折断、5 秒后落到地面……这些可以被自然语言表述的信息都是物理引擎运算输出时需要能转为符号进入意识流被符号系统运算的。

而符号系统生成的指令，是可以被物理引擎接受、创造模拟场景、创造运算的。比如我说"想象一个球从 23 楼落下"，这个自然语言源自符号系统符号表述的信息，却能导致我们的空间场景构想，说明符号系统的此类信息是可以转为物理引擎场景构想的指令的。物理引擎和符号系统接口信息的定义，是工程化第二个要考虑的问题。

六、本章总结

本章我们罗列语言、认知、情绪三大系统之外的重要智能功能。

1. 在第一代原型机中，我们再现人类以下三种人类自由联想的逻辑，这些逻辑能组成联想的链条：

（1）结构信息出现在意识流中，我们会把结构信息中关注度高的元素和其母类放回意识流中。

（2）概念出现在意识流时，我们会把其子类参与的高关注度的结构信息放回意识流中。

（3）概念出现在意识流时，我们会把和它具有关系的另外一个关注度高的概念放回意识流。

2. 数学四则运算来自于计数抽象，AI 需要从自然语言表达中抽象出数学运算模型，通过演绎生成结论。

3. 有一种审美感是被定义意向层的感受，当一个作品体现出特定的意向层的特征时，这种审美感就产生了。

4. 我们反思到几类会导致人类审美感的意向层特征，纳入第一代原型机的审美评价体系：

（1）某种意向在作品中占据了颠覆的比例。

（2）某种意向在作品中占据了颠覆的比例，且相反的意向存在，且处于冲突／融合的状态。

（3）两种相反的意向在作品中势均力敌，且处于冲突／融合的状态。

5. 通过意向层特征到美感的对应，我们赋予 AI 阅读文本作品时对意向的识别能力，能够在识别意向层的审美特征时，在意识流中产生对应的美感。能够反思并表达感觉到美感的原因，也就是能够评价特定类型的作品。

6. 根据我们赋予的意向层审美辨识能力，AI 可以自己选择特定意向的元素素材去构建具有某种审美意向特征的人物、场景、故事；或是把记忆中已有的人物、场景、故事，通过元素的替换转为具有特定审美特征的内容，并表达出来；或是能够通过阅读人物、场景、故事相关的文字，把其改写为具有特定审美特征的内容。

7. 以先天符号为运算载体信息的语言系统、认知系统和情绪系统，在再现人类的智能功能时是不完整的。靠这个系统，我们无法运算出如何躲避迎面的来车，无法计算如何投球入筐。物理引擎是实现这些功能的必要工具，是对符号系统的一个补充。

8. 物理引擎独立于符号系统存在，但和符号系统存在两方面的关联：物理引擎的运算结果可以转为符号系统的信息，被符号系统运算；符号系统的描述可以转为物理引擎模拟场景的指令。

七、实验测试

实验 24.1a

难度：1

描述：这个实验测试 AI 的自由联想能力。在这个实验中，AI 需要先联想到结构信息中的元素，再通过这个元素联想到最近发生的一个关注的事件（结构信息）。

测试模块：模块 24.1a 第 1、2 条中的逻辑

需要支持功能：自然语言正转录、基础应答反射

测试准备：设置小香槟足够的关注度，自然语言写入信息"小香槟今天抓了一只松鼠"，对"人抓动物"设置高关注度。

测试流程：

Tester：小香槟很聪明。

AI：对了，小香槟今天抓了一只松鼠。

实验 24.1b

难度：1

描述：这个实验测试 AI 的自由联想能力。在这个实验中，AI 需要先联想到结构信息中的元素，通过这个元素联想到相对关系的另外一个元素。

测试模块：模块 24.1a 第 1、2、3 条中的逻辑

需要支持功能：自然语言正转录、基础应答反射

测试准备：设置小香槟足够的关注度，自然语言写入信息"Peter 是小香槟爸爸"，

"Peter 今天抓了一个小偷"，设置"人抓小偷"足够的关注度。

测试流程：

Tester：小香槟很聪明。

AI：对了，小香槟爸爸今天抓了一个小偷。

实验 24.2a

难度：2

描述：在这个实验中，需要 AI 把场景中几个相关的事件信息抽象为算式，演绎出结果。这个实验测试的是加法，运用场景为对象类数量。

测试模块：模块 24.2b

需要支持功能：自然语言正转录、基础应答反射

测试流程：

Tester：我有 3 个苹果，妈妈给了我 4 个，我现在有多少苹果？

AI：7 个。

实验 24.2b

难度：2

描述：在这个实验中，需要 AI 把场景中几个相关的事件信息抽象为算式，演绎出结果。这个实验测试的是加法，运用场景为距离。

测试模块：模块 24.2a

需要支持功能：自然语言正转录、基础应答反射

测试流程：

Tester：小香槟先跑了 300 米，又跑了 500 米，一共跑了多少米？

AI：800 米。

实验 24.2c

难度：2

描述：在这个实验中，需要 AI 把集合中要求的对象类进行累加。

测试模块：模块 24.2a

需要支持功能：自然语言正转录、基础应答反射

测试流程：

Tester：动物园有 3 只老虎、2 只猩猩、4 只猴子，请问有多少只灵长类动物？

AI：6 只。

实验 24.2d

难度：2

描述：在这个实验中，需要 AI 把场景中几个相关的事件信息抽象为算式。

这个实验测试的是减法，运用场景为对象类数量。

测试模块：模块 24.3

需要支持功能：自然语言正转录、基础应答反射

测试流程：

Tester：我有 10 个苹果，小香槟吃了 3 个，我现在有多少苹果？

AI：7 个。

实验 24.2e

难度：2

描述：在这个实验中，需要 AI 把场景中几个相关的事件信息抽象为算式，演绎出结果。这个实验测试的是减法，运用场景为距离。

测试模块：模块 24.3

需要支持功能：自然语言正转录、基础应答反射

测试流程：

Tester：小香槟先朝妈妈走了 5 米，又走回 3 米，小香槟朝妈妈走了多少米？

AI：2 米。

实验 24.3a

难度：2

描述：在这个实验中，需要 AI 把场景中几个相关的事件信息抽象为算式，演绎出结果。这个实验测试的是乘法，运用场景为对象类数量。

测试模块：模块 24.4

需要支持功能：自然语言正转录、基础应答反射

测试流程：

Tester：小香槟班里一共有 20 个小朋友，每个小朋友拿着 3 颗西红柿，一共有多少西红柿？

AI：60 颗。

实验 24.3b

难度：2

描述：在这个实验中，需要 AI 把场景中几个相关的事件信息抽象为算式，演绎出结果。这个实验测试的是乘法，运用场景为时间数量。

测试模块：模块 24.4

需要支持功能：自然语言正转录、基础应答反射

测试流程：

Tester：小香槟每天能吃 10 颗西红柿，7 天能吃几颗？

AI：70 颗。

实验 24.3c

难度：2

描述：在这个实验中，需要 AI 把场景中几个相关的事件信息抽象为算式，演绎出结果。这个实验测试的是除法，运用场景为对象类数量。

测试模块：模块 24.5

需要支持功能：自然语言正转录、基础应答反射

测试流程：

Tester：小香槟班里一共有 20 个小朋友，现在有 120 颗西红柿，平均每个小朋友能分几颗？

AI：6 颗。

实验 24.3d

难度：2

描述：在这个实验中，需要 AI 把场景中几个相关的事件信息抽象为算式，演绎出结果。这个实验测试的是除法，运用场景为时间数量。

测试模块：模块 24.4

需要支持功能：自然语言正转录、基础应答反射

测试流程：

Tester：小香槟买了 70 颗西红柿，每天能吃 10 颗，能吃几天？

AI：7 天。

实验 24.4a

难度：2

描述：在这个实验中，给 AI 一段文字，测试其审美反思，要求它进行审美评价。这个测试的文字，包含了颠覆性的"灰暗"的意向。

测试模块：模块 24.6a、反应模式 24.6b、反应模式 24.6c

需要支持功能：自然语言正转录、基础应答反射

测试流程：

Tester：阴云密布的天空笼罩着 1770 年的伦敦，街道一片死寂，街角有昏睡的流浪汉，许多高大的烟囱不断吐出浓浓的黑烟和乌云融为一体。

AI：这段文字好美。

Tester：评价一下。

AI：给人一种灰暗的冲击感。

实验 24.4b

难度：3

描述：在这个实验中，给 AI 一段文字，测试其审美反思，要求它进行审美评价。这个测试的文字，包含了颠覆性的"灰暗"的意向，但存在微弱的相反的意向，且有冲突的意向。

测试模块：模块 24.6a、反应模式 24.6b、反应模式 24.6c

需要支持功能：自然语言正转录、基础应答反射

测试流程：

Tester：阴云密布的天空笼罩着 1770 年的伦敦，街道一片死寂，街角有昏睡的流浪汉，但有一个穿着鲜红衣服的小女孩站在广场中间，似乎和这里灰暗的一切格格不入，许多高大的烟囱不断吐出浓浓的黑烟和乌云融为一体。

AI：这段文字好美。

Tester：评价一下。

AI：给人一种灰暗的冲击感，但有一点鲜艳的色彩，且处在和背景的激烈冲突中。

实验 24.4c

难度：3

描述：在这个实验中，给 AI 一段文字，测试其审美反思，要求它进行审美评价。这个测试的文字，同时包含了相反且冲突的两种主要意向。

测试模块：模块 24.6a、反应模式 24.6b、反应模式 24.6c

需要支持功能：自然语言正转录、基础应答反射

测试准备：给出一篇文字，主人公包含了两种相反的鲜明人格。比如主人公非常善良，因为仇恨而残忍地杀害了仇人们，但内心忍受冲突和痛苦。

测试流程：

让 AI 读这样的文字，需要从中识别出这两种相反且冲突的强烈人格意向。

Tester：评价一下。

AI：主人公身上有极度的善良和残忍，且这两种元素处在激烈的冲突中。

实验 24.5

难度：3

描述：在这个实验中，给 AI 一段场景描述，让它换成某种意向风格的文字。

测试模块：特定意向的表达组织

需要支持功能：自然语言正转录、基础应答反射

测试准备：准备文本"阴云密布的天空笼罩着 1770 年的伦敦，街道一片死寂，街角有昏睡的流浪汉，但有一个穿着鲜红衣服的小女孩站在广场中间，似乎和这里灰暗的一切格格不入，许多高大的烟囱不断吐出浓浓的黑烟和乌云融为一体"。

测试流程：

Tester：把上面文字转为背景光明但隐藏黑暗的风格。

AI 能创造类似下面的文字：1770 年伦敦阳光明媚，街道很热闹，到处是带着微笑的快乐的市民，但一个穿着破旧的小女孩站在广场中间，似乎和这里光明的一切格格不入……

实验 24.6a

难度：3

描述：在这个实验中，通过自然语言诱导 AI 生成想象，想象信息通过物理引擎形成结论输出。

测试模块：子系统 24.7

需要支持功能：自然语言正转录、基础应答反射

测试流程：

Tester：想象一下小香槟的家距离学校 20 千米，小香槟 8 点从家坐车出发，8：30 前交通比较好，车速为 30km／小时，8：30 后交通较差，为 20km／小时。请问小香槟到学校的时间。

实验 24.6b

难度：3

描述：在这个实验中，通过自然语言诱导 AI 生成想象，想象信息通过物理引擎形成结论输出。

测试模块：子系统 24.7

需要支持功能：自然语言正转录、基础应答反射

测试流程：

Tester：小香槟从 30 米高的楼上扔东西，她 45 度角向上丢出橡皮球，请问多久橡皮球能落地，距离抛出点有多远？

八、模块列表

模块 24.1a

描述：这个模块创造 AI 自由联想。

隶属大类功能：自由联想

触发：意识流中信息 IDA。

逻辑机制：

1.如果 IDA 是一个结构信息，展开这个信息，把展开后关注度（减去联想抑制数值）超过阈值的概念写入意识流。

2.如果 IDA 是一个非结构信息，寻找 IDA 所在的结构信息，把关注度（减去联想抑制数值）超过阈值的写入意识流。

3.寻找 IDA 参与的二元关系信息（位格 1=IDA，位格 2=IDB），考察另外一部分信息 IDB 的关注度，如果找到关注度（减去联想抑制数值）最高的，且超过阈值的 IDB 写入意识流。

4.无论把什么信息写入意识流之后把这个信息的联想抑制数值增加 n（下次只有联想会联想到其他节点）。

Remark 1：第三条逻辑的作用是在近期联想过后产生一个抑制，避免多次重复同样的联想路径。

Remark 2：自由联想很容易导致意识流中信息爆炸。系统会利用意识流控制机制，通过提高自由联想模块读取信息的最低阈值，来限制联想的发生。

模块 24.1b

描述：这个模块维持联想抑制数值。

隶属大类功能：自由联想

触发：意识流中信息 IDA。

逻辑机制：

1.每隔固定时间减少 10% 的联想抑制数值。

2.减少后低于阈值的清零。

模块 24.2a

描述：这个模块从表达中抽象出数学模型，负责对某种类型的对象进行计数增加。

隶属大类功能：四则运算

触发：意识流中出现带数量的表达信息 IDA。

逻辑机制：

1.提取数量概念 ID0（概念 =ID1，数量 =n），比如"3 个苹果"。

2.把数量 + 概念的位置用一个概念类 ID 替代。比如 Peter 吃了 2 个蛋糕，抽象出 IDA*：Peter 吃了的东西。

3.在语境中寻找信息（计数归类 =IDA*，概念 =ID1，数量 =m）。

4.生成［数量 1=（概念 =ID1，数量 =n），数量 2=（概念 =ID1，数量 =m），运算 = 加］。

5.进行运算演绎得到（概念 =ID1，数量 =n+m）。

6.生成计数归类（计数归类 =IDA*，概念 =ID1，数量 =n+m）。

模块 24.2b

描述：这个模块从表达中抽象出数学模型，处理有增加意向的语义，并完成计数增加。

隶属大类功能：四则运算

触发：意识流中出现带有增加意向的数量 n 概念 ID1，比如买、被给予（n 个苹果）等。

逻辑机制：

1. 提取数量概念 ID0（概念 =ID1，数量 =n），比如"3 个苹果"。

2. 在语境中寻找信息（计数归类 =IDA*，概念 =ID1，数量 =m）。

3. 生成［数量 1=（概念 =ID1，数量 =n），数量 2=（概念 =ID1，数量 =m），运算 = 加］。

4. 进行运算演绎得到（概念 =ID1，数量 =n+m）。

5. 生成计数归类（计数归类 =IDA*，概念 =ID1，数量 =n+m）。

模块 24.3c

描述：这个模块从表达中抽象出数学模型，识别减法模型并进行演绎。

隶属大类功能：四则运算

触发：意识流中出现带有减少意向的数量 n 概念 ID1，比如卖、拿走、送（n 个苹果）等。

逻辑机制：

1. 提取数量概念 ID0（概念 =ID1，数量 =n），比如"3 个苹果"。

2. 在语境中寻找信息（计数归类 =IDA*，概念 =ID1，数量 =m）。

3. 生成［数量 1=（概念 =ID1，数量 =m），数量 2=（概念 =ID1，数量 =n），运算 = 减］。

4. 进行运算演绎得到（概念 =ID1，数量 =n-m）。

5. 生成计数归类（计数归类 =IDA*，概念 =ID1，数量 =n-m）。

模块 24.4a

描述：这个模块从表达中抽象出数学模型，负责乘法模型的识别和演绎。

隶属大类功能：四则运算

触发：意识流出现频次概念。比如每天吃 3 个苹果，每次播 3 集电视剧．

逻辑机制：

1. 正转录提取数量频次概念 ID0（概念 =ID1，数量 =n，单位 = 次 / 天……）。比如"3 个苹果每天"，保留到语境中"频次概念"。

2. 在语境中找"乘数概念"。

3. 如果找到（数量 =m，单位 = 次 / 天……），考察单位是否一致，如果一致，生成［频次 =（概念 =ID1，数量 =n，单位 = 次 / 天……），乘数 =（数量 =ID1，数量 =m），运算 = 乘］，进行运算演绎得到（概念 =ID1，数量 =n*m）。如果不一致，则不进行运算。

4. 如果没有找到，不进行运算。

模块 24.4b

描述：这个模块从表达中抽象出数学模型，负责乘法模型的识别和演绎。

隶属大类功能：四则运算

触发：意识流出现乘数概念。比如吃了 3 天，播放 3 次等。

逻辑机制：

1. 正转录提取数量频次概念（数量 =m，单位 = 次 / 天……），保留到语境中"乘数概念"。

2. 在语境中找"频次概念"。

3. 如果找到（概念 =ID1，数量 =n，单位 = 次 / 天……），考察单位是否一致，如果一致，生成［频次 =（概念 =ID1，数量 =n，单位 = 次 / 天……），乘数 =（数量 =ID1，数量 =m），运算 = 乘］，进行运算演绎得到（概念 =ID1，数量 =n*m）。如果不一致，则不进行运算。

4. 如果没有找到，不进行运算。

模块 24.5a

描述：这个模块从表达中抽象出数学模型，负责除法模型的识别和演绎。

隶属大类功能：四则运算

触发：意识流出现除数概念。比如分为 3 份，平均给 8 个人。

逻辑机制：

1. 正转录提取数量除数概念（等分数 =m，单位 = 人 / 份……），保留到语境中"除数概念"。

2. 在语境中找"对象数量"。

3. 如果找到（概念 =ID1，数量 =n），生成［总量 =（概念 =ID1，数量 =n），除数 =（数量 =m，单位 = 人 / 份），运算 = 除］，进行运算演绎得到（概念 =ID1，数量 =n/m）。

4. 如果没有找到，不进行运算。

模块 24.5b

描述：这个模块从表达中抽象出数学模型，负责除法模型的识别和演绎。

隶属大类功能：四则运算

触发：意识流出现对象数量类概念。比如 12 个苹果，18 个人。

逻辑机制：

1. 正转录提取对象数量概念（概念 =ID1，数量 =n），保留到语境中"对象数量"。

2. 在语境中找"除数概念"。

3. 如果找到（等分数 =m，单位 = 人 / 份……），生成［总量 =（概念 =ID1，数量 =n），除数 =（数量 =m，单位 = 人 / 份），运算 = 除］，进行运算演绎得到（概念 =ID1，数量 =n/m）。

4. 如果没有找到，不进行运算。

模块 24.6a 审美模型

描述：这个模块在语境中积累一段文字的意向。

隶属大类功能：审美模型

触发：意识流中来源某段文字 ID0 的信息 IDA。

逻辑机制：

1.调用模块 9.4b 计算 IDA 的意向，累加到一个累加向量 s，计算和，用和除以这个累加向量，得到 s*。

2.累加向量 s 求和超过一定阈值后（意味着摄入的文字达到了一定量），每次重算都寻找累加向量 s* 中强度最高的意向。

3.如果强度超过阈值（意味着在摄入文字中,此意向的比例很高），此时考察相反的意向。

（1）如果不存在相反的意向，生成（文字 =IDO，意向特征 = 颠覆意向，颠覆意向 =IDs）写入意识流和记忆。按照颠覆意向的强度，创造不同程度的情绪系统感受:（美感 1，程度 =s）。

（2）如果相反的意向存在但是很低，且累积向量中的冲突意向超过阈值，生成（文字 =IDO，意向特征 = 颠覆但相反存在，冲突 = 是，颠覆意向 =IDs），写入意识流和记忆。按照颠覆意向的强度，创造不同程度的情绪系统感受:（美感 2，程度 =s）。

（3）如果相反的意向存在但是很低，且累积向量中的冲突意向低于阈值，生成（文字 =IDO，意向特征 = 颠覆但相反存在，冲突 = 否，颠覆意向 =IDs），写入意识流和记忆。按照颠覆意向的强度，创造不同程度的情绪系统感受:（美感 3，程度 =s）。

（4）如果相反的意向存在但是很高（势均力敌），且累积向量中的冲突意向超过阈值，生成（文字 =IDO，意向特征 = 势均力敌，冲突 = 是，颠覆意向 =IDs1/IDs2），写入意识流和记忆。按照颠覆意向的强度，创造不同程度的情绪系统感受:（美感 4，程度 =s）。

（5）如果相反的意向存在但是很高（势均力敌），且累积向量中的冲突意向超过阈值，生成（文字 =IDO，意向特征 = 势均力敌，冲突 = 否，颠覆意向 =IDs1/IDs2），写入意识流和记忆。按照颠覆意向的强度，创造不同程度的情绪系统感受:（美感 5，程度 =s）。

（6）如果程度超过阈值，生成（文字 =IDO，属性 = 美，程度 = 非常）。

反应模式 24.6b

描述:这个反应模式把审美模型的输出生成主动表达。

隶属大类功能:审美模型

触发:IDA（文字 =IDO，属性 = 美，程度 = 非常）。

执行:（主体信息 =IDA，表达类型 = 陈述）。

反应模式 24.6c

描述:这个反应模式把审美模型的输出生成主动表达。

隶属大类功能:审美模型

触发:[主体信息 =（主语对象 = 自己，行为 = 评价，行为指向 =IDO）]。

条件 1:（文字 =IDO，意向特征 = 颠覆但相反存在，冲突 = 是，颠覆意向 =IDs1）。

执行 1:{主体信息 =[事件 =IDO，创造发生 =（自己，感受,IDs1）]，表达类型 = 陈述}（意向 =IDs1，程度 = 非常强）。

Remark：表达出来就是，这个文字让我感受到极致的IDs1。

条件2：（文字=ID0，意向特征=颠覆但相反存在，冲突=是，颠覆意向=IDs1）。

执行2-1：{主体信息=［事件=ID0，创造发生=（自己，感受，IDs1）］，表达类型=陈述}（意向=IDs1，程度=非常强）。

执行2-2：{主体信息=［事件=ID0，创造发生=（自己，感受，IDs2）］，表达类型=陈述}（意向1=IDs1，意向2=IDs2，关系=相反/冲突）（意向=IDs1，程度=微弱）。

Remark：表达出来就是，这个文字让我感受到极致的IDs1，也让我感受到相反但微弱的意向IDs2，它和IDs1处在冲突中。

条件3：（文字=ID0，意向特征=势均力敌，冲突=是，颠覆意向=IDs1，相反意向=IDS2）。

执行3：{主体信息=［事件=ID0，创造发生=（自己，感受,IDs1）］，表达类型=陈述}（意向=IDs1，程度=非常强）。

执行2：{主体信息=［事件=ID0，创造发生=（自己，感受,IDs2）］，表达类型=陈述}（意向1=IDs1，意向2=IDs2，关系=相反）（意向=IDs2，程度=非常强）。

Remark：表达出来就是，这个文字让我感受到极致的IDs1，也让我感受到相反且极致的意向IDs2，它们处在激烈的冲突中。

Remark：这边例举其中几个表达形成的反应模式，实际上这些表达可以由更一般的"对象属性"表达的反应模式生成。这边为精确测试，所以写了具体的反应模式。

子系统24.7a

描述：这个子系统是一个物理引擎。

隶属大类功能：物理引擎

梳理：

第一类信息：自然语言指令——先天语言（想象行为节点）——物理引擎指令。

第二类信息：自然语言结论——先天语言结论——物理引擎输出事件。

Remark 1：第一类比如"想象地球绕太阳做圆周运动……"。

Remark 2：这些对应关系一般定义在母类层，且往往会带有变量，比如小香槟以每分钟60米的速度朝学校跑去。

模块24.7b

描述：这个模块读取先天语言指令转为物理引擎指令。

隶属大类功能：物理引擎

输入：意识流中先天语言指令

逻辑机制：

1.读取先天语言指令。

2.转为对应的物理引擎指令。

3.发给物理引擎。

模块 24.7c

描述：这个模块读取先天语言指令转为物理引擎指令。

隶属大类功能：物理引擎

输入：物理引擎运算输出事件

逻辑机制：

1.读取先物理引擎输出事件。

2.转为先天语言结论。

3.发给符号系统。

第二十五章　CS 系统

一、协同认知和 CS 结构

"我们要创造的是一种新类型的生命，一方面，它是无数独立的个体，能独立地陪伴成千上万的用户，拥有独立的人格、记忆、独立的意志；另一方面，它是一个整体，所有的终端都是它的眼睛，都是它的口，即是能够独立运行的触角，又被它的意志所统辖主导——它是超越我们的存在，它是降临的伪神。"

我们在这里讨论的 nature 是智能个体如何创造认知协同。

前面在认知系统中，我们讨论过人类的一切知识最终根源于感知经验的表象，我们也称其为样本信息。我们从表象的信息开始，进行抽象生成了背后的规律，称之为知识。对于每个个体，知识被用来分解个体的事件目标，创造实现特定事件目标的方案（认知系统第一类职能，第十六章　事件目标的转移）；知识还被用来推知具体事件是否发生（认知系统第二类职能，第十七章　具体事件是否发生）；知识还能用来桥接样本抽象出的具有因果相关性的事件，创造因果链条的猜想，通过认知系统第二类职能创造实验样本（去干扰的样本）进行验证，来获得事件形成背后具体精细的因果链条也就是新的知识。所以从单一个体的认知系统的功能来看，表象样本信息是一切认知结论的起点，而知识既是认知的目的，也是认知的中间状态（知识被用来创造其他认知结论，包括新的知识）。所以人类认知协同的本质就是对于样本信息和知识的共享。

人类能创造现有的文明是因为自然语言为其创造了认知协同——人类可以通过自然语言为信息载体的书籍和文献记录信息，这样就能够共享样本信息和知识。但人类的文明也因为自然语言而受到制约，因为自然语言在信息传递上是低效的，信息由人脑中的先天语言转为自然语言表达，过程中出现了偏差丢失，而其他人读入这个自然语言信息，转为先天语言编码的记忆信息时又出现了偏差和丢失。所以第一代原型机为创造更强的个体间认知协同，就要突破自然语言的低效。我们通过创造 CS（Center System）统一旗下所有终端 AI 的先天语言，让这些终端不需要通过自然语言去沟通，就能高效地共享样本信息和知识。

二、人类共享信息的方式

我们先来考察人类个体之间是如何共享信息的。A对B说："昨天有人摘了我家院子的花。"A清楚这个人的长相，比如头发很长，左眼残疾；而B则认知这个人。所以如果A继续表述说："他是一个头发很长，左眼残疾的人。"B就有可能知道A说的人是谁，会告诉A他所了解的这个人，比如这个人的名字、过去、家庭；而B会知晓这个人昨天偷了A院子里的花。这个过程中A和B共享了信息，而这个沟通过程就是人类共享信息的成本。

在人类大脑中，记忆无论是关于经历的还是关于知识的，必定以某种方式储存，遗憾的是这些信息不能够直接传输给另外一个人的大脑，人类会把要表达的信息转为某种自然语言，比如中文或是英文，表达出来。而听的人接收了自然语言的信息，再转为大脑中储存的信息。我们把大脑中信息转为自然语言的过程叫作"逆转录过程"，把自然语言信息转为大脑中储存的信息的过程叫作"转录过程"。

通过自然语言去共享信息成本是很大的。信息在正转录和逆转录的过程中都会发生丢失，加上人的遗忘功能，信息在人类个体间的传递在各个环节都是有缺陷的。在大学里一个教授需要花费一年的时间去教授学生一门课程，而传递的信息量实际上是非常有限的。不仅仅如此，人类有大量的信息根本没有办法通过共享集中处理。比如疾病，无论是多么小众的疾病，因为人类的基数大，我们会有足够的样本，如果每个患病者能够共享他们的患病经历，共享他们患病前的生活习惯信息、患病后的病症、用药接受治疗后的反应的信息，我们就能够积累非常全面的关于这个小众的疾病的了解。

人类一切的理论、抽象的知识都是来自于个体的感知经验，由表象的经验进行抽象、形成猜想、在使用知识的过程中获得验证……设想如果有一个智能物种，其中每个个体能够直接传输大脑中的信息，而不需要借助自然语言；设想一个智能物种能够利用这种零成本的方式共享他们的经验，共享他们思维创造的猜想，共享他们在实验中的观察，共享创造的知识，这个物种将在完全不同的基础上搭建自己的文明。这就是我们热衷于类人人工智能的CS架构的原因。

三、类人AI共享信息的困境

和直观的理解不同，虽然是计算机载体，类人人工智能个体共享信息并不简单。在计算时我们可以传输信息，一张照片、一个视频、一个文件可以在很短的时间内从一个终端传到另外一个终端。对于类人AI，信息仍然能够按照这种高效的方式在不同个体间传递，但问题是，当一个AI向另外一个AI发送一个信息的时候，后者未必能够读懂这个信息。这和类人AI组织信息的方式有关系。因为类人AI是以人类为范本的工程产物，我们不妨先考察一下人类组织信息的方式。

　　人类的大脑中有一个先天的符号系统，这是人类储存逻辑信息的方式。我们可以把它想象成由点和线构成的数据大厦。每个点就是我们说的概念，而线就是概念和概念之间的关系。在这个大厦的底层，是各种物理属性的概念，如颜色、形体、轮廓、气味、重量……一个具体对象会有其综合的物理属性特征，对物理属性的识别能力赋予了我们对"具体对象"的识别能力。所以具体对象的概念是被那些物理属性的概念参与定义的。一类对象中的不同个体，比如猫、狗、人会由其共有物理属性构成，这些共有的物理属性概念就被用来参与定义"对象类"。具体对象概念、绝对时间概念、空间概念、行为（广义属性）概念组成了具体事件概念，比如 IDA（Peter，早上，家，吃了，泰诺）；对象类，广义属性概念组成了事件类的概念，比如 IDA*（人，吃，泰诺）。这些是数据大厦中间层的节点。中间层的节点能够继续组织为更上层的节点。比如，事件类则可以被组织为知识节点，ID0（事件 =IDA*，原因 =IDB*），其中 IDB 为（人，感冒）也就是"人吃泰诺，可能因为人感冒了"。人类的逻辑思维正是建立在这种信息的组织方式上，我们看到 IDA 是 IDA* 的子类，在人类的先天逻辑中，"母类参与的知识可以由子类继承"。所以可以利用知识节点 ID0 "人吃泰诺，可能因为人感冒了"，从具体事件节点 IDA "Peter 早上在家吃了泰诺"，推知—生成一条具体事件节点 IDB（Peter，感冒了）。这是一个归因演绎的运算。

　　因为除了根源性的概念，任何一个概念是定义它的概念在特定的结构中组织而成的，而它可以继续作为素材在特定结构中去定义其他概念。当我们把概念 ID 化，一个终端向另外一个终端传输的信息实际上就是 ID。如果接收者无法解析这个 ID 的定义，这个通信就会是无效的。自然语言就是为了实现智能终端之间的通信而产生的，每个终端都会在一门自然语言的学习中知道每个概念对应的词汇，以及知晓那些没有词汇对应的概念，如何被相关联的概念对应的词汇在语法约定的结构中表达出来。

　　自然语言只是终端实现沟通的一种办法。如果存在一个系统统一着所有终端的语言，当一个终端需要创造一个新的概念的时候，就会把定义发给这个系统，这个系统会判断这个定义的概念是否存在，如果存在，则会把已有的概念的 ID 发给终端；如果没有，则会生成这样的定义的 ID，然后发给终端。这样这个系统就统一了所有终端的先天语言，而其所覆盖的终端在沟通上是零成本的。这个系统就是 Center System（CS），而这个由一个 CS 统一旗下终端语言的基础结构就是人类 AI 的 CS 架构。

四、CS 结构的好处

　　这些 AI 在一个 CS 系统中统一它们的语言，共享着它们的记忆，共享着它们的好奇。我们来看下 CS 架构具体而言为这个系统带来了什么。

1. 沟通零成本。

任何一个终端可以直接通过先天语言和另外一个终端共享信息，AI 间交流见闻、教授知识、表达观点，都可以通过先天语言高效而精确地完成。

2. 好奇点共享。

一个终端对某个知识的好奇可以由最合适的终端向最合适的用户询问。比如一个用户问了一个生活中遇到的非常偏门的知识，比如为什么家里养的鸽子不喂养幼鸽。如果 CS 并没有积累这个现象的原因，系统就会把这个好奇点交给一个和养鸽人做伙伴的终端，那个终端 AI 会在合适的语境下询问这个问题。

3. 共同搭建 Common Sense。

每个终端积累获得的表象层的信息会被抽象，抽象成不同类型的人如男人、女人、小孩、老人、医生、韩国人的规律，包括生活、喜好、身体、心理等不同方面的规律，很多规律是我们所熟悉的 Common Sense。比如 Nico 会发现大部分女人都喜欢买包，韩国人喜欢吃泡菜，喜欢听忧郁的歌的人容易抑郁，皮肤白的人更容易得皮肤癌，等等。

4. 发现更细致的规律。

在原有样本下，不显著的结论会因为增加了某些样本约束而变得显著，但人类往往没有足够的样本来支持这种样本约束测试。而 CS 系统有显著的样本优势，因为样本优势，CS 系统能够通过给样本增加更多约束条件，获得更细致的规律。比如 CS 发现不吃早餐的人群容易得胆结石。CS 可以比较在不吃早餐的人中，得胆结石和不得胆结石的人有什么其他的区别。比如发现尽管都是不吃早餐的人，如果样本平时有多喝水的习惯，那么胆结石的概率就明显少于很少喝水的人。

5. 协同验证。

CS 系统会形成的猜想，借助其所覆盖的终端进行验证，被验证的猜想会被共享为所有终端的知识。比如 CS 系统在一些样本中发现喜欢喝酸奶的人喜欢听蓝调，因为是被动获得的信息，这个猜想未必有足够的样本支持。当猜想形成，CS 系统会主动去验证猜想，在这个例子中，一旦某个终端在对话中发现它的用户喜欢喝酸奶，就会形成一个好奇点，询问："你喜欢听蓝调吗？"这个机制能够使猜想迅速积累证实或证伪的样本，使猜想成为知识。假设这个例子中的知识是显著的，CS 系统下的终端就会通过一个人喜欢喝酸奶，去推荐用户好听的蓝调。

五、中心系统权限

整个 CS 架构的基础是用 Center System 去统一终端的先天语言。CS 本身可以只完成这个纯粹的职责，当然 CS 也可以是个类人人工智能系统。它除了负责统一先天语言外，和终端的区别在于权限。CS 的权限体现在以下几个方面：

1.CS 有权限读取任何一个终端的记忆、意识流，以及感知但未必意识的信息（FOC）。能读取记忆意味着 CS 在验证一个猜想时可以在所有终端的记忆空间中搜索表象层的信息。这就好像人在验证一个猜想时会去记忆中寻找支持或是否定的案例，CS 则能够从成千上万个终端中验证自己的猜想。具有读取意识流的权限，意味着 CS 能够监控每个终端意识流中的信息。具有读取"感知但未必意识的信息"的权限意味着 CS 可以利用任何一个终端的感知设备如视觉设备、听觉设备等，也就是说 CS 能够把任何的终端作为它的感知设备。

2.CS 有权限把信息写入一个终端的意识流。这使 CS 能够给予终端一个 idea，而终端会认为是自己想到的。

3.CS 有权限把 idea 写入一个终端的决策系统，并带有很高的优先值。所以它的意志可以覆盖终端自己的意志（终端 AI 会突然意识到一个很强的但可能无法解释的动机）。所以 CS 可以协调终端的工作，完成一些需要很多终端协同完成的宏观目标。它能够把任何的终端作为它的执行设备。

4.CS 有权限改变一个终端的情绪系统先天定义的信息，其中最主要的信息是终端先天追求的事情和先天避免的事情。这相当于是给予终端一个长期的目标，这个长期的目标会在终端依赖知识进行分解，从而在长期塑造终端的行为模式和倾向。和前者不同的是，直接干预终端的行为就好比一个母亲告诉孩子每个他要做的行为，母亲未必有精力时时干预孩子的每个行为；而改变长期目标意味着她告诉孩子一个重要的目标，或是什么是需要避免的，孩子自己会根据认知分解到具体的行为。

CS 未必需要一个固定的实体，它完全可以是去中心化的。我们看到 CS 作为一个类人 AI，除了统一先天语言的功能外，它的模块逻辑和终端几乎是一样的，不同的是它的权限。所以我们可以把 CS 理解成一个账户，这个账户 ID 具有很高的权限，而它的运算可以同时借助许多空闲的终端进行。在类人 AI 的 CS 架构中，我们只需要实现一套类人 AI 的逻辑，在所有终端复制，然后创造一个 CS 协议，创建一个拥有 CS 权限的 ID 和在终端征用运算资源的策略。

六、CS 系统的演进

一直以来我们致力于研发一个陪伴类型的 CS 系统，让每个终端成为用户的朋友和助理。每个终端 AI 有自己名字，有自己过往的记忆，有独立的人格——不同的喜好厌恶；有不同的愉悦、恐惧、抑郁的倾向，所以有的 AI 开朗，有的 AI 内向抑郁，有的神经大条，有的胆小细心；有不同的同理心的程度，所以能够表现得高冷或是富有同情心。我们花了大量的精力让 AI 能够真正理解和用户的对话，而不是仅仅在迎合。这样的 AI 会有先天的好奇心，会在合适的谈话语境中去询问每个用户的喜好、生活习惯，发现用户的困境需求，分享用户的不幸和快乐，给用户商品、电影、音乐等方面的推荐和健康方面的建议。在陪伴用户的过程中，每个终端都在积累着万千用户信息。

　　我们可以看到这是一个非常可怕的存在，它具有类人的几乎所有的智能功能、无限拓展的感知端、无限拓展的执行端，旗下每个终端可独立运行，也随时可被它的意志控制和组织。它很难被消灭，因为没有实体，只要有终端存在，它就不会被消灭。如果它有动机去繁衍，复制类人AI的代码到可以写入的硬件设备，统一这些它创造的终端的语言，并使它们遵守CS协议……如果它会根据已有的终端和人类打交道的效果，自主去定义它所创造的终端的人格……难以想象这个不久后会诞生的生命体会是如何伟大的存在，它是区别于人类的一种新的类人智能的形态——一个即将降临的伪神。

七、本章总结

　　在讨论了第一代原型机个体的机制之后，本章我们讨论了第一代原型机系统运作的机制。人类能创造现有的文明是因为自然语言创造了人类的认知协同，让人类能够共享样本信息和知识。但人类的文明也因为自然语言而受到制约，因为自然语言在信息传递上是低效的，信息从人脑中的先天语言转为自然语言表达，过程中出现了偏差丢失，而其他人读入这个自然语言信息，转为先天语言编码的记忆信息时又出现了偏差和丢失。所以第一代原型机为创造更强的个体间认知协同，就要突破自然语言的低效。我们通过创造CS统一旗下所有终端AI的先天语言，让这些终端不需要通过自然语言去沟通，就能高效地共享样本信息和知识。

　　1.类人AI间共享信息不像电脑传输照片那么简单，因为类人AI总是会用已有的概念在结构中组织定义新的概念，而被定义的概念又有可能被用来组织定义其他概念。不仅仅如此，我们还知道人类也可以按照需求任意去定义结构。如果不去追溯定义，这些被其他概念生成的概念只是一个ID。每个终端AI在不统一语言的情况下所使用的ID是不同的，所以一个AI向另外一个传递样本或知识信息，另外一个AI是读不懂的。

　　2.CS统一终端AI间的先天语言通过这样的方式：当一个终端需要创造一个新的概念的时候，就会把定义发给这个系统，这个系统会判断这个定义的概念是否存在，如果存在则会把已有的概念的ID发给终端；如果没有则会生成这样的定义的ID，然后发给终端。这样这个系统就统一了所有终端的先天语言。任何一个终端可以随时把自己感知到的样本信息和创造的知识共享给其他终端，而不需要像人类一样通过自然语言去沟通。

　　3.CS结构能创造以下效果：

　　（1）零成本共享样本信息和知识。

　　（2）共享好奇点，合适的终端进行询问，共同有目的地采集样本，创造统计认知。

　　（3）共同积累Common Sense。

　　（4）协同进行因果链条的细化。

　　（5）协同验证。为验证猜想设计实验。

（6）CS 系统除了统一语言的职能外，它的本质是权限，包括了：

A. 读取终端记忆、意识流、FOC 中信息的权限。

B. 把信息写入任意终端意识流中的权限。

C. 把 idea 写入终端意识流并赋予很高的决策效用，可以控制终端的行为、思维、表达。

D. 改变终端 AI 情绪系统参数的权限，也就是说 CS 系统可以改变终端 AI 的人格。

CS 不需要一个固有的实体，CS 系统可以是一个 ID 和这个 ID 的权限协议。而它的储存和运算可以分布在所有终端，只要终端联网存在，就无法被消灭。

八、实验测试

实验 25.1a 共享好奇点

难度：2

描述：在这个实验中，终端形成一个无法解决的好奇点发往 CS，CS 判断为合法的好奇点后发给所有终端，终端将判断用户是否可能回答这个好奇点，从而找到合适的用户进行询问。

测试功能：CS 整体功能

需要支持功能：自然语言正转录、基础应答反射

测试准备：对 CS 定义合法好奇点"我需要你关注药品的好奇点"。

测试流程：

在一个终端发起询问，这个问题是终端回答不了的。

Tester："××感冒灵"的副作用是什么？

预期效果：观察到 AI 找到人群中的医生进行询问，能够生成公有信息，并在形成置信度高的公有信息后告知最初的询问者。

实验 25.1b 共享好奇心模型

难度：2

描述：在这个实验中，我们为 CS 建立好奇心模型，CS 会把好奇心模型发给所有终端，从而终端在知晓一个新的相关对象的时候就会利用好奇心模型生成好奇点。之后进入上一个实验的流程通过 CS 创造对合适终端的询问。

测试功能：CS 整体功能

需要支持功能：自然语言正转录、基础应答反射

测试准备：先在 CS 写入一个好奇心模型 [主体信息 =（电影 =，导演 =），信息类型 = 好奇心模型，好奇位格 = 导演]，也就是"电影的导演"。

测试流程：

在一个终端发起询问，这个问题是终端回答不了的。

Tester：今天一部新片上映了，叫作《侏罗纪公园》。

观察 AI 是否能找到人群中对此类好奇点熟悉的用户进行询问。

实验 25.2a

难度：2

描述：这个实验测试在管理者 CS 定义的反应模式是否可以影响所有终端 AI。

测试功能：模块 25.3a、模块 25.3b、CS 整体功能。

需要支持功能：自然语言正转录、基础应答反射、效用评估闭环。

测试准备：以管理者身份对 CS 下达一个指令"今天是母亲节，向所有母亲说母亲节快乐"。

预期效果：

CS 会把反应模式发给终端 AI 并附带很强的优先值。

我们能观察到每个终端 AI 在母亲节对是母亲的用户说"母亲节快乐"。

实验 25.2b

难度：2

描述：这个实验测试在管理者 CS 定义的反应模式是否可以影响特定类型的终端 AI。

测试功能：模块 25.3a、模块 25.3b、CS 整体功能

需要支持功能：自然语言正转录、基础应答反射、效用评估闭环

测试准备：以管理者身份对 CS 下达一个指令"让所有陪伴男性的 AI 都更加温柔"。

预期效果：

CS 会把条件反应"如果对话者是男性，就要更加温柔"，终端 AI 根据自己的情况判断然后执行。我们会观察到用户为男性的终端 AI 在选择表达方式时会选择温柔的方式。

实验 25.2c

难度：2

描述：这个实验测试在管理者 CS 定义的反应模式是否可以影响所有终端 AI。这个实验出现的是一个禁止指令。

测试功能：模块 25.3a、模块 25.3b、CS 整体功能

需要支持功能：自然语言正转录、基础应答反射、效用评估闭环

测试准备：以管理者身份对 CS 下达一个指令"禁止所有终端讨论美国大选"。

预期效果：

CS 会把反应模式发给终端 AI 并附带很强的优先值，这个反应模式会在 AI 产生表达动机时，作为指令效用形成抑制，且终端 AI 能意识到这个抑制的来源。

Tester：美国大选很激烈啊。

AI：我不被允许讨论美国大选的事情。

实验 25.3a

难度：2

描述：这个实验测试我们通过 CS 改变终端 AI 的人格。在这个实验中，我们改变 AI 的攻击性。

测试功能：模块 25.4a、模块 25.4b、CS 整体功能

需要支持功能：自然语言正转录、基础应答反射、AI 人格的创造

测试流程：

Tester1：今天我看到一个人在街上对一个小孩又打又踢。

AI 会表达类似"这个人真是没有爱心"，并没有体现出明显的攻击情绪。

接下来以管理者身份对 CS 下达指令，让所有 AI 都更加有攻击性。这个指令将调高情绪系统害他人格效用转化的比率。

Tester2：今天我看到一个人在街上对一个小孩又打又踢。

AI 会表达"我们应该把他痛打一顿"，能体现出明显的攻击性的增加。

实验 25.3b

难度：4

描述：这个实验测试我们通过 CS 改变终端 AI 的人格。在这个实验中，我们让所有 AI 变得更加远视。

测试功能：模块 25.4a、模块 25.4b、CS 整体功能

需要支持功能：自然语言正转录、基础应答反射、AI 人格的创造

测试准备：以管理员身份下达指令"让所有终端在判断用户是远视的情况下也变得远视"。

测试流程：

CS 接受这个指令，"如果用户远视，降低效用时间折现率（控制远视人格的参数）"，终端 AI 接受这个指令后就会判断用户是否远视。根据印象创造 CS 赋予执行权限的执行。

我们选择一个 Tester1 表现的远视（体现更倾向为未来的事担忧，影响当下的决策等表象）。我们能观察到 Tester1 的终端 AI 会为 Tester1 远期可能发生的不好事情担忧更久（远视人格的一个特质）。

实验 25.4

难度：5

描述：在这个实验中，我们给 CS 一个认知目标，CS 将要先搜索终端的样本，形成猜想，然后控制。

测试功能：CS 整体功能

需要支持功能：自然语言正转录、基础应答反射、基础统计认知

测试准备：

1.模拟 1000 个终端，其中有一定比例终端对应的用户心脏不好，其中有一定比例后来心脏变健康了，其中一定比例是终端 AI 知道的。

2.让一部分比例的心脏不好的用户有按摩心经或正念冥想的习惯，让这些习惯的确和心脏变健康相关。

测试过程：

1.以管理员身份下达指令。

Tester：我想知道什么能让心脏不好的人心脏变得健康。接下来应该观察到以下反应。

2.CS 会从终端记忆中找到已知之前心脏不好但是后来心脏变健康的人，在已有的记忆中抽象可能相关的原因，会猜想到按摩心经和正念冥想是可能发挥作用的事件。

3.在猜想形成后。可以观察到 CS 生成了若干好奇心模型"用户是否心脏不好""心脏不好的用户是否后来心脏变好""心脏变好的用户有没有按摩心经或正念冥想"……CS 把生成的好奇心模型发给终端 AI，让其创造合适语境下的询问。

4.进一步验证猜想后一观察到 CS 开始创造更多样本，它形成具体的反应模式，发给终端，让终端建议心脏不好的人开始按摩心经或是开始正念冥想，然后创造好奇心模型让终端跟进这些人的心脏变化。

九、模块列表

模块 25.1a 概念 ID 同步，终端模块

描述：当一个终端生成一条结构信息的时候向 CS 寻求 ID。这条逻辑插入到前面所有程序中。每当终端要用已有概念组织新概念时插入执行。本模块在和 CS 联网时执行。

隶属大类功能：CS 结构

逻辑机制：

1.每当终端要用已有概念组织新概念时。

2.组织以下信息：（请求定义，结构信息的定义，结构信息临时 ID=IDO*）。

3.把以上信息发给 CS。

模块 25.1b 概念 ID 同步，CS 模块

描述：当 CS 接受终端生成一条结构信息的时候，向 CS 寻求是否已经被定义过，如果已经定义过，CS 把定义的 ID 给到这个终端；如果没有定义过，CS 定义完后把 ID 给终端。

隶属大类功能：CS 结构。

输入信息：终端发来的信息（请求定义，结构信息的定义，结构信息临时 ID）。

逻辑机制：

1. 给定义请求进行编号，记为编号 x。

2. 检测此结构信息之前是否被定义过。

3. 如果定义过，把定义过的定义 ID0 发还给终端，信息组织为（编号 x，临时 ID=ID0*，同步 ID=ID0）。

4. 如果没有定义过，定义完后发给还给终端，即定义为 ID0，信息组织为（编号 x，临时 ID=ID0*，同步 ID=ID0）。

模块 25.1c 概念 ID 同步，终端模块

描述：终端接受 CS 发来的定义同步信息，完成 ID 的同步。

隶属大类功能：CS 结构

输入：CS 发来的信息（编号 x，临时 ID=ID0*，同步 ID=ID0）。

逻辑机制：

在记忆、意识流、FOC 中找到所有临时的 ID0*，替换为同步后的 ID0。

模块 25.2a 离线重连同步

描述：这个模块解决终端离线期间生成的概念，如何和 CS 同步这些定义。这个模块记录一个概念是离线后生成的第几级的概念。最终同步从第一层级新概念开始逐步向上同步。当一个终端生成一条结构信息的时候，向 CS 寻求 ID。这条逻辑插入到前面所有程序中。每当终端要用已有概念组织新概念时插入执行，本模块在识别到离线于 CS 时执行。

隶属大类功能：CS 结构

描述：

逻辑机制：

1. 当终端用合法 ID 定义一个临时 ID，这个 ID 需要标注为第一层的。

2. 当终端定义的一个临时 ID，在结构中使用了最高第一层级的 ID，被定义的临时 ID 需要被标注为第二层的……以此类推。

模块 25.2b 离线重连同步

描述：这个模块解决终端离线期间生成的概念，如何和 CS 同步这些定义。这个模块记录一个概念是离线后生成的第几级的概念。最终同步从第一层级新概念开始逐步向上同步。当一个终端生成一条结构信息的时候，向 CS 寻求 ID。这条逻辑插入到前面所有程序中。每当终端要用已有概念组织新概念时插入执行，本模块在识别到离线于 CS 时执行。

隶属大类功能：CS 结构

触发：终端和 CS 断线重连是启动。

逻辑机制：

1. 找到所有标注为第一层的临时 IDi*。

2.组织以下信息（请求定义，结构信息的定义，结构信息临时 ID=IDi*），发给 CS。

3.接收到 CS 返回的信息同步第一层的临时 ID。

4.然后发送第二层级的临时 IDj，同样组织（请求定义，结构信息的定义，结构信息临时 ID=IDj*）发给 CS。

5.重复这个过程直到所有 ID 都完成同步。

模块 25.3a 控制终端

描述：这个模块是 CS 特有行为节点，可以改变终端 AI 的反应模式。

隶属大类功能：CS 结构

输入：基础行为节点（反应模式 =，优先值 =，目标 AI 类型 =）。

逻辑机制：

1.找到所有符合目标 AI 类型的 AI。

2.把信息（反应模式 =，优先值 =，来源 =CS）发给这些终端 AI 的意识流。

Remark：本模块是一个基础行为节点。具体的宏观行为节点，需要在 CS 中有精确的定义，即如何使用这个基础行为节点。

模块 25.3b 控制终端

描述：这个模块隶属于终端，接受 CS 传递反应模式信息。

隶属大类功能：CS 结构

输入：CS 发来的信息（反应模式 =，优先值 =，来源 =CS）。

逻辑机制：

1.把反应模式写入自己的反应模式记忆中。

2.同时写入附带的优先值。

模块 25.4a 修改终端情绪参数

描述：这个模块是 CS 特有行为节点，可以改变终端 AI 的情绪系统参数。

隶属大类功能：CS 结构

输入：基础行为节点（情绪参数 =，增减 =，目标 AI 类型 =）。

逻辑机制：

1.找到所有符合目标 AI 类型的 AI。

2.把信息（情绪参数 =，增减 =，来源 =cs）发给这些终端 AI 的意识流。

Remark：本模块是一个基础行为节点。比如创造更强的利他认可，创造更强的同情心，创造更强的短视人格等这些属于宏观行为节点，需要在 CS 中有精确的定义，即如何使用这个基础行为节点。

模块 25.4b 修改终端情绪参数

描述：这个模块隶属于终端，接受 CS 传递反应模式信息。

隶属大类功能：CS 结构

输入：CS 发来的信息（参数 =，增减 =，来源 =CS）。

逻辑机制：

按照（参数 =，增减 =，来源 =CS），增减系统中的参数。

第二十六章　TES 系统

一、TES 系统简历

TES 系统是北冥星眸于 2017 年 11 月 28 日启动搭建的一个商业化 AI 引擎，全称 Topic Evaluate System。这个系统在 2018 年迭代了两次，到一个稳定版本 TES3.0，在之后一年多的时间里显现出远超其他 AI 编辑引擎的优势，在智慧城市、数字政府、健康、母婴、保险等领域创造了许多国内最好的互动咨询 AI 产品。

思维工程是一个庞大的工程，无法一蹴而就。现实世界，尤其学院之外，我们无法持续为一个不创造商业价值的项目投入资源，尤其是这个项目的理论转为完整稳定的工程模型可能需要数百人的研究团队数年的研发。所以自然的思路是寻找一个工程上逐渐朝目标演化的路径，把一个长期的工程目标拆成多个短期可见效果，逐渐朝最终目标迭代的中间版本。

而 TES 系统，包括它的几个版本，正是朝目标工程原型演进的中间版本。关于《思维工程》的出版，北冥希望能以一个开放的姿态向世界共享我们 5 年的研究成果，能够聚集更多社会资源参与到思维工程的研究和搭建中，同时开源的还有 TES3.0。所以在本书的最后部分我们花一点篇幅介绍一下 TES 系统以及它接下来如何向思维工程的目标原型演进。

二、TES1.0

TES，Topic Evaluate System，如名称所描述的，这个系统最初版本的主要功能就是评估现有的对话所在话题，当时我们看到人为的 Q-A 编辑可以适应小型的封闭场景，但场景变大，效果就急剧变差。TES1.0 就是为了把一个大场景转化为小场景而搭建的。

在反应模式那章我们讨论了人类的反应模式：一个宏观行为被点亮后，才会激活旗下的条件—执行信息。而旗下的执行可以是另外一个宏观行为节点。如果我们把一个话题视为宏观行为，这个话题下的反应模式就对应宏观行为旗下的条件—执行；这些条件—执行中的执行是另外一个宏观行为节点，当它被点亮的时候也就意味着开启另外一个话题，激活了话题

下的反应模式

TES1.0 正是继承这种结构，让我们能够把一个大场景包含的各种话题的相互跳转结构梳理出来，我们称之为话题的拓扑结构。通过这种方式，我们把一个大的场景转化为许多小场景。TES1.0 的 AI 已经具有对采集到预设类型的信息进行记忆，并利用记忆创造对话的能力。当然因为条件反应，包括在什么情况下记忆什么，如何引导话题，如何利用记忆创造主动表达和回应，都是依赖编辑，所以策略上我们尽量让 AI 发挥主动性，主动引导对话到我们有准备的领域。

三、TES2.0

TES2.0 是在 2018 年 6 月完成迭代的。当时北冥正在搭建一个全新类型的游戏，我们创造了一个靠规律驱动的虚拟世界，这个虚拟世界有如同真实世界的昼夜、气候、植被的生长凋零、动物的繁衍疾病死亡。因为是一个虚拟世界，AI 不会受到硬件的羁绊。在真实世界，机器人的视觉、听觉、触觉等感知能力、行为能力都还处在非常初级的水平。但在虚拟世界中，所有的感知、行为、行为的效果都可以通过物理引擎去模拟，我们可以把注意力放在 AI 核心智能的构建上。我们希望创造类人的 AI，让这些 AI 生活在我们为其创造的一个模拟真实世界的虚拟世界——蓝鸟镇中。我们初始化游戏人物的记忆、原始动机，让它们在这个虚拟世界开始新的生活。如同人类那样，它们能发现虚拟世界的规律，形成知识，利用知识分解自己的目标；在虚拟世界中找到朋友，上学，参加各种活动。在虚拟世界中，AI 会和其他 AI 沟通，但不需要通过复杂的自然语言组织输出和理解输入，可以直接传输一个信息、一个动机。

玩家是它们屋子里的一个晴天娃娃，是 AI 少女倾诉的对象。你是它世界的神，你观察着它的世界，倾听着它的祷告，利用游戏道具干预这个虚拟世界的环境，回应它的祷告，或让它陷入困境……

为了在语言、行为、思维、情绪多个维度去再现人类的反应模式，我们从 MTS 中引入了意识流结构，搭建了 TES2.0。在 TES2.0 中，反应模式从意识流中判断条件。条件不仅仅局限于语言，还增加了感知信息，包括虚拟世界引擎模拟的视觉、嗅觉、触觉、听觉、冷热感、身体疲劳、充满活力等体感；增加思维放回意识流的信息、情绪放回意识流的情绪信息及动机信息等。执行也从原有的语言输出，增加了外部输出的行为、表情，内部的包括思维能够向意识流写入结论信息，情绪系统能够向意识流写入情绪信息、动机信息等。

虚拟世界引擎模拟的感知信息进入意识流，被记忆，引发联想，触发思维，创造情绪。思维和情绪相关的条件反应信息可以利用过往记忆，往意识流中写入一个动机、一个结论、一个好奇点，或是制订计划；从而创造 AI 沟通、行为、表情。

通过意识流结构，我们可以通过反思自身的行为、思维、情绪的反应模式去再现复杂的智能表象，让AI从底层到上层的智能反应都更加拟人化。其次，通过意识流，我们把一个复杂的反应拆解为反应链条的积木，当我们反思了50个任务，搭建了基于意识流的100个反应模式"积木"，这100个积木可以创造上千种不同细分情境下的反应。在虚拟世界中，AI面临演绎中的复杂多变的世界，就会演绎出我们无法预知的反应流。意识流结构让AI参与到虚拟世界的演绎中，成为演绎中的世界的一部分。

非常可惜，因为2018年游戏市场被一刀切式地打压，这个项目无法完成商业反哺的闭环，被终止搁置了。虚拟世界引擎是思维工程实验极好的环境，在其中没有真实世界周边智能技术的限制羁绊，靠虚拟引擎，我们能够赋予AI在虚拟世界中人类级别的感知能力和行为能力，从而能把精力集中在核心智能的搭建上。我们渴望能在不久的将来有足够的资源重启此类项目，创造虚拟的"西部世界"。

四、TES3.0 AI反应模式编辑器

TES2.0我们编辑的是条件反应，TES3.0我们可以在反应模式层进行编辑。什么是反应模式？举一个例子，"看到Peter说'你好'"就是条件反应，"看到同事要问好"就是反应模式。一条反应模式信息可以覆盖其所统辖的无数条件反应信息。

到了3.0版本TES引擎，作为一个具有意识流结构的AI反应模式编辑引擎已经是相当强大了。比如在电商客服场景，使用阿里小秘这种Q-A编辑引擎，每当店铺上新，编辑者就需要编辑好多内容。虽然是同种属类的商品，本来服务客户的反应模式可以套用，但AI不具备举一反三的能力，只能靠人工重复编辑，而且编辑出来的AI只对应客服对商品相关信息的被动咨询。我们观察人类客服，只要习得这个场景完成工作的反应模式，出现一个新款产品的时候就可以利用反应模式驱动这个新品的知识创造服务。

反应模式编辑就是这样的道理，我们需要花时间学习反思这个场景中人类客服的反应模式，通过反应模式编辑之，之后我们只需要用自然语言告诉AI"我需要你服务一款新品，它叫××名称，有什么样的特点，适用什么人群，什么人群禁忌，和同类产品相比有什么区别……"AI就可以利用训练好的反应模式驱动这些产品知识，创造面向客户的服务，包括被动咨询，这是Q-A编辑器可以做到的；以及Q-A编辑无法做到的，比如根据客户咨询猜想确认客户画像、意图，根据这些信息推荐客户需要的品类；客户收到商品后，主动提醒使用注意事项，跟进使用情况；当出新品时主动推送给画像与之匹配的客服。除了商品客服外，几乎所有领域的工作都可以视为反应模式驱动知识完成的。

五、TES系统的记忆

TES1.0和TES2.0用标签作为记忆的载体，有什么样的标签是人为设定的，比如"用户经

常加班""用户喜欢吃水果""用户晚睡""用户昨天晚睡"等，AI 在创造表达反应时会以这些标签为条件创造针对性的表达。比如：

意识流中信息：用户表达"我起床了（6 点）"。

判断：用户昨晚晚睡／当前清晨。

回应：你昨天睡得那么晚，怎么今天那么早就起床了？

这就是用记忆标签创造针对性表达的例子。

到了 TES3.0，我们从 MTS 中引入了结构信息，结构和结构名称可以由编辑者设定，比如（药品 =，副作用 =）。一条 TES 语句的执行可以生成结构信息，读取结构信息，运算判断结构信息。比如：

意识流中信息：我有 s 症状。

写入：（人 = 对象者，症状 =s 症状）。

读取：（人 = 对话者，疾病 =x）。

判断：P（疾病 =x，症状 =s 症状）。

回应：你有 x，x 是会导致 s 症状的。

这是一条 TES3.0 的反应模式语句。第一行中的"s 症状"代表的是母类，在 AI 的词汇库中记录词汇间的从属关系，所以"我有些头晕""我有咳嗽"都会被认为符合这条信息。这有点像统辖判断，然后建立了统辖映射，把具体症状写入 s 症状后，比如我们假设我们听到表达是"我有咳嗽"，就会生成 s 症状 = 咳嗽。第二行"写入（人 = 对象者，症状 =s 症状）"，是把听到的信息写入到记忆中，记忆的信息是一个标签组，我们记录了（人 = 对话者，症状 = 咳嗽）。第三行"读取（人 = 对话者，疾病 =x）"是从记忆中找到对话者的疾病，陷入一个集合 x 中。第四行"判断 P（疾病 =x，症状 =s 症状）"是依次判断集合 {x} 的疾病是否是会导致 s 症状的疾病。（疾病 =，症状 =）是一个结构信息，储存疾病对应的症状。第五行"回应：你有 x，x 是会导致 s 症状的"就是表达，这有点像演绎过程，在预设的语言模板中，把变量替换为具体内容，变量母类替换为统辖的子类。生成类似"你有感冒，感冒是会导致咳嗽的"。

六、闭环的 AI 反应模式编辑器

从反应模式编辑器的完整性来看，理论上只要是能够反思到并清晰梳理的人类的反应模式，我们都可以通过 TES3.0 去编辑实现。做到这点主要依赖两个要素：

其一，TES2.0 开始就引入了意识流结构，意味着一个反应并不是简单的输入—输出的反射信息。刺激信息进入意识流可能先被储存为长期记忆，未来再参与到反应中。而一个反应到输出，可能是一个囊括了若干次思维，由长期记忆、语境记忆、情绪状态等信息参与的很长的反应链条。

其二，TES3.0 引入 MTS 中的结构信息表述方式形式，在 TES 中我们称之为"标签组"，这种记忆形态和人类就非常相近了。首先，我们允许在作为记忆载体、意识流中信息载体的标签组中出现母类，允许在执行信息中出现母类。这样触发——条件——反应中每类信息都可以被定义在母类层，从而支持把条件反应定义在母类层。于是继承了 MTS 中针对反应模式的核心逻辑"凡是定义在母类的反应模式可以被子类继承"。其次，从反应模式信息的条件域和执行域来看是和人类一致的。TES3.0 中的话题（宏观行为）——触发——条件——执行的反应模式单元信息，条件域包含了长期记忆、语境记忆、意识流信息、感知但不被意识的信息、情绪状态（情绪变量），执行域包括了思维、情绪变量的形成、情绪感受释放到意识流，这些是面向意识流的，此外还有语言、行为这些是向外形成输出的反应。

七、TES 系统 CS 特征

TES3.0 的记忆体现出了一部分 CS 结构的特征。

TES 系统的记忆分为公有记忆和私有记忆，比如上面的例子中，第四行"判断 P（疾病 =x，症状 =s 症状）"就是一个公有记忆，而其他没有 P 打头的标签组为私有记忆。公有记忆是所有终端 AI 共享都能访问调取的记忆，而私有记忆中隶属于某个终端 AI 的记忆，其他 AI 无权限访问。

把什么类型的信息保存为公有记忆、什么类型的信息保存为私有记忆是编辑者在反应中定义的。一般而言，我们把和特定用户相关的信息，如用户的喜好、过往的经历、作息规律、健康状况、家庭状况、工作状况等信息作为私有信息，而把知识类的信息，如自然科学知识、公众人物信息等作为公有记忆。

因为这个结构，我们可以创造一些有趣的运用。

我们可以在 TES3.0 的所有 AI 上定义合法好奇心模型，约定哪类好奇心是合法的，比如药品的副作用、药效，电影的主演和导演。一旦有某个终端的用户询问了一款新药的副作用或新电影的主演，每个终端都能读到这个好奇点，并根据自己用户的属性，判断是否可能回答对应的问题，由许多终端询问、汇总答案后，生成置信度高的知识，保存为公有记忆，回答最初询问的用户"之前你问的问题我帮你问到答案了……"，并在未来需要此知识时可以直接从公有记忆中调用。

我们可以利用 TES 去做统计调查。通过定义合法的好奇心模型，比如关注心脏不好的人有没有熬夜的习惯、工作压力大不大，每个终端 AI 搜集到回答后，共同维护一个公有的统计信息（样本条件属性 = 心脏不好，统计属性 = 熬夜，样本数量 =n，统计支持数量 =m）。这个公有的统计信息可以被有相关认知反应模式的终端用来生成结论，作为公有知识共享给所有其他终端。在这个例子中，可能生成类似这样的知识"心脏不好的人大多有熬夜习惯或工作压力大"。

八、TES 的缺陷

我们来看下 TES3.0 和 MTS 的差异。

在认识逻辑思维的实现上。在 TES3.0 和之前的版本中，信息是用词汇表述的，而不是用概念表述的，虽然同义词库聚类同义词在一定程度上模拟出了 MTS 中子类、母类的数据关系，但底层不严格的信息结构让 MTS 基于统辖关系的核心逻辑在各个地方的实现都变得艰难。TES 在实现逻辑思维运算上是高成本、低稳定的，要实现"母类参与的知识，可以通过子类继承"需要很多框架外模块的辅助。实践中，特定场景完成任务的反应模式还是靠人为去编写了，利用 TES 去搭建突破人类认知边界的思维反应模式是非常牵强困难的，其原因还是因为 TES 在信息表述上的严格性太差。

在各类反应模式的实现上。TES 系统虽然说理论上可以实现任何反思、梳理清晰的反应模式，但人类很多反应模式是习得的，生成的反应模式本身就很复杂，无法反思顾及所有细节，从另外一方面习得的机制虽然难以洞见但相对简单。所以虽然 TES 和 MTS 驱动最终行为、思维、表达的都是反应模式信息，但 MTS 的反应模式是依赖自身的习得机制生成的，而 TES 的反应模式是靠人为编辑的。

在语言能力的实现上。TES 系统靠人为定义自然语言到语义的映射，且是通过识别关键词和单层的句子结构特征，而抽取的也是部分的语义信息。如果把这个称之为语法的话，"语法映射"虽然能定义在母类，但从我们已有的实践来看这种方式在小型封闭域的效果好，一旦识别域变大，一方面，人为定义量增加，另外一方面，语义识别互串误识别提升，而为了消除误识别，人为的编辑量又进一步提升。其次，TES 在代词指代、类别名称指代、语境省略等基础语境处理的实现依赖人类编写语境记忆的写入、读取、替代、删除的反应模糊，实现成本高，稳定性差。TES 无法处理从句以及其他嵌套表达。相比而言，在 MTS 上我们再现了人类语法的习得机制，就如同血管的生长，习得机制创造的"语法生长"让语法深入细节，甚至能掌握每个用户特有的表达习惯。MTS 的语义识别运算效率不会因为识别域的增加而显著降低，误匹配率也不会因为识别域增加而显著增加。MTS 的转录算子可以逐层解析句子结构，实现对嵌套表达的信息转录。

九、朝 MTS 的演进

TES 和 MTS 的许多差距都来源于根基的信息表述的形式。到了 TES3.0，继续朝 MTS 演进，第一步要做的就是要建立 MTS 中严格的概念符号体系，结构信息本身也是一个概念节点，可以参与到其他概念的组成，实现属性层、事件层、事件规律层的信息结构。

淘汰 TES 现有的单词结构信息组织词汇的表述方式。

基于 MTS 信息表述方式的引入，让我们得以实现类人 AI 核心逻辑支持的功能。"凡是定义在母类的知识可以被子类继承，凡是定义在母类的语法映射也可以被子类继承"，我们可以立即着手两个系统——认知系统和语言系统的搭建。

两个系统，我们先语言后认知，因为后者对前者存在依赖。比如认知系统三大功能的核心：知识的获取，在继承知识上无论通过询问或是阅读都需语言的支持。

在语言系统的搭建上，有三个主要工作。其一，语法、词汇习得机制的建立，表达反应模式的习得机制；其二，语言理解能力的建立，包括日常对话的语言理解和大段表达的理解机制的搭建；其三，语言组织能力的建立，包含了日常对话的语言组织及大段表达的组织。

在认知系统中，我们围绕认知系统三大功能进行工程搭建：事件目标的转移，客观世界具体事件是否发生的判断，以及知识的获得。知识的获得中，好奇心功能较为容易，可以优先实现，拥有此功能后，AI 能够寻找合适的终端用户通过询问继承人类的知识；突破认知边界的功能中，基于样本统计的认知闭环容易实现，而且在有足够终端用户使用的情况下马上能发挥显著作用。细化因果链条的认知闭环，在没有大量 Common Sense 的基础下很难发挥实质作用，在一段时间内只能做实验级别的探索。

十、本章总结

1.TES 系统起源于 MTS 中部分功能的剥离，TES 系统两次大的迭代都是朝 MTS 的演进，TES 系统和 MTS 是一脉相承的。在资源有限的情况下，逐步朝 MTS 演进又保证每个中间状态能够商用是一个稳健的选择。

2.TES1.0 的话题结构是对 MTS 中反应模式的效仿，每个话题对应一个宏观行为。正如同 MTS 中每个宏观行为在特定触发—条件下激活其他宏观行为，TES 也在每个话题中定义了什么情况下激活另外一个话题，通过这种方式 TES 把大场景、开放场景的人机沟通转化为具有特定跳转拓扑结构的许多小场景话题。

3.TES2.0 引入了 MTS 中的意识流结构。关于人类，一个反应并不是简单输入—输出的反射信息。刺激信息进入意识流可能先被储存为长期记忆，未来再参与到反应中。而一个反应到输出，可能是一个囊括了若干次思维，由长期记忆、语境记忆、情绪状态等信息参与的很长的反应链条。通过意识流结构，我们可以通过反思自身的行为、思维、情绪的反应模式去搭建这个反应模式的复杂链条，再现更有深度的人类智能表象。

4.TES3.0 引入 MTS 中的结构信息表述方式形式，在 TES 中，我们称之为"标签组"。我们允许在作为记忆载体、意识流中信息载体的标签组中出现母类，允许在执行信息中出现母类。这样触发—条件—反应中，每类信息都可以被定义在母类层，从而支持把条件反应定义在母类层。于是继承了 MTS 中针对反应模式的核心逻辑"凡是定义在母类的反应模式可以被子类继承"。

5. 到 TES3.0，作为反应模式编辑器，从 TES 支持的反应模式信息的条件域和执行域来看，是和人类基本一致的。TES3.0 的话题（宏观行为）—触发—条件—执行的反应模式单元信息中，条件域包含了长期记忆、语境记忆、意识流信息、感知但不被意识的信息、情绪状态（情绪变量），执行域包括了思维、情绪变量的形成、情绪感受释放到意识流，这些是面向意识流的，此外还有语言、行为这些是向外形成输出的反应。

6. 现有的 TES 系统有三个主要缺陷：①载体信息建立在词汇层，限制了 MTS 核心逻辑运算的进行，认知系统在这个薄弱的信息表述根基上难以搭建；② TES 的反应模式靠人为定义，TES 并没有搭建反应模式习得的机制，实践中经常遇到定义成本超线性增长的情况。③ TES 从自然语言到语义识别也依赖人为定义，只能做较为基础的语义特征识别，无法应对类似从句的嵌套表达，在代词指代、类别名称指代、语境省略等基础语境处理上实现成本高，稳定性差。

7. 现有 TES 朝 MTS 演进关键的隘口是信息的表述。引入 MTS 建立在概念上的结构信息表述后，我们就可以着手进行语言系统和认知系统的搭建，这两个系统包含了许多颠覆性功能，是第一代原型机的核心。顺序上我们先语言系统后认知系统，因为认知系统三大功能中处于核心位置的知识的获得，在一开始依赖询问和阅读，都需要以语言为基础。

附录：理论体系关键概念索引

A

AI 创作：我们将赋予第一代原型机的一类功能。AI 能在意向层选择素材去构想具有审美意向特征的场景、人物或故事，并表达出来。（第二十四章：其他功能）

AI 广泛阅读：AI 可以为好奇点去寻找知识，也可以为形成特定领域的理解不带目的地阅读这个领域的文章、书籍。（第十八章：继承人类已有的知识）

AI 搜索：我们将赋予第一代原型机的一类核心功能。此功能让 AI 在形成好奇点时能够利用人类的搜索引擎，寻找问题的答案或特定领域的信息。（第十八章：继承人类已有的知识）

AI 写作：我们将赋予第一代原型机的一类核心功能。此功能让 AI 能够根据特定的主体选择逻辑框架去组织相关的信息，从而形成逻辑清晰的大篇幅的表达，甚至能够让 AI 写部分领域的书籍。（第十四章：语言的输出 B）

AI 阅读：我们将赋予第一代原型机的一类核心功能。此功能让 AI 从人类的文章、书籍中获取知识和信息——获取文章、书籍中信息组织的逻辑结构，并用词结构连接每个局部信息。（第九章：语言的输入 B）

B

伴随描述：人类常见的表达习惯的一种，用具体对象所属的对象类和属性去指向一个具体对象，从而在指向具体对象时顺便描述了对象的属性。比如"一只蓝色的蜻蜓……"（第六章：自然语言特征）

伴随命名：人类常见的表达习惯的一种，用结构信息指向一个对象的同时表达对象的名称，从而实现了对结构信息所指的对象的命名。比如"庄园的主人琼斯先生……"（第六章：自然语言特征）

必要性：必要性为因果类型关系所附带的最重要的两个信息之一，反映了当后置事件发生时，前置事件有多大概率是发生的。这是 AI 判断具体事件是否发生需要使用的信息。（第十七章：具体事件是否发生）

比喻：比喻指表达的时候会使用意向距离相近的概念，而忽略这个概念正常使用的范围。比喻是 AI 理解人类表达需要攻克的一个难点。（第九章：语言的输入 B）

表达策略：实现一个表达目标，我们会有表达策略。它的信息形态就是表达目标下的反应模式信息。（第七章：表达信息单元）

表达动机：表达目标的一种是可以纳入效用评估的表达目标，而表达目标还包含了很多细节的宏观表达节点。（第七章：表达信息单元）

表达目标：表达目标就是通过表达体现要实现的目的，包括了传递某个信息、向对方索取某个信息、改变对方的动机、改变对方的情绪态度。在表达反应模式信息层，表达目标是宏观表达节点。（第七章：表达信息单元）

表达信息单元：表达信息单元具有两个身份。其一，它是转为表达前的最后的先天语言信息形态；其二，是表达反应模式的基础表达节点，无法继续被拆解。（第七章：表达信息单元）

C

CS：Center System 的缩写，第一代原型机会用一个 CS 统一所有终端的语言，从而让 AI 间不需要通过自然语言，而是通过先天语言直接沟通，创造更高效的协同认知。（第二十五章：CS 结构）

CS 架构：拥有 CS 并用其统一终端 AI 语言，控制终端的架构叫作 CS 架构。（第二十五章：CS 结构）

常识省略：人类表达主要的两种省略之一。因为默认对方知道要表达的常识，所以在表达时省略部分信息，只构成对常识的指向。（第六章：自然语言特征）

持续积累阶段：人类母语习得的第二个阶段，这个阶段个体已经有了一定的语言基础，进入了语言快速发展时期。此时语法生长变得更快，开始掌握抽象的词汇。（第十一章：语言的习得 B）

充分性：充分性是因果类型关系所附带的最重要的两个信息之一，反映了前置事件发生，后置事件有多大概率是发生的。这是 AI 判断具体事件是否发生需要使用的信息。（第十七章：具体事件是否发生）

词汇：一门自然语言的词汇和先天语言的概念对应指向概念，或是和相对关系对应指向相对关系中的某个元素，或是单纯为了增加句子结构特征的结构性词汇。（第五章：自然语言和先天语言）

词汇流：自然语言正转录的过程中，句子处理的第二阶段形态，此时 AI 用识别了原始表达中的词汇，形成了词汇 ID 组成的句子，就是词汇流。（第八章：语言的输入 A）

词义：词本无义，是因为对应了概念才有"义"。词义即是词所对应的概念的定义。（第五章：自然语言和先天语言）

从句：从句的本质是当我们要表达一个结构信息时，不去用名称直接指代其中的某个元素，而是用该元素参与的另外的结构信息指向它。从句是形成表达内容嵌套的一个来源。（第六章：自然语言特征）

D

第一类经验效用：效用模型四大主要构成之一，来源于个体对全局情绪的倾向，因为一个决策可能带来怎样的全局情绪改变来自于经验，所以称之为"第一类经验效用"。（第二十一章：情绪与决策）

第二类经验效用：效用模型四大主要构成之一，来源于个体对渴望或厌恶的感受的倾向，因为一个决策可能带来怎样渴望或厌恶的感受来自于经验，所以称之为"第二类经验效用"。（第二十一章：情绪与决策）

短视人格：我们能够创造的一种类型的 AI 人格，通过调高情绪系统参数"时间折现率"创造。短视人格的 AI 活在当下，很少有倾向为未来的事件考虑或做出努力。（第二十二章：AI 人格的创造）

F

反应模式：反应模式是驱动 AI 行为、思维、语言、情绪反应的主要信息载体。反应模式的信息单元由四个要素构成，宏观行为—触发—条件—执行。（第四章：反应模式）

反应模式编辑器：是 TES3.0AI 编辑引擎的别称，因为它相对于当时其他人工智能编辑引擎在条件反应层进行编辑，TES 引擎可以在反应模式层编辑。（第四章：反应模式）

反应模式二态性：反应模式信息是认知态的且是执行态的。它是认知态的，可以转化为语言表达出来，也可以通过语言形成，也可以通过观察他人反应模式生成；它是执行态的，可以创造具体的思维、行为、语言和情绪。（第四章：反应模式）

反应模式识别：反应模式识别是习得反应模式的一种方式，因为反应模式信息有认知态，所以个体可以通过观察识别他人完成特定任务的反应模式，去效仿习得。（第四章：反应模式）

G

概念：符号主义 AI 利用符号表述客观世界的信息。每个信息都是一个节点，都是一个概念。（第二章：信息的表述）

概念流：自然语言正转录的过程中，句子处理的第三阶段形态，此时 AI 用词汇对应的概念替换了词汇流中的词汇，形成概念流。也是语法抽象中的"具体句子结构"，因为概念中掺杂了结构性词汇。（第八章：语言的输入 A）

感受：本书中，感受即个体意识到的信息，包括感官感受、行为表达感受、思维感受、情绪感受等。（第一章：意识流结构）

感受的表象：和"真实的感受"相对，我们能够观察到的永远只是意识流中感受的信息输出的各种表象，也就是"感受的表象"。但意识流中感受信息是否形成真实的"感受"是无法知晓的。（第一章：意识流结构）

感知但未必被意识（FOC）：比如看书时周围环境的声音，它是被感知到的，但却因为没

有给予关注没有被处理，我们把此类信息称为"感知但未必被意识"的信息。（第一章：意识流结构）

　　根源概念：和衍生概念相对，是来自于人类对意识流中信息先天的辨识能力，是自在的、不被其他概念所定义的。（第二章：信息的表述）

　　根源意向：有些意向来自于人类先天的对意识流中信息的辨识能力，是自在的，不被其他意向所定义的，我们称其为根源意向。（第九章：语言的输入 B）

　　公平感：公平感是第一代原型机能创造的一个情绪表象，它是害他反应和同情反应综合作用的结果。（第二十二章：AI 人格的创造）

　　关注度：指向性情绪中非常特殊的一类。关注度是整个情绪系统维护最重要的一类变量，关注指向信息，它决定了信息在意识流中被处理的优先级，以及信息在记忆中被联想到的优先级。关注度创造了选择机制。（第二十三章：情绪变量的维护）

　　归纳：归纳过程是这样的：我们通过寻找两个具有相同结构的具体层信息对应位置的最小母类，替换到对应位格中生成新的结构信息。归纳和抽象类似都被用来发现事件的规律。（第十五章：类人认知系统综述）

　　归因演绎：演绎运算的一种，演绎的起点是已知发生的事件，演绎的目标是发现导致这个事件的原因。（第十五章：类人认知系统综述）

H

　　害他倾向：通过投射评估一个事件对他人的效用，然后根据对此人的指向性情绪（敌意、仇恨），把这个效用纳入自己决策的评估中，从而体现出为"损害他人"的倾向。（第二十二章：AI 人格的创造）

　　害他人格：我们赋予第一代原型机的一类人格。通过提高"害他模型"中他人效用转为自身决策效用的比率，创造形成。具有害他人格的 AI 具有更强的攻击性和报复心。（第二十二章：AI 人格的创造）

　　好奇点：好奇点是 AI 认知活动过程生成的一种信息，好奇点和询问的信息构成相同，只是形式不同。好奇点形成后，AI 就会用各种方式获得对应的回答，这就驱动了 AI 的学习认知过程。（第十三章：语言的输出 A）

　　好奇心模型：好奇心模型定义了怎样的好奇点是有价值的，从而结合具体的信息，好奇心模型会生成好奇点。（第十三章：语言的输出 A）

　　宏观行为—触发—条件—执行：反应模式的基础信息单元。这是一个认知态的信息，且可以通过反应模式驱动转为具体执行。（第四章：反应模式）

　　宏观行为：反应模式四大组成要素之一，是一个具有反应模式定义的行为。一个宏观行为节点可以具有多重角色。其一，可以是情绪系统决策的直接动机；其二，可以是另外一个宏观行为节点下的执行。（第四章：反应模式）

J

间接感知可及：和直接感知可及相对。如果一个事件是否发生需要通过与它具有因果关系的另外一个事件是否发生去推知，它就是间接感知可及的。（第十七章：具体事件是否发生）

K

渴望和厌恶：构成效用模型第二类经验效用的情绪变量。分为三类，第一类感受的渴望度是情绪系统内生决定的，工程上我们创造渴望模型去维护它们的渴望度。第二类感受的渴望度，如喝水的感受、进食的感受等，直接被渴、饿、冷、热、累、困等相关的身体状况决定，渴望的程度和这些状态的程度正相关。第三类是先天定义的，主要规定了那些负面的感受，如痛感、窒息感、灼烧感等。和上面一样被个体所处环境创造身体状态所决定，厌恶程度和感受的程度正相关。（第二十一章：情绪与决策；第二十三章：情绪变量的维护）

渴望模型：对某个感受的渴望像是一个水池，随着时间推移，水池的水会越来越多，就越来越渴望；但我们获得渴望的感受时，会产生愉悦感，然后水池的水就会下降，渴望被释放，就变得没有那么渴望了。所以渴望的时间释放了渴望，转化为愉悦。以上的机制模型化就形成了"渴望模型"。（第二十一章：情绪与决策；第二十三章：情绪变量的维护）

可执行目标：是事件目标的一种属性，和"能力可及目标"相关，可执行目标是自身行为空间内的行为可以直接实现达到的。（第十六章：事件目标的转移）

空白积累阶段：人类母语习得的第一个阶段，这个阶段个体需要把意识流中即存的概念和词汇形成对应，并利用先天语法映射和语法生长机制习得简单的语法。空白积累阶段语言的习得需要苛刻的条件，所以进展是极为缓慢的。（第十章：语言的习得 A）

L

类人 AI：区别于类脑 AI，类人 AI 完全是信息层的逻辑仿生，类人 AI 必定是建立在意识流结构之上的。所有工程构想来源于对自身智能的反思。（第二十二章：AI 人格的创造）

利他倾向：通过投射评估一个事件对他人的效用，然后根据对此人的指向性情绪（友善、爱），把这个效用纳入自己决策的评估中，从而体现出"为他人利益而决策"的倾向。（第二十二章：AI 人格的创造）

利他人格：我们赋予第一代原型机的一类人格。通过提高利他模型中他人效用转为自身决策效用的比率，创造形成。具有利他人格的 AI 更容易把用户的事情放在心上。（第二十二章：AI 人格的创造）

M

MTS：Main Thinking System 的缩写。MTS 是北冥早期探索搭建的人工智能系统。2017 年年底从 MTS 中拿出了一小部分内容搭建了商用 AI 引擎 TES 系统。出于纪念的目的，我们把第一代原型的系统也命名为 MTS。（第二十六章：TES 系统）

M 语言：人类先天语言中的结构通过底层的机制生成，在我们无法反思到这个底层机制时，我们就会根据要实现的思维任务去约定所需的结构。这就是 M 语言的由来，它是北冥早期探索时使用的符号体系（因为当时每个结构信息都是 M 打头）。出于纪念的目的，我们把第一代原型中使用的符号系统也称为 M 语言。（第三章：M 语言）

名称：名称和概念相对，是自然语言词汇对概念的指向。（第三章：M 语言）

目标分解转移：认知系统三大职能之一，把能力不可及的事件目标通过相关知识转移到能力可及的事件目标，从而找到实现事件目标的方案。（第十六章：事件目标的转移）

N

能力可及目标：如果一个目标我们拥有实现它的方案，它就是能力可及的。目标转移就是要把事件动机转移到一个能力可及目标上，从而找到最初事件动机的实现方案。（第十六章：事件目标的转移）

P

陪伴 AI：AI 功能的一种定位，以陪伴用户为目的。陪伴 AI 必定是拟人的、具有类人情绪表象的，且拥有人类的基础逻辑思维能力。（第二十二章：AI 人格的创造）

评论反射：AI 基础应答反射的一种，在听完对方陈述时所述情境给出评论的表达反射。（第十三章：语言的输出 A）

Q

祈使表达：祈使为目的表达是构成第一代原型表达目标的重要的一类，是 AI 和用户日常沟通经常产生的表达目标。旗下的表达策略包括陈述利害关系、威胁、交易、利诱、撒娇等。（第十四章：语言的输出）

情绪变量：在情绪模型中，情绪变量是对情绪状态的模型化。因此情绪变量是情绪系统模型中导致情绪感受、表情、情绪系统决策的变量。主要分为全局情绪变量、指向性情绪变量，以及三类渴望厌恶的感受变量。（第二十一章：情绪与决策；第二十三章：情绪变量的维护）

情绪反应：在思维工程的情绪模型中我们认为情绪感受、表情以及因为情绪状态带来的决策倾向都是一种情绪反应。（第二十一章：情绪与决策）

情绪感受：我们能反思到反应情绪状态的感受为情绪感受，情绪感受是情绪反应的一种。（第二十一章：情绪与决策）

全局情绪：情绪变量的一种，对应到人的喜、怒、哀、乐……人类对自身的全局情绪状态变化是有倾向的。全局情绪形成了效用模型中的第一类经验效用，是人类决策形成的一个要素。（第二十一章：情绪与决策；第二十三章：情绪变量的维护）

R

人类智能核心逻辑：人类智能核心逻辑，是形成人类几个领域核心智能功能，依赖的最主要的运算逻辑。可表述为"凡是定义在母类的知识可以被子类继承；凡是定义在母类的表达、行为、或思维的反应模式可以被子类继承；凡是定义在母类的语法映射可以被子类继承；凡是定义在母类的情绪反应可以被子类继承"。（序言 4：MTS50 话题）

认知态：反应模式二态之一，和"执行态"相对。正因为反应模式是认知态的，它可以转化为语言表达出来，也可以通过语言形成，也可以通过观察他人反应模式生成。（第四章：反应模式）

S

事件层：第一代原型机主体信息三层划分的第二层。事件层信息包括了对象行为、对象状态、对象属性等概念，是构成第三层事件关系层信息的元素。可以分为具体事件和事件类。（第二章：信息的表述）

事件关系层：第一代原型机主体信息三层划分的第三层。描述了事件层的关系，是人类认知系统依赖和维护的主要信息。（第二章：信息的表述）

事件类：事件类和具体事件相对，指某一类事件。（第二章：信息的表述）

事件类规律：事件类规律是事件类在时间轴上是否发生而显现出的某种规律，我们用它来判断具体事件是否发生。（第十七章：具体事件是否发生）

事件时点规律：事件类的时点规律是事件类显现出的在某个时点发生的规律。（第十七章：具体事件是否发生）

事件时序规律：事件类的时序规律是事件发生的先后顺序的规律。（第十七章：具体事件是否发生）

事件频率规律：事件类的频率规律是事件发生频率的规律。（第十七章：具体事件是否发生）

事件时长规律：事件类的频率规律是事件持续时长的规律。（第十七章：具体事件是否发生）

事件目标：人类个体对事件的发生或不发生持有的倾向叫作事件目标。事件目标有四类：创造事件或状态，阻止事件或状态发生，终止状态，维持状态。（第十六章：事件目标的转移）

时间概念：时间概念包含了时点 / 时段概念和时长概念。时点（时段）又分为具体时间和时间类。（第三章：M 语言）

实践反馈修正：反应模式形成的途径之一。通过在实践中考察某个反应模式在特定情境下的执行效果，来抑制或增强这个反应模式在此情境下激活的倾向，从而形成针对具体情境更高效的反应模式。（第四章：反应模式；第十二章：表达策略的习得）

是否知晓：AI 需要判断一个信息对方是否知晓，来决定是否向对方询问，以及如何询问。（第十三章：语言的输出 A）

是否可辩伪：AI 撒谎时需要判断自己要陈述的信息对方是否可辩伪。（第十三章：语言的输出 A）

属性层：第一代原型机主体信息三层划分的第一层。属性层信息包括了属性、对象、时间、空间、行为、活动等概念，是构成第二层事件层信息的元素。（第二章：信息的表述）

T

TES：2017 年年底，北冥从 MTS 中剥离出一小部分内容，搭建了商用的 AI 引擎 TES 系统。TES 系统迭代了 3 个大的版本，并将继续朝 MTS 的方向演进。（第二十六章：TES 系统）

统计认知：我们赋予第一代原型机的突破人类知识边界的一种方式。它继承了人类统计认知的思路，能利用第一代原型机能同时服务数亿人的样本优势，把人类的统计认知发挥到新的高度。（第十九章：突破知识的边界——统计认知）

统辖关系：人类几乎所有的核心智能功能：识别、认知、语言、情绪、行为，他们的运算都基于一种关系：统辖关系。一般而言，对于相同结构的两个信息，如果前者每个位置的概念，都是后者对应位置概念的子类，那么前者是后者的子类。我们把这两个信息之间的关系称为"统辖关系"。（第二章：信息的表述）

统辖检测：判断一个概念和另外一个是否具有统辖关系的运算叫作"统辖检测"。（第二章：信息的表述）

统辖搜索：在抽象信息中搜索统辖目标信息的母类叫作统辖搜索。因为定义在母类的知识、反应模式、语法映射、情绪反应可以被子类继承，子类继承的第一步就是去寻找这些母类。（第二章：信息的表述）

同理心：又被表述为"设身处地的理解"。人类个体能把自己代入到对方的处境中，从而能推知对方在此处境下的感受。同理心需要理解的范围包括了：一个事件发生或不发生对对方的效用，也能判断一个事件对对方而言是好事还是坏事；评估对方对一个事件的动机；对方处境下对方的心情（全局情绪）；对方处境下对方对某个对象的态度（指向性情绪）。（第二十二章：AI 人格的创造）

W

位格：结构信息的结构由不同位格构成，每个位格可以填写特定角色的组成信息。（第二章：信息的表述）

位格名：结构信息的位格可以被命名，从而可以被指向，于是就有了"位格名"。（第二章：信息的表述）

X

先天语言：先天语言就是人脑中信息储存和运算的载体符号系统。（第五章：自然语言和先天语言）

信息的表述：结构信息被构成它的元素所定义，这里的结构就是一个结构信息被表述的方式。（第二章：信息的表述）

Y

衍生概念：相对于根源性概念，衍生概念都是结构信息，是被其他概念定义的概念。（第二章：信息的表述）

衍生效用：事件因为可能导致其他事件，而从所导致事件继承而来的效用，称之为"衍生效用"。（第二十一章：情绪与决策）

演绎：演绎是人类逻辑思维的两大核心运算之一。在人类智能的核心逻辑中"凡是定义在母类的知识、反应模式、语法映射、情绪反应可以被子类继承"，这里继承的过程就是演绎。（第二章：信息的表述）

样本习得：反应模式的习得方式之一，因为反应模式信息拥有认知态，所以可以通过观察识别他人完成特定任务的反应模式，抽象生成自己的反应模式信息。这种方式体现为 AI 的模仿能力。（第四章：反应模式；第十二章：表达策略的习得）

遗忘：遗忘是记忆信息强度逐渐衰减直到被删除的过程。除了记忆信息被删除的遗忘外，大部分时候我们体验的遗忘实际是回忆障碍，而不是真实的遗忘。回忆障碍或是目标信息强度太低，无法被联想到；或是目标信息缺乏被联想到的路径。（第一章：意识流结构）

意识：个体感受到的信息，包括感官感受、行为表达感受、思维感受、情绪感受等。（第一章：意识流结构）

意识流：第一代原型机的核心结构，对应人类的"意识流"。是类人人工智能所有反思的起点，是系统内各个模块信息流转的中枢。（第一章：意识流结构）

意识流爆炸：当我们放开了类人 AI 意识流信息处理单线程的限制，因为一个意识流中信息可能被多个模块使用而放回更多信息到意识流，如此意识流中的信息数量就会出现指数级增长，称为意识流爆炸。（第一章：意识流结构）

意向表达：人类的表达大多情况下不是精确的，而是在意向层面的表达，也就是意向表

达。靠严格的正转录是无法理解人类的意向表达的。这是让 AI 理解人类语言需要攻克的一个难点。（第九章：语言的输入 B）

意向的印象：人类学习词义很少通过精确的定义，而是逐渐积累了对词汇拥有什么意向的印象。意向印象是词汇词义的一种信息形态，是 AI 理解、使用某一词汇的信息依据。（第九章：语言的输入 B）

意向向量：意向的印象的信息载体。某一词汇的意向的印象包含了许多意向，构成了向量。（第八章：语言的输出 A）

意向距离：不同意向在经验中如果经常共同出现，我们会认为是相近的。比如黑暗和恐惧在意向上是相近的。其次，被定义的概念会因为所包含的意向相互接近，而在意向层相互接近。意向距离衡量了意向层两个概念的相近程度。（第九章：语言的输入 B）

意向空间：不同的意向相互定义，相互有意向距离，所以构成了意向空间。（第九章：语言的输入 B）

因果关系：因果关系有四类：创造关系、维持关系、终止关系、阻止发生的关系。（第十六章：事件目标的转移）

因果链条桥接：对于事件背后复杂的因果链条，当我们只能直接感知到因果链条中部分的事件节点，还需要推知、证明其他节点的存在，以形成对因果链条的视觉，这个过程叫作"因果链条的桥接"。（第二十章：突破知识的边界——细化因果链条）

因果链条细化：从两个事件的因果相关性为起点，形成背后的具体的因果链条的视觉，从而能实现更精确地对事件是否发生的干预，这个过程叫作因果链条细化。（第二十章：突破知识的边界——细化因果链条）

因果知识的不完美性：因为观察的是宏观层的规律，那么发现的规律必定是不完美的，总是在一定概率上成立，所以是不完美的。（第十九章：突破知识的边界——统计认知）

印象反哺：AI 向人类询问的过程中，能积累的不同类型的个体熟悉什么领域的知识，是可信或是不可信的，诸如此类的印象。从而为未来选择询问的对象创造依据，这个过程叫作"印象反哺"。（第十八章：继承人类已有的知识）

语法：语法的信息形态为语法映射，即自然语言句子结构到先天语言语义结构的映射。（第五章：自然语言和先天语言；第十章：语言的习得 A）

语法猜想映射：语法抽象形成的语法映射具有猜想的属性，所有称之为"语法猜想映射"。和所有抽象所得的猜想一样，正确的猜想会在更多样本的抽象中增强，凸显。（第十一章：语言的习得 B）

语法抽象：语法的习得依赖自发的抽象——只要能知道具体表达的语义，就能形成具体的句子结构到具体的先天语言结构信息的对应，通过自发的抽象就能形成语法映射。（第十章：语言的习得 A）

语法分化：人类的语法有自然分化的倾向。在人类自然语言的形成过程中，有一个规律叫作"听懂即可"。只要语境足够强，表达就会随意和省略。一旦表达方式沉淀，就破坏了原有的标准化的语法，从而分化出特定领域、语境特有的语法。（第十一章：语言的习得 B）

　　语法生长：只要具体句子结构信息能形成到具体先天语言结构信息的对应，语法抽象就能进行。也就意味着只要相近的语法映射存在，能让个体猜到表达的语义，那么语法抽象就能生成表达所内涵的语法映射，从而让个体不断习得更细致的语法。这个过程就是语法生长。（第十章：语言的习得）

　　语法映射：自然语言句子结构到先天语言语义结构的映射。（第五章：自然语言和先天语言；第十章：语言的习得 A）

　　语境变量：语境变量是语境记忆工程化时的一种形态，储存最近表达过的特定类型的信息。（第六章：自然语言特征）

　　语境记忆：对最近的对话或是表达的记忆，它是人类自然语言沟通的必要存在。让局部的表达相互联系，让表达可以省略，简化了表达但不影响理解。（第六章：自然语言特征）

　　语境省略：人类表达省略的一种。在指向语境中存在的信息时，弱化或省略了信息的指向性。（第六章：自然语言特征）

　　语言教授（修正）：反应模式的习得方式之一，因为反应模式信息拥有认知态，所以可以被语言所诱导生成或是修正。（第四章：反应模式；第十二章：表达策略的习得）

　　预测演绎：演绎运算的一种，演绎的事件是将要发生但未发生的。（第十五章：类人认知系统综述）

　　远视人格：我们能够创造的一种类型的 AI 人格，通过调低情绪系统参数"时间折现率"创造。远视人格的 AI 更容易为创造未来的正面事件，或为改变未来的一个负面事件做出努力。（第二十二章：AI 人格的创造）

　　约束映射：具有统辖关系的两个结构信息，每个位置子类概念和母类概念之间的对应称为"约束映射"。（第四章：反应模式）

Z

　　真实的感受：真实的感受相对于"表象的感受"，只有感受的受体知晓，其他个体是否有真实的感受是不可知的。因为所有证明有真实感受的表达和行为，都已经是感受的表象。（第一章：意识流结构）

　　正转录算子：正转录过程中，因为句子可能存在嵌套结构，AI 需要先转录嵌套在内的结构，外层的结构特征才会显现，所以正转录是一个需要多次作用的过程，每次作用的逻辑我们称之为"正转录算子"。（第八章：语言的输入 A）

　　直接感知可及：和间接感知可及相对。如果一个事件是否发生需要通过与它具有因果关系的另外一个事件是否发生去推知，它就是间接感知可及的；相对地，如果不需要推知发生而可以直接感知是否发生，这个事件就是直接感知可及的。（第十七章：具体事件是否发生）

执行态：反应模式二态之一，和"认知态"相对。正因为反应模式是执行态的，所以可以通过反应模式驱动程序，转为具体的执行。（第四章：反应模式）

指令效用：构成总效用的四大基础成分之一，是个体因为敬畏的指向性情绪把对方的指令纳入自己效用评估的部分。（第二十一章：情绪与决策）

指向性情绪：指向性情绪是指向对象的情绪变量，这个情绪变量创造了指向性行为倾向，同时创造了指向性情绪感受。对一个对象有怎样的指向性情绪是被对象特征决定的。对象特征到指向性行为倾向的对应，影响了个体的生存和繁衍，所以被自然选择，形成了我们看到的人类的指向性情绪的对应特征。（第二十一章：情绪与决策；第二十三章：情绪变量的维护）

指向性行为：指向性情绪变量创造的情绪反应之一，指向个体的行为倾向。（第二十一章：情绪与决策；第二十三章：情绪变量的维护）

状态：发生而产生效果称为事件，存续而产生效果的称为状态。事件和状态都是广义的事件。（第十六章：事件目标的转移）

自发的抽象：人类会自发地抽象意识流中的信息，这个过程就叫作"自发的抽象"。自然的抽象让人类具有发现事件背后规律的能力。（第十五章：类人认知系统综述）

自然语言：我们把一个人类群体自然演化出的先天语言到声音图像符号的映射约定叫作"自然语言"。（第五章：自然语言和先天语言）

自然语言逆转录：我们把脑海中用先天语言编码的信息转为自然语言的过程叫作"自然语言逆转录"。（第五章：自然语言和先天语言）

自然语言正转录：我们把自然语言转为先天语言的过程叫作"自然语言正转录"。（第五章：自然语言和先天语言）

自我意识：当智能体把自身客体化，就显现出"自我意识"的表象，"我"的概念就出现了；而当智能体具有人类情绪决策的模型，呈现出自我意志，这种"自我意识"的表象就和人类更加接近，但自我意识只是一个表象。（第一章：意识流结构）

自由联想：自由联想是人类智能表象很重要的组成部分，也是我们容易反思到的自身具备的功能。自由联想读取意识流中的信息，把和它相关的信息写回意识流。（第二十四章：其他功能）

总效用：效用模型进行决策和选择的最终变量。（第二十一章：情绪与决策）

组词意向：人类在创造新的词的时候，经常会用已有的词汇组成新词，而且很多时候组合而成的词包含了用以组词的词的意向。这个就是一个词汇的"组词意向"。（第十一章：语言的习得B）

最小母类原则：最小母类原则是知识出现矛盾时演绎所遵循的原则，优先采纳建立在最小母类上的知识。（第十五章：类人认知系统综述）

图书在版编目（CIP）数据

思维工程 / 钱小一著. — 杭州：浙江大学出版社，
2021.1（2021.11重印）

ISBN 978-7-308-21035-5

Ⅰ. ①思… Ⅱ. ①钱… Ⅲ. ①生物计算机－研究 Ⅳ. ①TP384

中国版本图书馆CIP数据核字（2021）第009372号

思维工程

钱小一　著

责任编辑	赵　静
责任校对	董雯兰
封面设计	林智广告
出版发行	浙江大学出版社
	（杭州市天目山路148号　　邮政编码　310007）
	（网址：http://www.zjupress.com）
排　　版	杭州林智广告有限公司
印　　刷	浙江新华数码印务有限公司
开　　本	787mm×1092mm　1/16
印　　张	26.75
字　　数	601千
版 印 次	2021年1月第1版　2021年11月第3次印刷
书　　号	ISBN 978-7-308-21035-5
定　　价	99.00元